数学クラシックス　第27巻

R.クーラント／D.ヒルベルト [著]
藤田 宏／石村 直之 [訳]

数理物理学の方法 下

丸善出版

Translation from the German language edition:
Methoden der mathematischen Physik by Richard Courant and David Hilbert
Copyright © Springer-Verlag Berlin Heidelberg 1924, 1930, 1968, 1993
Springer is a part of Springer Nature
All Rights Reserved

訳者中書き
――下巻刊行に当たって

　本書は,「クーラント・ヒルベルト本」の愛称のもとに,その道への確かな指導書として,また,一世紀近くにわたって「廃り」をみせない古典として世界中で愛読された R. クーラント (Richard Courant: 1888–1972) と D. ヒルベルト (David Hilbert: 1862–1943) による名著『数理物理学の方法』の最新第 4 版（1993 年,以下原著）の和訳の下巻である.内容は目次に詳しいが,章立てを述べれば,

　　　第 5 章　数理物理学における振動および固有値問題
　　　第 6 章　変分法の固有値問題への応用
　　　第 7 章　固有値問題によって定義される特殊関数
　　　第 8 章　変分法による境界値問題と固有値問題の解法

であり,これは訳書上巻における「解析的な立場で線形代数を述べる」第 1 章に始まり,関数空間における直交関数系による展開,積分方程式の各章,さらに「クーラント・ヒルベルト本」の方法論的なバックボーンである「変分法」の基礎を説いた第 4 章を受けたものである.なお,最終章の第 8 章だけは,「クーラント・ヒルベルト本」の第 II 巻（1931 年,旧原著第 II 巻）から取り入れられた.この間の経緯については,第 8 章扉に記した《訳者付記》をご覧頂きたい.
　和訳上巻が発行されたのは平成 25 年 1 月であった.それ以来,6 年半もの年月が経過してしまったが,その間に,数学／数理の科学・技術・産業・社会での活用は新展開を見せ,数理科学による多様な達成への期待が著しく高

訳者中書き——下巻刊行に当たって

まっている．その駆動力は（計測・通信技術の進歩を含む）ディジタル革命・ITツールの進歩によるものである．時代のうねりが体感される変貌期においてこそ，未来に向けて古典に学ぶ温故知新によって，進むべき進路を見定め応変の姿勢を構えるべきであろう．その趣旨からも「クーラント・ヒルベルト本」が，さらに広い立場の読者に役立つ時代が出現していると信じ，敢えて此処に「訳者中書き」の紙面を設けて，（原著編者 P. ラックスによる序文および）上巻での訳者前書き（以下，上巻前書き）の要点を復習しつつ若干の補足をさせて頂く．

標題が示すように「クーラント・ヒルベルト本」は，数理物理学（現在の語感に従えば，物理学を対象とする数理科学の分野）における方法の解説を主内容としている．その方法の目標と仕組みの理解に必要な概念導入には，その由来・動機の説明や実例による納得という親切な下拵えからはじめている．方法の確かさを担保する証明もゆるがせにしていないが，眼目とするところは方法の意味の把握（役立ち方と効用の承知）である．対象に応じての（同名の）概念の進化（例えば，線形代数における直交系から関数空間における直交系）を，新視野に向けての読者の理解の飛躍的な拡大に活かすといった配慮も十分になされている．そうした語りを成功させたところが，原著編者の P. ラックスが称揚する，クーラントの著者としての大局観と論述の腕前である．また論述のスタイルに関して，当時すでに数学の著作において支配的な流行であった「定義–定理–証明」のスタイルをクーラントが避けたのも，合目的であった．ちなみに，若年の頃の筆者が物理学の碩学から親しく聴いた経験からも，数理科学でのパートナーとしての物理学が数学に期待する役割は，（数学的）概念を解りやすく提供してくれること（恩師 山内恭彦教授 (1902–1986)）および物理学者が直観的に辿りついた技を（数学的）根拠のある方法に固めてくれること（恩師 今井功教授 (1914–2004)）であった．

上巻前書きに記したように，近年の数理科学における連携分野は多様化しているが，モデリングの段階から，ディジタル機器も大いに活用しての数学解析，さらに結果の吟味といった協働活動の各面において，概念と方法は数学からの貢献のキーワードであろう．

さて，今世紀型の数理科学の顕著な特色は，実践的な目的科学における数理的手法の深化であり発展である．次のように言うことができる．前世期型

の数理科学ではいささか乖離的であった「理解のための数理科学（理学的）」と「達成のための数理科学（工学的）」が今や架橋的連携の域を超えて有機的に一体化されつつある．数理科学を業とする研究者・専門家，さらに修業中の皆さんには，それぞれなりのスタンスにおいて両面への関心を寄せ，「二刀流」を目指し「二兎を追う」意欲を温めて頂きたいものである．達成のための数理科学においても数学的な独創性／叡智が期待される．そこでは，分野的な体系性は目指すところではないが，関わる問題における「（数学的）仕組み＝（数理的）機序」を明らかすることは，優れた方法の創出・評価される達成への飛躍台である．実証性の階層化などの別種の課題も浮上するが，「達成のための数理科学」に対しても「クーラント・ヒルベルト本」の訓えが活きると思うのである．

　ここでエピソードめくが，上巻前書きで紹介した，クーラントの期待：「アメリカに次いで世界の数理科学の先端を担うのは日本であろう」（於東京，1969年）との関わりにおいて，加藤敏夫 (1917–1995) の業績に触れよう．上巻前書きで紹介したが，シュレーディンガーによる量子力学の基礎方程式の提出よりも2年前に刊行された「クーラント・ヒルベルト本」は，シュレーディンガー方程式を扱うのに必要な数学を奇跡的な周到さで用意していた．K.O. フリードリックス (Friedrichs) による第8章の積分二次形式による境界値問題・固有値問題の解の存在証明もその一翼をなすものである．ただし，「量子力学の数学理論」の本格的な構築には更なる努力が必要であった．それを成し遂げたのが加藤敏夫であった．具体的な原子・分子を対象とする立場で量子力学の数学理論を，戦争による情報入手が不如意な環境の中で弱冠28歳であった加藤は1945年6月に編み上げたのである．手書きノートの形で残されたその力作が2017年に至り，近代科学社から加藤敏夫稿・黒田成俊編著『量子力学の数学理論　摂動論と原子等のハミルトニアン』の形で刊行された．一方，加藤のこの仕事における妥協を許さない数学的厳密さと深遠さを見れば，逆に「クーラント・ヒルベルト本」では，ヒルベルト空間論の利器を持ち出すことなく，変分法を論法の支柱とするに止めたことを，クーラントの著者としての見識と評価できる思いもする．なお，加藤敏夫は量子力学に留まらず，非線形問題への応用を含めて作用素論的な関数解析の理論と応用を多方面に発展させた．その集大成が大著 *Perturbation Theory for Linear*

Operators (1966, 1976, Springer) である．原著編者の P. ラックスはその著書 *Functional Analysis* (2002, Wiley-Interscience) の序文で次のように述べている．「私は関数解析の基礎とその応用の仕方を恩師のフリードリックスから教わった．その後，私の見識 (view) が形成されたのは，驚くほど広い範囲の諸問題に対して関数解析の力を有効に発揮してみせた加藤敏夫の仕事のおかげある」と．加藤敏夫の業績は，まさに，上記クーラントの期待に応えている．

さて，当下巻の訳業であるが，上巻の翻訳を行った三名のうち，高見穎郎は体調を崩して退き，藤田宏・石村直之の二名で遂行した．その作業の当初では担当の章を分けていたが，作業が長期化するうちに卒寿に達した藤田の非能率を石村が大いにカバーする形での協働作業となった．その間，丸善出版の好意により毎月相談会を持ち，意見の疎通を十分に行えたので結果についての文責は両名で共有することができた．言語道断に遅延した我われの訳業を寛大に辛抱強く見守り今日の刊行を実現させて下さったシュプリンガー・ジャパンおよび丸善出版に衷心からの謝意を表したい．特にこの訳業を担当して親身に行き届いた面倒見をして下さっただけでなく，上記の月例相談会において傾聴に値する意見を様々に聞かせて下さった立澤正博さんに厚く御礼を申し上げる．

2019 年 7 月

訳者を代表して

藤田　宏

目 次

第 5 章　数理物理学における振動および固有値問題 ……… 1
- 5.1 線形微分方程式についての予備的な注意 ………… 1
  - 5.1.1 一般論——重ね合わせの原理 ………… 1
  - 5.1.2 同次および非同次の問題，境界条件 ……… 3
  - 5.1.3 形式的関係，共役微分式，グリーン関数 …… 4
  - 5.1.4 連立 1 次方程式の極限および拡張としての線形関数方程式 ………… 7
- 5.2 有限自由度の系 ………… 8
  - 5.2.1 固有振動，正規座標，運動の一般論 ……… 8
  - 5.2.2 振動系の一般性質 ………… 12
- 5.3 弦の振動 ………… 13
  - 5.3.1 均質な弦の自由運動 ………… 14
  - 5.3.2 強制振動 ………… 17
  - 5.3.3 一般の均質でない弦とスチュルム–リウヴィル固有値問題 ………… 18
- 5.4 棒の振動 ………… 22
- 5.5 膜の振動 ………… 25
  - 5.5.1 均質な膜の一般固有値問題 ………… 25
  - 5.5.2 強制振動 ………… 27
  - 5.5.3 結節線 ………… 28

	5.5.4　長方形の膜	28
	5.5.5　円形の膜，ベッセル関数	29
	5.5.6　均質でない膜	33
5.6	板の振動	34
	5.6.1　一般的な事項	34
	5.6.2　円形の境界	35
5.7	固有関数の方法に関する一般的な事項	36
	5.7.1　振動の問題および平衡の問題における方法	36
	5.7.2　熱伝導と固有値問題	39
	5.7.3　固有値問題が現れる他の例	40
5.8	3次元の連続体の振動	41
5.9	ポテンシャル論の境界値問題と固有関数	42
	5.9.1　円，球，球殻	43
	5.9.2　柱状領域	46
	5.9.3　ラメの問題	47
5.10	スチュルム–リウヴィル型の問題——特異な境界点	52
	5.10.1　ベッセル関数	52
	5.10.2　任意位数のルジャンドル関数	53
	5.10.3　ヤコビおよびチェビシェフの多項式	55
	5.10.4　エルミートおよびラゲールの多項式	56
5.11	スチュルム–リウヴィル型微分方程式の解の漸近挙動	59
	5.11.1　独立変数が無限大になるときの解の有界性	59
	5.11.2　精密な結果（ベッセル関数）	60
	5.11.3　パラメータが増大したときの有界性	62
	5.11.4　解の漸近形	64
	5.11.5　スチュルム–リウヴィル固有関数の漸近表示	65
5.12	連続スペクトルをもつ固有値問題	68
	5.12.1　三角関数	68
	5.12.2　ベッセル関数	68
	5.12.3　無限の平面に対する振動方程式の固有値問題	69
	5.12.4　シュレーディンガーの固有値問題	70

- 5.13 摂動法 72
  - 5.13.1 単純固有値 73
  - 5.13.2 重複固有値 75
  - 5.13.3 摂動法の例 78
- 5.14 グリーン関数（影響関数）および微分方程式の積分方程式への帰着 80
  - 5.14.1 グリーン関数および常微分方程式の境界値問題 80
  - 5.14.2 グリーン関数の構成と広義のグリーン関数 84
  - 5.14.3 積分方程式の問題と微分方程式の問題の同値性 87
  - 5.14.4 高階常微分方程式 91
  - 5.14.5 偏微分方程式 93
- 5.15 グリーン関数の例 100
  - 5.15.1 常微分方程式 100
  - 5.15.2 Δu に対する円および球でのグリーン関数 107
  - 5.15.3 グリーン関数と等角写像 108
  - 5.15.4 ポテンシャル方程式に対する球面でのグリーン関数 . 108
  - 5.15.5 方程式 $\Delta u = 0$ に対する直方体表面でのグリーン関数 109
  - 5.15.6 方程式 $\Delta u = 0$ に対する長方形内部でのグリーン関数 115
  - 5.15.7 円環でのグリーン関数 117
- 5.16 第 5 章への補足 120
  - 5.16.1 弦の振動の例 120
  - 5.16.2 自由につるされた綱の振動とベッセル関数 121
  - 5.16.3 振動の方程式が具体的に解けるさらなる例——マシュー関数 122
  - 5.16.4 境界条件のうちのパラメータ 124
  - 5.16.5 連立微分方程式系に対するグリーンテンソル 125
  - 5.16.6 方程式 $\Delta u + \lambda u = 0$ の解の解析接続 126
  - 5.16.7 $\Delta u + \lambda u = 0$ の解の節線に関する定理 126
  - 5.16.8 無限重複度の固有値の例 126
  - 5.16.9 展開定理の有効性についての限界 127

第 6 章　変分法の固有値問題への応用　　129

- 6.1 固有値の極値性 130
  - 6.1.1 古典的な極値性 130
  - 6.1.2 補足および拡張 134
  - 6.1.3 連結でない領域に対する固有値問題 137
  - 6.1.4 固有値のマックス・ミニ性 138
- 6.2 固有値の極値性の性質による一般的な結論 139
  - 6.2.1 一般的な定理 139
  - 6.2.2 固有値の無限増大性 145
  - 6.2.3 スチュルム–リウヴィル型問題での固有値の漸近挙動 . 147
  - 6.2.4 特異な微分方程式 148
  - 6.2.5 固有値の増大についてのさらなる注意——負の固有値の出現 149
  - 6.2.6 固有値の連続性 151
- 6.3 完全性定理と展開定理 157
  - 6.3.1 固有値の完全性 157
  - 6.3.2 展開定理 159
  - 6.3.3 展開定理の精密化 160
- 6.4 固有値の漸近分布 162
  - 6.4.1 長方形に対する微分方程式 $\Delta u + \lambda u = 0$ 162
  - 6.4.2 有限個の正方形あるいは立方体からなる領域に対する微分方程式 $\Delta u + \lambda u = 0$ 164
  - 6.4.3 一般の微分方程式 $L[u] + \lambda \varrho u = 0$ への結果の拡張 .. 167
  - 6.4.4 任意の領域に対する固有値の漸近分布の法則 169
  - 6.4.5 微分方程式 $\Delta u + \lambda u = 0$ に対する固有値の漸近分布の法則の精密な形 175
- 6.5 シュレーディンガー型固有値問題 178
- 6.6 固有関数の節 184
- 6.7 第 6 章への補足と問題 189
  - 6.7.1 完全性からの固有値の最小性の導出 189
  - 6.7.2 零点の非存在による第 1 固有関数の特徴付け 191

6.7.3	固有値の他の最小性	192
6.7.4	振動する板の固有値の漸近分布	193
6.7.5	問題 (1)	194
6.7.6	問題 (2)	194
6.7.7	問題 (3)	194
6.7.8	境界条件のうちのパラメータ	194
6.7.9	閉曲面に対する固有値問題	195
6.7.10	特異点が現れる場合の固有値の評価	195
6.7.11	膜と板に対する極小定理	196
6.7.12	質量分布が変化するときの極小問題	197
6.7.13	スチュルム–リウヴィル型問題の節点とマックス・ミニ原理	197

第7章 固有値問題によって定義される特殊関数　199

- 7.1 2階線形微分方程式についての前置き … 199
- 7.2 ベッセル関数 … 201
  - 7.2.1 積分変換の遂行 … 201
  - 7.2.2 ハンケル関数 … 202
  - 7.2.3 ベッセル関数とノイマン関数 … 205
  - 7.2.4 ベッセル関数の積分表示 … 208
  - 7.2.5 ハンケル関数およびベッセル関数の別な積分表示 … 210
  - 7.2.6 ベッセル関数のベキ級数展開 … 217
  - 7.2.7 ベッセル関数の相互関係 … 219
  - 7.2.8 ベッセル関数の零点 … 227
  - 7.2.9 ノイマン関数 … 232
- 7.3 ルジャンドルの球関数 … 237
  - 7.3.1 シュレーフリの積分表示 … 237
  - 7.3.2 ラプラスの積分表示 … 239
  - 7.3.3 第2種のルジャンドル関数 … 240
  - 7.3.4 ルジャンドルの陪関数（高次のルジャンドル関数） … 241

- 7.4 ルジャンドル，チェビシェフ，エルミート，ラゲールの微分方程式への積分変換法の応用 242
  - 7.4.1 ルジャンドル関数 242
  - 7.4.2 チェビシェフ関数 244
  - 7.4.3 エルミート関数 245
  - 7.4.4 ラゲール関数 246
- 7.5 ラプラスの球面（調和）関数 247
  - 7.5.1 $(2n+1)$ 個の n 位球面関数の特徴付け 248
  - 7.5.2 得られた球面関数系の完全性 249
  - 7.5.3 展開定理 250
  - 7.5.4 ポアソン積分 251
  - 7.5.5 球面調和関数のマックスウェル–シルベスター表示 252
- 7.6 漸近展開 260
  - 7.6.1 スターリングの公式 260
  - 7.6.2 大きい変数値に対するハンケル関数およびベッセル関数の漸近計算 262
  - 7.6.3 鞍点法 265
  - 7.6.4 大きいパラメータおよび大きい変数値に対するハンケル関数およびベッセル関数の計算への鞍点法の応用 266
  - 7.6.5 鞍点法についての一般的注意 271
  - 7.6.6 ダルブーの方法 271
  - 7.6.7 ルジャンドル多項式の漸近展開へのダルブーの方法の応用 272

第 8 章 変分法による境界値問題と固有値問題の解法 **277**
- 8.1 予備 279
  - 8.1.1 円に対するディリクレの原理 279
  - 8.1.2 変分法に基づく問題設定 283
  - 8.1.3 2 次形式の計量をもつ線形関数空間 286
  - 8.1.4 境界条件の定式化 292
- 8.2 第 1 種境界値問題 293

		8.2.1 第1種境界値問題の問題設定	293

  8.2.1 第1種境界値問題の問題設定 293
  8.2.2 グリーンの公式.関数空間の間の主不等式,解の一意性 294
  8.2.3 最小列と境界値問題の解 297
8.3 0-境界値の下での固有値問題 300
  8.3.1 積分不等式 300
  8.3.2 第1固有値問題 304
  8.3.3 高位の固有値と固有関数.完全性 306
8.4 境界値への到達（2変数の場合）. 311
8.5 極限関数の構成と積分形式 E, D, H の収束性 314
  8.5.1 極限関数の構成法 314
  8.5.2 積分形式 D と H の収束性 324
8.6 第2種と第3種の境界条件.その境界値問題 329
  8.6.1 グリーンの公式と境界条件 329
  8.6.2 境界値問題および変分問題の定式化 331
  8.6.3 変分問題で許容される領域のタイプ 333
  8.6.4 最小値問題と境界値問題の同値.解の一意性 334
  8.6.5 変分問題および境界値問題の解 335
8.7 第2種・第3種の境界条件の下での固有値問題 336
8.8 第2種・第3種の境界条件に関わる基礎領域の吟味 340
  8.8.1 $\mathfrak{N}$ 型の領域 340
  8.8.2 領域に対する制約条件の必要性 348
8.9 第8章への補足と問題 350
  8.9.1 Δu のグリーン関数 350
  8.9.2 2重極の特異性 353
  8.9.3 第2種境界条件の下での $\Delta u = 0$ の解の境界値 . . . 355
  8.9.4 領域への依存の連続性 355
  8.9.5 無限領域への理論の転用 357
  8.9.6 4階微分方程式への応用.板の縦変形と縦振動 . . . 358
  8.9.7 2次元弾性論の第1種境界値問題と固有値問題 . . . 360
  8.9.8 極限関数を構成する別の方法 364
8.10 プラトー問題 367

8.10.1 問題設定と解法への第一歩 368
8.10.2 変分的な関係の証明 371
8.10.3 変分問題の解の存在 374

下巻の索引 **379**

第5章 数理物理学における振動および固有値問題

上巻§4.10において我々は,物理学での変分原理により,連続的な物理系の平衡や運動に対する典型的な境界値問題や初期値問題を得た.そこで詳しく扱った問題は,すべて線形という性質をもっている.これらの問題を,体系的にしっかりと取り扱う枠組みは,旧原著第II巻での偏微分方程式の一般論である.この章および次の章では,数理物理学における線形偏微分方程式の主要な側面が,特に振動現象との関連において考察される.そこでは,固有関数の方法が中心的な位置を占める.

5.1 線形微分方程式についての予備的な注意

線形微分方程式についての一般的な注意を述べよう.

5.1.1 一般論——重ね合わせの原理

線形同次微分式,あるいは微分作用素とは,一般には,関数uに対して関数
$$L[u] = Au + Bu_x + \cdots + Cu_{xx} + \cdots$$
を対応させるものと了解する.すなわち,関数uとその与えられた階数——微分作用式の階数と呼ぶ——までの導関数との同次線形結合である.係数は独立変数の与えられた関数とする.このような微分作用素が満たす基本的な等式は,任意の定数c_1, c_2に対して

(1)
$$L[c_1 u_1 + c_2 u_2] = c_1 L[u_1] + c_2 L[u_2]$$

である．一般には，線形微分方程式は

$$L[u] = f(x, y, \ldots)$$

という形の方程式である．ただし，f は独立変数の与えられた関数である．$f \equiv 0$ ならば微分方程式は同次と呼ばれ，それ以外は非同次と呼ばれる．

この章ではほとんどそればかりを扱うことになる線形同次微分作用素は，線形同次関数作用素の単なる特殊な場合である．こうした作用素の例は，積分方程式の章でなじんだ積分変換

$$\iint_G K(x, y; \xi, \eta) u(\xi, \eta) \, d\xi \, d\eta$$

あるいは，作用素

$$\Theta[u] = \frac{2}{h^2 \pi} \int_0^{2\pi} \{u(x + h\cos\theta, y + h\sin\theta) - u(x, y)\} \, d\theta$$

や，差分作用素

$$\frac{1}{h^2} \{u(x+h, y) + u(x-h, y) + u(x, y+h) + u(x, y-h) - 4u(x, y)\}$$

によって与えられる．もし u が，2階までの連続な導関数をもつとすれば，上の最後の2つの表現は，$h \to 0$ に対して微分作用素 Δu に近づく．このような線形作用素の線形結合が既知の関数に等しいという条件は，線形関数方程式を与える．微分方程式の他に，積分方程式，差分方程式がその例である．それ等に対して方程式 (1) は，作用素 $L[u]$ の線形性を表す．

線形同次微分方程式の——一般には任意の線形同次関数方程式の——解については，次の基本的な**重ね合わせの原理**が成り立つ．すなわち，u_1, u_2 を2つの解としたとき，任意の定数 c_1, c_2 に対して，$c_1 u_1 + c_2 u_2$ もまた解である．さらに一般に，任意の個数の既知の解 $u_1, u_2, \ldots$ と定数 $c_1, c_2, \ldots$ を結合させて，新しい解 $c_1 u_1 + c_2 u_2 + \cdots$ を得ることができる．無限の解の列 $u_1, u_2, \ldots$ から構成された収束級数 $\sum_{n=1}^{\infty} c_n u_n$ は，微分作用素 $L[u]$ が項別に適用できるならば，やはり解である．

関数方程式 $L[u] = 0$ の，パラメータ α に依存する解 $u(x, y, \ldots; \alpha)$ に対

して
$$v = \int w(\alpha) u(x, y, \ldots; \alpha) \, d\alpha$$
の形の新しい解を構成することができる．ここで，積分が存在し作用素 L が積分の下で適用が許される限りにおいては，$w(\alpha)$ は任意の関数であり，積分範囲も任意に選んでよい．特に微分作用素に対してこの条件は，$w(\alpha)$ が区分的に連続であり，また積分領域が有界ならば満たされる．

もし同次方程式が完全に解かれるならば，非同次方程式の 1 つの解によってすべての解が導かれる．というのは，非同次方程式の任意の解は，その 1 つの解に同次方程式の解を加えることにより得られるからである．

5.1.2 同次および非同次の問題，境界条件

我われが取り組むべき問題は，まず線形微分方程式を満たし，ついで別の条件，すなわち，境界条件あるいは初期条件を満たす（上巻 §4.10 参照）解を求めるものである．問題が同次であるとは，解 u に対して，任意の定数 c について cu も解であるときにいう．そのためには，微分方程式自身が同次であるばかりでなく，また境界条件も同次でなければならない．このような同次境界条件は，求められる u とその導関数 $u_x, \ldots$ が，考えている領域 G の境界 Γ の上でとる値に課せられる条件式からなる．最も単純な条件は，$u = 0$, あるいは $\frac{\partial u}{\partial n} = 0$ である．ここで $\frac{\partial}{\partial n}$ は，外向き法線方向の微分である．

u に対して線形非同次境界条件が，例えばそれが（いたる所 0 ではない）境界値 $u = f$ により与えられているとする．このとき我われは，次のようにして同値な同次境界条件の問題を得ることができる．$L[u] = 0$ を扱うべき同次方程式とし，境界値 f は G の内部に連続的に拡張され，$L[f] = g$ は G で連続と仮定する．このとき $v = f - u$ に対して，微分方程式 $L[v] = g$ と同次境界条件 $v = 0$ が得られる．逆に，同次境界条件付きの非同次な方程式が与えられているときは，非同次方程式の特解が分かれば，それとの差を考えることにより，非同次境界条件付きの同次方程式が得られる．一般には次のように述べることができる：非同次境界条件付きの同次微分方程式は，同次境界条件きの非同次微分方程式と同値である．

5.1.3 形式的関係,共役微分式,グリーン関数

線形微分式に関するいくつかの形式的な関係を手短に述べ,まとめておこう.その際,上巻§4.10のように,同次かつ2次の被積分関数をもつ変分問題に現れる微分式を特に考察する.このような表式は,**自己共役微分式**と呼ばれている.

(a) 1変数の場合. 2次形式

$$Q[u,u] = au'^2 + 2bu'u + du^2,$$

ただし,a, b, d は x の与えられた関数であり,また $u(x)$ は引数関数である.この2次形式に属する対称な双線形形式

$$Q[u,v] = au'v' + b(u'v + v'u) + duv$$

を導入すれば

$$Q[u+v, u+v] = Q[u,u] + 2Q[u,v] + Q[v,v]$$

となる.

形式 $Q[u,v]$ を区間で積分すれば,部分積分により v の導関数を消去して,**グリーンの公式**

(2) $$\int_{x_0}^{x_1} Q[u,v]\,dx = -\int_{x_0}^{x_1} vL[u]\,dx + (au' + bu)v\Big|_{x_0}^{x_1}$$

が得られる.ただし,微分式

$$L[u] = (au')' + (b' - d)u$$

は,-2 の因数を除いて,被積分関数 $Q[u,u]$ に関するオイラーの微分式と一致する.$Q[u,v]$ の対称性により,同様に

(2a) $$\int_{x_0}^{x_1} Q[u,v]\,dx = -\int_{x_0}^{x_1} uL[v]\,dx + (av' + bv)u\Big|_{x_0}^{x_1}$$

が得られ,(2) と (2a) から,対称なグリーンの公式

(2b) $$\int_{x_0}^{x_1} (vL[u] - uL[v])\,dx = a(u'v - v'u)\Big|_{x_0}^{x_1}$$

が得られる.

対称な双線形形式 $Q[u,v]$ ではなくて,任意の双線形形式

$$B[u,v] = au'v' + bu'v + cuv' + duv$$

から始めれば,部分積分を用いることにより

(3) $\begin{cases} \displaystyle\int_{x_0}^{x_1} B[u,v]\,dx = -\int_{x_0}^{x_1} vL[u]\,dx + (au' + cu)v\Big|_{x_0}^{x_1} \\ \qquad\qquad\qquad = -\displaystyle\int_{x_0}^{x_1} uM[v]\,dx + (av' + bv)u\Big|_{x_0}^{x_1} \end{cases}$

(4) $\displaystyle\int_{x_0}^{x_1} (vL[u] - uM[v])\,dx = [a(u'v - v'u) + (c-b)uv]\Big|_{x_0}^{x_1}$

という形の公式が得られる.ここで,微分式

$$M[v] = (av')' + (bv)' - cv' - dv$$

と,微分式

$$L[u] = (au')' - bu' + (cu)' - du$$

とは,(4) の左辺の積分が境界の上での関数とその導関数の値だけで表されるという条件を通して,相互に他方を一意に定める.これら2つの表示は,互いに**共役**であるという.もし恒等的に $L[u] = M[u]$ ならば,微分式 $L[u]$ は**自己共役**であると呼ばれる.2次形式 $Q[u,u]$ からも同様に導かれる.

微分式

$$pu'' + ru' + qu$$

に関しては,共役微分式が

$$(pv)'' - (rv)' + qv$$

であることが直ちに分かる.よって,微分式が自己共役であるための必要十分条件は

$$p' = r$$

が成り立つことである.

関係式 $a = p$, $b' - d = q$ により，$(pu')' + qu$ に対する 2 次形式 $Q[u, u]$ の構成は何通りかある．

任意の線形微分式 $pu'' + ru' + qu$ は，適当な 0 とならない因子 $\varrho(x)$ を掛けることにより，自己共役に変換することができる．それには

$$\varrho(x) = e^{\int \frac{r-p'}{p} dx}$$

とすればよい．同様に，x の代わりに新しい独立変数，すなわち

$$x' = \int e^{-\int \frac{r-p'}{p} dx} dx$$

を導入しても，微分式 $pu'' + ru' + qu$ を自己共役とすることができる．あるいは，u の代わりに新しい従属変数

$$v = u e^{\int \frac{r-p'}{p} dx}$$

を用いても可能である．

(b) 多変数の場合．全く同様な変換が 2 階線形偏微分方程式についても成り立つ．2 次の被積分関数

$$Q[u, u] = p(u_x^2 + u_y^2) + qu^2$$

をもつ重要な例によって原理を説明しよう．なお，これの極形式は

$$Q[u, v] = p(u_x v_x + u_y v_y) + quv$$

である．

区分的に滑らかな境界 Γ をもつ領域 G の上で $Q[u, v]$ を積分すると，部分積分により，グリーンの公式

(5) $$\iint_G Q[u, v] \, dx \, dy = -\iint_G v L[u] \, dx \, dy + \int_\Gamma pv \frac{\partial u}{\partial n} ds$$

が得られる．ここで

$$L[u] = (pu_x)_x + (pu_y)_y - qu$$

である．関数 v は閉領域 G において連続かつ区分的に連続な 1 階導関数をもち，他方 u は連続であり，連続な 1 階導関数と区分的に連続な 2 階導関数を

もつと仮定する．また，s は境界の弧長を表し，$\frac{\partial}{\partial n}$ は外向き法線方向の微分を表す．

v が u と同じ条件を満たすならば，先の公式において u と v を交換し，辺々引くことによって対称なグリーンの公式

$$\text{(5a)} \qquad \iint_G (vL[u] - uL[v])\,dx\,dy = \int_\Gamma p\left(v\frac{\partial u}{\partial n} - u\frac{\partial v}{\partial n}\right) ds$$

が得られる．

$p=1,\, q=0$ に対して，我われの自己共役[1]な微分式 $L[u]$ は，ポテンシャル式 Δu に帰着し，公式 (5) と (5a) は，ポテンシャル論におけるよく知られたグリーンの公式と一致する．

5.1.4 連立 1 次方程式の極限および拡張としての線形関数方程式

すべての微分方程式は，微分係数が対応する差分係数に置き換えられた差分方程式の極限と考えることができる．その際，独立変数の増分，すなわち格子幅は値 h であるとし，関数の値 u は h の整数倍の座標の格子点 $x, y, \ldots$ においてのみ考える．よって微分方程式は，これら格子点における関数値 u に関する連立 1 次方程式となる．同様にして，積分方程式や他の関数方程式を連立 1 次方程式で置き換えることができる．旧原著第 II 巻では，そうした考え方を出発点として微分方程式を取り扱っている．ここでは単に，微分方程式と差分方程式の間の類似性を，発見的原理として用いることを主旨としよう．すなわち，線形微分方程式に対する問題は，対応する連立 1 次方程式に対する問題と完全な類似関係にあり，後者の極限がすなわち線形微分方程式の問題となるという予想を掲げるのである．実際，この予想は全く一般的な仮定の下で裏書きされる．

特に，線形微分方程式の問題においては次の**交代性**が成り立つ．同次微分式に対する同次問題がただ 1 つの解 $u=0$ のみもつならば，対応する非同次

---

[1] [原註] 線形常微分方程式の場合と同様に，偏微分式 $L[u]$ に対しても，表式 $vL[u] - uM[v]$ が発散形式であるという条件によって，共役表示 $M[v]$ が対応する．

問題もただ 1 つの解のみもつ．他方，同次問題が非自明な解をもつときは，非同次問題は限定された線形条件の下でのみ解をもちその解は一意ではない．上巻第 1 章と同様に，同次微分式において線形パラメータ λ が現れる場合は特に重要な役割を受けもつ．興味があるのは，同次の問題が自明でない解，**固有関数**をもつような λ の値，**固有値**である．

以下で取り扱っている連続体物理学の線形微分方程式の問題については，差分方程式によって置き換えることは，連続体を有限自由度の系で置き換えることに相当する．

5.2 有限自由度の系

上巻 §4.10 と同様に，一般化座標が $q_1, \ldots, q_n$ である自由度 n の系を考えよう．運動エネルギーとポテンシャルエネルギーは，a_{hk}, b_{hk} を定係数として，それぞれ

$$T = \sum_{h,k=1}^{n} a_{hk} \dot{q}_h \dot{q}_k; \quad U = \sum_{h,k=1}^{n} b_{hk} q_h q_k$$

という 2 次形式で与えられる．

その性質からして T は正定値である．U に関しても正定値性を仮定する．このとき，$q_1 = q_2 = \cdots = q_n$ に対して安定平衡となる．座標 q_h のうちいくつかを 0 でないとすれば，あるいは別の非同次な条件を課せば，初めの静止状態 $q_h = 0$ とは異なる平衡状態が現れる．（この最後の問題は，有限自由度の場合には，特別の数学的な興味はないが，$n \to \infty$ の極限で偏微分方程式の通常の境界値問題になる．）

5.2.1 固有振動，正規座標，運動の一般論

我々が考察している系の運動の問題は，一般に微分方程式

(6) $$\sum_{k=1}^{n}(a_{hk}\ddot{q}_k + b_{hk}q_k) = P_h(t) \quad (h=1,2,\ldots,n)$$

$$(a_{hk} = a_{kh}, \quad b_{hk} = b_{kh})$$

の形で構成される．ここで，関数 $P_h(t)$ は与えられた外力の成分を表す．この微分方程式系の，初期位置 $q_h(0)$ および初速度 $\dot{q}_h(0)$ $(h=1,2,\ldots,n)$ が与えられた下で，解 $q_h(t)$ を見出したい．もし外力 $P_h(t)$ がすべて 0 であるときは，**自由運動**あるいは**系の自由振動**と呼ばれる．

運動の過程を完全に解明するには，上巻第 1 章で述べた 2 次形式の理論を用いれば容易である．2 つの正値 2 次形式

$$G = \sum_{h,k=1}^{n} a_{hk}x_h x_k, \quad F = \sum_{h,k=1}^{n} b_{hk}x_h x_k$$

を考察するに当たり，変数 $x_1, x_2, \ldots, x_n$ の線形変換

(7) $$x_h = \sum_{k=1}^{n} \tau_{hk}\xi_k, \quad \xi_h = \sum_{k=1}^{n} \tilde{\tau}_{hk}x_k$$

により，2 次形式

$$G = \sum_{h=1}^{n} \xi_h^2, \quad F = \sum_{h=1}^{n} \lambda_h \xi_h^2$$

が導かれることに注意しよう．U および T の正値性より，$\lambda_1, \lambda_2, \ldots, \lambda_n$ は正である．方程式 (6) において (7) に対応して，座標 $q_1, \ldots, q_n$ の代わりに新しい座標，いわゆる**正規座標** $\eta_1, \ldots, \eta_n$ を，式

(7a) $$q_h = \sum_{k=1}^{n} \tau_{hk}\eta_k, \quad \eta_h = \sum_{k=1}^{n} \tilde{\tau}_{hk}q_k$$

により導入すれば

$$T = \sum_{h=1}^{n} \eta_h^2, \quad U = \sum_{h=1}^{n} \lambda_h \eta_h^2$$

が得られ，運動の方程式は

$$\ddot{\eta}_h + \lambda_h \eta_h = N_h(t)$$

となる．ただし

$$N_h(t) = \sum_l P_l(t)\tau_{lh}$$

は外力の**正規座標**である．これらの微分方程式では，時間 t の関数として求める座標 η_h がすべて互いに分離されている．

ついでながら，正規座標の概念をいささか一般化しておくことは，しばしば有用である．すなわち，エネルギーが

$$T = c \sum_{h=1}^n \dot{\eta}_h^2, \quad U = \sum_{h=1}^n \lambda_h^* \eta_h^2$$

の形となるような座標のことであるとする．ここで，$\lambda_h = \lambda_h^*/c = \nu_h^2$．

自由振動では $N_h(t) = 0$ であるから，解は

(8)
$$\eta_h = y_h \cos\nu_h(t - \varphi_h) \qquad (\nu_h = \sqrt{\lambda_h})$$
$$= a_h \cos\nu_h t + b_h \sin\nu_h t \quad (h = 1, 2, \ldots, n)$$

の形で直ちに得られる．ここで，a_h, b_h あるいは y_h, φ_h は任意の積分定数である．第 h 番の正規座標以外はすべて 0 であり，第 h 番の正規座標が式 $\eta_h = y_h \cos\nu_h(t - \varphi_h)$ で与えられるような自由運動は，振幅 y_h, 位相 φ_h の系の**第 h 主振動**あるいは**固有振動**と呼ばれる．単に h 主振動といえば，振幅の値を 1，位相の値を 0 とした関数 $\eta_h = \cos\nu_h t$ を意味するのが通例である．数 ν_i のことを，**固有振動数**あるいは**固有周波数**，さらには音響学の用語を借りて**ピッチ**（音の高さ）という．もとの座標 q_k により第 h 主振動を表すには，変換公式 (7a) において η_h を $\cos\nu_h t$ とし，その他の η_i をすべて 0 とすれば得られる．

任意の系の自由振動は，異なる位相と振幅の固有振動の重ね合わせである．積分定数 $a_1, \ldots, a_n, b_1, \ldots, b_n$ の個数 $2n$ は，解が任意に与えられた初期状態をとるためにちょうど必要な個数である．このとき，与えられた初期位置と与えられた初速度となる解が得られる．

この初期値問題の解を形式的に表すため，$q_1, \ldots, q_n$ をまとめて n 次元ベクトル $\mathbf{q}$ と考えることにする．$\mathbf{e}_i$ により成分が $\tau_{1i}, \tau_{2i}, \ldots, \tau_{ni}$ $(i = 1, 2, \ldots, n)$ であるベクトルを表すと，(7a) と (8) から

$$\mathbf{q}(t) = \sum_{i=1}^n \mathbf{e}_i y_i \cos\nu_i(t - \varphi_i)$$

である．一般の自由振動に対するこの式から，与えられた初期状態をベクトル $\mathbf{q}(0), \dot{\mathbf{q}}(0)$ により表すと

$$\text{(9)} \quad \begin{cases} \mathbf{q}(0) = \displaystyle\sum_{i=1}^{n} \mathbf{e}_i y_i \cos(\nu_i \varphi_i), \\ \dot{\mathbf{q}}(0) = \displaystyle\sum_{i=1}^{n} \mathbf{e}_i y_i \nu_i \sin(\nu_i \varphi_i) \end{cases}$$

という（任意定数に対する）方程式が得られる．

簡単のため，2次形式 G はすでに単位形式 $G = \displaystyle\sum_{i=1}^{n} x_i^2$ であると仮定すると，**固有ベクトル $\mathbf{e}_i$** は完全直交系（上巻 §1.1 参照）をなすから，(9) と $\mathbf{e}_h$ の内積により，関係

$$\mathbf{e}_h \mathbf{q}(0) = y_h \cos(\nu_h \varphi_h),$$
$$\mathbf{e}_h \dot{\mathbf{q}}(0) = \nu_h y_h \sin(\nu_h \varphi_h)$$

が得られる．これから振幅 y_h と位相 φ_h は直ちに求められる．

ここで注意を1つ述べよう．すなわち固有振動とは，座標 q_k の比が時間に依存しないような系の振動，よって q_k が時間によらない定数 v_k を用いて $q_k = v_k g(t)$ の形に表されるような運動である，と定義できるという注意である．この表現を，$P_i = 0$ とした方程式 (6) に代入すると，方程式

$$\frac{\displaystyle\sum_{k=1}^{n} b_{ik} v_k}{\displaystyle\sum_{k=1}^{n} a_{ik} v_k} = -\frac{\ddot{g}(t)}{g(t)}$$

となる．右辺は i と t に独立な定数であるから，それを λ とおくと，直ちに方程式

$$\sum_{k=1}^{n} (b_{ik} - \lambda a_{ik}) v_k = 0 \quad (i = 1, 2, \ldots, n)$$

により表される，2次形式 G と F に対する固有値問題が得られる．これによって上で述べた変換を基にした考察との関係が明らかになる．

さて，外力 P_i が0でないような**強制振動**の問題を考察しよう．この問題を解くには，一般の微分方程式 $\ddot{\eta}_h + \lambda_h \eta_h = N_h(t)$ に対する1つの解を見出せ

ば十分である．

初期値 $\eta_h(0) = 0$, $\dot{\eta}_h(0) = 0$ に対する解は

$$\eta_h(t) = \frac{1}{\sqrt{\lambda_h}} \int_0^t N_h(\tau) \sin\sqrt{\lambda_h}(t-\tau)\,d\tau \tag{10}$$

で与えられる[2]．一般の強制振動の解は，自由振動の一般解とこの特殊解との重ね合わせで得られる．

外力 $N_h(t)$ が振動数 ω_h の単振動，すなわち $N_h(t) = \alpha_h \cos\omega_h(t-\delta)$ であるときは，式 (10) から，$\omega_h^2 \neq \lambda_h$ ならば，座標 q_h の運動は振動数 ω_h の単振動と振動数 $\sqrt{\lambda_h}$ の固有振動との重ね合わせである．しかしながら $\omega_h^2 = \lambda_h$ であるとき，すなわちいわゆる**共鳴**が起こるときは，η_h の強制振動はもはや外力 $N_h(t)$ のリズムに従わず，式 (10) から容易に導かれるように

$$\eta_h(t) = \frac{\alpha_h t}{2\omega_h} \sin\omega_h(t-\delta) + \frac{\alpha_h \sin\omega_h \delta}{2\omega_h^2} \sin\omega_h t$$

となり，t が増加すると $|\eta_h|$ は有界には留まらない．

5.2.2 振動系の一般性質

振動数の 2 乗 $\lambda_1, \ldots, \lambda_n$ を増加する順に並べる：$\lambda_1 \leqq \lambda_2 \leqq \cdots \leqq \lambda_n$．そうすると上巻 §1.4 により，$\lambda_p$ は次のように特徴付けられる．すなわち変数 x_h が，条件 $G = \sum_{h,k=1}^n a_{hk} x_h x_k = 1$ をまず満たし，ついで任意の α_{hj} に対して $(p-1)$ 個の付帯条件

$$\sum_{h=1}^n \alpha_{hj} x_h = 0 \quad (j=1,2,\ldots,p-1) \tag{11}$$

を満たす下での，2 次形式 $F = \sum_{h,k=1}^n b_{hk} x_h x_k$ の最小値のうちの最大値が λ_p である．この事実から直ちに，振動数あるいは対応する音の高さに関して次の一般的な定理が得られる．これらはすでに上巻 §1.4 において，物理的な意

---

[2] ［原註］この解は次のように考えることができる．連続的な外力を時間間隔 Δt で働く不連続な衝撃で置き換え，$\Delta t \to 0$ の極限をとる．

味づけなしに述べられ証明されたものである.

《定理 1》 振動する系の第 p 倍音は，考えている系に (11) の形の p 個の任意の条件を課して得られる系の基音のうちで最も高い. □

《定理 2》 系 S に (11) の形の r 個の条件を課して **r 重束縛**された系 S' が得られたとき，この束縛系の振動数 $\nu'_1, \ldots, \nu'_{n-r}$ は，もとの自由系の対応する振動数 $\nu_1, \ldots, \nu_{n-r}$ より小さくないか，また自由系の振動数 $\nu_{r+1}, \ldots, \nu_n$ より大きくない. すなわち

$$\lambda_p \leqq \lambda'_p \leqq \lambda_{p+r} \quad \text{および} \quad \nu_p \leqq \nu'_p \leqq \nu_{p+r} \quad (p=1,2,\ldots,n-r)$$

が成り立つ. □

《定理 3》 慣性が増大すれば，基音および各倍音は変化しないか低くなる. □

ここで慣性の増大とは，系が，ポテンシャルエネルギーは変化しないままに，運動エネルギー T' が，$T'-T$ が負とならないような他の系に変化することを意味する.

《定理 4》 系が硬くなれば，基音および各倍音は変化しないか高くなる. □

ここで系が硬くなるとは，運動エネルギーが同じで，ポテンシャルエネルギーが非負の形式分だけ増加するような系に変化することを意味する.

指摘するには及ばないことであるが，もし拘束条件を取り除いたり，質量を減らしたり，あるいは系を緩くしたりすれば，すなわち S が S' より硬いような系 S' に変化すれば，基音および倍音は，定理 2 から定理 4 で示されているのとはいずれの場合も逆の変化となる.

5.3 弦の振動

自由度が有限のとき，運動の全体を捉えるためには，特に固有振動が分かればよいことを見た. このことは連続的な振動系でもまた成り立つ. そこでは，変位 u が，時間のみによる因子 $g(t)$ と，位置のみによる因子 $v(x)$，いわゆる形の因子あるいは**振動因子**との積で表されるような自由振動（**定常振動**）のみを考察する. 任意の振動現象は，これら固有振動の重ね合わせで表

される．

これらの考えを，いくつかの重要な例により明らかにしよう．

5.3.1 均質な弦の自由運動

まず最も簡単な例の，均質な弦の振動に対する微分方程式

(12) $\quad cu_{xx} = \varrho u_{tt} \quad$ あるいは $\quad u_{xx} = \mu^2 u_{tt} \quad \left(\mu = \sqrt{\dfrac{\varrho}{c}}\right)$

を考える．境界条件は $u(0,t) = u(\pi,t) = 0$ である（§4.10，上巻 p. 263 参照）．簡単のため，$\mu = 1$ となるように時間単位を取り直して考える．我々の一般的な方針では，方程式 (12) を満たす関数のうちで，時間のみに依存する因子と位置のみに依存する因子に分離された関数，すなわち，$u = v(x)g(t)$ の形の関数を問うことになる．このとき微分方程式 (12) は

$$\frac{v''(x)}{v(x)} = \frac{\ddot{g}(t)}{g(t)}$$

となり，この等式で右辺は x によらず左辺は t によらないから，両辺は同じ定数 $-\lambda$ に等しくなければならない．境界条件 $v(0)g(t) = v(\pi)g(t) = 0$ から $v(0) = v(\pi) = 0$ となる．

よって関数 $v(x)$ は，微分方程式

(13) $\quad\quad\quad\quad\quad\quad v'' + \lambda v = 0$

および境界条件

(13a) $\quad\quad\quad\quad\quad v(0) = v(\pi) = 0$

により決定される．これらの要請は，定数 λ の任意の値に対して満たされるわけではない．実際，微分方程式 (13) の一般解 $c_1 e^{\sqrt{-\lambda}x} + c_2 e^{-\sqrt{-\lambda}x}$ の形から，境界条件は $\lambda = n^2$ が整数 n の平方であるときそのときのみ満たされる．対応する解は $v_n = \sin nx$ である．数 $1^2, 2^2, 3^2, \ldots$ および関数 $\sin x, \sin 2x$, $\ldots$ を，微分方程式 (13) と境界条件 (13a) が定める「**固有値問題**」の，それぞれ**固有値**および**固有関数**と呼ぶ．

$g(t)$ は a, b を任意の定数として $g = a\cos nt + b\sin nt$ である．よって，

すべての正の整数 n に対して $\sin nx(a\cos nt + b\sin nt)$ の形の (12) の解を得る．このようにして得られた正弦形の，あるいは調和運動を，弦の**固有振動**という．数 $n = \nu_n$ は，対応する**固有振動数**である．一般解は

$$u = \sum_n \sin nx(a_n \cos nt + b_n \sin nt)$$

の形にまとめることができる．ここで和は有限の項でも無限の項でもよい．後者の場合はもちろん，級数は一様に収束し，2 変数のどちらに関しても項別に微分可能であることを仮定する．

さて，係数 a_n, b_n を適当に選んで，解が，関数 $u(x,0) = \varphi(x), u_t(x,0) = \psi(x)$ により与えられる任意の初期状態を満たすようにできるか，という疑問が起こる．すなわち

$$\varphi(x) = \sum_{n=1}^{\infty} a_n \sin nx, \quad \psi(x) = \sum_{n=1}^{\infty} nb_n \sin nx$$

とできるかどうかという疑問である．フーリエ級数の展開定理によれば，係数 a_n, b_n を適当に選ぶことで，このような級数展開は可能である．そのように定められた係数を用いてできた級数は，実際に求める解を表す[3]．

弦に他の境界条件が課された場合も，全く同様の結果が得られる．例えば，始点が固定されているとし，すなわち $u(0,t) = 0$ とし，終点が方程式 $u_x = -hu$ $(h > 0)$ に従って静止状態に弾性的に結ばれているとしよう[4]．このとき，$u(x,t) = v(x)g(t)$ とおくと $v(x)$ に対する次の固有値問題が得られる：境界条件 $v(0) = 0, v'(\pi) + hv(\pi) = 0$ を満たす微分方程式 $v'' + \lambda v = 0$ の解 $v(x)$ で，恒等的に 0 とはならないものが存在するような定数 $\lambda = \nu^2$ を決定せよ．最初の境界条件から，v は $\sin \nu x$ の形でなければならない．第 2 の境界条件から，ν に対する超越方程式 $h\sin \nu\pi = -\nu \cos \nu\pi$ が得られる．$h \neq 0$ ならば，この方程式の根は $x\nu$-平面において曲線 $z = \tan \nu\pi$ の各枝と

---

[3] [原註] ここでは，関数 $\varphi, \psi, \varphi', \varphi'', \psi'$ は区分的に滑らかであると仮定している．この仮定は，関数とその導関数を展開することを要求せずに，単にフーリエ係数によって特徴付ける，とすれば緩めることができる．

[4] [原註] §4.10.2, 上巻 p. 263 参照．そこでは，これらの境界条件はポテンシャルエネルギーに境界項を付け加えることで導かれた．

直線 $z = -\frac{1}{h}\nu$ の交点として，グラフによって求めることができる．よって再び，固有値の列 $\lambda_1, \lambda_2, \ldots$ と対応する固有関数 $\sin \nu_1 x, \sin \nu_2 x, \ldots$，および固有振動 $(a \cos \nu_1 t + b \sin \nu_1 t) \sin \nu_1 x, \ldots$ が得られる．さらに，n 番目の固有振動数 ν_n に対して直ちに，「漸近的」関係 $\lim_{n \to \infty} \frac{\nu_n}{n} = 1$ が得られる．

特別な場合として弦の終点が「自由」であるとき，すなわち $h = 0$ であり，よって $u_x = 0$ であるとき，$\nu_n = n - \frac{1}{2}$ となり，これは

$$v_n = \sin\left(n - \frac{1}{2}\right)x$$

となる．

(12) の解として，再び

$$u(x,t) = \sum_n \sin \nu_n x (a_n \cos \nu_n t + b_n \sin \nu_n t)$$

の形の級数を構成することができる．係数 a_n, b_n の値を適当に選ぶことにより，任意の初期条件を満たす解が得られることが望まれる．この予想を確かめるため，**区間 $0 \leq x \leq \pi$ において任意の関数 $w(x)$ は，関数系 $\sin \nu_n x$** によって**展開可能**かどうか吟味しなければならない．関数系 $\sin \nu_n x$ は，境界条件

(14) $$v(0) = 0, \quad hv(\pi) = -v'(\pi)$$

の下での微分方程式の固有関数系である．これらのことは §5.14 で行おう．ここでは単に，関数系 $v_n = \sin \nu_n x$ は**直交系**であること，すなわち

(15) $$\int_0^\pi v_n v_m \, dx = 0 \quad (\nu_n \neq \nu_m \text{ に対して})$$

であることに注意しよう．このことは，方程式 $v_n'' + \nu_n^2 v_n = 0$ に v_m を乗じ，$v_m'' + \nu_m^2 v_m = 0$ に v_n を乗じ，辺々引いて積分すれば

$$(\nu_n^2 - \nu_m^2)\int_0^\pi v_n v_m \, dx + \int_0^\pi \frac{d}{dx}(v_n' v_m - v_m' v_n) \, dx = 0$$

となり，(14) により直交性が得られることから分かる．

5.3.2 強制振動

任意の外力 $Q(x,t)$ の影響の下で端が固定された弦の運動は，非同次な微分方程式

(16) $$u_{xx} = u_{tt} - Q(x,t)$$

により特徴付けられる．この問題を取り扱うため，関数 $Q(x,t)$ を，時刻 t において固有関数 $\sin nx$ により展開する．

$$Q(x,t) = \sum_{n=1}^{\infty} Q_n(t)\sin nx, \quad Q_n(t) = \frac{2}{\pi}\int_0^{\pi} Q(x,t)\sin nx\, dx$$

同様に，求める解も

$$u(x,t) = \sum_{n=1}^{\infty} q_n(t)\sin nx, \quad q_n(t) = \frac{2}{\pi}\int_0^{\pi} u(x,t)\sin nx\, dx$$

の形に展開する．微分方程式 (16) の解を，無限個の常微分方程式の列

(17) $$-n^2 q_n(t) = \ddot{q}_n(t) - Q_n(t)$$

を解くことにより求めたい．これは（p.11 参照），a_n, b_n を任意の定数とし，関数

(17a) $$q_n(t) = \frac{1}{n}\int_0^t \sin n(t-t')Q_n(t')\,dt' + a_n\cos nt + b_n\sin nt$$

により与えられる．定数 a_n, b_n は与えられた初期条件から決定され，級数が収束し項別に微分可能ならば，和 $\sum_n q_n(t)\sin nx$ は方程式 (16) の望むべき解となる．非同次方程式を取り扱う別の方法は，§5.5.2 および §5.14.1 において行う．

強制振動の問題では，上記のような展開定理を用いずに済ますことができる．解 $u(x,t)$ は存在すると仮定し，$Q_n(t), q_n(t)$ は $Q(x,t)$ と $u(x,t)$ のフーリエ係数の関係式から定められるとする．そうして関数 $q_n(t)$ は関数 $Q_n(t)$ から決定される問題と考える．方程式 (16) に $\sin nx$ を乗じて基本領域の上で積分する．部分積分を行い左辺を変形すれば直ちに (17) が，よって再び公式 (17a) が得られる．直交関数系 $\sin nx$ の完全性により，関数 $u(x,t)$ はこ

のような展開係数から一意に定められる.

§5.2 と同様に，特に興味があるのは $Q_n(t)$ が単振動

$$Q_n(t) = a\cos\omega t + b\sin\omega t$$

のときである．$\omega^2 \neq n^2$ に対しては，$q_n(t)$ は振動数が ω の単振動と n の単振動との線形結合で表されるが，共鳴 $\omega^2 = n^2$ の場合は $q_n(t)$ は有界ではない（p.12 参照）．

均質な弦振動の事項は，この章で広く考察する対象のうち，一般の連続体の振動系に関して典型的なものである．本質的な点は，固有振動を求めることとその完全性，あるいは展開定理である．しかしながらこれらの事柄は，均質な弦振動の場合と異なり，フーリエ級数のような既存の定理によるわけにはいかない．論考を中断しないように，この完全性の証明は §5.14 まで先延ばししよう．

5.3.3 一般の均質でない弦とスチュルム–リウヴィル固有値問題

さて一般の場合の，均質でない弦を考えよう．

$$(pu_x)_x = \varrho u_{tt}$$

ただし，$p(x)$ は弾性率に断面積を乗じたもの，$\varrho(x)$ は単位長さ当たりの質量とする．問題は，同次境界条件を満たす方程式の解を求めることである．再び $u = v(x)g(t)$ の形の解を探そうとすると，方程式

$$(pv')' : v\varrho = \ddot{g} : g$$

が得られる．これは，両辺がともに 1 つの定数 $-\lambda$ に等しいときに限り満たされる．このとき，関数 $v(x)$ に対しては常微分方程式

(18) $$(pv')' + \lambda \varrho v = 0$$

となり，関数 g は微分方程式 $\ddot{g} + \lambda g = 0$ を満たす．λ の負の値は考えなくてよいことがすぐ分かるので，$\lambda = \nu^2$ とおくと，u は

$$u = v(x)(a\cos\nu t + b\sin\nu t)$$

の形になる．一方 $v(x)$ は，微分方程式 (18) と境界条件によって定められる．均質な弦の特別な場合と同様に，**微分方程式が境界条件を満たす恒等的に 0 と異なる解をもつような「固有値」λ を決定せよ**，という固有値問題が生じる．このような解は，固有値 λ に対応する固有関数と呼ばれる．固有関数は任意の定数倍を除いて定まる．両端点に関する境界条件としては，次の型がよく用いられる[5]：

1. $v(0) = 0, \quad v(\pi) = 0$ （固定端）
2. $h_0 v(0) = v'(0), \quad -h_1 v(\pi) = v'(\pi)$ （弾性束縛端）
3. $v'(0) = 0, \quad v'(\pi) = 0$ （自由端）
4. $v(0) = v(\pi), \quad p(0)v'(0) = p(\pi)v'(\pi)$

条件 4 では，$p(0) = p(\pi)$ のときに周期条件とみなされる．

問題の物理的な性質から，関数 p と ϱ は $0 \leqq x \leqq \pi$ に対して正でなければならないことに注意しよう，またはっきりとそう仮定しておく．さらに，h_0 と h_1 は，弦の定常状態が安定な平衡点であるならば，正でなければならない[6]．

このように定式化された問題を，最初に詳しく考察した研究者の名前にちなんで**スチュルム–リウヴィルの固有値問題**と呼ぶ．(18) の代わりに，与えられた連続関数 q に対して微分方程式

$$(pv')' - qv + \lambda \varrho v = 0 \tag{19}$$

を考察することにより，問題はいささか一般化される．多くの場合に重要なのは，独立変数や従属変数を変換することにより，微分方程式 (18) および (19) を簡単な標準型にもっていけるかどうかである．例えば，$z = v\sqrt{\varrho}$ と変換すれば，(19) は

$$\frac{d}{dx}(p^* z') - (q^* - \lambda) z = 0, \tag{20}$$

ただし，

$$p^* = \frac{p}{\varrho}, \quad q^* = -\frac{1}{\sqrt{\varrho}} \frac{d}{dx}\left(p \frac{d}{dx} \frac{1}{\sqrt{\varrho}}\right) + \frac{q}{\varrho}$$

---

[5] ［原註］変分法の観点から，ちょうどこれだけの型が重要であることが示される．

[6] ［原註］上巻 §4.10.2 参照．

となる．$q=0$ のときは，同様に x の代わりに $\xi = \int \frac{dx}{p(x)}$ を新しい変数とし，ξ を改めて x と書けば，微分方程式は

$$z'' + \lambda \sigma z = 0, \quad \sigma = \varrho p$$

の形に変換される．

微分方程式 (19) の別の重要な変換は

(20a) $$u = \sqrt[4]{p\varrho}\, v, \quad t = \int_0^x \sqrt{\frac{\varrho}{p}}\, dx, \quad l = \int_0^x \sqrt{\frac{\varrho}{p}}\, dx$$

である．

このとき (19) は，r を連続関数として[7]

(19a) $$u'' - ru + \lambda u = 0$$

となる．

微分方程式 (19) の固有関数 v および（正の）固有値 λ に対して，

$$v(x)(a_\nu \cos \nu t + b_\nu \sin \nu t)$$

という形で表される，振動数 $\nu = \sqrt{\lambda}$ の弦の固有振動が対応する．

さらに，スチュルム–リウヴィルの固有値問題の固有関数も直交関数系を構成している．この性質は関数の特別な性質を知ることなしに，微分方程式から示される．すなわち，λ_n, λ_m を 2 つの異なる固有値とし，v_n, v_m をそれぞれに属する固有関数とする．§5.3.1 と同様に

$$(\lambda_n - \lambda_m) \int_0^\pi \varrho v_n v_m\, dx + \int_0^\pi \frac{d}{dx}(p[v'_n v_m - v_n v'_m])\, dx = 0$$

が得られる．ここで，境界条件の同次性から第 2 項は消えるので，関数 $\sqrt{\varrho}\, v_i$ は実際に直交関係

$$\int_0^x \varrho v_n v_m\, dx = 0$$

を満たす．これらの関数は正規化することができ，実際に正規化しておく．§5.14 では次のことを示す：

---

[7] ［原註］すなわち，$f = \sqrt[4]{\varrho p}$ として $r = \frac{f''}{f} + \frac{q}{\varrho}$．

《定理》与えられた境界条件に対する微分方程式 (19) の固有値 λ を大きさの順に並べると，可算個の列 $\lambda_1, \lambda_2, \lambda_3, \ldots$ となり，それらに属する固有関数系は完全直交系をなす．さらに，固有値問題の境界条件を満たす任意の連続関数 $f(x)$ で，区分的に連続な 1 階および 2 階の導関数をもつものは，固有関数の絶対かつ一様に収束する列

$$f = \sum_{n=1}^{\infty} c_n v_n, \quad c_n = \int_0^{\pi} \varrho f v_n \, dx$$

に展開できる．この展開定理を用いれば，解

$$u(x,t) = \sum_{n=1}^{\infty} v_n(x)(a_n \cos \nu_n t + b_n \sin \nu_n t)$$

が，与えられた初期状態を満たすようにできる．□

スチュルム–リウヴィル問題の固有値 λ は，周期境界条件の問題を除けば[8]，すべて**単純**である．すなわち，1 つの固有値 λ に互いに線形独立な 2 つの固有関数 v, v^* が属することはない．実際，線形独立な固有関数が 2 つ存在したとすれば，$cv + c^*v^*$ の形の関数も (19) の解となる．これらそれぞれの解は，与えられた同次境界条件を満たさなければならないが，それは事実と矛盾することになる．というのは，例えば任意に与えられた $v(0), v'(0)$ をもつ解を求めることができるが，一方で境界条件 1, 2, 3 では $v(0), v'(0)$ の間の関係を定めているからである．

$q \geqq 0, h_0 \geqq 0, h_1 \geqq 0$ に対して，固有値 $\lambda = \nu^2$ はすべて正である．実際，

$$\lambda = \lambda \int_0^{\pi} \varrho v^2 \, dx = -\int_0^{\pi} [(pv')'v - qv^2] \, dx = \int_0^{\pi} (pv'^2 + qv^2) \, dx - pv'v \Big|_0^{\pi}$$

であり，右辺は境界条件 1–4 のとき正だからである．**固有値が正であること**は，現実の振動に固有関数が対応しているために必須である．ある固有値が負になるときには，対応する固有振動に代わって非周期的な運動が現れる．後に見ることだが，q が負のときでもそうであり，これが現れるのは有限個である[9]．

---

[8] [原註] このとき，$\lambda = n^2$ ($n = 1, 2, 3, \ldots$) は $y'' + \lambda y = 0$ の 2 重固有値で，2 つの固有関数 $\sin nx$, $\cos nx$ が属する．

[9] [原註] §6.2 参照．

最後に，**弦の強制振動**については，§5.3.2 において一様な弦に対して行ったのと同様に解析できる．とはいえ，外力が周期的な $Q(x,t) = \varphi(x)e^{i\omega t}$ の形である特別な場合の，非同次な微分方程式 $(pu_x)_x = \varrho u_{tt} - Q(x,t)$ に対しては，通常以下のような手順が用いられる[10]．解 u を $u = v(x)e^{i\omega t}$ の形に書くと，$v(x)$ に対して，(18) と対応する非同次微分方程式

$$(pv')' + \lambda \varrho v = -\varphi(x) \quad (\lambda = \omega^2)$$

が得られる．

解 $v(x)$ の展開係数

$$\gamma_n = \int_0^\pi \varrho v v_n \, dx$$

を決定するには，微分方程式に $v_n(x)$ を乗じて基本の区間で積分し，第 1 項を部分積分により変形して $v_n(x)$ に対する微分方程式を考察する．そうすると，たちどころに $\gamma_n(\lambda - \lambda_n) = c_n$ が得られる．よって

$$\gamma_n = \frac{c_n}{\lambda - \lambda_n} \quad \text{ただし} \quad c_n = \int_0^\pi \varphi v_n \, dx$$

となる．

この取り扱いは，共鳴状態の場合には意味を失う．すなわち，外力の振動数 $\sqrt{\lambda} = \omega$ と固有振動数 $\sqrt{\lambda_n} = \omega_n$ が一致し，対応する係数 c_n が 0 と異なる場合である．

任意の外力 $Q(x,t)$ の場合には，フーリエ級数あるいはフーリエ積分を用いて，t の関数として外力 $Q(x,t)$ をスペクトル分解（上巻 §2.5, §2.6 参照）することによって，上で取り扱った特別な場合に帰着できる．

5.4 棒の振動

均質な棒の縦振動の微分方程式

$$\frac{\partial^4 u}{\partial x^4} + \frac{\partial^2 u}{\partial t^2} = 0$$

では，やはり $u = v(x)g(t)$ とおいて得られる固有振動の決定に取り組む．こ

---

[10] ［原註］この場合，代数的な類似については上巻 §1.3.6 を参照．

こで，簡単のため均質な棒に限ったのは，均質でない場合でもすでに§5.3で学んだ以上の新しい視点が得られないからである．前と同様に

$$-\frac{v''''}{v} = \frac{\ddot{g}}{g} = -\lambda,$$

すなわち

(21) $$v'''' - \lambda v = 0, \quad \ddot{g} + \lambda g = 0$$

となる．定数 λ は，棒が端点においてあらかじめ与えられた境界条件を満たすように定められる．棒の長さをやはり π とし，棒の静止位置は区間 $0 \leqq x \leqq \pi$ であるとする．境界条件をいくつかの型に分ける（上巻§4.10 参照）:

1. $v''(x) = v'''(x) = 0 \quad (x = 0, x = \pi)$ （自由端）
2. $v(x) = v''(x) = 0 \quad (x = 0, x = \pi)$ （支持端）
3. $v(x) = v'(x) = 0 \quad (x = 0, x = \pi)$ （固定端）
4. $v'(x) = v'''(x) = 0 \quad (x = 0, x = \pi)$
5. $\left.\begin{array}{l} v(0) = v(\pi), \\ v''(0) = v''(\pi), \end{array}\right.$ および $\left.\begin{array}{l} v'(0) = v'(\pi), \\ v'''(0) = v'''(\pi) \end{array}\right\}$ （周期的）

これらのいずれの場合でも，固有関数と固有値を明示的に与えることができる．というのは，(21) の最初の微分方程式の一般解を求めることができるからである．実際，$\lambda \neq 0$ のとき[11]は $\sqrt[4]{\lambda} = \nu$ において

$$v = c_1 \cos \nu x + c_2 \sin \nu x + c_3 e^{\nu x} + c_4 e^{-\nu x},$$

あるいは

$$v = \xi_1 \cos \nu x + \xi_2 \sin \nu x + \xi_3 \cosh \nu x + \xi_4 \sinh \nu x$$

となる．$\lambda \neq 0$ のときは，一般解は 3 次の多項式 $v = \xi_1 + \xi_2 x + \xi_3 x^2 + \xi_4 x^3$ に退化する．

棒が満たすべき 4 つの同次境界条件から，4 つの量 $\xi_1, \xi_2, \xi_3, \xi_4$ に対する $\sum_{k=1}^{4} a_{ik} \xi_k = 0 \ (i = 1, 2, 3, 4)$ の形の 4 つの同次方程式が導かれる．これから，

---

[11] ［原註］$\lambda \geqq 0$ であることは §5.3 と同様に示される．

行列式 $|a_{ik}|$ が消えないことが,すなわち,固有値 λ に対する超越方程式が得られる.この方程式の各根は,正規化された1つあるいは多くの固有関数に対応する.特に,**両端が自由端である棒**に関して,ν に対する超越方程式は

$$\cosh\nu\pi\cos\nu\pi = 1$$

となる.2重固有値 $\lambda = 0$ に属する固有関数 $\xi_1 + \xi_2 x$ を除けば,属する固有関数は,正規化されていないが

$$v = (\sin\nu\pi - \sinh\nu\pi)(\cos\nu x + \cosh\nu x)$$
$$- (\cos\nu\pi - \cosh\nu\pi)(\sin\nu x + \sinh\nu x)$$

である.

両端が固定端である棒に対する解は,自由端である棒に対する解($\lambda = 0$ に属する固有関数は除いて)を2回微分して得られる.というのは,そのようにして微分して得られた関数が,微分方程式と固定端の境界条件を2つとも満たすからである.さらに,固定端である棒のすべての固有関数が得られる.すなわち,このような関数を2回不定積分し積分定数を適当にとれば,自由端である棒の固有関数になる.固有値は前と同じ超越方程式の根である.固有関数は次のように与えられる.

$$v = (\sin\nu\pi - \sinh\nu\pi)(-\cos\nu x + \cosh\nu x)$$
$$- (\cos\nu\pi - \cosh\nu\pi)(-\sin\nu x + \sinh\nu x).$$

棒の問題では,弦の振動の問題と異なり,多重固有値が現れる場合がある.例えば,両端が自由端である棒の問題では,固有値 0 に対して互いに独立な2つの正規化された固有関数 $v = \frac{1}{\sqrt{\pi}}, v = x\sqrt{\frac{3}{\pi^3}}$ が存在する.しかし,両端が固定端である棒の場合では,2回微分することによって,この2つの固有関数と属する固有値 $\lambda = 0$ は失われる.

考えているすべての場合に,前に用いた方法で分かるように,微分方程式 (21) の固有関数は直交系をなす.実際,λ_n, λ_m を2つの異なる固有値とし,v_n, v_m を属する固有関数とする.部分積分を2度行うと

$$(\lambda_m - \lambda_n)\int_0^\pi v_n v_m\, dx = (v_n v_m''' - v_m v_n''' - v_n' v_m'' + v_m' v_n'')\Big|_0^\pi$$

が得られる．ここで，右辺は同次境界条件により消える．後に詳しく示すように（§5.14），固有関数系は完全であり，連続な 1 階と 2 階の，および区分的に連続な 3 階と 4 階の導関数をもつ任意の関数は，固有関数系によって展開できる．

その他の点では，棒の縦振動の理論は弦の理論と全く類似しており，ここでさらに検討する必要はない．

5.5 膜の振動

5.5.1 均質な膜の一般固有値問題

振動する均質な膜の微分方程式 $\Delta u = u_{tt}$ からもまた，今まで論じてきたような固有値問題が導かれる．ただし，固有値問題を考察するべき微分方程式が偏微分方程式となる．膜は，xy-平面において境界を Γ とする領域 G を張っているとしよう．その他の仮定や記号は上巻 §4.10.3 と同様であるとする．まず最も簡単な境界条件の $u = 0$ の場合を，すなわち，**枠に張られた膜**を考察しよう．$u(x,y,t) = v(x,y)g(t)$ とおくと直ちに，関数 $v(x,y)$, $g(t)$ に対する関係式

$$\frac{\Delta v}{v} = \frac{\ddot{g}}{g} = -\lambda$$

が得られる．これから λ は定数でなければならず，それを ν^2 とおく．関数 $v(x,y)$ は，前と同様にパラメータ λ を「**固有値**」とする**固有値問題**により見出される．すなわち，境界では 0 となり，G では導関数も連続である関数 $v(x,y)$ が，微分方程式

(22) $$\Delta v + \lambda v = 0$$

を満たすように λ を定める．v は正規化されているとしてよい．すでに $\lambda = \nu^2$ と表したことから分かるように，固有値 λ は正の数でなければならない．というのは，方程式 (22) に v を掛けてグリーンの公式（§5.1 参照）を用いれば

$$\iint_G (v_x^2 + v_y^2)\,dx\,dy = -\iint_G v\Delta v\,dx\,dy = \lambda \iint_G v^2\,dx\,dy$$

となり，λ が正であることが分かるからである．これより，微分方程式 $\frac{\ddot{g}}{g} =$

$-\lambda = -\nu^2$ の一般解は $g = a\cos\nu t + b\sin\nu t$ の形であり，時間の周期関数となる．振動の方程式の解

$$u(x,y,t) = v(x,y)(a\cos\nu t + b\sin\nu t)$$

は，**振動数** $\nu = \sqrt{\lambda}$ **の固有振動**に対応する．

固有振動の存在，より詳しくは，固有値の可算無限個の列 $\lambda_1, \lambda_2, \lambda_3, \ldots$ とそれに属する固有関数 $v_1(x,y), v_2(x,y), v_3(x,y), \ldots$ の存在は，関連する**展開定理**および**完全性定理**とともに §5.14 で証明する．ここで，やはりまた固有関数の**直交性**が成り立ち，命題として述べると次のようになる．異なる固有値 λ_i, λ_k に属する2つの固有関数 v_i, v_k は互いに直交する．すなわち

$$\iint_G v_i v_k \, dx\, dy = 0.$$

証明はすでに用いた方法による．グリーンの公式と境界条件 $u = 0$ によって

$$(\lambda_i - \lambda_k)\iint_G v_i v_k \, dx\, dy = -\iint_G (v_k \Delta v_i - v_i \Delta v_k)\, dx\, dy = 0$$

となるからである．

任意に与えられた初期条件 $u(x,y,0) = f(x,y)$, $u_t(x,y,0) = g(x,y)$ の，自由に振動する張られた膜の振動は，やはりまた固有関数によって展開される．すなわち

$$(23) \qquad u(x,y,t) = \sum_{n=1}^{\infty} v_n(x,y)(a_n \cos\nu_n t + b_n \sin\nu_n t)$$

の形であり，係数 a_n, b_n は初期条件によって

$$a_n = \iint_G f(x,y) v_n(x,y)\, dx\, dy, \qquad b_n = \frac{1}{\nu_n}\iint_G g(x,y) v_n(x,y)\, dx\, dy$$

と定められる．ここで級数 (23) が収束することと，十分な階数まで項別に微分できることを暗黙に仮定している．

膜が境界に弾性的に付着していることにあたる $\frac{\partial u}{\partial n} = -\sigma u$ の形の境界条件のときも，張られた膜の場合と全く同様である．ここで，σ は正の量で，一般には境界の位置により変化する．固有値問題は上と同様に設定され，初期値問題の解は展開定理により同様に求められる．固有値 λ はここでもまた正の数である．実際，微分方程式 (22) に v を乗じて G の上で積分する．§5.1

のグリーンの公式と境界条件 $\sigma v + \frac{\partial v}{\partial n} = 0$ により,直ちに

$$\lambda = \lambda \iint_G v^2 \, dx \, dy = \iint_G (v_x^2 + v_y^2) \, dx \, dy + \int_\Gamma \sigma v^2 \, ds$$

が得られるからである.

数 $\nu = \sqrt{\lambda}$ は対応する固有振動の振動数である.異なる固有値 λ_i, λ_k に属する固有関数は互いに直交する.

興味があるのは,$\sigma = 0$ の**自由な膜**の極限の場合で,適切に仕組めば物理的にも実現可能である.この他のすべての境界条件の下で,どのような固有値も正であるが,自由な膜の場合には,固有値 $\lambda = 0$ と属する固有関数 $v = $ 定数が存在する.

5.5.2 強制振動

微分方程式

(24) $$\Delta u = u_{tt} - Q(x, y, t)$$

により記述される膜の強制振動も,§5.3.2 と全く同様に取り扱うことができる.外力 $Q(x,y,t)$ および求める関数 u をともに,振動する自由な膜の固有関数 $v_n(x,y)$ によって級数 $Q(x,y,t) = \sum_{n=1}^{\infty} q_n(t) v_n(x,y)$,および $u = \sum_{n=1}^{\infty} u_n(t) v_n(x,y)$ と展開しよう.係数 $u_n(t)$ は,微分方程式

$$\ddot{u}_n + \lambda_n u_n = q_n$$

から求める.あるいは,外力が周期的な場合にはこれらの関数をフーリエ級数に展開する.そうすると方程式 (24) は,単周期な外力 $\varphi(x,y) e^{i\omega t}$ の場合には関数 $v(x,y) e^{i\omega t}$ として解くことができる.この関数 $v(x,y)$ に対しては,直ちに,微分方程式

(25) $$\Delta v + \lambda v = \varphi(x, y) \quad (\lambda = \omega^2)$$

が得られる.この解は例えば $v(x,y)$ を固有関数の級数 $v = \sum_{n=1}^{\infty} \gamma_n v_n$ と展開して得られる.級数の係数は,p. 22 と同様に $c_n = \iint_G \varphi v_n \, dx \, dy$ とおいて

$$\gamma_n = \frac{c_n}{\lambda - \lambda_n} \quad (\lambda = \omega^2)$$

と定められる.

5.5.3 結節線

弦や棒の場合では,固有関数 v_n が 0 となる点,すなわち対応する固有振動 $v_n e^{i\nu_n t}$ の「結節点」には特に興味がある.膜の固有振動の場合でも,**結節線**,すなわち曲線 $v_n(x,y) = 0$ を考える.膜の結節線の上の点は,固有振動の間も静止している.結節線の問題には,ここでは深入りすることはできないが,後で実例とともに立ち返る(§6.6 もまた参照).

5.5.4 長方形の膜

膜の固有値問題は,領域の形に依存するという現実があり,一般的な問題にも多くの特殊な問題が入り込む.ここではそのいくつかの場合を考える.まず最初に,領域 G ($0 \leqq x \leqq a, 0 \leqq y \leqq b$) を覆う長方形の膜の問題を取り上げる.境界条件 $u = 0$ あるいは $\partial u/\partial n = 0$ に対して,固有値と固有関数が直ちに求められる.前者の場合,固有値は $\lambda = \pi^2 \left(\frac{n^2}{a^2} + \frac{m^2}{b^2}\right)$ ($n, m = 1, 2, 3, \ldots$) であり,対応する正規化されていない固有関数は,積 $\sin \frac{n\pi x}{a} \sin \frac{m\pi y}{b}$ である.後者の場合,固有値は $\lambda = \pi^2 \left(\frac{n^2}{a^2} + \frac{m^2}{b^2}\right)$ ($n, m = 0, 1, 2, \ldots$) であり,対応する固有関数は $\cos \frac{n\pi x}{a} \cos \frac{m\pi y}{b}$ である.ここで,前にも強調したとおり,$\lambda = 0$ もまた固有値である.(張られた膜の固有関数が,自由な膜の固有関数を,x と y に関し微分して得られることを注意しておく.)

このような方法で,問題のすべての固有関数が得られた.このことは,例えば領域 G で関数 $\sin \frac{n\pi x}{a} \sin \frac{m\pi y}{b}$ が完全直交系をなす事実からも直ちに分かる.すなわち,これらの関数に直交する別の関数は存在することができない.一方,他のどのような固有関数も,その固有値が上のいずれの λ とも一致しなければ,上の正弦関数の積のすべてと直交することになる.さらに,その固有値が上のどれかと一致し,属する正弦関数の積(固有関数)の線形結合に表されなければ,これら固有関数の適当な線形結合を引き去ることによっ

て，やはり同様に正弦関数の積のすべてと直交する．よって恒等的に 0 である関数となるからである．

展開定理などは，上巻第 2 章で学んだ 2 変数のフーリエ級数の事柄に単に帰着される．

長方形の例から分かるように，膜の場合には**重複固有値**がしばしば現れる．縦横の比 $a:b$ が有理数の場合は常にそうである．というのはこのとき，方程式 $\frac{m^2}{a^2}+\frac{n^2}{b^2}=\frac{m'^2}{a^2}+\frac{n'^2}{b^2}$ は自明でない整数解を必ずもつからである．例えば，正方形 $a=b=\pi$ の場合には，解 $m'=n, n'=m$ があり，それには境界条件 $u=0$ の固有関数 $\sin mx \sin ny$ および $\sin nx \sin my$ が属する．固有値の重複度の問題は，数 ν^2 が平方和 $\nu^2=n^2+m^2$ として何通りに表されるか，という整数論の問題に帰着する[12]．

固有関数 $\sin nx \sin my$ の結節線は，単に座標軸に平行な直線である．重複する固有値の場合は，全く異なる結節線が現れる．例えば，正方形での関数 $\alpha \sin mx \sin ny + \beta \sin nx \sin my$ の零点である．図 2 では，特徴的ないくつかを示している[13]．ここで，$u_{mn}=\sin mx \sin ny$ と略記した．

5.5.5　円形の膜，ベッセル関数

円形の膜もまた明確な取り扱いができる．ここで半径は，必要な場合には単位を変更して 1 としておく．固有値問題の微分方程式は，極座標では，上巻 §4.8.2 により

(26) $$v_{rr}+\frac{1}{r}v_r+\frac{1}{r^2}v_{\theta\theta}+\lambda v=0$$

の形となる．再び枠に張られた膜の場合を考察すると，境界条件は $v(1,\theta)=0$ である．微分方程式 (26) の解を，$v(r,\theta)=f(r)h(\theta)$ と仮定して求めると，直ちに関係式

$$\frac{r^2\left(f''(r)+\frac{1}{r}f'(r)+\lambda f(r)\right)}{f(r)}=-\frac{h''(\theta)}{h(\theta)}=c=\text{定数}$$

---

[12] ［原註］Dirichlet–Dedekind: Vorlesungen über Zahlentheorie（整数論講義），4. Aufl., §68, pp. 164–166. Braunschweig 1894 参照．

[13] ［原註］一部は，参考文献の Pockels の本から引用した．

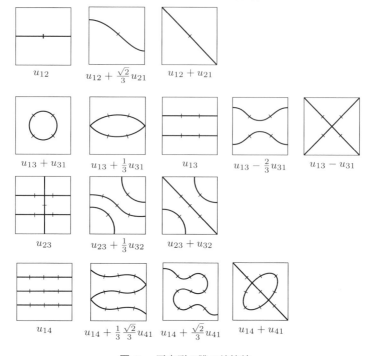

図 2. 正方形の膜の結節線.

が得られる.関数 $v(r,\theta)$ は,従って $f(\theta)$ は θ の周期 2π の周期関数である——そうでなければ v は 1 価関数でない——ので,c は $c = n^2$ の値となる.ここで,n は任意の非負の整数である.よって

$$h(\theta) = a\cos n\theta + b\sin n\theta$$

となり,$f(r) = y$ に対して微分方程式

(27) $$r^2 y'' + ry' + (r^2\lambda - n^2)y = 0$$

が導かれる.問題は,この微分方程式の,$r = 0$ で連続であり,さらに境界条件 $f(1) = 0$ を満たす解が存在するような固有値 λ を求めることである.$r\sqrt{\lambda} = \varrho\ (\lambda \neq 0)$ と変換すれば,あるいは,$\lambda = k^2$ とおいて $kr = \varrho$ とすれば,方程式 (27) は

$$\tag{28} \frac{d^2y}{d\varrho^2} + \frac{1}{\varrho}\frac{dy}{d\varrho} + \left(1 - \frac{n^2}{\varrho^2}\right)y = 0$$

となる. この「ベッセルの微分方程式」の解, いわゆるベッセル関数は, 解析学および数理物理学において極めて重要であり, 後に第7章でさらに詳しく取り扱う. ここでは, (28) において級数 $y(\varrho) = \sum\limits_{m=0}^{\infty} a_m \varrho^m$ とすると, 解

$$y(\varrho) = J_n(\varrho) = \frac{\varrho^n}{2^n n!}\left\{1 - \frac{\varrho^2}{2(2n+2)} + \frac{\varrho^4}{2\cdot 4(2n+2)(2n+4)} - + \cdots\right\}$$

が得られることを注意しておく. これを **n 次のベッセル関数**という. この級数は, 簡単な判定法により, ϱ のすべての値に対して収束する. すなわち, ベッセル関数 $J_n(\varrho)$ は超越整関数である. 特別な場合の級数展開は

$$J_0(\varrho) = 1 - \frac{\varrho^2}{2^2} + \frac{\varrho^4}{2^2 4^2} - \frac{\varrho^6}{2^2 4^2 6^2} + - \cdots$$

である.

また, 関係式

$$\tag{29} J_0'(\varrho) = -J_1(\varrho)$$

に注意する. これは級数展開から直ちに導かれる.

(27) の解は

$$\tag{30} y_n = J_n(kr) \quad (k^2 = \lambda)$$

の形で得ることができる. ここで定数 k は, 境界条件 $y_n(1) = 0$ から, すなわち条件 $J_n(k) = 0$ から決まる. (27) の固有値 $\lambda = k^2$ はまた, ベッセル関数の零点の平方である. これら零点の存在について, 後で示すことであるが, 各関数 J_n は実際に無限個の実の零点をもつ. それらを $k_{n,m}$ $(m = 1, 2, 3, \ldots)$ と書く. この記号を用いて, 固有関数を

$$J_n(k_{n,m}r)(\alpha \cos n\theta + \beta \sin n\theta)$$

の形に書く. ここで, 定数 α, β はまだ任意である. $n = 0$ に属する固有関数を除いて, すべての固有値には, 線形独立な固有関数 $J_n \cos n\theta$, $J_n \sin n\theta$ が属するから, 固有値は少なくとも2重であることが示される. **これらの固有関数の結節線は円 $\varrho =$ 定数, あるいは半直線 $\theta =$ 定数である**. 固有振動は

$$u = J_n(k_{n,m}r)(\alpha\cos n\theta + \beta\sin n\theta)(a\cos k_{n,m}t + b\sin k_{n,m}t)$$

と表される.

定数 σ に対してより一般の境界条件 $\frac{\partial u}{\partial r} = -\sigma u$ を課したとき,上記の考察のほとんどすべてが成り立つ.固有値を決定すべき境界条件が単に少し変更される.すなわち

$$kJ_n'(k) = -\sigma J_n(k)$$

となる.

関数 $J_n(k_{n,m}r)$ は膜の唯一の固有関数である.これは,例えば次のような注意から始めることで証明される.各固有関数 v は,2 階まで連続な導関数をもつ θ の周期 2π の関数であり,フーリエ級数

$$v(r,\theta) = \sum_{n=-\infty}^{\infty} f_n(r)e^{in\theta}$$

に展開される.この級数を微分方程式 (26) に代入すると,直ちに,各項 $f_n(r)e^{in\theta}$ が微分方程式を満たすことが分かる.

一般展開定理から,境界で 0 であり,円の内部では 2 階まで連続な導関数をもつ関数 $w(r,\theta)$ は

$$w(r,\theta) = \sum_{n,m=0}^{\infty} a_{nm} J_n(k_{n,m}r)\cos n(\theta - \theta_{n,m})$$

の形の絶対かつ一様に収束する級数に展開できる.これから例えば,w が θ に依存しない場合は次が成り立つ.**区間 $0 \leqq r \leqq 1$ における,$r = 1$ で 0 となり 2 階導関数まで連続な任意の r の関数は,ベッセル関数 $J_0(k_{0,m}r)$ の級数によって展開される.**

膜の振動の方程式の固有関数に対する一般の直交関係から,ベッセル関数,あるいは関数 (30) に対する**直交関係**

$$\int_0^1 rJ_n(k_{n,i}r)J_n(k_{n,j}r)\,dr = 0 \quad (i \neq j)$$

が,θ に関する積分を行うことによって直ちに得られる.これは,微分方程式 (27) からも,すでにしばしば用いた方法によって直接に導くことができる.さらに,直交性は,一般の境界条件 $kJ_n'(k) = -\sigma J_n(k)$ に対しても成り立つ

ことがすぐさま分かる．

これらの関数 $J_n(k_{n,m}r)$ を正規化するには，関係式

$$\text{(31)} \qquad 2\int_0^1 J_n^2(kr)r\,dr = {J'_n}^2(k)$$

を用いると有効である．これは次のように分かる．$J_n(kr) = y$ に対する微分方程式，すなわち

$$(ry')' + \left(rk - \frac{n^2}{r}\right)y = 0$$

に，ry' を掛けて 0 から r まで積分する．部分積分を用いてやや変形すると

$$2k\int_0^r ry^2\,dr = (ry')^2 + (r^2k^2 - n^2)y^2$$

となり，$r = 1$ に対しては $y(1) = J_n(k) = 0$ なので，等式 (31) が導かれる．

よって，関数

$$\frac{\sqrt{2}}{J'_n(k_{n,m})}J_n(k_{n,m}r)$$

は方程式 (27) に対して**正規化された固有関数**である．ベッセル関数に関する詳しいことは第 7 章を，さらには専門書を参照されたい．

5.5.6 均質でない膜

均質でない膜の最も一般的な微分方程式は

$$p\Delta u + p_x u_x + p_y u_y - qu = \varrho(x,y)u_{tt}$$

である．ここで，p と ϱ は G のすべてで正であり，これから，§5.3 の一般的なスチュルム–リウヴィル問題と類似した固有値問題が導かれる．すなわち，微分方程式

$$L[v] + \lambda\varrho v = p\Delta v + p_x v_x + p_y v_y - qv + \lambda\varrho v = 0$$

に対して，与えられた同次境界条件を満たす正規化された解をもつような値 λ を決定する問題である．グリーンの公式（式 (5a), p. 7）

$$\iint_G (v_2 L[v_1] - v_1 L[v_2])\,dx\,dy = \int_\Gamma p\left(v_2\frac{\partial v_1}{\partial n} - v_1\frac{\partial v_2}{\partial n}\right)ds = 0$$

によって，異なる固有値 λ_i, λ_j に属する固有関数 v_i, v_j について，関係

$$\iint_G \varrho v_i v_j \, dx \, dy = 0$$

がやはり成り立つ．固有関数は，一般的に関数 $\sqrt{\varrho} v_i$ が正規直交系をなすように，すなわち

$$\iint_G \varrho v_i^2 \, dx \, dy = 1$$

となるように決める．**固有値の存在と完全性定理**および**展開定理**，すなわち，境界条件を満たす 2 階連続微分可能な関数 $f(x,y)$ が，級数 $f = \sum_{n=1}^{\infty} c_n v_n(x,y)$，ただし $c_n = \iint_G \varrho f v_n \, dx \, dy$，によって展開されるという定理は，§5.14 において，より一般的な立場から取り扱われる．

5.6 板の振動

5.6.1 一般的な事項

均質な板の微分方程式

$$\Delta\Delta u + u_{tt} = 0$$

に対して，前に示した事柄の上に加えた，原則的に新しい部分のみを調べればよいので，手短に済ませよう．固有値問題は，ここでもまた $u = v(x,y)g(t)$ とおくと

(32) $$\Delta\Delta v - \lambda v = 0$$

となる．ここで $\lambda = \nu^2$, $g(t) = \alpha e^{\pm i\nu t}$ あるいは $g(t) = a\cos\nu t + b\sin\nu t$ である．境界条件は，例えば

$$u = 0, \quad \frac{\partial u}{\partial n} = 0 \quad \text{すなわち} \quad v = 0, \quad \frac{\partial v}{\partial n} = 0$$

を考える（固定枠の板）．異なる固有値に属する 2 つの固有関数は直交することが，グリーンの公式（§5.1）を用いて前と同様の方法で示される．ただ一つ本質的に異なることは，ここでは，4 階の偏微分方程式を考察しているから，固有値問題を特徴付けるために 2 つの境界条件が対応している点である．

5.6.2 円形の境界

 板の場合の問題は,膜の場合よりも解析的な困難さは当然ながら大きくなる.例えば,具体的に知られている関数を用いて,長方形の境界の場合を取り扱うことはできない.具体的に取り扱うことが可能な唯一の境界は円である.ここで極座標 r, θ を用いると,やはりまたベッセル関数が現れる.$\lambda = k^4$ とすると,微分方程式を形式的にたちどころに

$$(\Delta\Delta - k^4)v = 0,$$

あるいは

$$(\Delta - k^2)(\Delta + k^2)v = 0$$

と表すことができる.作用素 Δ は

$$\Delta = \frac{\partial^2}{\partial r^2} + \frac{1}{r}\frac{\partial}{\partial r} + \frac{1}{r^2}\frac{\partial^2}{\partial \theta^2}$$

である.v が,フーリエ級数によって

$$v = \sum_{n=-\infty}^{\infty} y_n(r)e^{in\theta}$$

のように展開されているとすれば,級数の各項がそれ自身微分方程式を満たさなければならない.よって y_n は

$$\left(\frac{d^2}{dr^2} + \frac{1}{r}\frac{d}{dr} - \frac{n^2}{r^2} - k^2\right)\left(\frac{d^2}{dr^2} + \frac{1}{r}\frac{d}{dr} - \frac{n^2}{r^2} + k^2\right)y = 0$$

の解である.これらの微分方程式の,$r = 0$ において正則であり,互いに線形独立な2つの解はすぐさま得られる.すなわち,$i = \sqrt{-1}$ とすると $J_n(kr)$, $J_n(ikr)$ である.よって,(32) の解は

$$v(r,\theta) = J_n(kr)(a_1 \cos n\theta + b_1 \sin n\theta) + J_n(ikr)(a_2 \cos n\theta + b_2 \sin n\theta)$$

の形の関数である.境界条件 $v(1,\theta) = 0, v_r(1,\theta) = 0$ を満たすためには

$$J_n(k)a_1 + J_n(ik)a_2 = 0, \quad J_n(k)b_1 + J_n(ik)b_2 = 0,$$
$$J_n'(k)a_1 + iJ_n'(ik)a_2 = 0, \quad J_n'(k)b_1 + iJ_n'(ik)b_2 = 0$$

でなければならないので，固有振動 k に対する超越方程式

$$\frac{J_n'(k)}{J_n(k)} = \frac{iJ_n'(ik)}{J_n(ik)}$$

が得られる．p.31 の級数展開と同様に，ここでの虚数単位 i は，実際には現れない．詳細については参考文献を参照のこと．

5.7 固有関数の方法に関する一般的な事項

ここまでの例の考察について，方法の核心を明確にすることは有益である．

5.7.1 振動の問題および平衡の問題における方法

取り上げる問題は以下のような型である．G を独立変数 $x,\ldots$ の領域とする．独立変数の個数に応じて，x-軸の区間であったり，xy-平面の，あるいは xyz-空間の，それぞれ区分的に滑らかな境界をもつ領域とする．領域 G を充たす連続体の状態は，関数 $u(x,\ldots;t)$ によって特徴付けられ，恒等的に零であるとき安定な平衡状態にあるとする．$L[u]$ を，G で定義された変数 $x,\ldots$ の自己共役線形微分式とし，系に付随するポテンシャルエネルギーの変分により生じるとする．また $\varrho(x,\ldots)$ は，質量密度を表す与えられた点関数であり，$Q(x,\ldots;t)$ は与えられた外力であるとする．このとき微分方程式

$$(33) \qquad L[u] = \varrho u_{tt} - Q$$

の解を求めたい．ただし，G の境界 Γ の上で与えられた時間に依存しない同次境界条件を満たし，与えられた初期条件

$$u(x,\ldots;0) = \varphi(x,\ldots), \quad u_t(x,\ldots;0) = \psi(x,\ldots)$$

に対する解を求めたい．現れるすべての関数は，それぞれ現れる階数まで連続な導関数をもつと仮定しておく．

平衡は，現れるすべての関数が t と独立であり，初期条件が存在しない場合に対応する．このとき，振動の初期値境界値混合問題の代わりに，平衡の境界値問題となる．

5.7 固有関数の方法に関する一般的な事項

自由な運動の下での，すなわち，同次微分方程式

(33a) $$L[u] = \varrho u_{tt}$$

の指定された境界条件を満たす解で，**同期性** $u = v(x,\ldots)g(t)$ をもって固有振動を区別する．このような固有振動は，定数 λ の固有値に対応し $\ddot{g} + \lambda g = 0$ を満たす．よって

$$g(t) = a\cos\sqrt{\lambda}t + b\sin\sqrt{\lambda}t$$

および

(34) $$L[v] + \lambda \varrho v = 0$$

となる．ここで，v は u に対する上記の境界条件を満たさなければならない．**固有値問題**とは，指定された境界条件を満たす同次微分方程式 (34) の，恒等的に零でない解（固有関数）をもつような**固有値** λ を決定する問題である．もとの方程式 (33a) を満たす振動は

$$u = (a\cos\sqrt{\lambda}t + b\sin\sqrt{\lambda}t)v(x,\ldots)$$

と表される．

有界領域 G の場合は一般に次のことが成り立つ：すなわち固有値 λ は**可算無限列** $\lambda_1, \lambda_2, \ldots$ をなし，**対応する固有関数の系** $v_1, v_2, \ldots$ は上巻第 2 章の意味で**完全**である．直交関係[14]

$$\int_G \varrho v_i v_k \, d\tau = 0 \quad (i \neq k), \quad \int_G \varrho v_i^2 \, d\tau = 1$$

が成り立つ．さらに，完全性に加えて**展開定理**も成立する：すなわち指定された境界条件を満たし，$L[w]$ が連続となるようなすべての関数 w は，固有関数の絶対一様収束列

$$w = \sum_{\nu=1}^{\infty} c_\nu v_\nu, \quad c_\nu = \int_G \varrho w v_\nu \, d\tau$$

に展開される．

---

[14] ［原註］$\int_G f \, d\tau$ は，関数 $f(x,\ldots)$ の領域 G の上での積分を表す．

これらの事実に基づき——各問題について証明されなければならないが (§5.14 参照)——固有振動 $(a_\nu \cos \sqrt{\lambda_\nu} t + b_\nu \sin \sqrt{\lambda_\nu} t) v_\nu(x, \dots)$ の無限列が得られる．初期値問題 (33a) の解は，これらの固有振動の重ね合わせとなる．ここで

$$a_\nu = \int_G \varrho \varphi v_\nu \, d\tau, \quad b_\nu = \frac{1}{\sqrt{\lambda_\nu}} \int_G \varrho \psi v_\nu \, d\tau$$

である．

同次境界条件の非同次方程式 (33) に対しては——§5.1, §5.2 で見たように，非同次方程式において境界条件を同次としても一般性を失わない——解 $u(x, \dots; t)$ は，v_ν に関する展開係数 $\gamma_\nu(t)$ を決めることによって得られる．そのために，微分方程式 (33) に v_ν を乗じて G の上で積分する．左辺を，§5.1 のグリーンの公式 (5a) を手助けとして，境界条件を利用して変形する．v_ν に対する固有値の方程式を用いると

$$\ddot{\gamma}_\nu + \lambda_\nu \gamma_\nu = -Q_\nu(t)$$

が得られる．ここで $Q_\nu(t)$ は，v_ν に関する $Q(x, \dots; t) \varrho^{-1}$ の与えられた展開係数である．γ_ν に対する微分方程式の特解は

$$\gamma_\nu = \frac{1}{\sqrt{\lambda_\nu}} \int_0^t \sin \sqrt{\lambda_\nu} (t - \tau) Q_\nu(\tau) \, d\tau$$

である．これらの展開係数により構成された関数は，(33) の特殊な解であり，他のすべての解は，これに (33a) の解を加えて得られる．よって，考えている初期値問題は同次方程式 (33a) の問題に帰着された．

平衡の問題，すなわち，同次境界条件である微分方程式

$$L[u] = -Q(x, \dots)$$

の境界値問題もまた，固有関数を用いて取り扱うことができる．上と同様に，求める解 u の v_ν に関する，定数の展開係数に対する方程式 $\lambda_\nu \gamma_\nu = -Q_\nu$ が得られる．すなわち

$$\gamma_\nu = -\frac{1}{\lambda_\nu} \int_G \varrho Q v_\nu \, d\tau$$

である．よって，展開定理により解は

$$u = -\sum_{\nu=1}^\infty \frac{v_\nu}{\lambda_\nu} \int_G \varrho Q v_\nu \, d\tau$$

と与えられる．和と積分の順序交換ができるならば，関数

$$K(x,\ldots;\xi,\ldots) = \sum_{\nu=1}^{\infty} \frac{v_\nu(x,\ldots)v_\nu(\xi,\ldots)}{\lambda_\nu}$$

が得られ，これにより境界値問題の解が

$$u(x,\ldots) = -\int_G Q(\xi,\ldots)K(x,\ldots;\xi,\ldots)\,d\tau$$

の形に書かれる．ここで，積分は変数 $\xi,\ldots$ について行われる．この関数 K，すなわち $L[u]$ の「**グリーン関数**」は，§5.14 において全く別の特徴付けを行うが，ここでの形式的な手法よりさらに詳細な考察に達するための基礎となる．

5.7.2 熱伝導と固有値問題

全く同様にして，熱伝導の理論からもまた固有値問題が導かれる．空間と時間の単位を適当にとると，一様で等方的な物体での熱伝導の微分方程式は

$$L[u] = u_t$$

となる．ここで u は，空間 x, y, z および時間 t の関数としての温度を意味する．表面が Γ である一様な物体 G から，一定温度 0 の無限の媒質への輻射は，表面 Γ において

$$\frac{\partial u}{\partial n} + \sigma u = 0$$

の形の境界条件で特徴付けられる．ただし σ は正の物質定数である．すなわち，**物体の内部に向かっての温度勾配は，外部に向かっての温度減少に比例する**．そうして，時刻 $t = 0$ で指定された初期条件 $\varphi(x, y, z)$ に一致し，これら境界条件を満たす熱伝導方程式の解を求めることになる．

u を $u = v(x, y, z)g(t)$ の形に書くと，直ちに方程式

$$\frac{L[v]}{v} = \frac{\dot{g}}{g} = -\lambda$$

が得られる．よって，v に対する固有値問題：すなわち G において $L[v] + \lambda v = 0$，表面 Γ の上で $\frac{\partial v}{\partial n} + \sigma v = 0$ が導かれる．固有値 λ と固有関数 v に対して，対応する微分方程式の解は

$$u = ave^{-\lambda t}$$

の形である．固有関数に対する展開定理により，前と同様，解が与えられた初期条件を満たすようにできる．すなわち $u(x,y,z;0)$ が，G において 1 階と 2 階導関数が連続であり，境界条件を満たすあらかじめ任意に与えられた関数 $\varphi(x,y,z)$ と等しいようにできる．$v_1, v_2, \ldots$ および $\lambda_1, \lambda_2, \ldots$ を，正規化された固有関数および固有値としたとき，求める解は

$$u(x,y,z;t) = \sum_{n=1}^{\infty} c_n v_n(x,y,z) e^{-\lambda_n t}$$

の公式によって与えられる．ここで，$c_n = \iiint_G \varphi v_n \, dx \, dy \, dz$ である．

少し注意しておくと，固有値 λ が正という性質によって，物理的にも全く明白なように，t が増加するにつれて解 $u(x,y,z;t)$ が漸近的に 0 に近づく．

同次熱伝導方程式の代わりに，非同次方程式

$$L[u] = u_t - Q(x,y,z)$$

を考察しよう．ただし，与えられた関数 Q は時間に依存しないとし，上と同様に同次境界条件を課す．我々の一般的な方法によると，解 $u(x,y,z;t)$ は，$t \to \infty$ としたとき，対応する方程式

$$L[u] = -Q(x,y,z)$$

の境界値問題の解に近づくことが分かる．

5.7.3 固有値問題が現れる他の例

他にも解析学の多くの問題から固有値問題が現れる．すなわち，解 u に対する線形微分方程式（あるいは，別の関数方程式）が導かれ，そこでは線形のパラメータ λ が「固有値」として同次境界値問題が，自明な解 $u=0$ 以外の自明でない解をもつようにする．これらの問題の設定では，u の独立変数の 1 つが，問題のうちでしばしば重要である．そうして解を見出すのに，この 1 つの変数の関数と残りの変数の積として求めるようにし，後者の関数に対して固有値問題となるようにする．以下の節において，このような問題を，それらは全く別の出どころから生じるものだが，考究する．

5.8 3次元の連続体の振動

3次元の連続体の振動問題，例えば音響学，弾性理論，あるいは電磁気学においては，方程式

$$\Delta u = u_{tt}$$

の取り扱いが必要となる．ここで Δu は，3変数のポテンシャル表現である．これから，対応する同次境界条件での固有値問題は

$$\Delta u + \lambda u = 0$$

という形となる．

しばしば，基本領域が特別な形のときには，この固有値問題の解に対して，さらなる変数の分離が許される場合がある．そうすると，より少ない数の独立変数の固有値問題に帰着される．

例として柱状領域がある．xy-平面の領域 G の上に立つ，平面 $z = 0, z = \pi$ で限られた領域である．境界条件は $u = 0$ としよう．$u = f(z)v(x, y)$ とすれば，この問題は直ちに平面領域 G における対応する問題となる．すなわち

$$-\frac{f''}{f} = \frac{\Delta v}{v} + \lambda = k = \text{定数},$$
$$f = \sin \sqrt{k} z$$

であり，$k = 1^2, 2^2, 3^2, \ldots$ である．v に対する方程式は $\Delta v + (\lambda - n^2)v = 0$ となり，その固有値と平面領域 G の場合の固有値との差は単に数 $-n^2$ であり，その固有関数は平面領域 G の場合の固有関数と一致する．

与えられた境界条件の下での柱状領域のすべての固有関数がこのように得られることは，前に述べた場合と同様に完全性から導かれる．

特に長方形の上に立っている柱，すなわち直方体を取り上げよう．例えば，立方体 $0 \leq x, y, z \leq \pi$ とすると，同様にして固有値問題のほとんど当然の解，固有値 $l^2 + m^2 + n^2$ ($l, m, n = 1, 2, 3, \ldots$) および固有関数 $\sin lx \sin my \sin nz$ が得られる．

さらなる例として，半径 1 の**球領域** $x^2 + y^2 + z^2 \leq 1$ における**振動の方程式**を考える．球座標 r, θ, φ を導入すると，振動の方程式は（上巻§4.8.2

参照）

$$\Delta u + \lambda u = \frac{1}{r^2 \sin\theta}\left[\frac{\partial}{\partial r}(r^2 u_r \sin\theta) + \frac{\partial}{\partial \varphi}\left(\frac{u_\varphi}{\sin\theta}\right) + \frac{\partial}{\partial \theta}(u_\theta \sin\theta)\right] + \lambda u$$
$$= 0$$

となる．$u = Y(\theta,\varphi)f(r)$ とおいて，すなわち Y は φ と θ にのみ，f は r にのみ，それぞれ依存するとして，直ちに

$$\frac{(r^2 f')' + \lambda r^2 f}{f} = -\frac{1}{Y \sin\theta}\left[\frac{\partial}{\partial \varphi}\left(\frac{Y_\varphi}{\sin\theta}\right) + \frac{\partial}{\partial \theta}(Y_\theta \sin\theta)\right] = k$$

が得られる．ここで k は定数である．この定数は任意ではない．微分方程式

$$\Delta^* Y + kY = \frac{1}{\sin\theta}\left[\frac{\partial}{\partial \varphi}\left(\frac{Y_\varphi}{\sin\theta}\right) + \frac{\partial}{\partial \theta}(Y_\theta \sin\theta)\right] + kY = 0$$

が球面全体で連続な解をもつように，すなわち，φ について 2π 周期であり，$\theta = 0, \theta = \pi$ において正則な（この点において，φ と無関係な一定の極限値となる）解をもつように，定数 k が定められなければならない．§7.5 で見るように，この要求は $k = n(n+1)$ $(n = 0, 1, 2, \ldots)$ であるときに限り満たされ，このときの解は**球関数** $Y_n(\theta,\varphi)$ である（§5.9 もまた参照）．$f(r)$ に対する微分方程式は

$$(r^2 f')' - n(n+1)f + \lambda r^2 f = 0$$

となり，原点において正則な解として関数 $S_n(\sqrt{\lambda} r) = \frac{J_{n+\frac{1}{2}}(\sqrt{\lambda} r)}{\sqrt{r}}$ がある（§5.5 および §5.10 参照）．ここでパラメータ λ は，境界条件から決定される．例えば境界条件 $u = 0$ のときは方程式 $J_{n+\frac{1}{2}}(\sqrt{\lambda}) = 0$ から定まり，この方程式の根を $\lambda_{n,1}, \lambda_{n,2}, \ldots$ とすると，境界値問題の解は $u = Y_n(\theta,\varphi) S_n(\sqrt{\lambda_{n,h}} r)$ の形となる．これらの解は完全直交関数系をなし，微分方程式のすべての固有関数と固有値が得られることは，後に §7.5 において証明する．

5.9 ポテンシャル論の境界値問題と固有関数

ポテンシャル論の境界値問題は，領域 G の内部で微分方程式 $\Delta u = 0$ を満たし，境界であらかじめ指定された値をとるような関数 u を求めるもので

ある．この問題は，§5.1, §5.2 において，境界値 $u = 0$ である非同次方程式 $\Delta u = f$ の解を求める問題に帰着された．これら問題の解は，§5.7 の方法に従うと

$$\Delta v + \lambda v = 0$$

の固有関数によって展開することで求められる．

しかし，おあつらえ向きの特別な領域 G に対しては，変数分離によって，少数の独立変数である微分式の固有関数に帰着させて目的を達することができる．それらのことをいくつかの重要な例によって見ておこう．

5.9.1 円，球，球殻

まず，2 つの独立変数 x, y の場合を考察するとし，G を，原点を中心とする半径 1 の円とする．Δu の表現を球座標 r, φ に変換すると，与えられた境界値 $u(1, \varphi) = f(\varphi)$ である境界値問題

$$r(ru_r)_r + u_{\varphi\varphi} = 0$$

を解くことになる．ただし $f(\varphi)$ は，周期 2π の連続かつ区分的に連続な導関数をもつ周期関数である．この同次方程式の解を——境界条件を考えることなしに——求めると，$u = v(r)w(\varphi)$ の形の分離ができて，通常の方法により直ちに固有値問題

$$w'' + \lambda w = 0$$

となる．ここで境界条件として，周期条件 $w(0) = w(2\pi)$, $w'(0) = w'(2\pi)$ を課した．これら簡単な固有値問題は，固有値 $\lambda = n^2$（n は整数）および対応する固有関数 $w = a_n \cos n\varphi + b_n \sin n\varphi$ をもつ．因数 $v(r)$ に対しては，微分方程式 $r(rv')' - n^2 v = 0$ となり，線形独立な解 $v = r^n, v = r^{-n}$ がある．よってもとの微分方程式の，単位円内で正則な特殊解が

$$(a_n \cos n\varphi + b_n \sin n\varphi) r^n$$

の形で得られた．ここで a_n, b_n は任意の定数である．この解は，微分方程式 $\Delta u = 0$ の，x, y に関する多項式解で n 次同次なものとしてもまた特徴付け

られる．

重ね合わせにより
$$u = \sum_0^\infty r^n (a_n \cos n\varphi + b_n \sin n\varphi)$$

とすることで，フーリエ級数の理論によって境界値問題の求める解が得られる．係数 a, b は，あらかじめ与えられた境界条件の級数展開から定められる．(§4.2, 上巻 p.191 参照.)

3次元でも，領域 G を単位球 $x^2 + y^2 + z^2 \leqq 1$ とした場合にも，事情は全く同様である．三角関数の代わりに，**ラプラスの球関数**が現れる．実際，微分方程式を球座標 r, θ, φ に変換すると（上巻 p.240, 下巻 p.42 参照），方程式
$$(r^2 u_r)_r + \frac{1}{\sin^2\theta} u_{\varphi\varphi} + \frac{1}{\sin\theta}(u_\theta \sin\theta)_\theta = 0$$
が得られる．変数分離 $u = v(r)Y(\theta,\varphi)$ によって，v に対する微分方程式

(35) $$(r^2 v')' - \lambda v = 0$$

となり，この一般解は
$$v = c_1 r^{\alpha_1} + c_2 r^{\alpha_2}$$
である．ここで，c_1, c_2 は任意の定数であり，α_1, α_2 は2次方程式
$$\alpha(\alpha + 1) = \lambda$$
の根である．

Y に対しては，すでに §5.8 で見たように，微分方程式

(36) $$\Delta^* Y + \lambda Y = \frac{1}{\sin\theta}\left[\frac{1}{\sin\theta} Y_{\varphi\varphi} + (Y_\theta \sin\theta)_\theta\right] + \lambda Y = 0$$

の固有値問題となり，固有値 λ は，この微分方程式が恒等的に0でない，球全体で2階まで連続微分可能な解をもつように定められる．

球の極における，すなわち $\theta = 0$ と $\theta = \pi$ における関数 Y の挙動に関する要請を正当化するのに，作用素 Δ が座標軸の回転に関して不変であることに注意する．ゆえに球面での作用素 Δ^* は，つまり $r = 1$ に対する作用素 Δ は，別の極座標を導入しても，すなわち別の経度や緯度の系に関しても不変

であることが分かる．よって，微分方程式 (36) の $\theta = 0$ と $\theta = \pi$ に対する特異性は，単に座標系の特別な選び方によるものである．従って球の極が，関数 Y に対する除外点でないように座標系を回転して，すなわち Y が，球面上の点関数としてすべての点で同じ連続性の条件を満たすようにしておく．

固有値 λ と，そこに属する固有関数 Y を決定するには，§5.8 と同様に，$\Delta u = 0$ の解 $u = U_n$ で，x, y, z の有理多項式かつ n 次同次となるものを問うのが最も簡単である．後で見るように (§7.5)，このような線形独立な n 次ポテンシャルはちょうど $(2n+1)$ 個存在する．極座標を導入し $U_n = r^n Y_n(\theta, \varphi)$ の形に書くと，Y_n は微分方程式 (36) の解であることが分かる．この $(2n+1)$ 個の関数 $Y_n(\theta, \varphi)$ に対応する固有値は

$$\lambda = n(n+1)$$

と計算される．このように定義された関数 Y_n は，我々の問題の固有関数すべてを尽くすことを，§7.5 において示す．

さらに完全性および展開定理を，スチュルム–リウヴィルの関数に対して与えたのと同様に用いることができる．よって，解の重ね合わせ $u = \sum a_n r^n Y_n$ により，球面の上であらかじめ与えられた値をとる $\Delta u = 0$ の解が得られる．

関数 $u = r^n Y_n$ と同じく，原点で特異な関数 $u = r^{-(n+1)} Y_n$ もまた，$\Delta u = 0$ の解であることが容易に分かる．よって，$r^n Y_n$ と $r^{-(n+1)} Y_n$ の形の解を重ね合わせることにより，2 つの同心球面の上で与えられた値をとり，その間の球殻では正則な $\Delta u = 0$ の解を見出すことができる．

特に，極距離 θ のみに依存し経度 φ には依存しないような，よって $Y_\varphi = 0$ とおいた球関数を問題にすると，微分方程式

$$\frac{1}{\sin \theta}(Y_\theta \sin \theta)_\theta + \lambda Y = 0$$

が得られる．これは変換 $x = \cos \theta$ によって，ルジャンドルの多項式の微分方程式となる（上巻第 2 章 (20) 参照）．ルジャンドルの多項式 $P(\cos \theta)$ は，ゆえに球面関数の特別なものである．

球面関数を一般化するには，球面の上の任意の領域 G を考え，微分方程式

(36) $$\Delta^* Y + \lambda Y = 0$$

を G において正則な関数 $Y(\theta, \varphi)$ によって解くことになる．ただし，G の境

界で同次な境界条件，例えば 0 であるような条件を満たすとする．この領域に対応する固有関数 $Y_1, Y_2, \ldots$ を，一般化された球面関数と呼ぶ[15]．上の計算から，α と λ の間に等式

$$\alpha(\alpha+1) = \lambda$$

が成り立てば，関数 $r^\alpha Y(\theta, \varphi) = u(x,y,z)$ は，G を底面，球の中心を頂点とする錐の内部で微分方程式 $\Delta u = 0$ を満たす，高々原点以外では連続な関数である．

球面関数に対する微分方程式 $\Delta^* Y + \lambda Y = 0$ は，線素が $ds^2 = e\,dx^2 + 2f\,dx\,dy + g\,dy^2$ である任意の曲面上の，より一般の微分方程式

$$\Delta^* Y + \lambda Y = \frac{1}{\sqrt{eg-f^2}}\left(\frac{\partial}{\partial y}\frac{e\frac{\partial Y}{\partial y} - f\frac{\partial Y}{\partial x}}{\sqrt{eg-f^2}} + \frac{\partial}{\partial x}\frac{g\frac{\partial Y}{\partial x} - f\frac{\partial Y}{\partial y}}{\sqrt{eg-f^2}}\right) + \lambda Y = 0$$

の特別な場合である．不変性については上巻 §4.8.2 で言及している．この微分方程式は，曲面の上に横たわる「曲がった膜」の振動の方程式とみなすことができる．球に対しても，極座標を導入することにより方程式 (36) となる．

5.9.2 柱状領域

さらなる例として，xy-平面の領域 G の上にある，平面 $z=0, z=\pi$ により限られた柱状領域を考える．境界値として，側面の上では恒等的に 0 であり，天蓋面と底面の上では，その周囲 Γ で 0 となる任意の 2 階連続微分可能な関数を考える．$\Delta u = 0$ の解として $u = f(z)v(x,y)$ とおくと，前と同様に，微分方程式 $\frac{f''}{f} = -\frac{\Delta v}{v} = \lambda$ が直ちに得られる．そうして Γ の上で 0 となるような固有関数 $v(x,y)$ が存在するような λ を決定するのである．$v_1, v_2, \ldots$ をすべての固有関数とし，$\lambda_1, \lambda_2, \ldots$ をそれぞれ対応する固有値とすると，展開定理により，$\sum_{n=1}^{\infty}(a_n e^{\sqrt{\lambda_n}z} + b_n e^{-\sqrt{\lambda_n}z})v_n(x,y)$ の形の級数によって，平面 $z=0$ と $z=\pi$ の上であらかじめ与えられた境界値となるようにできる．この級数が，変数 x, y, z に関して 1 階および 2 階まで任意に微分し

---

[15] [原註] Thomson, W. und Tait, P.G.: Treaties on Natural Philosophy（自然哲学講義），vol.1, pp. 171–218, 参照．

たものとともに，一様に収束するならば，我々の境界値問題の解となる．

5.9.3 ラメの問題

ポテンシャル論の境界値問題を，変数分離の方法によって，1変数関数の固有値問題として特徴付けられる問題に帰着させる．その本質的に最も一般的な場合は，**共焦点直方体**の場合である．これは，同じ共焦点2次曲面の族

$$\frac{x^2}{s-e_1} + \frac{y^2}{s-e_2} + \frac{z^2}{s-e_3} = 1$$

に属する2つの楕円面，2つの一葉双曲面，2つの二葉双曲面によって囲まれた領域を意味する（上巻§4.8.3参照）．**具体的に扱うことのできる境界値問題のほとんどすべての場合は，この「ラメの問題」の特別な場合や極限の場合と考えることができる．**上巻第4章の記法に従い，楕円座標 $\varrho = f(u)$, $\sigma = g(v)$, $\tau = h(w)$ を導入すると，ポテンシャル方程式 $\Delta T = 0$ は

$$\Delta T = \frac{[g(v)-h(w)]T_{uu} + [f(u)-h(w)]T_{vv} + [f(u)-g(v)]T_{ww}}{[g(v)-h(w)][f(u)-h(w)][f(u)-g(v)]} = 0$$

となる．この方程式を満たすべく

$$T = U(u)V(v)W(w)$$

の形の解を探す．微分方程式 $\Delta T = 0$ が満たされるためには，2つの任意の定数 λ, μ に対して，3つの常微分方程式

(37) $$U'' + [\lambda f(u) + \mu]U = 0,$$

(38) $$V'' - [\lambda g(v) + \mu]V = 0,$$

(39) $$W'' + [\lambda h(w) + \mu]W = 0$$

が満たされればよいことが分かる．ここで変数 u, v, w は，条件

$$\varrho_2 \leqq f(u) \leqq \varrho_1, \quad \sigma_2 \leqq g(v) \leqq \sigma_1, \quad \tau_2 \leqq h(w) \leqq \tau_1$$

により対応するそれぞれ異なる区間

$$u_2 \leqq u \leqq u_1, \quad v_2 \leqq v \leqq v_1, \quad w_2 \leqq w \leqq w_1$$

にわたるとする．よって我々の 6 面体は，条件 $\varrho_1 \geqq \varrho \geqq \varrho_2 \geqq \sigma_1 \geqq \sigma \geqq \sigma_2 \geqq \tau_1 \geqq \tau \geqq \tau_2$ によって与えられる．

u, v, w の代わりに座標 ϱ, σ, τ を用い，それらを区別することなしに独立変数を s で，従属変数を Y で表すと，方程式 (37), (38), (39) は，共通の形

$$\varphi(s)\frac{d^2Y}{ds^2} + \frac{\varphi'(s)}{2}\frac{dY}{ds} + (\lambda s + \mu)Y = 0$$

に書くことができる．ここで

$$4(s-e_1)(s-e_2)(s-e_3) = \varphi(s)$$

とおいた．この方程式，いわゆる**ラメの方程式**の解は，定数 λ, μ の取り方に依存する関数であり，一般には初等超越関数によって表すことができない．それらは**ラメ関数**という名前で呼ばれ，多くの研究の対象であるが，数値計算についても，比較的に少数の手法しか開発されていない．ここでは，単に対応する固有値問題を考える．明らかなことであるが，共焦点直方体に対するポテンシャル論の境界値問題を解くのは，与えられた境界値が 6 枚の側面のうち 5 枚で 0 である特別な場合が解ければよい．このとき，一般の境界値問題の解はこれら 6 個の特殊解の和である．例えば，$\tau = \tau_2$ を境界値が 0 でない側面としよう．ラメ方程式 (37), (38), (39) の解 U, V, W で，条件 $U(u_1) = U(u_2) = V(v_1) = V(v_2) = W(w_1) = 0$ を満たすが，$W(w_2)$ に対しては何ら条件のないものを考えよう．積

$$T = U(u)V(v)W(w)$$

は，$\Delta T = 0$ の解であり，$\varrho = \varrho_2, \varrho = \varrho_1, \sigma = \sigma_2, \sigma = \sigma_1, \tau = \tau_1$ に対して 0 となる．ところがすぐ分かるように，指定された条件は，任意の定数 λ, μ に対して成り立つわけではない．よって問題は，むしろこれらの定数を選び，ラメ関数 U, V が条件を満たすようにすることになる．このとき，対応する関数 W が常に存在する．そうして新しい固有値問題，いわゆる **2 パラメータ固有値問題**が得られる．これは，微分方程式 (37) が $u = u_1$ と $u = u_2$ に対して 0 となる解をもち，かつ微分方程式 (38) が $v = v_1$ と $v = v_2$ に対して 0 となる解をもつように，固有値 λ, μ を定めるという問題である．

この固有値問題でも，通常の 1 パラメータ固有値問題と同様な性質が成立

5.9 ポテンシャル論の境界値問題と固有関数

する.すなわち,次の定理が成り立つ.

《定理》固有値の組 λ_i, μ_i と,対応する固有値問題の解の組 U_i, V_i が無限個存在する.長方形 $u_2 \leqq u \leqq u_1, v_2 \leqq v \leqq v_1$ において,2 階導関数まで含めて連続であり,長方形の周で 0 となる u, v の任意の関数は

$$\sum_{i=1}^{\infty} c_i U_i(u) V_i(v)$$

の形の絶対かつ一様に収束する級数に展開できる.右辺は,固有値の組に属するすべてのラメの積 $U_i(u)V_i(v)$ の和をとる.これらラメの積は,異なる固有値の組に属していれば,直交関係

$$\int_{u_2}^{u_1} \int_{v_2}^{v_1} [f(u) - g(v)] U_i(u) V_i(v) U_k(u) V_k(v) \, dv \, du = 0$$

を満たす. □

境界値問題を解くには,関数 U_i, V_i に対して,$\lambda = \lambda_i, \mu = \mu_i$ では方程式 (39) を満たし,$w = w_1$ では 0 となるような関数 $W_i(w)$ を組み合わせる.(このような解の存在は,一般の微分方程式の存在定理により示される.) 関数 $W_i(w)$ は,$w = w_2$ に対して 0 とならない.というのは,もしそうならば $T = UVW$ は,境界値が 0 である $\Delta T = 0$ の 0 とならない解となり,ポテンシャル論の基本事実と矛盾するからである (旧原著第 II 巻参照).

$w = w_2$ の上であらかじめ与えられた境界値は

$$\sum_{i=1}^{\infty} a_i W(w_2) U(u) V(v)$$

の形に展開することができる.このとき,級数

$$\sum_{i=1}^{\infty} a_i U(u) V(v) W(w)$$

は,6 面体に対するポテンシャル論の境界値問題の求める解を与える.ここで何よりも,次の注意をしておく必要がある.すなわち,上記の展開定理の形式では,T の境界値として,6 面体のすべての辺の上で 0 となるという制約が必須なことである.実際にはこの制約は必要でないが,ここではそれには立ち入らない.

我々の 2 パラメータ固有値問題は，自然な仕方で，偏微分方程式に対する 1 パラメータ問題に帰着されることを以下に示そう．すなわち，微分方程式 (37) の解 $U(u)$，および微分方程式 (38) の解 $V(v)$ について，関数 $Z(u,v) = U(u)V(v)$ を構成する．最初の方程式に V を乗じ，2 つ目の方程式に U を乗じて辺々加えると，これらの方程式から，関数 $Z(u,v)$ に対する偏微分方程式

$$Z_{uu} + Z_{vv} + \lambda[f(u) - g(v)]Z = 0 \tag{40}$$

が得られる．固有値 $\lambda = \lambda_i$ と対応する固有関数 $Z_i = U_i(u)V_i(v)$ は，長方形 $G : u_2 \leqq u \leqq u_1, v_2 \leqq v \leqq v_1$ に対して，境界条件が $Z = 0$ のときのこの方程式の固有値問題の解である．（この微分方程式は，$\Delta T = 0$ から $T = Z(u,v)W(w)$ とおいても導くことができる．）微分方程式 (40) は，$\Delta Z + \lambda \varrho Z = 0$ の形であり，関数 $\varrho = f(u) - g(v)$ は長方形 G 全体で正である．よってここで，今までと同様の 1 個のパラメータ λ の固有値問題が得られた．固有関数の存在や展開定理の問題も周知の仕方で完全に整理される．これらの問題の結果を先に認めると[16]，無限個の固有値 $\lambda_1, \lambda_2, \ldots$，および長方形 G に対する境界で 0 となるような，対応する固有関数 $Z_1, Z_2, \ldots$ の存在が分かり，任意の関数が，これら固有関数によって上記の意味で展開される．示すべき残りのことは，すべての固有関数 Z_i が，ラメの積 $U(u)V(v)$ であるか，同じ固有値 λ に属するラメの積の高々有限個の和となることである．

これを示すため，(40) に対する固有値と固有関数の完全系を，$\lambda_1, \lambda_2, \ldots$ および $Z_1, Z_2, \ldots$ とする．λ_h を 1 つの固有値とし，それについて今度は常微分方程式の固有値問題

$$\frac{d^2 X}{du^2} + [\lambda_h f(u) + \mu]X = 0$$

を考える．ただし境界条件は，$u = u_1$ と $u = u_2$ で $X = 0$ とする．付随する無限個の固有値と正規化された固有関数を，それぞれ $\mu_1, \mu_2, \ldots$，および $X_1, X_2, \ldots$ とする．これらの固有関数によって，$u = u_1$ と $u = u_2$ で 0 となり，区間 $u_1 \leqq u \leqq u_2$ において 2 階まで連続な導関数をもつ任意の関数は

---

[16] ［原註］§5.14 および §5.15 参照．

5.9 ポテンシャル論の境界値問題と固有関数

展開できる．特にこの展開は，v をパラメータとする関数 $Z(u,v)$ に対しても成り立つ．この展開式を

$$Z(u,v) = \sum_{n=1}^{\infty} Y_n(v) X_n(u)$$

の形で書く．ただし，

$$Y_n(v) = \int_{u_2}^{u_1} Z(u,v) X_n(u)\, du$$

とおいた．Y_n を v によって 2 階微分し，部分積分を用いて整理すると

$$\begin{aligned}
\frac{d^2 Y_n}{dv^2} &= \int_{u_2}^{u_1} Z_{vv}(u,v) X_n(u)\, du \\
&= \int_{u_2}^{u_1} (-Z_{uu} - \lambda_h [f(u) - g(v)] Z) X_n\, du \\
&= \int_{u_2}^{u_1} Z \left(-\frac{d^2 X_n}{du^2} - \lambda_h [f(u) - g(v)] X_n \right) du \\
&= (\mu_n + \lambda_h g(v)) Y_n
\end{aligned}$$

となる．すなわち関数 Y_n は，領域 $v_2 \leqq v \leqq v_1$ および与えられた境界条件に対する微分方程式 (38) の固有関数である．言い換えれば，値の組 λ_h, μ_n および対応する関数 $X_n(u), Y_n(v)$ は，該当の関数 $Y_n(v)$ が恒等的に 0 とならない限り，2 パラメータ固有値問題の解である．しかしながら，すでに考察したことにより，積 $X_n Y_n$ は固有値 λ_h に対応する (40) の固有関数であり，この微分方程式のいかなる固有値も，(次章で初めて基礎づけるが) 一般理論によって，有限個の重複度しかもち得ない．よって，2 つの変数 u, v の関数 $X_n Y_n$ のうち線形独立なものは有限 k 個のみ現れ得る．さらに，関数 X_n と Y_n のどれもが恒等的には 0 でないと仮定できる．というのは，もしそうでなければ単にそれらの項を除けばよいからである．よって $(k+1)$ 個の積 $X_n Y_n$ は，ある線形関係

$$\sum_{\nu=1}^{k+1} c_\nu X_{n_\nu} Y_{n_\nu} = 0$$

を満たす．ここで変数 v として，どの Y_{n_ν} も 0 と異なるようになる値を代

入すれば，X_{n_ν} に関する線形方程式となる．しかしながらこれは，異なる固有値 μ に対応する固有関数は線形独立なことから不可能である．よって，式 $\sum X_n Y_n$ では高々有限個の項しか現れない．これが示したいことであった．

従って上記の制約を満たす任意の関数は，固有関数 Z_i によって展開できることが分かった．すなわち次の結果が得られた：

《定理》長方形 $u_2 \leqq u \leqq u_1, v_2 \leqq v \leqq v_1$ において 2 階までの導関数を含めて連続であり，境界において消える任意の関数は，ラメの積の級数によって展開される．□

5.10 スチュルム–リウヴィル型の問題——特異な境界点

変数分離によって固有値問題が導かれる際には，たびたびスチュルム–リウヴィル型の微分方程式の固有値問題，すなわち

$$(pu')' - qu + \lambda \varrho u = 0$$

の形になることがある．とはいえ，§5.3 で扱った場合と本質的に異なるのは，領域の端点において微分方程式の特異点があること，例えば $p(0)$ が 0 となる場合があることである．このような特異点では，問題の性質から何らかの条件が課せられる．それは，解が連続であるとか有界であるとか，あるいは，有界でなくても与えられた増大度よりは高くないとかである．これらの条件が同次境界条件の役割を果たすことになる．

5.10.1 ベッセル関数

例として，すでに §5.5 で取り上げたベッセルの微分方程式

(41) $$(xu')' - \frac{n^2}{x}u + \lambda x u = 0$$

がある．これは数理物理学の非常に多くの問題に現れる．この方程式では，上巻 §3.3 で行った仮定，すなわち基本区間 $0 \leqq x \leqq 1$ のすべてで $p > 0$ という仮定は，$p(0) = 0$ であるからもはや成り立たない．点 $x = 0$ は，線形微分方程式の一般論の意味でも，ベッセル微分方程式の特異な点であり，こ

の点で有限であるという条件は，解に対する特別な境界条件を表す．この場合，我々のスチュルム–リウヴィル問題の境界条件は次になる：$x=0$ に対しては有限であり，$x=1$ では例えば 0 となる．この固有関数がベッセル関数 $J_n(\sqrt{\lambda}x)$ であり，$\lambda = \lambda_{n,m}$ は，$x=1$ における境界条件による超越方程式の根として定められる．

ベッセル関数 $u = J_n(\sqrt{\lambda}x)$ の代わりに，対応する直交関数 $z = \sqrt{x}J_n(\sqrt{\lambda}x)$ を用いると，これはベッセルの微分方程式から直ちに導かれる微分方程式

(42) $$z'' - \frac{n^2 - \frac{1}{4}}{x^2}z + \lambda z = 0$$

によって特徴付けられる．(ここの取り扱いは，p.20 で一般に考察した変換の一例である．) 関数 $\zeta = \frac{z}{x} = \frac{J_n(\sqrt{\lambda}x)}{\sqrt{x}}$ に対しては，微分方程式

(43) $$(x^2\zeta')' - \left(n^2 - \frac{1}{4}\right)\zeta + \lambda x^2 \zeta = 0$$

が得られる．

5.10.2 任意位数のルジャンドル関数

同様な問題は，スチュルム–リウヴィル型微分方程式

(44) $$[(1-x^2)u']' + \lambda u = 0$$

においても認められる．境界条件は，u は $x = +1$ と $x = -1$ において有界であること，すなわち微分方程式の 2 つの特異点における条件である．基本区間は $-1 \leqq x \leqq +1$ である．上巻§2.8 で見たように，数 $\lambda = n(n+1)$ は固有値であり，固有関数はルジャンドル関数 $P_n(x)$ である．

この固有値問題の唯一の解がルジャンドル多項式であることも容易に示される．この証明は，例えばすでに上巻§2.8 で得た事実，ルジャンドル関数は完全直交系をなすという事実から直ちに導かれる．以下に，それとは別の直接的な証明を与えよう．まず，$u = f(x)$ が微分方程式を満たせば，$u = f(-x)$ もまた満たすことに注意する．よって関数 $f(x) + f(-x)$ および $f(x) - f(-x)$ についても同様で，その一方は偶関数であり，他方は奇関数である．u は恒等的に 0 でないとしたので，どちらかは恒等的に 0 ではない．従って $-1 \leqq x \leqq 1$

において連続な偶関数あるいは奇関数である (44) の解 u は，実はルジャンドル多項式であり，λ は $n(n+1)$ の形の数であるという事実を示せばよい．u を整級数 $\sum_{\nu=0}^{\infty} a_\nu x^\nu$ の形に書くと，(44) から直ちに漸化式

$$(45) \qquad a_\nu = \frac{(\nu-1)(\nu-2)-\lambda}{\nu(\nu-1)} a_{\nu-2}$$

が得られる．u が偶関数ならば，奇数の ν の a_ν はすべて 0 である．u が奇関数ならば，同様のことが偶数の ν の a_ν に対して成り立つ．$\nu - 2h > 0$ の場合，$k = \nu - 2h$ とおくと，(45) から直ちに

$$(46) \qquad a_\nu = \frac{1}{\nu} \left[1 - \frac{\lambda}{(\nu-1)(\nu-2)} \right] \left[1 - \frac{\lambda}{(\nu-3)(\nu-4)} \right] \cdots \left[1 - \frac{\lambda}{(\nu-2h+1)(\nu-2h)} \right] k a_k$$

が導かれる．u に対する級数は，λ が $n(n+1)$ の形のとき，またそのときに限り項は有限である．このとき直ちに，u は n 次のルジャンドル多項式であることが分かる．他のすべての λ の値に対しては無限級数が得られて，初等的な判定法により $|x| < 1$ に対して収束する．上式の積のすべての因数が正となるように k を大きくとる（a_ν は正と仮定してよい）．よく知られた定理により，(46) の括弧の積は，ν が大きくなると正の極限値に近づき，$\nu > k$ に対して $a_\nu > \frac{c}{\nu}$ となる．ただし c は正の定数である．よって，$|x|$ を 1 に十分近く，ν を十分大きくとると，$\sum_{n=k}^{\nu} a_n x^n$ の絶対値は任意に大きくなる．これから $\lim_{x \to \pm 1} |u(x)| = \infty$，すなわち，$\lambda$ は固有値ではあり得ない[17]．

ルジャンドル多項式の微分方程式から，より広範な一般的考察によって，直交関数系の他の組を容易に導出することができる．つまり方程式 (44) を x に関して微分すると，関数 $u'(x)$ に対する微分方程式が得られる．前と同様に，区間の両端で正則な解，すなわち $P'(x)$ が存在するのは，$\lambda = n(n+1)$ に対してのみである．そのように得られた $P'(x)$ に対する微分方程式は，そのまま

---

[17] ［原註］上の議論は，ラーベあるいはガウスの判定法と密接な関係がある．A. Kneser, Zur Theorie der Legendreschen Polynome（ルジャンドル多項式論について），Tohoku Math. J., Vol. 5, 1914, pp. 1–7 を参照．

では自己共役ではない．自己共役とするためには，関数 $P_n'(x)\sqrt{1-x^2} = z_n$ を未知関数として導入する．すると新しい方程式は

$$[(1-x^2)z']' - \frac{z}{1-x^2} + \lambda z = 0$$

となり，対応する固有値は $\lambda = n(n+1)$ $(n=1,2,3,\ldots)$ であり，固有関数は

$$z_n = \sqrt{1-x^2}P_n'(x)$$

である．関数 $z_n = P_{n,1}(x)$ を，**1 位のルジャンドル陪関数**という．（関数 $P_n(x) = P_{n,0}(x)$ は，しばしば 0 位のルジャンドル関数といわれる．）ルジャンドル関数 $P_{n,1}$ は，直交関係

$$\int_{-1}^1 P_{n,1}P_{m,1}\,dx = 0 \quad (n \neq m \text{ に対して})$$

を満たす．同様に，(44) を h 階微分することにより，一般に，関数

$$\sqrt{1-x^2}^h \frac{d^h}{dx^h} P_n(x) = P_{n,h}(x)$$

に対する微分方程式

(47) $$[(1-x^2)z']' - \frac{h^2 z}{1-x^2} + \lambda z = 0$$

が得られる．固有値は $\lambda = n(n+1)$ $(n=h, h+1, \ldots)$ であり，対応する固有関数は $P_{n,h}(x)$ である．同じく互いに直交し，h **位のルジャンドル陪関数**と呼ばれる．その**正規化**は，容易に確かめられる等式

$$\int_{-1}^1 P_{n,h}^2\,dx = \frac{2}{2n+1} \frac{(n+h)!}{(n-h)!}$$

を利用して定められる．これで (47) のすべての固有値と固有関数が得られることは，ルジャンドル多項式と同様の手法で示される．

5.10.3 ヤコビおよびチェビシェフの多項式

ルジャンドル多項式の一般化として，上巻 §2.9 の**ヤコビ多項式**がある．その微分方程式も，同様にスチュルム–リウヴィル型の形に書くことができる：

$$[(1-x)^p(1+x)^q x(1-x)u']' + \lambda(1-x)^p(1+x)^q u = 0.$$

n 位のヤコビ多項式では，$x = \pm 1$ に対して有界であるという境界条件によって固有値 $\lambda = n(n+p)$ が対応している．この固有値問題にヤコビ多項式以外の解が存在しないことは，上と同様に 2 通りの方法で示される．

もう 1 つの例は**チェビシェフ多項式**である．スチュルム–リウヴィル型微分方程式

$$(\sqrt{1-x^2}u')' + \frac{\lambda}{\sqrt{1-x^2}}u = 0$$

において，同じく $x = \pm 1$ で正則であるという境界条件に対応している．チェビシェフ多項式 $T_n(x)$ に対応する固有値は $\lambda = n^2$ であり，これで上と同様にすべての固有値と固有関数が尽くされる．

5.10.4 エルミートおよびラゲールの多項式

同様に，エルミート多項式 $u = H_n(x)$，および対応する**エルミート直交関数** $v = H_n e^{-\frac{x^2}{2}}$ は，それぞれ次の固有値問題の解として特徴付けられる（上巻 §2.9.4 参照）：

(48) $$(e^{-x^2}u')' + \lambda e^{-x^2}u = 0$$

および

(49) $$v'' + (1-x^2)v + \lambda v = 0$$

であり，固有値は $\lambda = 0, 2, 4, 6, \ldots$ である．基本領域は全区間 $-\infty < x < +\infty$ であり，(48) の境界条件は，固有関数 u が $x = \pm\infty$ において x の有限ベキの程度にしか無限大でないとする．これら多項式以外にエルミート固有値問題が別の解をもたないことは，次のように示される：微分方程式 (48) を $u'' - 2xu' + \lambda u = 0$ の形に書き，u として $u = \sum_{n=0}^{\infty} a_n x^n$ とおく．微分方程式 (44) と同様に，u は偶関数あるいは奇関数であると仮定することができる．よって整級数には x の偶数ベキあるいは奇数ベキのみしか現れないとしてよい．微分方程式から，0 でない係数に対して，漸化式 $\frac{a_{n+2}}{a_n} = \frac{2n-\lambda}{(n+1)(n+2)}$ が導かれ，よって直ちにこの級数が有限個で終わり——すなわち $\lambda = 2n$ が非負

の偶数の場合——このときエルミート多項式 H_n となるか,あるいは,無限個の 0 と異なる係数で x のすべての値に対して収束するか,いずれかである.$(2n - \lambda)$ が正になると,現れる係数 a_n はすべて同符号である.2 番目の場合,任意に大きい n の項 $a_n x^n$ が現れ,十分大きな x に対して,どのように与えられた x のベキをも超えることになる.よって u は我々の問題の固有関数ではない.従って,固有値問題の唯一の解はエルミート多項式である.

ラゲール多項式は,あとで (p.71) 応用するためやや詳しく論じよう.基本領域は正の実数全体 $0 \leqq x < \infty$ であり,固有値 $\lambda = n$(n は正の整数)に対するラゲール多項式 $L_n(x)$ によって満たされる固有方程式は,上巻 §2.9 から

(50) $$xu'' + (1-x)u' + \lambda u = 0$$

となる.あるいは,自己共役な形では

$$(xe^{-x}u')' + \lambda e^{-x} u = 0$$

である.ここで境界条件として要請するのは,$x = 0$ において有限であり,また,$x \to \infty$ において x のどのような正のベキ以上には無限大とならないことである.対応する直交関数

$$v = \omega_n = e^{-\frac{x}{2}} L_n$$

については,スチュルム–リウヴィル固有方程式

$$(xv')' + \left(\frac{1}{2} - \frac{x}{4}\right) v + \lambda v = 0$$

となる.この境界条件としては,$x = 0$ において正則となることである.さらに加えて,あとで現れる (p.71) 関数

$$w = S_n = x^{-\frac{1}{2}} \omega_n$$

は,自己共役な固有方程式

$$(x^2 w')' - \frac{x^2 - 2x - 1}{4} w + \lambda x w = 0$$

を,$x = 0$ において 0 であるという要請の下で満たすことを注意しておく.対応する固有値は,常に正の整数 $\lambda = n$ である.

§5.2 でのルジャンドル関数のように，微分や適当な因数を乗じることで，同様の微分方程式を満たす高位のラゲール関数が得られる．まず，(50) を m 階微分することで，関数

$$u = L_n^m(x) = \frac{d^m}{dx^m} L_n(x)$$

は，微分方程式

(51) $$xu'' + (m+1-x)u' + (\lambda - m)u = 0$$

を満たすことが示される．自己共役な形では

$$(x^{m+1} e^{-x} u')' + x^m e^{-x} (\lambda - m) u = 0$$

と書くことができる．対応する直交関数

$$v = \omega_n^m = x^{\frac{m}{2}} e^{-\frac{x}{2}} L_n^m$$

は，スチュルム–リウヴィル固有方程式

(51a) $$(xv')' + \left(\frac{1-m}{2} - \frac{x}{4} - \frac{m^2}{4x} \right) v + \lambda v = 0$$

を満たし，また，関数

$$w = S_n^m = x^{-\frac{1}{2}} \omega_n^m$$

は，固有値の方程式

$$(x^2 w')' - \frac{x^2 + 2(m-1)x + m^2 - 1}{4} w + \lambda x w = 0$$

を，対応する固有値 $\lambda = n$ で満たす．ここで n は整数 $\geqq m$ であり，境界条件は明らかであろう．

我々の微分方程式が，他の固有値や固有関数をもたないことを示すため，(51) に整級数 $\sum_{\nu=0}^{\infty} a_\nu x^\nu$ を代入する．係数に対する漸化式

$$a_\nu = \frac{a_0}{\nu!} \frac{(m-\lambda) \cdots (m - \lambda + \nu - 1)}{(m+1) \cdots (m+\nu)}$$

が直ちに得られる．この級数の係数は，任意に与えられた λ に対してある ν から同じ符号となり，級数は x のすべての値に対して収束する．このようにし

て $0 \leq x < \infty$ に対して正則な (51) の解を表すことになる．$\lambda = n$ が $n > m$ となる正の整数である場合には，級数は有限項で終わり多項式となる．その他の λ に対しては，容易に

$$|a_\nu| > \frac{c}{\nu!\nu^r}$$

の形の評価を得る．ただし，c は適当な定数であり，r もやはり適当な正の整指数である．しかしながらこれは，解が $x \to \infty$ のとき無限になり，少なくとも e^x/x^r と同じような程度であることを意味する．よって我々の問題の固有関数ではあり得ず，これで証明が完成した．

5.11 スチュルム–リウヴィル型微分方程式の解の漸近挙動

スチュルム–リウヴィル型微分方程式は特別な形をしているので，係数が一般的な仮定を満たすだけで，パラメータが大きくなった場合や，独立変数の値が無限になった場合の，すべての解の漸近挙動に関する性質を導くことができる．

5.11.1 独立変数が無限大になるときの解の有界性

微分方程式は，p. 20 の式 (19a) により $u'' + \mu(x)u = 0$ の形に書かれていると考え，$\mu(x)$ は $x \to \infty$ に対して正の極限値をもつと仮定する．極限値は一般性を失うことなく 1 としてよい．そこで $\mu = 1 + \varrho$ とし，微分方程式

(52) $$u'' + u + \varrho u = 0$$

を基に議論する．仮定 $\varrho \to 0$ の代わりに，より強い仮定

(53) $$|\varrho| < \frac{\alpha}{x}, \quad |\varrho'| < \frac{\alpha}{x^2}$$

をおく．ここで α は正の定数である．この仮定の下で，(52) の任意の解が $x \to \infty$ のときに有界であることを示す．これは，大きい x に対して，有界な解のみをもつ微分方程式 $u'' + u = 0$ に近づくことから期待されることである．

その証明のため，(52) に u' を乗じて，後で決める適当な正の数 a から x まで積分すると

$$(54) \qquad u'^2\Big|_a^x + u^2\Big|_a^x = -2\int_a^x \varrho u u' \, dx = -\varrho u^2\Big|_a^x + \int_a^x \varrho' u^2 \, dx$$

が得られる．

これから直ちに

$$u^2(x) \leqq u'^2(x) + u^2(x) \leqq C(a) + |\varrho(x)|u^2(x) + \int_a^x |\varrho'|u^2 \, dx$$

が導かれる．ただし $C(a)$ は，下限 a のみによる定数である．$M = M(x)$ を，区間 $a \leqq \xi \leqq x$ における関数 $u(\xi)$ の最大値で，点 $\bar{\xi}$ において達成されるものとする．この不等式および (53) から

$$M^2 \leqq C(a) + \frac{M^2\alpha}{\xi} + M^2\alpha\left(\frac{1}{a} - \frac{1}{\xi}\right),$$

よって

$$M^2\left(1 - \frac{\alpha}{a}\right) \leqq C(a)$$

が導かれる．そこで，$a \geqq 2\alpha$ とすると，M^2 に対して直接に，x によらない上限 $2C(a)$ が得られる．これで主張が示された．

5.11.2 精密な結果（ベッセル関数）

微分方程式 $u'' + u + \varrho u = 0$ に対して，§5.11.1 でなされたよりも強い仮定を，すなわち $\varrho(x)$ が無限遠で 1 位より大きい位数で 0 となるという仮定をおく．例えば

$$(55) \qquad \varrho(x) = O\left(\frac{1}{x^2}\right)$$

と仮定する[18]．すると，この微分方程式と $u'' + u = 0$ との一致が精密になり，解の有界性のみならず漸近的に三角関数に一致することが分かる．

---

[18] ［原註］ここで慣用の記法を用いた．変数が増大するとき $|g(x)/f(x)|$ が有界に留まるならば，関数 $g(x)$ を $O(f(x))$ と表す．

5.11 スチュルム–リウヴィル型微分方程式の解の漸近挙動

さらに
$$u = \alpha \sin(x+\delta), \quad u' = \alpha \cos(x+\delta)$$
とおく．ここで，$\alpha(x)$ および $\delta(x)$ は後で決める x の関数であり，導関数を α' および δ' とする．（α はどの点でも決して 0 とはならない．というのは，もしそうであれば u と u' とがある点で同時に 0 となり，微分方程式 (52) から u は恒等的に 0 となるからである．）u'' と u' は 2 通りの方法で計算することができる．すなわち

$$u'' = \alpha' \cos(x+\delta) - \alpha(\delta'+1)\sin(x+\delta) = -(1+\varrho)\alpha\sin(x+\delta),$$
$$\tan(x+\delta) = \frac{\alpha'}{\alpha(\delta'-\varrho)};$$
$$u' = \alpha \cos(x+\delta) = \alpha' \sin(x+\delta) + \alpha(\delta'+1)\cos(x+\delta),$$
$$\tan(x+\delta) = -\frac{\alpha\delta'}{\alpha'},$$
$$\tan^2(x+\delta) = -\frac{\delta'}{\delta'-\varrho},$$

(56) $$\delta' = \varrho \sin^2(x+\delta),$$

(57) $$\frac{\alpha'}{\alpha} = \frac{-\delta'}{\tan(x+\delta)} = -\varrho \sin(x+\delta)\cos(x+\delta)$$

である．

ゆえに α と δ は，$x \to \infty$ に対してどちらも定まった極限値をもつ．実際それは，$\delta(x) = \delta(\beta) - \int_\alpha^\beta \delta'(\xi)\,d\xi$ において，β を限りなく増大させると，右辺の積分は，被積分関数が $\frac{1}{x^2}$ と同じように 0 に近づくので，(55) と (56) から収束する．よって $\lim_{\beta \to \infty} \delta(\beta) = \delta_\infty$ が存在し，さらに上の表現から

$$\delta(x) = \delta_\infty + O\left(\frac{1}{x}\right)$$

である．対応して，$\frac{\alpha'}{\alpha} = \frac{d}{dx}\log\alpha$ に対する式 (57) から

$$\alpha(x) = \alpha_\infty \left(1 + O\left(\frac{1}{x}\right)\right)$$

であり，しかも $\alpha_\infty \neq 0$ である．よって，我々の微分方程式のおのおのの解 u に対して，その漸近表現

$$u = \alpha \sin(x+\delta) = \alpha_\infty \sin(x+\delta_\infty) + O\left(\frac{1}{x}\right)$$

が得られる．

これらの結果は，微分方程式

$$u'' + \left(1 - \frac{m^2 - \frac{1}{4}}{x^2}\right) u = 0$$

に直ちに応用できる．これは，p. 53 によれば，ベッセルの微分方程式の解 $y_m(x)$ と，関係式

$$u = y_m \sqrt{x}$$

を通して結び付く．

ゆえに，ベッセルの微分方程式の解 $y_m(x)$ に対して

$$y_m(x) = \frac{\alpha_\infty}{\sqrt{x}} \sin(x+\delta_\infty) + O\left(\frac{1}{x^{\frac{3}{2}}}\right)$$

という形の漸近表現が成り立つ．ベッセル関数 $J_m(x)$ に対する定数 $\alpha_\infty, \delta_\infty$ については，後に §7.6.2 において別の観点から決定する．それは

$$\alpha_\infty = \sqrt{\frac{2}{\pi}}, \quad \delta_\infty = -\frac{m\pi}{2} - \frac{\pi}{4}$$

である．

5.11.3 パラメータが増大したときの有界性

§5.11.1 における考察と同様にして，次の定理を示すことができる．

《定理》 区間 $0 \leqq x \leqq 1$ に対して，スチュルム–リウヴィル型微分方程式（r は連続）

(58) $$u'' - ru + \lambda u = 0$$

の解の絶対値は，正規化条件

$$\int_0^1 u^2 \, dx = 1$$

および境界条件 $u(0) = u(1) = 0$ の下で，λ と x に依存しない上限で評価さ

5.11 スチュルム–リウヴィル型微分方程式の解の漸近挙動

れる. □

証明のために，微分方程式に再び u' を乗じて 0 から x まで積分すると

(59) $$u'^2(x) + \lambda u^2(x) - 2\int_0^x ruu'\,dx = u'^2(0) + \lambda u^2(0)$$

が得られる．右辺の評価のため，等式をさらに 0 から 1 まで積分すると

(60) $$u'^2(0) + \lambda u^2(0) = \int_0^1 u'^2\,dx + \lambda - 2\int_0^1 d\xi \int_0^\xi ruu'\,dx$$

となる．この値を (59) に代入し，現れる積分をシュヴァルツの不等式によって評価すると

(61) $$\lambda u^2 \leqq u'^2 + \lambda u^2 \leqq \lambda + \int_0^1 u'^2\,dx + C_1\sqrt{\int_0^1 u'^2\,dx}\sqrt{\int_0^1 u^2\,dx}$$

が得られる．ただし C_1 は，x にも λ にもよらない定数である．一方，(58) に u を乗じグリーンの公式を用いて変形するという，よく知られた手法により得られる等式

$$\int_0^1 u'^2\,dx + \int_0^1 ru^2\,dx = \lambda$$

から

$$\int_0^1 u'^2\,dx \leqq \lambda + C_2 \int_0^1 u^2\,dx$$

が得られる．これを (61) に代入すると

$$\lambda u^2(x) \leqq 2\lambda + C_3\sqrt{\lambda} + C_4$$

となる．ここで C_2, C_3, C_4 は，やはりまた x と λ によらない正の定数である．これから

$$u^2(x) \leqq 2 + \frac{C_3}{\sqrt{\lambda}} + \frac{C_4}{\lambda}$$

となり，我々の主張が証明された．

最後に注意しておくことは，この結果とその証明の手法は，我々の方程式の解が境界条件を課されていないときも，やはりまた有効なことである．しかしながら独立変数の個数が 1 個より大きいときは，類似の有界性の結果はもはや成り立たないことは指摘しておく[19].

---

[19] ［原註］簡単な反例は，単位円周の上で 0 となる，微分方程式 $\Delta u + \lambda U = 0$ の，正規化

5.11.4 解の漸近形

解の有界性が示された上で，まず次の主張を証明する：

《定理》区間 $0 \leqq x \leqq 1$ において，$u'' - ru + \lambda u = 0$（ただし $\lambda > 0$）の任意の正規化された解 u に対して，$v'' + \lambda v = 0$ の解 v で
$$u = v + O\left(\frac{1}{\sqrt{\lambda}}\right)$$
であるものが存在する．□

この公式は，λ の大きな値に対して，解 u の漸近形を三角関数によって表すものである．定理の証明のため，$u(0) = v(0), u'(0) = v'(0)$ である $v'' + \lambda v = 0$ の解を考える．$u - v = w$ は
$$w'' + \lambda w = ru$$
を満たす．これに $2w'$ を乗じて 0 から x まで積分すれば，$w(0) = w'(0) = 0$ から

(62) $$w'^2(x) + \lambda w^2(x) = 2\int_0^x ru w' \, dx$$

が得られる．区間 $0 \leqq x \leqq 1$ における，$|w(x)|$ の最大値を M，$|w'(x)|$ の最大値を M' とすると，(62) の右辺にシュヴァルツの不等式を適用して，$\lambda > 0$ なので
$$M'^2 \leqq M'C, \quad M' \leqq C$$
となる．ここで C は，λ と x にはよらない正の定数である．よって (62) から
$$\lambda M^2 \leqq C^2$$
が導かれ，従って主張したように
$$M \leqq \frac{C}{\sqrt{\lambda}}$$
が得られる．

された固有関数 $\frac{\sqrt{2}}{J_0'(k_{0,m})} J_0(k_{0,m}r)$ ——p. 33 参照——がある．(W. Sternberg: Über die asymptotische Integration partieller Differentialgleichungen II., Math. Ann., Vol. 86, 特に pp. 292–295 参照.)

5.11.5 スチュルム–リウヴィル固有関数の漸近表示

微分方程式 $(pu')' - qu + \lambda u = 0$ の任意の解を考えるというのではなく，固有関数を，例えば区間 $0 \leq x \leq \pi$ において境界条件 $u(0) = u(\pi) = 0$ の下で取り扱う際には，漸近表示の問題をいくぶん別の設定で考察しよう．そのためにまず，微分方程式を，p. 20 で与えた変換 (20a) により

$$(63) \qquad z'' - rz + \lambda z = 0$$

の形においたとする．ここで新しい独立変数 t は，区間 $0 \leq t \leq l$ にわたり，r はこの区間で連続関数であるとする．(63) の固有値 λ_n に対応する，n 番目の固有関数 z_n について，微分方程式 $v'' + \lambda v = 0$ の n 番目の固有関数と比較したい．

有用な手段として，以下の事実を用いる．a は任意（の定数）で，$t = 0$ において 0 となる (63) の解は，表示——z に対する「ヴォルテラの積分方程式」

$$(64) \qquad z(t) = a \sin\sqrt{\lambda}\, t + \frac{1}{\sqrt{\lambda}} \int_0^t r(\tau) z(\tau) \sin\sqrt{\lambda}(t-\tau)\, d\tau$$

により与えられる．このことは，p. 12 の式 (10) において，N_i の代わりに関数 rz を代入すれば直ちに得られる．

§5.11.3 によれば，すべての λ に対して $z(t)$ が有界なので，(64) により直ちに a が有界であることが分かる[20]．このことと，(64) および正規化条件 $\int_0^l z^2\, dt = 1$ とから，a に対する精密な評価

$$a = \sqrt{\frac{2}{l}} + O\left(\frac{1}{\sqrt{\lambda}}\right)$$

が得られる．これからさらに

$$z(t) - \sqrt{\frac{2}{l}} \sin\sqrt{\lambda}\, t = O\left(\frac{1}{\sqrt{\lambda}}\right)$$

が導かれる．微分方程式の n 番目の固有値 λ_n は，n が増大するにつれて無限大になるので（上巻 §4.2.2 参照），n 番目の固有関数 $z_n(t)$ に対して，漸

---

[20] ［原註］$z(t)$ の有界性は，積分表示 (64) からまた，直接容易に示される．

近表現
$$z_n(t) = \sqrt{\frac{2}{l}} \sin \sqrt{\lambda_n}\, t + \frac{1}{\sqrt{\lambda_n}} O(1)$$
が直ちに得られる．さらに，λ_n に対しては漸近評価
$$\lambda_n = n^2 \frac{\pi^2}{l^2} + O(1)$$
が成り立つ（上巻 §4.2.3 参照）．よって，$\sqrt{\lambda_n} = n\frac{\pi}{l} + O\left(\frac{1}{n}\right)$ であるので
$$\sin \sqrt{\lambda_n}\, t = \sin n\frac{\pi}{l} t + O\left(\frac{1}{t}\right)$$
である．従って，微分方程式 $z'' - rz + \lambda z = 0$ の正規化された固有関数に対して，漸近表現

(65) $$z_n(t) = \sqrt{\frac{2}{l}} \sin n\frac{\pi}{l} t + O\left(\frac{1}{n}\right)$$

が得られる．同様にして，積分方程式 (64) を微分することにより，対応する公式

(66) $$z'_n(t) = n\frac{\pi}{l} \sqrt{\frac{2}{l}} \cos n\frac{\pi}{l} t + O(1)$$

が得られる．もとの微分方程式に対してこの結果を述べると，関係

(67) $$u_n(x) = c_n \frac{\sin\left(n\frac{\pi}{l} \int_0^x \sqrt{\frac{\varrho}{p}}\, dx\right)}{\sqrt[4]{p\varrho}} + O\left(\frac{1}{n}\right)$$

となる．ただし，正規化のための定数 c_n は
$$\frac{1}{c_n^2} = \int_0^\pi \frac{\sin^2\left(n\frac{\pi}{l} \int_0^x \sqrt{\frac{\varrho}{p}}\, dx\right)}{\sqrt{p\varrho}}\, dx$$
および
$$l = \int_0^x \sqrt{\frac{\varrho}{p}}\, dx$$
により定められる．対応して

(68) $$u'_n(x) = c_n \frac{n\pi}{l} \frac{\cos\left(n\frac{\pi}{l} \int_0^x \sqrt{\frac{\varrho}{p}}\, dx\right)}{\sqrt[4]{p\varrho}} \sqrt{\frac{\varrho}{p}} + O(1)$$

5.11 スチュルム–リウヴィル型微分方程式の解の漸近挙動

となる.

全く同様に一般の同次境界値問題のときも,固有関数とその導関数に対する漸近表示が得られる.それは,境界条件 $z'(0) - hz(0) = 0$ において係数 h が有界に留まる限り

$$(69) \quad z_n(t) = \sqrt{\frac{2}{l}} \cos n\frac{\pi}{l} t + O\left(\frac{1}{n}\right)$$

および

$$(70) \quad z'_n(t) = -\frac{n\pi}{l}\sqrt{\frac{2}{l}} \sin n\frac{\pi}{l} t + O(1)$$

という表示が成り立つ.

ここで指摘しておくが,我々のヴォルテラ型積分方程式 (64) から,固有関数およびその導関数のより精密な表示が導かれる.すでに上巻第 3 章で強調したとおり,このようなヴォルテラ型積分方程式の**ノイマン級数**は常に収束するからである[21].これは一般論に訴えることなしに直接に示すことができる.(64) において a を 1 とおき,すなわち正規化は放棄して,右辺の積分記号の下で,$z(\tau)$ に対して,この積分方程式により与えられる値を代入する.この操作を繰り返し,$v(t) = \sin\sqrt{\lambda} t$ と略記すると,式

$$(71) \quad z(t) = v(t) + \frac{1}{\sqrt{\lambda}} \int_0^t d\tau_1 v(\tau_1) r(\tau_1) \sin\sqrt{\lambda}(t-\tau_1)$$

$$+ \frac{1}{\lambda} \int_0^t d\tau_1 \int_0^{\tau_1} d\tau_2 v(\tau_2) r(\tau_1) r(\tau_2) \sin\sqrt{\lambda}(t-\tau_1) \sin\sqrt{\lambda}(\tau_1 - \tau_2)$$

$$+ \frac{1}{\sqrt{\lambda^3}} \int_0^t d\tau_1 \int_0^{\tau_1} d\tau_2 \int_0^{\tau_2} d\tau_3 v(\tau_3) r(\tau_1) r(\tau_2) r(\tau_3) \sin\sqrt{\lambda}(t-\tau_1)$$

$$\sin\sqrt{\lambda}(\tau_1-\tau_2) \sin\sqrt{\lambda}(\tau_2-\tau_3)$$

$$+ \cdots$$

$$+ \frac{1}{\sqrt{\lambda^n}} \int_0^t d\tau_1 \cdots \int_0^{\tau_{n-1}} d\tau_n z(\tau_n) r(\tau_1) \cdots r(\tau_n) \sin\sqrt{\lambda}(t-\tau_1) \cdots$$

$$\sin\sqrt{\lambda}(\tau_{n-1}-\tau_n)$$

---

[21] [原註] J. Liouville: Journal de math. pures et appl., Vol. 1, 2 (1836/37) 参照. ヴォルテラ型積分方程式とノイマン級数が現れている.

が得られる．これは，$\sqrt{\lambda}$ の降ベキ級数として無限に続けることができて，すべての $\lambda > 0$ に関して収束するような，$z(t, \lambda)$ に対する $\sqrt{\lambda}$ の降ベキ無限級数が得られることから分かる．級数の第 n 項までとると，誤差は $(1/\sqrt{\lambda})^n$ より小さい位数である．よってこの級数が解の漸近挙動を表す．

5.12 連続スペクトルをもつ固有値問題

ここまで取り扱ってきた問題における固有値は，無限に増大する可算数列になった．しかしながら，微分方程式の係数が基本領域の境界点で特異になったり，あるいは基本領域そのものが無限に拡がるときは，スペクトル，すなわち固有値の集合は全く異なる様相を示す．特に，λ-区間のすべての数を含むような場合，いわゆる**連続スペクトル**の場合が起こる．このとき，対応する固有関数の展開定理はフーリエ積分表示で置き換えられる．

5.12.1 三角関数

該当する最も簡単な問題は，固有方程式

$$u'' + \lambda u = 0$$

を，区間 $-\infty < x < \infty$ において，u が無限遠で有界という「境界条件」を課したとき生じる．明らかに，任意の非負の数 λ は固有値であり，固有関数は $\sin\sqrt{\lambda}x, \cos\sqrt{\lambda}x$ である．この固有値問題の展開定理に代わるものが，上巻 §2.6 のフーリエ積分定理である．

展開定理からフーリエ積分が現れてくるように，連続スペクトルが起こり得ることは理解できるであろう．すなわち有限区間に対する固有値問題から始めて，無限区間へ極限移行を行うのである．

5.12.2 ベッセル関数

同様な状況は，ベッセルの微分方程式の固有値問題

$$(xu')' + \left(\lambda x - \frac{n^2}{x}\right)u = 0$$

に対して，区間 $0 \leqq x < \infty$ において，$x = 0$ と $x \to \infty$ では有限という境界条件のときも起こる．$\lambda \geqq 0$ に対するすべてのベッセル関数 $u = J_n(\sqrt{\lambda}x)$ が固有関数であり，よって λ のすべての非負値の連続スペクトルを得る．

ここでまた，任意の関数 $f(x)$ を表現するためには，展開定理の代わりに積分定理となる．そこでの積分範囲はスペクトル，すなわち，正の数の連続体となる．これらの積分表示は

$$f(x) = \int_0^\infty t J_n(tx) g(t)\, dt, \quad g(t) = \int_0^\infty \xi J_n(\xi t) f(\xi)\, d\xi$$

となる．この表示が可能となる十分条件は，関数 $f(x)$ が $x \geqq 0$ に対して区分的に連続であること，および積分

$$\int_0^\infty x|f(x)|\, dx$$

が存在すること，また $f(0) = 0$ となることである．この積分定理の証明は，後で §7.2 において与える．

5.12.3　無限の平面に対する振動方程式の固有値問題

全 xy-平面における微分方程式の固有値問題

$$\Delta u + \lambda u = 0$$

は，無限遠で解が有界であるという境界条件の下で，異なる 2 通りの方法で解くことができる．三角関数の積 $u = \sin\alpha(x-\xi)\sin\beta(y-\eta)$ の集合は，固有関数と考えることができる．ただし，ξ, η および α, β は任意であり，数 $\lambda = \alpha^2 + \beta^2$ を固有値とみなす．よって固有値は任意の非負の値であり，明らかにそれぞれの固有値に対して固有関数の連続体が対応する．対応する積分表示は，平面に対するフーリエの積分定理に他ならない（上巻 §2.6 参照）．

極座標 r, φ を導入すると，別の型の固有関数

$$u = J_n(\sqrt{\lambda}r)\sin n\varphi, \quad u = J_n(\sqrt{\lambda}r)\cos n\varphi$$

が得られる．ただし n は任意の整数であり，λ は任意の非負の数である．ス

ペクトルは，ここでもまた明らかに非負の数 $\lambda \geqq 0$ の連続体である．各固有値 $\lambda > 0$ に対しては，n が整数であるために，可算個の固有関数しか属さないことになる．任意の関数の表現は，ここでも n に関するフーリエ級数で展開によって得られ，各係数は，前項のように r に関する積分表示となる．

さらにこれらの固有関数は，与えられた値 $\lambda = \alpha^2 + \beta^2$ に対する正弦関数の積の線形結合である．すなわち

$$J_n(\sqrt{\lambda}r)e^{in\varphi} = \frac{(-i)^n}{2\pi}\int_0^{2\pi} e^{int}e^{ix\sqrt{\lambda}\cos t + iy\sqrt{\lambda}\sin t}\,dx$$

である（§7.2 参照）．

5.12.4　シュレーディンガーの固有値問題[22]

物理学の量子論において，シュレーディンガーは近年，これまで扱われてきたのとは全く異なる構造のスペクトルをもつ固有値問題を導いた[23]．スペクトルは連続部分と離散部分とからなり，離散スペクトルは無限に発散せず有界な集積点をもつ．最も簡単なシュレーディンガーの問題は，空間での固有方程式

(72) $$\Delta u + \frac{c}{r}u + \lambda u = 0$$

を考察することである．ここで c は与えられた正定数，r, θ, φ は極座標であり，固有関数 u は原点で連続，かつ $r \to \infty$ に対して有界であるとする．微分方程式に，球関数 $Y_n(\theta, \varphi)$ を乗じて単位球面の上で積分すると，関数

$$v(r) = \iint u(r, \theta, \varphi)Y_n(\theta, \varphi)\sin\theta\,d\theta\,d\varphi$$

に対して，通常の仕方によって，微分方程式

(73) $$v_{rr} + \frac{2}{r}v_r + \left(\lambda + \frac{c}{r} - \frac{n(n+1)}{r^2}\right)v = 0$$

22　［原註］§6.5 もまた参照．
23　［原註］E. Schrödinger: Abhandlungen zur Wellenmechanik（波動力学論集），Leipzig 1927.

が導かれる．この方程式に，$r = 0$ および $r \to \infty$ に対して前と同様な境界条件を課して固有関数 v を求めると，積 $u = vY_n$ として (72) の固有関数が得られる．

ここで，容易に推測できる方法であるが，λ の代わりに新しいパラメータとして，量
$$l = \frac{c}{2\sqrt{-\lambda}}$$
を，また，r の代わりに変数
$$z = 2\sqrt{-\lambda}\, r$$
をとると，微分方程式
$$v_{zz} + \frac{2}{z}v_z + \left(-\frac{1}{4} + \frac{l}{z} - \frac{n(n+1)}{z^2}\right)v = 0$$
が得られる．これは §5.10 の式 (51a) とは少し異なる形である．そこでの議論から分かるように，l が実のとき，すなわち λ が負のとき，原点において連続であり $r \to \infty$ に対して有界であるという条件は，$l > n$ が整数であるときに限り満たされる．またこのときの解は，ラゲール多項式の導関数により
$$v = z^n e^{-\frac{z}{2}} L_{l+n}^{(2n+1)}(z)$$
の形で与えられる．もとの微分方程式に対しては，値
$$\lambda = -\frac{c^2}{4l^2}$$
が得られ，それのみが負の固有値として，固有関数
$$u = r^n e^{-\frac{c}{2l}r} L_{l+n}^{(2n+1)}\left(\frac{c}{l}r\right) Y_n(\theta, \varphi)$$
が対応している．ここで与えられた整数 l に対して，n は 0 から $(l-1)$ までのすべての整数をとり，Y_n は $(2n+1)$ 個の線形独立な球関数の 1 つを表す．このようにして，離散スペクトルが見出されたが，それは無限可算個の原点に集積する数である．

さらにシュレーディンガー方程式 (72) は，**任意の正の値を固有値にもつこと，すなわち，非負の実数全体を連続スペクトルとしてもつことを示そう**．

証明のために，(73) で v の代わりに関数 $w = rv$ をとると，微分方程式

$$w'' + \left(\lambda + \frac{c}{r} - \frac{n(n+1)}{r^2}\right)w = 0$$

が得られる．これは §5.11.1 で取り扱った型である．よって解 w は，任意の正の λ に対して有界であり，解 $v = w/r$ は，r が無限に増大したとき 0 に近づく．任意の正の λ の値が固有値であることを見るには，原点において正則であり，すべての r に対して定義された解 v が存在することを示せばよい．この事実は線形微分方程式の一般論から示される．しかしながらこのような解は，すでにしばしば用いた，いたる所収束する整級数の形でも直接に導くことができる．それは微分方程式において $z = r^{-n} e^{i\sqrt{\lambda} r} v$ とし，z に対する微分方程式に変換すればよい．そうして整級数解から 2 項漸化式を導くことで最も容易に得られる．

5.13　摂動法

あらかじめ与えられた領域[24]および境界条件に対して，線形自己共役微分方程式

(74) $$L(u_n) + \lambda_n u_n = 0$$

は，固有値 λ_n および対応する正規直交固有関数 u_n が分かっているとする．このとき応用の上で重要な，いわゆる**摂動法**によって，「近接する」あるいは「摂動された」微分方程式

(75) $$L(\bar{u}_n) - \varepsilon r \bar{u}_n + \bar{\lambda}_n \bar{u}_n = 0$$

に関する固有値問題の，固有値および固有関数を計算することができる．ただし，境界条件や領域は同じであるとする．r は与えられた関数で，基本領域で連続とし，ε はパラメータとする．$\bar{u}_n$ と $\bar{\lambda}_n$ は新しい問題の固有関数と固有値を表す．以下では新しい固有値および新しい固有関数は，摂動のパラ

---

[24]　[原註] ここでは次元数は任意であるとする．積分は常に全領域で行われる．体積要素を dg と記す．

メータ ε のベキに展開できるとする．このような展開が可能であることの証明には，ここでは触れない．

5.13.1 単純固有値

まず摂動されていない問題が単純固有値のみもつとする．上の仮定に合わせて

(76) $$\bar{u}_n = u_n + \varepsilon v_n + \varepsilon^2 w_n + \cdots,$$

(77) $$\bar{\lambda}_n = \lambda_n + \varepsilon \mu_n + \varepsilon^2 \nu_n + \cdots$$

とおく．(75) に代入すれば，直ちに微分方程式 (74) と，さらには微分方程式

(78) $$L(v_n) + \lambda_n v_n = r u_n - \mu_n u_n,$$

(79) $$L(w_n) + \lambda_n w_n = r v_n - \mu_n v_n - \nu_n u_n$$

が得られる．これから順に異なる次数の摂動を，すなわち $\mu_n, \nu_n, \ldots$ あるいは $v_n, w_n, \ldots$ を計算することができる．

この目標のため，関数 v_n の固有関数 u_j に関する展開係数

$$a_{nj} = \int v_n u_j \, dg$$

を求めよう．方程式 (78) に u_j を乗じて基本領域の上で積分する．左辺第1項を，境界条件——境界で 0 になるといったような——を考慮して，グリーンの公式により変形すると

$$a_{nl}(\lambda_n - \lambda_l) = d_{nl} - \mu_n \delta_{nl}$$

が得られる．ただし，$n \neq l$ に対して $\delta_{nl} = 0$ であり $\delta_{nn} = 1$ である．また簡単のため

$$d_{nl} = \int r u_n u_l \, dg$$

とおいた．よって結果は，$l = n$ に対して

(80) $$\mu_n = d_{nn}$$

であり, $l \neq n$ に対して
$$a_{nl} = \frac{d_{nl}}{\lambda_n - \lambda_l}$$
となる. a_{nn} の値は, 正規化条件 $\int \bar{u}_n^2 \, dg = 1$ から得られる. これは $\int u_n v_n \, dg = 0$ となるので $a_{nn} = 0$ が導かれる. よって v_n が u_j に関して展開されるならば

(81) $$v_n = \sum_{j=1}^{\infty}{}' \frac{d_{nj}}{\lambda_n - \lambda_j} u_j \quad \left(d_{nj} = \int r u_n u_j \, dg\right)$$

となる. ここで $\sum'$ は, $j = n$ を除いての和を表す.

このように第1次近似が決められると, 第2次近似
$$w_n = \sum_{j=1}^{\infty} b_{nj} u_j$$
も同じように, 方程式 (79) を用いて得られる. よって上と同様に

(82) $$b_{nl}(\lambda_n - \lambda_l) = \sum_{j=1}^{\infty} a_{nj} d_{jl} - \mu_n a_{nl} - \nu_n \delta_{nl}$$

となる. $n = l$ とおくと, 固有値の第2次摂動項
$$v_n = \sum_{j=1}^{\infty} a_{nj} d_{jn}$$
が得られ, $n \neq l$ とおくと

(83) $$b_{nl} = \frac{1}{\lambda_n - \lambda_l} \left\{ \sum_{j=1}^{\infty} a_{nj} d_{jl} - \mu_n a_{nl} \right\}$$

が得られる. b_{nn} を決めるには, 正規化条件 $\int \bar{u}_n^2 \, dg = 1$ を再び用いて, ε^2 項の係数を 0 とおく. 直ちに

(84) $$b_{nn} = -\frac{1}{2} \sum_{j=1}^{\infty} a_{nj}^2$$

が導かれ, これで第2次近似が完全に決定された.

全く同様に, さらに高次の近似が順に定められる.

5.13.2 重複固有値

重複固有値が現れる場合，いわゆる「縮退」の場合には，詳しい議論が必要となる．考え方を理解するためには，(74) の最初の固有値が α-重，すなわち $\lambda_1 = \cdots = \lambda_\alpha = \lambda$ であり，他のすべての $n > \alpha$ である固有値 λ_n は単純であると仮定して十分である．このときでも複雑であるのは，重複固有値の場合は，固有関数は直交変換を除いてしか決まらず，よって摂動されたときに，個々の固有関数が連続的に接続されるには，重複固有値の固有関数の系をあらかじめ適切に選んでおかなければならないことである（上巻 §3.8.4 参照）．従ってまず，固有値 λ に対応する α 個の固有関数を，後で決める直交変換

$$u_n^* = \sum_{j=1}^{\alpha} \gamma_{nj} u_j \quad (n = 1, 2, \ldots, \alpha)$$

によって，別のこのような固有関数系に変換したとする．そうして

$$\bar{u}_n = u_n^* + \varepsilon v_n + \varepsilon^2 w_n + \cdots$$

とおいて，γ_{nj} および関数 $v_n, w_n, \ldots$ をともに定めるとしよう．$n > \alpha$ に対しては，$u_n^* = u_n$ とおくと §5.13.1 の議論と何も変わりはないので，ここでは $n = 1, 2, \ldots, \alpha$ の場合に限ることにしよう．我々の仮定と微分方程式 (75) によって，v_n と w_n に対して方程式

$$(85) \qquad L(v_n) + \lambda_n v_n = \sum_{j=1}^{\alpha} r \gamma_{nj} u_j - \mu_n \sum_{j=1}^{\alpha} r \gamma_{nj} u_j,$$

$$(86) \qquad L(w_n) + \lambda_n w_n = r v_n - \mu_n v_n - \nu_n \sum_{j=1}^{\alpha} \gamma_{nj} \mu_j$$

が得られる．(85) に u_l を乗じて §5.13.1 と同様に進めると，§5.13.1 と同じ記号を用いて

$$(87) \qquad a_{nl}(\lambda_n - \lambda_l) = \sum_{j=1}^{\alpha} (d_{jl} - \mu_n \delta_{jl}) \gamma_{nj},$$

よって特に，$l = 1, 2, \ldots, \alpha$ に対して

$$0 = \sum_{j=1}^{\alpha}(d_{jl} - \mu_n\delta_{jl})\gamma_{nj} \quad (l, n = 1, 2, \ldots, \alpha)$$

が得られる．これら α^2 個の方程式から，上巻 §1.2 の方法によって，量 μ_1, ..., μ_α は，固有方程式 $|d_{jl} - \mu_n\delta_{jl}| = 0$ の根として順序を除いて一意に決定される．簡単のためにこれらの根は互いに異なるとする．すなわち，形式 $\sum_{j,l} d_{jl}x_j x_l$ は相異なる固有値をもつとする．このとき直交行列 (γ_{nj}) もまた一意に決まる．ここで記号を簡単にするため，固有関数 $u_n^* = \sum_{j=1}^{\alpha} \gamma_{nj}u_j$ を再び記号 u_n で表すと，行列は対角行列であり，その要素は

$$d_{nn} = \mu_n,$$

および残りの要素は 0 であることが分かる．方程式 (87) から，$l > \alpha$ に対して直ちに

(88) $$a_{nl} = \frac{d_{nl}}{\lambda_n - \lambda_l}$$

が得られる．正規化条件から §5.13.1 と同様に $a_{nn} = 0$ であり，一方，量 a_{nl} ($l, n = 1, 2, \ldots, \alpha$, $n \neq l$) を決定するには，第 2 次近似の方程式 (86) を用いなければならない．後者は，$l, n = 1, 2, \ldots, \alpha$ に対して

$$0 = \sum_{j=1}^{\infty} a_{nj}d_{jl} - \mu_n a_{nl} - \nu_n \delta_{nl}$$

となる．あるいは (d_{jl}) $(j, l = 1, 2, \ldots, \alpha)$ が，対角要素が μ_n の対角行列であることを考えると

$$0 = \sum_{j=\alpha+1}^{\infty} a_{nj}d_{jl} + a_{nl}\mu_l - \mu_n a_{nl} - \nu_n \delta_{nl}$$

となる．これは，$l = n$ に対して

(89) $$\nu_n = \sum_{j=\alpha+1}^{\infty} a_{nj}d_{jn}$$

となり，この係数 a_{nj} は (88) によってすでに決められている．$n \neq l$ については

$$a_{nl} = \frac{1}{\mu_n - \mu_l} \sum_{j=\alpha+1}^{\infty} a_{nj} d_{jl}$$

が得られる.

結果をまとめておく. α-重固有値 $\lambda_1 = \lambda$ に対して, 正規直交固有関数 u_1, $\ldots, u_\alpha$ の系を, 行列 $d_{nl} = \int r u_n u_l \, dx$ が, 要素が d_{nn} である対角行列となるように選ぶ. このとき, 固有値の第 1 次の摂動は

$$\mu_n = d_{nn}$$

であり, 固有関数は

$$v_n = \sum_{j=1}^{\infty} a_{nj} \mu_j$$

である. ただし

$$a_{nn} = 0$$

であり, 添字 l あるいは n のどちらかが α より大きければ

$$a_{nl} = \frac{d_{nl}}{\lambda_n - \lambda_l}$$

であり, 添字 l および n が互いに異なり, ともに α より大きくなければ

$$a_{nl} = \frac{1}{d_{nn} - d_{ll}} \sum_{j=\alpha+1}^{\infty} \frac{d_{nj} d_{jl}}{\lambda_n - \lambda_j}$$

である.

同様にして, 第 2 次および高次の摂動項が得られる. 特に n 項目の固有値の第 2 次摂動は, (89) により

$$\nu_n = \sum_{j=\alpha+1}^{\infty} \frac{d_{nj}^2}{\lambda_n - \lambda_j}$$

である.

5.13.3 摂動法の例[25]

端点で固定され，自由に振動する弦の問題を扱おう．ただし，弾性係数 $p = 1$ は一定であり，密度 $\varrho(x)$ は区間 $0 \leq x \leq \pi$ のすべての点 x に対して一定値 ϱ_0 とほとんど異ならず，よって $\varrho(x) = \varrho_0 + \varepsilon\sigma(x)$ の形であるとする．ここで，$\sigma(x)$ は与えられた関数であり，ε は「摂動パラメータ」を表す．§5.3 から，対応する固有値問題は

$$(90) \quad \bar{u}_n'' + \bar{\lambda}_n(\varrho_0 + \varepsilon\sigma(x))\bar{u}_n = 0$$

となる．$\varepsilon = 0$ のときは摂動されていない問題 $u_n'' + \lambda_n\varrho_0 u_n = 0$ であり，解は $\lambda_n = \frac{n^2}{\varrho_0}$, $u_n = \frac{1}{\sqrt{\frac{\pi}{2}\varrho_0}} \sin nx$ である．

すべての固有値は単純であるから，摂動された問題 (90) の第 1 次近似を得るには，§5.13.1 の公式 (80) と (81) に

$$\lambda_n = \frac{n^2}{\varrho_0}, \quad u_n = \frac{1}{\sqrt{\frac{\pi}{2}\varrho_0}} \sin nx$$

および

$$r(x) = -\lambda_n\sigma(x) = -\frac{n^2}{\varrho_0}\sigma(x)$$

を代入すればよい[26]．固有値の第 1 次の摂動 μ_n に対して

$$\mu_n = -\frac{n^2}{\varrho_0^2}\frac{2}{\pi}\int_0^\pi \sigma(x)\sin^2 nx\,dx$$

が得られる．固有関数 v_n に対しては

$$(91) \quad v_n = \sum_{j=1}^\infty a_{nj}u_j,$$

ただし

---

[25] ［原註］J.W.S. Rayleigh: The theory of sound（音の理論），2nd Aufl., Vol.1, London 1894, pp. 115–118. 参照．

[26] ［原註］§5.13.1 では，摂動項 $\varepsilon r(x)$ のうちの関数 $r(x)$ は ε に依存しないと仮定した．しかしながら，対応する (90) の摂動項のうちの関数 $\bar{\lambda}_n\sigma(x)$ は ε に依存している．以下では，第 1 次の摂動のみに興味があるので，単に $r(x) = -\lambda_n\sigma(x)$ とおき，λ_n は ε に依存しないとしてよい．

(92) $$a_{nj} = \frac{2}{\pi} \frac{n^2}{j^2 - n^2} \frac{1}{\varrho_0} \int_0^\pi \sigma(x) \sin nx \sin jx \, dx \quad (j \neq n);$$
$$a_{nn} = 0$$

である.

これらの結果を応用するため,レイリーに従い,第 1 節点の変位 δx を計算しよう.これは $n = 2$ に対応し,均質な弦の場合には中点に位置するものである.

$\bar{u}_n$ は ε のベキによって展開できると仮定したので,δx を $\delta x = \varepsilon \tau + \varepsilon^2 (\cdots)$ の形に書くことができる.τ を決定するための等式

$$\begin{aligned} 0 &= \bar{u}_2 \left(\frac{\pi}{2} + \varepsilon \tau + \cdots \right) \\ &= u_2 \left(\frac{\pi}{2} + \varepsilon \tau + \cdots \right) + \varepsilon v_2 \left(\frac{\pi}{2} + \varepsilon \tau + \cdots \right) + \varepsilon^2 (\cdots) \\ &= u_2 \left(\frac{\pi}{2} \right) + \varepsilon \left[\tau u_2' \left(\frac{\pi}{2} \right) + v_2 \left(\frac{\pi}{2} \right) \right] + \varepsilon^2 (\cdots) \end{aligned}$$

が得られる.この等式で ε の係数を 0 とおき,(91) および $u_2(x) =$ 定数 $\cdot \sin 2x$ であることに注意すると

$$\tau = -\frac{v_2 \left(\frac{\pi}{2} \right)}{u_2' \left(\frac{\pi}{2} \right)} = a_{21} - a_{23} + a_{25} - + \cdots$$

となる.例えば,密度の非一様性が点 $x = \pi/4$ における小さい質量 $\varrho_0 \kappa$ によりもたらされるとすると,(92) から,簡単な極限移行により,τ に対して

$$\begin{aligned} \tau &= \frac{4\kappa}{\pi} \left(\frac{\sin \frac{\pi}{4}}{1^2 - 4} - \frac{\sin \frac{3\pi}{4}}{3^2 - 4} + \frac{\sin \frac{5\pi}{4}}{5^2 - 4} - \cdots \right) \\ &= \frac{4\kappa}{\pi \sqrt{2}} \left(\frac{1}{1^2 - 4} - \frac{1}{3^2 - 4} - \frac{1}{5^2 - 4} + \cdots \right) \\ &= -\frac{2\kappa}{\pi \sqrt{2}} \left(1 + \frac{1}{3} - \frac{1}{5} - \frac{1}{7} + \frac{1}{9} + \frac{1}{11} - \cdots \right) \end{aligned}$$

が得られる.

括弧内の級数の値は

$$\int_0^1 \frac{1 + x^2}{1 + x^4} \, dx = \frac{\pi}{4} \sqrt{2}$$

であり,よって $\tau = -\frac{\kappa}{2}$ となる.

5.14 グリーン関数（影響関数）および微分方程式の積分方程式への帰着

ここでは考察の枠を拡げたい．すなわち，振動問題や固有値問題から始めるのではなく境界値問題を出発点とし，このような境界値問題の解を表すために，今まで考察してきたのとは独立して，グリーン関数あるいは影響関数の方法を主要な一歩とするものである．そうして，今まで述べてきた固有値の微分方程式は，対称な積分方程式に完全に帰着され，さらに，ここまでまだ未解決であった固有関数の存在および完全性や展開定理に関しての問題は，解決されることになる．

5.14.1 グリーン関数および常微分方程式の境界値問題

まず最初に，2階線形同次な自己共役微分式

$$L[u] = pu'' + p'u' - qu$$

を考察する．ただし，関数 $u(x)$ は基本領域 $G : x_0 \leqq x \leqq x_1$ で定められ，p, p' および q は x に関して連続，かつ $p > 0$ とする．対応する非同次微分方程式は

(93) $$L[u] = -\varphi(x)$$

である．ただし，$\varphi(x)$ は G において区分的に連続な関数である．論じたいのは境界値問題である．すなわち，方程式 (93) の解 $u = f(x)$ で，G の境界で与えられた同次境界条件，例えば境界条件 $u = 0$ を満たすものを求める問題[27]である．これを次のように発見的に考えてみよう．すなわち，微分方程式 (93) は，前に述べたように，時間的に一様な一定の力の影響下にある弦の平衡条件を表すと考える．ただし，力は弦の上に密度 $\varphi(x)$ で分布している．極限移行によって，連続的に分布した力 $\varphi(x)$ から，「1 点での力」，すなわ

---

[27] ［原註］非同次な境界条件の下での同次微分方程式の境界値問題も，この問題に帰着されることを，ここでもう一度思い出しておこう（§5.1.2 参照）．

5.14 グリーン関数（影響関数）および微分方程式の積分方程式への帰着

ち 1 点 $x = \xi$ において凝縮された強さ 1，あるいは与えられた強さの力に移る．$\mathsf{K}(x,\xi)$ により，この 1 点での強さ 1 の力の下での弦の変位を表す．ただし，弦に課された境界条件はそのままに保つ．このとき，連続的に分布した力 $\varphi(x)$ による影響は，点 ξ における密度が $\varphi(\xi)$ で表される，連続的に分布した 1 点での力の重ね合わせと考えることができる．よって，求める解は

$$(94) \qquad u(x) = \int_{x_0}^{x_1} \mathsf{K}(x,\xi)\varphi(\xi)\,d\xi$$

の形であると期待できる．関数 $\mathsf{K}(x,\xi)$ は，微分作用素 $L[u]$ の**影響関数**あるいは**グリーン関数**と呼ばれる．その定義から，パラメータ ξ の各値に対して，$x = x_0$ と $x = x_1$ においてあらかじめ与えられた境界条件を満たさなければならない．これから直ちに，方程式 (94) において，密度関数が $\varphi(x)$ である核 $\mathsf{K}(x,\xi)$ によって与えられた関数 $u(x)$ もまた，これらの境界条件を満たすことが分かる．

影響関数 $\mathsf{K}(x,\xi)$ は，点 $x = \xi$ 以外のいたる所で，微分方程式

$$L[\mathsf{K}] = 0$$

を満たさなければならない．というのは，これは $x \neq \xi$ に対して力が 0 であることを表しているからである．点 $x = \xi$ では，関数 $\mathsf{K}(x,\xi)$ は特異性を示すはずであり，それは次のように発見的考察から見出される．すなわち 1 点での力を，力 $\varphi_\varepsilon(x)$ からの極限移行と考える．ただし，G の中で $|x - \xi| > \varepsilon$ に対しては 0 であり，全強度は等式

$$\int_{\xi-\varepsilon}^{\xi+\varepsilon} \varphi_\varepsilon(x)\,dx = 1$$

により与えられるとする．対応する弦の変位を $\mathsf{K}_\varepsilon(x,\xi)$ で表すと，方程式 $L[\mathsf{K}_\varepsilon] = (p\mathsf{K}_\varepsilon')' - q\mathsf{K}_\varepsilon = -\varphi_\varepsilon(x)$ を満たす．この方程式を，境界 $\xi - \delta$ から $\xi + \delta$ まで積分する．ただし $\delta \geqq \varepsilon$ は，積分区間が基本領域 G に含まれている限り任意に選んでよい．

$$\int_{\xi-\delta}^{\xi+\delta} \left(\frac{d}{dx}\left(p\frac{d\mathsf{K}_\varepsilon}{dx}\right) - q\mathsf{K}_\varepsilon \right) dx = -1$$

が得られる．まず K_ε は，$x = \xi$ を除いて連続微分可能な関数 $\mathsf{K}(x,\xi)$ に収束すると仮定して極限 $\varepsilon \to 0$ をとる．次に δ を 0 に近づけると，K に対して直

ちに，関係
$$\lim_{\delta \to 0} \frac{d\mathsf{K}(x,\xi)}{dx}\bigg|_{x=\xi-\delta}^{x=\xi+\delta} = -\frac{1}{p(\xi)}$$
が得られる．これはグリーン関数の特異性を特徴付ける．

以上の発見的考察を念頭に，厳密な数学の理論に取り掛かろう．最初に，与えられた同次境界条件での微分作用素 $L[u]$ の**グリーン関数**を，以下の条件を満たす x と ξ の関数 K であると定義する：

1. K は，ξ を固定すると x の連続関数であり，与えられた同次境界条件を満たす．

2. K の x に関する 1 階および 2 階の導関数は，点 $x=\xi$ を除いて，G のすべての点で連続である．点 $x=\xi$ では，1 階導関数は

(95) $$\frac{d\mathsf{K}(x,\xi)}{dx}\bigg|_{x=\xi-0}^{x=\xi+0} = -\frac{1}{p(\xi)}$$

で与えられる跳びをもつ．

3. 点 $x=\xi$ 以外では，K は x の関数として，G のすべての点で微分方程式 $L[\mathsf{K}] = 0$ を満たす．

条件 2, 3 を満たすが，必ずしも同次境界条件を満たさない連続関数は，微分方程式 $L[\mathsf{K}]=0$ の「**基本解**」と呼ばれていることを注意しておこう．

このように定義されたグリーン関数は，望むべき性質をもっている．すなわち，次の予想されるべき関係が成り立つ．$\varphi(x)$ を，x の連続あるいは区分的に連続な関数としたとき，関数

(96) $$u(x) = \int_{x_0}^{x_1} \mathsf{K}(x,\xi)\varphi(\xi)\,d\xi$$

は，微分方程式

(97) $$L[u] = -\varphi(x)$$

および境界条件を満たす．逆に，(97) および境界条件を満たす関数 $u(x)$ は，(96) により表される．この最初の主張を示すには，積分のパラメータに関す

5.14 グリーン関数（影響関数）および微分方程式の積分方程式への帰着

る初等的な微分規則を適用する．すなわち，(95) を考慮すれば以下の一連の等式が得られる．

$$u'(x) = \int_{x_0}^{x_1} \mathsf{K}'(x,\xi)\varphi(\xi)\,d\xi;$$

$$\begin{aligned}u''(x) &= \int_{x_0}^{x_1} \mathsf{K}''(x,\xi)\varphi(\xi)\,d\xi + \int_{x}^{x_1} \mathsf{K}''(x,\xi)\varphi(\xi)\,d\xi \\ &\quad + \mathsf{K}'(x,x-0)\varphi(x) - \mathsf{K}'(x,x+0)\varphi(x) \\ &= \int_{x_0}^{x_1} \mathsf{K}''(x,\xi)\varphi(\xi)\,d\xi + (\mathsf{K}'(x+0,x) - \mathsf{K}'(x-0,x))\varphi(x) \\ &= \int_{x_0}^{x_1} \mathsf{K}''(x,\xi)\varphi(\xi)\,d\xi - \frac{\varphi(x)}{p(x)},\end{aligned}$$

よって

$$pu'' + p'u' - qu = \int_{x_0}^{x_1} (p\mathsf{K}'' + p'\mathsf{K}' - q\mathsf{K})\varphi(\xi)\,d\xi - \varphi(x)$$

となる．$L[\mathsf{K}] = 0$ なので求める証明が得られた．

逆の証明には，§5.1, (2b) のグリーンの公式を再び用いる．$v = \mathsf{K}$ とおき，2つの積分区間 $x_0 \leqq x \leqq \xi, \xi \leqq x \leqq x_1$ において公式を適用する．跳びの関係と境界条件から，x と ξ を交換して，公式 (96) が直ちに導かれる．

u が K と同じ与えられた境界条件を満たさないような一般の場合，例えば $u(x_0) = u(x_1) = 0$ を満たさないような場合でも，全く同じようにして，u に対する表示

$$u(x) = \int_{x_0}^{x_1} \mathsf{K}(x,\xi)\varphi(\xi)\,d\xi + p\mathsf{K}'u\Big|_{x_0}^{x_1}$$

が得られる．$\varphi = 0$ に対しては，これは同次微分方程式 $L[u] = 0$ の境界値問題の解を，境界値によって表示していることになる．

自己共役な微分作用素のグリーン関数は，パラメータと変数に関して対称である．すなわち

$$\mathsf{K}(x,\xi) = \mathsf{K}(\xi,x)$$

が成り立つ．この証明は，§5.1, (2b) のグリーンの公式において，$v = \mathsf{K}(x,\eta)$, $u = \mathsf{K}(x,\xi)$ とおき，積分領域を 3 つの区間 $x_0 \leqq x \leqq \xi, \xi \leqq x \leqq \eta, \eta \leqq x \leqq x_1$ に分割し，各区間を個々に取り扱えば直ちに得られる．従って，

点 $x = \xi$ と $x = \eta$ における跳びの関係 (95),および境界条件を考えると上の定理となる.グリーン関数の対称性は,物理学でしばしば現れる相反性の表現である.点 ξ に働く力 1 が,点 x に作用 $\mathsf{K}(x, \xi)$ をもたらすならば,点 x に働く力 1 は点 ξ に同じ作用をもたらす.

5.14.2 グリーン関数の構成と広義のグリーン関数

あらかじめ境界条件が与えられているときの,$L[u]$ に対するグリーン関数の構成は次のように行う.$x = x_0$ で与えられた境界条件,例えば 0 となるというような条件を満たす微分方程式 $L[u] = 0$ の 1 つの解 $u_0(x)$ を考える.このとき $c_0 u_0(x)$ は,最も一般的なそのような解である.同様に $c_1 u_1(x)$ を,$x = x_1$ で境界条件を満たす $L[u] = 0$ の解の族とする.2 つの場合の可能性がある.すなわち,2 つの族が互いに相異なるか——一般の場合として起こりうる——あるいは互いに一致するかである.前者の場合は,関数 u_0, u_1 は互いに線形独立であり,よく知られているように $u_0 u_1' - u_0' u_1 \neq 0$ である[28].このとき,第 1 の族の曲線は第 2 の族の曲線と,基本領域において決して接することはない(というのは,接点が存在すれば,その点においてこの等式と矛盾するからである).よって 2 つの定数 c_0, c_1 を選んで,区間 G のあらかじめ与えられた縦軸 $x = \xi$ の上に交点があり,そこでの導関数の跳びが,値 $-\frac{1}{p(\xi)}$ とちょうど等しいようにできる.このようにしてグリーン関数が,公式

$$x \leqq \xi : \ u = -\frac{1}{c} u_1(\xi) u_0(x)$$
$$x \geqq \xi : \ u = -\frac{1}{c} u_0(\xi) u_1(x)$$
$$c = p(\xi)[u_0(\xi) u_1'(\xi) - u_0'(\xi) u_1(\xi)] = 定数$$

の形ではっきりと得られる.これが望むべき構成であった.

後者の場合は,u_0 と u_1 は定数倍の違いでしかない.一方の族の解は他方の族の解である.この場合は,関数 $u_0(x)$ は左端における条件だけではなく右端における条件も満たす.よって微分方程式 $L[u] = 0$ は,境界条件を満たす恒

---

[28] [原註] c を定数として $\Delta = u_0 u_1' - u_0' u_1 = c/p$ が成り立つ.これは,与えられた微分方程式の左辺から,微分方程式 $p\Delta' + \Delta p' = 0$ を導くことで容易に分かる.

5.14 グリーン関数（影響関数）および微分方程式の積分方程式への帰着

等的に 0 ではない解 u_0 をもつ．別の述べ方をすれば，$\lambda = 0$ は $L[u] + \lambda u = 0$ の固有値であるということができる．従って上の構成は意味をもたず，グリーン関数も存在しない．

以上の考察により次のことが分かる．§5.14.1 により，グリーン関数の構成をもって，微分方程式 $L[u] = -\varphi$ に対する同次境界値問題の一意可解性がいえたので，次の**交代性**が成り立つ：

《定理》 与えられた同次境界条件の下で，微分方程式 $L[u] = -\varphi$ が，任意に与えられた右辺の φ に対して一意に決まる解をもつか，あるいは同次方程式 $L[u] = 0$ が恒等的に 0 ではない解をもつかいずれかである． □

さらに次のことが分かる：

《定理》 上の定理の第 2 の場合，問題 $L[u] = -\varphi(x)$ が解けるための必要十分条件は，右辺の $\varphi(x)$ が同次方程式 $L[u_0] = 0$ の解 $u_0(x)$ と直交関係

$$\int_{x_0}^{x_1} \varphi(x) u_0(x) \, dx = 0$$

を満たすことである． □

この条件が必要であることは，微分方程式 $L[u] + \varphi(x) = 0$ に関数 $u_0(x)$ を掛けて領域 G の上で積分し，境界条件を考慮してグリーンの公式を適用すれば直ちに分かる．条件が十分でもあることは，グリーン関数の代わりに，**広義のグリーン関数**を導入すれば示される．そのために，簡単な物理的直観に由来する発見的な考察を行おう．まず（p.23 参照），固有値 λ と対応する固有関数 u の意味を思い出すと，我われの弦は，$-\psi(x) e^{i\sqrt{\lambda}t}$ の形の外力の影響の影響の下では，$\int_{x_0}^{x_1} \psi(x) u(x) \, dx = 0$ でなければ不安定になるのであった（共鳴）．今の $\lambda = 0$ の場合では，これは時間一定の外力の影響の下では不安定になることを意味する．特に，任意の作用点での 1 点での力の影響の下では，弦は平衡状態に留まらなくなる．系にこのような 1 点での力を働かせ，系がその静止状態から任意に離れないためには，まず，時間一定の与えられた逆の力で支えられなければならない．この逆の力は任意にとることができるが，固有関数 $u_0(x)$ にちょうど直交してはならない．というのは，もしそうならば固有振動数 0 の励起の妨げに有効でないだろう．そこでこの逆

の力を，対称な形の $\psi(x) = -u_0(x)u_0(\xi)$ とするのが最も好都合だろう．このとき，点 $x=\xi$ に働く 1 点での力に関する影響関数 $\mathsf{K}(x,\xi)$ は，境界条件を満たすのみならず，点 $x=\xi$ を除いて微分方程式

$$L[\mathsf{K}] = u_0(x)u_0(\xi)$$

を満たし，点 $x=\xi$ では跳びの条件 (95) を満たさなければならない．これらの問題の解は，任意の付加関数 $c(\xi)u_0(x)$ を除いてしか決まらない．そこでこの不確定性を，条件

$$\int_{x_0}^{x_1} \mathsf{K}(x,\xi)u_0(x)\,dx = 0$$

によって取り除き，このように定められた関数 $\mathsf{K}(x,\xi)$ を，微分式 $L[u]$ に対する広義のグリーン関数と名付ける．$L[u]$ が自己共役な微分式という仮定を用いると，p.83 と全く同様に，グリーン関数の**対称性**

$$\mathsf{K}(x,\xi) = \mathsf{K}(\xi,x)$$

が得られる．

以上の考察を，最も簡単な例，両端が自由な均質な弦で例示してみよう（§5.15.1 もまた参照）．この場合は $u_0=$ 定数が $\lambda=0$ に対する固有関数であり，逆の力として弦の全体にわたる一様な力をとる．

広義のグリーン関数の構成は，通常のグリーン関数と全く同様に行われる．そのためには単に次の事実を示せばよい．すなわち，$L[u]=0$ が境界条件を満たす恒等的に 0 ではない解 u_0 をもつならば，$L[v] = u_0(\xi)u_0(x)$ はそのような解をもつことはない．実際，後者の方程式に $u_0(x)$ を掛け，境界条件を考慮して基本領域で積分すれば $u_0(\xi)\int_{x_0}^{x_1} u_0(x)^2\,dx = \int_{x_0}^{x_1} v(x)L[u_0]\,dx = 0$ が得られるが，しかしこれは $\int_{x_0}^{x_1} u_0(x)^2\,dx \neq 0$ と矛盾するからである．

広義のグリーン関数は，先の通常のグリーン関数と全く同じような役を果たす．ただ注意すべきことは，微分方程式 $L[w] = -\varphi(x)$ の解 $w(x)$ は，任意の付加関数 $cu_0(x)$ を除いてしか決まらず，よって条件 $\int_{x_0}^{x_1} wu_0(x)\,dx = 0$ によって確定することである．そこで次の定理が成り立つ．

《**定理**》関数 $w(x)$ は，$u_0(x)$ と直交して境界条件を満たし，連続な 1 階のかつ区分的に連続な 2 階の導関数をもつとする．区分的に連続な関数 $\varphi(x)$ と，

5.14 グリーン関数（影響関数）および微分方程式の積分方程式への帰着

関係
$$L[w] = -\varphi(x)$$
が成り立つならば，関係

(98) $$w(x) = \int_{x_0}^{x_1} \mathsf{K}(x, \xi) \varphi(\xi)\, d\xi$$

もまた成り立つ．

逆に，$\varphi(x)$ が $u_0(x)$ と直交するならば，後者の関係から前者の関係が成り立つ． □

――この逆の部分は，前に述べた定理 (p.85) の 2 つ目の部分を含んでいる．

証明は，通常のグリーン関数で行った対応する証明と同様である．ただ注意すべきことは，(98) の形の各関数 $w(x)$ は，$u_0(x)$ と直交しなければならないことである．というのは，グリーン関数 $\mathsf{K}(x, \xi)$ がそうだからである．

我われの 2 階微分方程式においては，すでにみたように，$\lambda = 0$ はせいぜいが単純な固有値である．しかしながら一般の場合も考慮して，重複固有値 $\lambda = 0$ の場合もここで手短に触れておく．簡単な対称化の手法で，広義のグリーン関数の構成ができる．すなわち，逆の力として

$$\psi(x) = -u_0(x)u_0(\xi) - u_1(x)u_1(\xi) - \cdots$$

の形をとり，前と同様の取り扱いを行う．ここで $u_0, u_1, \ldots$ は，固有値 $\lambda = 0$ に対応する正規直交固有関数を表す．

5.14.3 積分方程式の問題と微分方程式の問題の同値性

グリーン関数を用いることにより，前に論じた固有値問題を完全に解くことができる．それは，微分方程式から積分方程式に移行することによりなされる．パラメータ λ を含む微分方程式の線形系

(99) $$L[u] + \lambda \varrho u = \psi(x) \quad (\varrho(x) > 0)$$

を考える．ここで $\psi(x)$ は区分的に連続な関数，$\varrho(x)$ は正の連続な関数であり，u は与えられた境界条件，例えば $u = 0$ を満たすとする．$L[u]$ に関するグリー

ン関数が，与えられた境界条件の下で存在すると仮定し，$\varphi(x) = \lambda \varrho u - \psi$ に対する公式 (94) を用いれば，(99) と全く同値な方程式

$$\tag{100} u(x) = \lambda \int_{x_0}^{x_1} \mathsf{K}(x,\xi) \varrho(\xi) u(\xi) \, d\xi + g(x)$$

が直ちに得られる．ただし

$$g(x) = -\int_{x_0}^{x_1} \mathsf{K}(x,\xi) \psi(\xi) \, d\xi$$

は，x の与えられた連続関数である．従って，与えられた境界条件の下で (99) の解 u を求めることは，積分方程式 (100) を解くことと同値である．同次方程式

$$\tag{101} L[u] + \lambda \varrho u = 0$$

には同次積分方程式

$$u(x) = \lambda \int_{x_0}^{x_1} \mathsf{K}(x,\xi) \varrho(\xi) u(\xi) \, d\xi$$

が対応する．あるいは，新しい未知関数

$$u(x)\sqrt{\varrho(x)} = z(x)$$

を導入し，積分方程式に $\sqrt{\varrho(x)}$ を掛けて $K(x,\xi) = \mathsf{K}(x,\xi)\sqrt{\varrho(x)\varrho(\xi)}$ とおくと

$$\tag{102} z(x) = \lambda \int_{x_0}^{x_1} K(x,\xi) z(\xi) \, d\xi$$

が得られる．$L[u]$ が自己共役であるから[29]，積分方程式の核 $K(x,\xi)$ は対称である．ゆえに，上巻第 3 章の対応するすべての定理を適用することができて——その一部はすでに §5.15.2 に含まれているが——微分方程式 (99) に対する次の結論が直ちに導かれる．

《定理》非同次微分方程式 (99) の境界値問題と，同次微分方程式 (101) の境界値問題の間には，与えられた同次境界条件の下で，次の 2 つの場合のどち

---

[29] ［原註］これらの結論とさらなる結果は，$L[u]$ を自己共役と仮定した有用性を示している．

5.14 グリーン関数（影響関数）および微分方程式の積分方程式への帰着

らか一方が起こる.

λ の固定された値に対して，同次微分方程式 (101) が恒等的に 0 となる解しかもたない場合——「λ は (101) の固有値ではない」——，このとき，非同次方程式 (99) は任意に選ばれた $\psi(x)$ に対してただ 1 つの解をもつ.

そうでない場合，すなわち，ある値 $\lambda = \lambda_i$ に対して，同次微分方程式 (101) が恒等的に 0 ではない解 u_i をもつ場合——「λ_i は (101) の固有値であり，対応する固有関数が u_i である」——，このとき，$\lambda = \lambda_i$ に対して非同次方程式 (99) が解をもつためには，固有値 λ_i に対応するすべての固有関数 u_i に対して，関係式

$$\int_{x_0}^{x_1} \varrho u_i \psi \, dx = 0$$

が成り立つことが必要かつ十分である. □

さらに次が成り立つ.

《定理》固有値の列 $\lambda_1, \lambda_2, \ldots$ が存在し，$\lambda_n \to \infty$ であり，対応する固有関数 $u_1, u_2, \ldots$ は無限関数系をなし，直交関係

$$\int_{x_0}^{x_1} \varrho u_i u_k \, dx = 0 \quad (i \neq k), \quad \int_{x_0}^{x_1} \varrho u_i^2 \, dx = 1$$

を満たす. グリーン関数 $\mathsf{K}(x, \xi)$ を用いて，区分的に連続な関数 $\varphi(x)$ によって積分変換の形

$$w(x) = \int_{x_0}^{x_1} \mathsf{K}(x, \xi) \varphi(\xi) \, d\xi$$

で表された関数 $w(x)$ は，固有関数の絶対かつ一様に収束する級数

$$w(x) = \sum_{n=1}^{\infty} c_n u_n(x), \quad c_n = \int_{x_0}^{x_1} w \varrho u_n \, dx$$

に展開できる. □

この定理を用いると，展開可能な関数の集合は，別の仕様で簡単に特徴付けることができる. グリーン関数の基本的な性質によって，(94) から方程式 $L[w] = -\varphi(x)$ が導かれる. 逆に，境界条件を満たし，連続な 1 階の導関数および区分的に連続な 2 階の導関数をもつどのような関数 $w(x)$ を考えても，方程式 $L[w] = -\varphi(x)$ によって元の関数 $\varphi(x)$ を構成することができる. よっ

て，次の結果を得る．

《定理》境界条件を満たし，連続な 1 階の導関数および区分的に連続な 2 階の導関数をもつどのような関数 $w(x)$ も，絶対かつ一様に収束する級数 $w(x) = \sum_{n=1}^{\infty} c_n u_n(x)$ に展開される．□

この定理から直ちに分かることは，**固有関数は完全直交関数系をなす**ことである．というのは，G で連続などのような関数も，境界条件を満たし，連続な 1 階の導関数および区分的に連続な 2 階の導関数をもつ関数によって，平均の意味で任意の程度に近似でき，よっていま述べた展開定理から，$\sum_{n=1}^{m} c_n u_n(x)$ の形の有限個の線形結合で任意の程度に近似できるからである．

以前に注意した，すべての固有値は正であるという事実[30]，すなわち積分方程式論の言葉では核 $K(x,\xi)$ が正定値であるという事実によって，**展開定理の精密化**が行える．さらに加えて，$K(x,\xi)$ は x と ξ の連続関数であるから，上巻 §3.5.4 のマーサーの定理が適用できて，核の級数展開

(103) $$K(x,\xi) = \sqrt{\varrho(x)\varrho(\xi)} \sum_{n=1}^{\infty} \frac{u_n(x)u_n(\xi)}{\lambda_n} \quad \text{あるいは}$$

$$\mathsf{K}(x,\xi) = \sum_{n=1}^{\infty} \frac{u_n(x)u_n(\xi)}{\lambda_n}$$

は絶対かつ一様に収束する．この公式は，グリーン関数と固有関数を結びつけるが，**双線形関係**と呼ばれている．固定された ξ に対して，区分的に連続な 1 階導関数をもつ連続関数の級数展開を表している．これらの線形結合

$$S = \alpha_1 \mathsf{K}(x,\xi_1) + \alpha_2 \mathsf{K}(x,\xi_2) + \cdots$$

をつくると，これは連続関数であり，その 1 階導関数は，与えられた点 ξ_1, $\xi_2, \ldots$ において与えられた跳び $-\frac{\alpha_1}{p(\xi_1)}, -\frac{\alpha_2}{p(\xi_2)}, \ldots$ をもつ．また，固有関数の絶対かつ一様に収束する級数に展開される．区分的に連続な 1 階および 2 階の導関数をもつどのような関数からも，この特別な関数 S を引けば，その差が上の展開定理の条件を満たすようにできるので，直ちに次の結果を得る．

---

[30] ［原註］p. 21 参照．

5.14 グリーン関数（影響関数）および微分方程式の積分方程式への帰着

《定理》連続関数 $w(x)$ の1階および2階の導関数が区分的に連続であることは，展開定理が成り立つための十分条件である．□

この節ではここまで，$L[u]$ に対するグリーン関数が存在する，すなわち，§5.14.2 により $\lambda = 0$ が我々の微分方程式 $L[u] + \lambda \varrho u = 0$ の固有値ではないと仮定してきた．この仮定が成り立たないときは，通常のグリーン関数を単に広義のグリーン関数で置き換える．(101) の固有値問題を積分方程式の問題に帰着させた考察は，すべてそのまま有効である．展開定理のためには，さらに，$\lambda = 0$ に対応する固有関数 $u_0(x)$ と直交するという条件を加えなければならない．しかしながらこの条件は，固有値 $\lambda = 0$ に対応する固有関数を考慮に入れれば，展開定理の最終の公式では全く消えてしまう．さらに後で（§6.1），変分法を基に固有値問題を取り扱う別の方法によれば，固有値 0 が現れることは，決して特殊であることを意味しないことが明確に分かる．

最後に，非同次方程式 (99) に対する解を，固有関数によって展開することを考えよう．先に上巻§3.3 で与えた手順は，展開定理によっていま正当化されるが，それに対応して，あるいは上巻第 3 章の公式 (56) の積分方程式の定理から直接に，解

$$u(x) = \sum_{n=1}^{\infty} \gamma_n u_n(x), \quad \text{ただし，} \quad \gamma_n = \frac{c_n}{\lambda - \lambda_n}, \; c_n = \int_{x_0}^{x_1} u_x(x) \psi(x) \, dx$$

が得られる．これは，$\lambda = \lambda_i$ が固有値のとき方程式 (99) が解けるためには，直交関係 $\int_{x_0}^{x_1} \psi u_i \, dx = 0$ が満たされることが必要であることをはっきりと示している．物理学の言葉では次のようになる．**外力が固有振動と共鳴した場合でも定常状態が存在するためには，この外力が固有振動している当該の系に何らの仕事もなさないこと，そのときに限る．**

5.14.4 高階常微分方程式

高階常微分方程式に対して，本質的に何ら新しい観点はない．そこで典型的な例を手短に考察しよう．すなわち，均質な棒の微分方程式 $u'''' - \lambda u = 0$，および均質でない棒の微分方程式 $u'''' - \lambda \varrho u = 0$ である（§5.4 参照）．前と同様に，影響関数あるいはグリーン関数 $\mathsf{K}(x, \xi)$ を，与えられた同次境界条

件を満たす定常状態において，点 $x=\xi$ に働く 1 点での力の影響による棒の変位と考える．同様にして，これらの関数に対する，以下の典型的な条件が得られる．

1. 関数 $\mathsf{K}(x,\xi)$ は，パラメータ ξ の各値に対して 1 階および 2 階導関数まで連続であり，与えられた同次境界条件を満たす．

2. $x=\xi$ と異なる各値に対して，x に関する 3 階および 4 階導関数は連続である．一方 $x=\xi$ に対しては，跳びの条件

$$\lim_{\varepsilon\to 0}[\mathsf{K}'''(\xi+\varepsilon,\xi)-\mathsf{K}'''(\xi-\varepsilon,\xi)]=-1$$

を満たす．

3. $x=\xi$ 以外では，いたる所で微分方程式

$$\mathsf{K}''''(x,\xi)=0$$

を満たす．

グリーン関数の基本的な性質は，次のように述べられる．連続関数 $u(x)$ は，境界条件を満たし，連続な 1 階，2 階，3 階導関数および区分的に連続な 4 階導関数をもつとし，$\varphi(x)$ は区分的に連続な関数とする．これらの間に，関係

$$L[u]=u''''=-\varphi(x)$$

が成り立つならば，関係

$$u(x)=\int_{x_0}^{x_1}\mathsf{K}(x,\xi)\varphi(\xi)\,d\xi$$

もまた成り立ち，逆もそうである．

微分方程式の固有値問題

$$u''''-\lambda\varrho u=0$$

や対応する展開定理，および非同次方程式

$$u''''-\lambda\varrho u=-\psi(x)$$

5.14 グリーン関数（影響関数）および微分方程式の積分方程式への帰着　　**93**

の理論に関しては，ここでも対称核 $K(x,\xi) = \mathsf{K}(x,\xi)\sqrt{\varrho(x)\varrho(\xi)}$ を用いて積分方程式に帰着させることで，§5.14.3 での対応する問題と全く同様に取り扱われる．得られた結果は次である．

《定理》固有値の無限系 $\lambda_1, \lambda_2, \ldots$ と対応する固有関数 $u_1, u_2, \ldots$ が存在し，関数 $\sqrt{\varrho}u_i$ は完全直交関数系をなす．境界条件を満たし，3 階まで連続な導関数をもち区分的に連続な 4 階導関数をもつどのような関数 $w(x)$ も，これらの固有関数系によって絶対かつ一様に収束する級数で展開される．さらに，マーサーの定理[31]により，双線形関係

$$\mathsf{K}(x,\xi) = \sum_{n=1}^{\infty} \frac{u_n(x)u_n(\xi)}{\lambda_n}$$

が成り立つ．これから，単に 3 階導関数が区分的に連続であるに過ぎないような関数に対しても，展開定理がそのままで拡張されることが分かる．□

グリーン関数および広義のグリーン関数の存在や構成の問題について，ここでの新しい難点はない．これらは次の節で，実例によって詳しく見る．

5.14.5　偏微分方程式

常微分方程式に関するのと全く同様の考察が，偏微分方程式の場合にも，グリーン関数と積分方程式の方法の適用とに関して行われる．例として，2 階偏微分方程式

$$\Delta v = -\varphi(x,y)$$

を，xy-平面の領域 G において同次境界条件の下で，例えば $v = 0$ の下で考える．これは，密度が $\varphi(x,y)$ である時間一定の力の影響の下，定常状態にある張られた膜の形状を特徴付ける．この方程式の解もまた，点 ξ, η に働く 1 点での力の影響を表すグリーン関数 $\mathsf{K}(x,y;\xi,\eta)$ を用いて得られる．この関数は，点 $x = \xi, y = \eta$ を除くいたる所で，2 階までの導関数が連続であり，また微分方程式 $\Delta\mathsf{K} = 0$ を満たさなければならない．さらに，与えられ

---

[31] ［原註］上巻 §3.5.4 参照．核が正定値であることは，ここでもまた，弦の振動の場合と同様に示される（p. 90 参照）．

た同次境界条件を満たし，**源点** $x = \xi, y = \eta$ での**1点での力**を特徴付けるような特異性をもっている．この特異性の性質を定めるには，源点を半径 ε の円 k で囲み，密度が $\varphi_\varepsilon(x, y)$ で表される外力で，k の外部では0に等しく $\iint_k \varphi_\varepsilon(x,y)\,dx\,dy = 1$ を満たすものをとる．そうして，与えられた境界条件を満たす $\Delta \mathsf{K} = -\varphi_\varepsilon$ の解 $\mathsf{K}_\varepsilon(x,y;\xi,\eta)$ の，ε を0に近づけた極限としてグリーン関数 $\mathsf{K}(x,y;\xi,\eta)$ を考える．方程式 $\Delta \mathsf{K} = -\varphi_\varepsilon$ を，半径が $\delta \geqq \varepsilon$ でその周が κ である円の上で積分し，p.7 のグリーンの公式 (5a) を用いると

$$\int_\kappa \frac{\partial}{\partial r} \mathsf{K}_\varepsilon\, ds = -1$$

が得られる．ここで $r = \sqrt{(x-\xi)^2 + (y-\eta)^2}$ は，点 x, y と点 ξ, η との距離であり，s は κ の弧長である．よって，グリーン関数を特徴付ける条件として

$$\int_\kappa \frac{\partial}{\partial r} \mathsf{K}(x,y;\xi,\eta)\, ds = -1$$

が課されなければならない．これらの条件が満たされるのは，K が源点の近傍において

$$\mathsf{K}(x,y;\xi,\eta) = -\frac{1}{2\pi} \log r + \gamma(x,y;\xi,\eta)$$

の形であればよい．ただし $\gamma(x,y;\xi,\eta)$ は，x, y に関して1階および2階導関数まで連続とする（さらに，$\log r$ は $r \neq 0$ に対してポテンシャル方程式を満たすから，$\gamma(x,y;\xi,\eta)$ も正則なポテンシャル関数である）．

以上の発見的考察を逆にたどり，グリーン関数 K を次の条件によって定義する．

1. 関数 $\mathsf{K}(x,y;\xi,\eta)$ は，源点 $x = \xi, y = \eta$ を除いて1階および2階導関数まで連続であり

$$\mathsf{K}(x,y;\xi,\eta) = -\frac{1}{2\pi} \log r + \gamma(x,y;\xi,\eta)$$

という形である．ここで $\gamma(x,y;\xi,\eta)$ は，2階導関数まで連続である．

2. K は与えられた同次境界条件を満たす．

3. 源点以外のすべての点において微分方程式 $\Delta \mathsf{K} = 0$ を満たす．

5.14 グリーン関数（影響関数）および微分方程式の積分方程式への帰着

このように定義されたグリーン関数は，**対称律**

$$\mathsf{K}(x,y;\xi,\eta) = \mathsf{K}(\xi,\eta;x,y)$$

を満たす．

この対称性の証明は，それは前に注意した物理学の**相反性**をちょうど表すのだが，ここでもやはりグリーンの公式から直ちに導かれる．関数 $\mathsf{K}(x,y;\xi,\eta)$ と $\mathsf{K}(x,y;\xi',\eta')$ に対して，G からそれぞれ点 ξ,η および ξ',η' を中心とする半径 ε の円 k および k' を取り除いて得られる領域において公式を適用する．グリーン関数の特異性を考慮に入れて，極限 $\varepsilon \to 0$ をとれば，直ちに——G の境界 $\varGamma$ の上の境界の積分は，境界条件により 0 となる——$\mathsf{K}(\xi',\eta';\xi,\eta) = \mathsf{K}(\xi,\eta;\xi',\eta')$ の形の対称の公式を得る．

グリーン関数の基本的な性質は，ここでもまた，次の関係により与えられる．$u(x,y)$ を，同次境界条件——例えば $u = 0$ ——を満たし，G において連続な 1 階の導関数および区分的に連続な 2 階の導関数をもつ任意の連続関数とし，さらに

$$L[u] = \varDelta u = -\varphi(x,y)$$

であるとする．このとき，関係

$$u(x,y) = \iint_G \mathsf{K}(x,y;\xi,\eta)\varphi(\xi,\eta)\,d\xi\,d\eta$$

が成り立つ．一方，$\varphi(x,y)$ を，G において 1 階導関数とともに連続な任意の関数とするとき，G において連続な関数

$$u(x,y) = \iint_G \mathsf{K}(x,y;\xi,\eta)\varphi(\xi,\eta)\,d\xi\,d\eta$$

は，境界条件を満たし，連続な 1 階および 2 階の導関数をもち，さらに，微分方程式

$$\varDelta u = -\varphi(x,y)$$

を満たす．

注意しておくことは，関数 $\varphi(x,y)$ に対して，後半の部分では前半の部分より，常微分方程式では必要なかったようなより厳しい微分可能性の仮定が設けられていることである．

定理の前半の部分は，これもまた p. 7 のグリーンの公式 (5a) からほぼ直ちに導かれる．この公式を $v = \mathsf{K}(x,y;\xi,\eta)$ に対して，G から中心点 x, y，半径 ε，周 κ の小さい円 k を取り除いた領域 $G - k$ の上で適用する．積分領域では $\Delta \mathsf{K} = 0$ であり，境界 $\varGamma$ の上の境界積分は 0 であるから

$$\int_\kappa \left(u \frac{\partial \mathsf{K}}{\partial n} - \mathsf{K} \frac{\partial u}{\partial n} \right) ds = \iint_{G-k} \mathsf{K} \varphi(\xi, \eta) \, d\xi \, d\eta$$

となる．$\varepsilon \to 0$ の極限で，$\int_\kappa \frac{\partial \mathsf{K}}{\partial n} ds$ は u に近づき，$\int_\kappa \mathsf{K} \frac{\partial u}{\partial n} ds$ は 0 に近づくから，これより求める結論

$$u = \iint_G \mathsf{K} \varphi \, d\xi \, d\eta$$

が得られる．定理の後半部は，リーマンによって導入された手法を用いて示すのが最も簡便であろう．そこでは $\varphi(x, y)$ の 1 階導関数が連続であるという仮定が用いられる[32]．関数 $u(x, y) = \iint_G \mathsf{K}(x, y; \xi, \eta) \varphi(\xi, \eta) \, d\xi \, d\eta$ を，グリーン関数の $\mathsf{K} = -\frac{1}{2\pi} \log r + \gamma(x, y; \xi, \eta)$ という分解に対応して，2 つの項の和，すなわち $u = \psi + \chi$, ただし

$$2\pi \psi(x, y) = -\iint_G \varphi(\xi, \eta) \log r \, d\xi \, d\eta,$$
$$\chi(x, y) = \iint_G \gamma(x, y; \xi, \eta) \varphi(\xi, \eta) \, d\xi \, d\eta$$

に分解する．関数 $\gamma(x, y; \xi, \eta)$ は，すべての点で 2 階の導関数まで含めて連続なので，積分記号の下で微分ができ $\Delta \chi$ を計算することができる．$\Delta \gamma = 0$ なので $\Delta \chi = 0$ が得られる．よって Δu を求めるには $\Delta \psi$ を計算すればよい．1 階導関数 ψ_x もまた，積分記号の下での微分により得られる．極座標 r, θ を導入すると，積分 $\iint_G \varphi(\xi, \eta) \log r \, d\xi \, d\eta$ は $\iint_G \varphi r \log r \, dr \, d\theta$ の形になる．極座標の導入前に x により微分すると，$\iint_G \varphi \cos \theta \, dr \, d\theta$ の形の積分を得て，被積分関数は連続である．簡単のため，しばしの間 $-\frac{\log r}{2\pi} = S(x, y; \xi, \eta)$ とおくと

$$\psi_x = \iint_G S_x \varphi \, d\xi \, d\eta$$

---

[32] ［原註］φ の単なる連続性のみでは，連続な 2 階導関数の存在を導くには十分ではない．とはいえ，本文で課されている仮定は必要以上に厳しいものである．

5.14 グリーン関数（影響関数）および微分方程式の積分方程式への帰着

が得られる．ここで，$S_x = -S_\xi$ という事実に注意すると

$$\psi_x = -\iint_G S_\xi \varphi \, d\xi \, d\eta$$

と表すこともできる．この公式から，部分積分により導関数 S_ξ を消去すると，もう一度，積分の下で微分を行うことができる．

$$\psi_x = -\int_\Gamma S\varphi \, d\eta + \iint_G S\varphi_\xi \, d\xi \, d\eta$$

となり，さらに

$$\psi_{xx} = -\int_\Gamma S_x\varphi \, d\eta + \iint_G S_x\varphi_\xi \, d\xi \, d\eta = \int_\Gamma S_\xi\varphi \, d\eta - \iint_G S_\xi\varphi_\xi \, d\xi \, d\eta$$

が得られる．同様にして

$$\psi_{yy} = -\int_\Gamma S_\eta\varphi \, d\xi - \iint_G S_\eta\varphi_\eta \, d\xi \, d\eta$$

となり，よって

$$\Delta\psi = \int_\Gamma \frac{\partial S}{\partial n}\varphi \, ds - \iint_G (S_\xi\varphi_\xi + S_\eta\varphi_\eta) \, d\xi \, d\eta$$

が得られる．

右辺の 2 重積分を領域 G 全体で行う代わりに，G から点 (x, y) を中心とする半径が ε で周が κ の小さい円 k を除いて得られる領域 G_ε の上で積分を行うならば

$$\Delta\psi = \int_\Gamma \frac{\partial S}{\partial n}\varphi \, ds - \lim_{\varepsilon \to 0} \iint_{G_\varepsilon} (S_\xi\varphi_\xi + S_\eta\varphi_\eta) \, d\xi \, d\eta$$

と書くことができる．ここで，右辺の 2 重積分をグリーンの公式により変形すると，G のいたる所で $\Delta S = 0$ であるから

$$\Delta\psi = \int_\Gamma \frac{\partial S}{\partial n}\varphi \, ds - \int_\Gamma \frac{\partial S}{\partial n}\varphi \, ds + \lim_{\varepsilon \to 0} \int_\kappa \frac{\partial S}{\partial n}\varphi \, ds = \lim_{\varepsilon \to 0} \int_\kappa \frac{\partial S}{\partial n}\varphi \, ds$$

となる．すでに前に見たように，右辺に残っている κ の上の積分は，$\varepsilon \to 0$ としたとき $-\varphi(x, y)$ となり，よって「**ポアソン方程式**」$\Delta f = -\varphi$ が成り立つことが示された．

3 次元のポテンシャル方程式 $\Delta u = -\varphi(x, y, z)$，および付随する固有値問

題の方程式
$$\Delta u + \lambda u = 0$$
に対して,一語一語対応する結果が得られる.ただ,グリーン関数に対して別の特異性,すなわち $\frac{1}{4\pi r} = \frac{1}{4\pi\sqrt{(x-\xi)^2+(y-\eta)^2+(z-\zeta)^2}}$ の特異性が現れ,グリーン関数 $\mathsf{K}(x,y,z;\xi,\eta,\zeta)$ は $\mathsf{K}(x,y,z;\xi,\eta,\zeta) = \frac{1}{4\pi r} + \gamma(x,y,z;\xi,\eta,\zeta)$ という形でなければならない.ここで $\gamma(x,y,z;\xi,\eta,\zeta)$ は,1階および2階導関数まで連続である.関数 $1/4\pi r$ 自身が,**微分方程式 $\Delta u = 0$ の基本解**である(p. 82 および p. 107 参照).

グリーン関数の存在の問題は,偏微分方程式の場合には常微分方程式のときのように簡単に論じることはできない.一般的な存在証明は,後で変分学の直接法との関連で初めて述べる.ここではグリーン関数の存在を前提とするか,あるいは次の節におけるようなグリーン関数のあらわな表示が可能な場合に限らなければならない.しかしながら,グリーン関数がひとたび得られれば,その後の議論は常微分方程式の場合と平行に行われる.ここでは,——$\varrho > 0$ とし——与えられた同次境界条件の下,微分方程式

(104)
$$\Delta v + \lambda \varrho(x,y) v = 0$$

に対する固有値問題を考える.グリーン関数の基本的な性質により,(104)から直ちに,同次積分方程式

$$v(x,y) = \lambda \iint_G \mathsf{K}(x,y;\xi,\eta)\varrho(\xi,\eta)v(\xi,\eta)\, d\xi\, d\eta$$

が得られる.そこで対称核

$$K = \mathsf{K}\sqrt{\varrho(x,y)\varrho(\xi,\eta)}$$

を考えると,関数

$$u(x,y) = \sqrt{\varrho(x,y)}\, v(x,y)$$

は,対称な同次積分方程式

(105)
$$u(x,y) = \lambda \iint_G K(x,y;\xi,\eta) u(\xi,\eta)\, d\xi\, d\eta$$

を満たす.この議論は逆にたどることができるので,微分方程式(104)の固有

5.14 グリーン関数（影響関数）および微分方程式の積分方程式への帰着

値問題は，対称な積分方程式 (105) の固有値問題と全く同値である．この積分方程式には上巻第 3 章の理論が適用できる．核は積分領域のある点で無限となるものの，それはせいぜい，積分 $\iint_G K(x,y;\xi,\eta)^2 \, d\xi \, d\eta$ が存在し，変数 x, y の連続関数であるくらいのものである．よって，**固有値 $\lambda_1, \lambda_2, \ldots$ と対応する固有関数系 $v_1, v_2, \ldots$**，あるいは $u_1, u_2, \ldots$ **が存在する**．ここで関数 u_n は正規化されていると仮定することができる．

$w(x, y)$ を，連続な 1 階および 2 階の導関数をもち境界条件を満たす任意の関数とするとき，グリーン関数の定理により，関数 $h = -\Delta w$ を用いて

$$w(x,y) = \iint_G K(x,y;\xi,\eta) h(\xi,\eta) \, d\xi \, d\eta$$

の形に表される．よって次の結果となる．

《定理》 2 階まで連続な導関数をもち，境界条件を満たすどのような関数 $w(x,y)$ も，固有関数の絶対かつ一様に収束する級数 $w = \sum_{n=1}^{\infty} c_n v_n(x, y)$, $c_n = \iint_G \varrho w v_n \, dx \, dy$ に展開できる．よって，正規固有関数 $\sqrt{\varrho} v_n$ は完全正規直交系をなす．□

常微分方程式との違いを，すなわちグリーン関数が無限大となるためにマーサーの定理が適用できないことを，ここで強調しておかなければならない．従って核が正定値であるにもかかわらず，等式

$$\mathsf{K}(x,y;\xi,\eta) = \sum_{n=1}^{\infty} \frac{v_n(x,y) v_n(\xi,\eta)}{\lambda_n}$$

が成り立つとは結論できない．我々の一般論では，弱い関係式

$$\lim_{m \to \infty} \iint_G \left(\mathsf{K} - \sum_{n=1}^{m} \frac{v_n(x,y) v_n(\xi,\eta)}{\lambda_n} \right)^2 dx \, dy = 0$$

が示されるだけである．

一般の自己共役な微分方程式

$$p \Delta v + p_x v_x + p_y v_y - qv + \lambda \varrho v = 0$$

の議論においても，今までのと全く平行に行われる．よってここでは，結果は一語一語同じであることを確認するだけで十分である．触れておくべき唯

一異なる点は，ここでのグリーン関数の形は

$$\mathsf{K}(x,y;\xi,\eta) = -\frac{a(x,y;\xi,\eta)}{2\pi p(\xi,\eta)}\log r + \gamma(x,y;\xi,\eta)$$

でなければならないことである．ここで $\gamma(x,y;\xi,\eta)$ は，源点の近傍で 2 階の導関数まで含めて連続であり（しかし一般には，微分方程式をもう満たさない），a は，2 階まで連続な導関数をもち恒等的に $a(\xi,\eta;\xi,\eta) = 1$ を満たす適当な関数である．

同様に，**高階の偏微分方程式**の場合も，唯一異なる点はグリーン関数にともなう特異点が別の形になることである．例えば，板の方程式——独立変数が 2 つのとき——

$$\Delta\Delta v = -\varphi(x,y)$$

を考えると，グリーン関数を決定するには，境界条件および条件 $\Delta\Delta \mathsf{K} = 0$ の他に，その形は

$$\mathsf{K} = -\frac{1}{8\pi}r^2 \log r + \gamma(x,y;\xi,\eta)$$

であるとしなければならない．ここで $\gamma(x,y;\xi,\eta)$ は，4 階の導関数まで含めて連続な関数である．与えられた特異性が実際にそうであること，言い換えれば 1 点での力に対応していることは，読者は容易に確かめられよう．さらに，関数 $r^2 \log r$ そのものは，$\Delta\Delta v = 0$ の「基本解」であることを強調しておく．

この場合も，積分方程式に移行すればやはり次の定理が導かれる．

《定理》固有値と対応する固有関数の完全直交系が存在し，それにより，境界条件を満たし 4 階まで連続な導関数をもつどのような関数も，基本領域 G において絶対かつ一様に収束する級数に展開される．□

5.15　グリーン関数の例

5.15.1　常微分方程式

前節の理論を例を用いて説明するため，前に扱った微分方程式のうちで重要なものを考察する．

境界条件が $u(0) = u(1) = 0$ のとき，微分式

$$L[u] = u''$$

のグリーン関数は，区間 $(0,1)$ に対して

$$\mathsf{K}(x,\xi) = \begin{cases} (1-\xi)x & (x \leqq \xi), \\ (1-x)\xi & (x \geqq \xi) \end{cases}$$

である．境界条件が $u(0) = 0,\ u'(1) = 0$ のときは，グリーン関数は

$$\mathsf{K}(x,\xi) = \begin{cases} x & (x \leqq \xi), \\ \xi & (x \geqq \xi) \end{cases}$$

となる．区間 $-1 \leqq x \leqq +1$ に対して，境界条件が

$$u(-1) = u(1) = 0$$

のときは

$$\mathsf{K}(x,\xi) = -\frac{1}{2}\{|x-\xi| + x\xi - 1\}$$

である．これは最初の例から変換により得ることができる．区間 $0 \leqq x \leqq 1$ に対して境界条件が $u(0) = -u(1), u'(0) = -u'(1)$ のときは

$$\mathsf{K}(x,\xi) = -\frac{1}{2}|x-\xi| + \frac{1}{4}$$

が導かれる．

0 次のベッセル関数 $J_0(x)$ に対応する微分式

$$L[u] = xu'' + u'$$

のグリーン関数は，区間 $0 \leqq x \leqq 1$ に対して，境界条件が「$u(1) = 0, u(0)$ 有限」であるとき

$$\mathsf{K}(x,\xi) = \begin{cases} -\log \xi & (x \leqq \xi), \\ -\log x & (x \geqq \xi) \end{cases}$$

となる．これは，前節の一般論に基づいて容易に導かれ確かめられる．境界条件が「$u(1) = 0, u(0)$ 有限」であるときの，ベッセル関数 $J_n(x)$ に対応し

ている微分式((28) 参照)
$$L[u] = (xu')' - \frac{n^2}{x}u$$
のグリーン関数は
$$\mathsf{K}(x,\xi) = \frac{1}{n}\left[\left(\frac{x}{\xi}\right)^n - (x\xi)^n\right] \quad (x \leqq \xi)$$
および
$$\mathsf{K}(x,\xi) = \frac{1}{n}\left[\left(\frac{\xi}{x}\right) - (x\xi)^n\right] \quad (x \geqq \xi)$$
となる.

さらなる例として,微分式
$$L[u] = ((1-x^2)u')' - \frac{h^2}{1-x^2}u$$
を考える.これは $h = 0, 1, 2, \ldots$ に対して,それぞれ 0 位, 1 位, ... のルジャンドル球関数に対応する.定義される区間は $-1 \leqq x \leqq 1$ であり,境界条件は両端で有限に留まるとする.$x = -1$ において有限に留まる $L[u] = 0$ の解は直ちに分かり,それは $c_1\left(\frac{1+x}{1-x}\right)^{\frac{h}{2}}$ である.$x = +1$ に対して有限に留まる解は $c_2\left(\frac{1-x}{1+x}\right)^{\frac{h}{2}}$ である.これらから,§5.14.2 の規則によって,グリーン関数が
$$\mathsf{K}(x,\xi) = \frac{1}{2h}\left(\frac{1+x}{1-x}\frac{1-\xi}{1+\xi}\right)^{\frac{h}{2}} \quad (x \leqq \xi)$$
および
$$\mathsf{K}(x,\xi) = \frac{1}{2h}\left(\frac{1+\xi}{1-\xi}\frac{1-x}{1+x}\right)^{\frac{h}{2}} \quad (x \geqq \xi)$$
と得られる.ただし $h = 0$ に対しては,一般論からもこれらの処置はうまく行かない.というのは,$h = 0$ に対して方程式 $L[u] = 0$ は,両方の境界条件を満たす,いたる所で正則な正規化された解 $u = 1/\sqrt{2}$ をもつからである.よってこのとき,微分方程式
$$L[u] = \frac{1}{2}$$
を満たす広義のグリーン関数を見出す必要がある.その関数は直ちに

5.15 グリーン関数の例

$$\mathsf{K}(x,\xi) = \begin{cases} -\dfrac{1}{2}\log[(1-x)(1+\xi)] + c & (x \leqq \xi), \\ -\dfrac{1}{2}\log[(1+x)(1-\xi)] + c & (x \geqq \xi) \end{cases}$$

という形で得られる. ここで $c = \log 2 - \dfrac{1}{2}$ である.

広義のグリーン関数が現れる別の簡単な例として, 区間 $-1 \leqq x \leqq +1$ に対して周期境界条件が $u(-1) = u(1), u'(-1) = u'(1)$ であるときの, 微分式

$$L[u] = u''$$

を取り上げる. ここで $1/\sqrt{2}$ は, $L[u] = 0$ の正則かつ 2 つの境界条件を満たす解なので (物理的には両端が自由な弦に対応する), 微分方程式

$$u'' = \dfrac{1}{2}$$

から, 広義のグリーン関数を構成しなければならない. 容易に

$$\mathsf{K}(x,\xi) = -\dfrac{1}{2}|x-\xi| + \dfrac{1}{4}(x-\xi)^2 + \dfrac{1}{6}$$

が得られる.

これらグリーン関数すべてを, 対応する積分方程式の核として用いることができるが, その式を明示的に書き表す必要ない. それよりも, 上記の例に対応する双線形形式を以下に述べておく.

$$\dfrac{2}{\pi^2}\sum_{n=1}^{\infty}\dfrac{\sin n\pi x \sin n\pi \xi}{n^2} = \begin{cases} (1-\xi)x & (x \leqq \xi), \\ (1-x)\xi & (x \geqq \xi), \end{cases}$$

$$\dfrac{2}{\pi^2}\sum_{n=0}^{\infty}\dfrac{\sin(n+\frac{1}{2})\pi x \sin(n+\frac{1}{2})\pi\xi}{(n+\frac{1}{2})^2} = \begin{cases} x & (x \leqq \xi), \\ \xi & (x \geqq \xi) \end{cases}$$

であり, さらに

$$\mathsf{K}(x,\xi) = \sum_{n=1}^{\infty}\dfrac{(n+\frac{1}{2})P_n(x)P_n(\xi)}{n(n+1)},$$

ただし

$$\mathsf{K}(x,\xi) = \begin{cases} -\dfrac{1}{2}\log[(1-x)(1+\xi)] + \log 2 - \dfrac{1}{2} & (x \leqq \xi), \\ -\dfrac{1}{2}\log[(1+x)(1-\xi)] + \log 2 - \dfrac{1}{2} & (x \geqq \xi) \end{cases}$$

である．

最後に，特にエルミート多項式やラゲール多項式，あるいは直交関数に属するグリーン関数や積分方程式について述べておこう．

エルミートの直交関数系の微分方程式

$$u'' + (1-x^2)u + \lambda u = 0$$

は，無限遠で正則という境界条件に対して，$\lambda = 0$ を固有値にもつ．広義のグリーン関数の構成を避けるために，確かに固有値でない値 $\lambda = -2$ を考え（p.56 参照），これについて $x = \pm\infty$ に対して 0 であるという境界条件の下で，微分式

$$L[u] = u'' - (1+x^2)u$$

のグリーン関数を構成する．微分方程式 $L[u] = 0$ の一般解を得るために，$u(x) = e^{\frac{x^2}{2}}$ は $L[u] = 0$ の解であることに注意する．一般解を $u = we^{\frac{x^2}{2}}$ の形で求めると，直ちに w に対する微分方程式

$$w'' + 2w'x = 0$$

が得られる．これは，$w = $ 定数という明白な解以外に，さらに，解

$$w = c_1 \int_{c_2}^{x} e^{-x^2}\,dx$$

をもつ．よって

$$u = c_1 e^{\frac{x^2}{2}} \int_{c_2}^{x} e^{-x^2}\,dx$$

となる．$x = +\infty$ および $x = -\infty$ に対して 0 になるという特別な解は，これから

$$a e^{\frac{x^2}{2}} \int_{x}^{\infty} e^{-x^2}\,dx \quad \text{および} \quad b e^{\frac{x^2}{2}} \int_{-\infty}^{x} e^{-x^2}\,dx$$

と与えられる．これから直ちに，グリーン関数として

$$\mathsf{K}(x, \xi) = \begin{cases} \dfrac{1}{\sqrt{\pi}} e^{\frac{x^2+\xi^2}{2}} \displaystyle\int_{-\infty}^{x} e^{-t^2}\,dt \int_{\xi}^{\infty} e^{-t^2}\,dt & (x \leqq \xi), \\ \dfrac{1}{\sqrt{\pi}} e^{\frac{x^2+\xi^2}{2}} \displaystyle\int_{-\infty}^{\xi} e^{-t^2}\,dt \int_{x}^{\infty} e^{-t^2}\,dt & (x \geqq \xi) \end{cases}$$

という式が得られる[33]．ここで因子 $1/\sqrt{\pi}$ は，積分公式

$$\frac{1}{\sqrt{\pi}} \int_{-\infty}^{\infty} e^{-t^2}\, dt = 1$$

を基に，跳びを正規化したことによる．

微分方程式 $L[u] + \lambda u = 0$ および積分方程式 $u(x) = \lambda \int_{-\infty}^{\infty} \mathsf{K}(x,\xi) u(\xi)\, d\xi$ は，固有値 $\lambda = 2n + 2$ $(n = 0,1,2,\ldots)$ および固有関数

$$e^{-\frac{x^2}{2}} H_n(x)$$

をもつ．

ラゲールの直交関数系 $e^{-\frac{x}{2}} L_n(x)$ は，固有値 $\lambda = n$ $(n = 0,1,2,\ldots)$ に対して，微分方程式

$$xu'' + u' + \left(\frac{1}{2} - \frac{x}{4}\right) u + \lambda u = 0$$

を満たす．この微分方程式を，特別な値 $\lambda = -1$ に対して考え

$$L[u] = xu'' + u' - \left(\frac{1}{2} + \frac{x}{4}\right) u$$

と定める．微分方程式 $L[u] = 0$ は特殊解 $e^{\frac{x}{2}}$ をもつ．一般解を

$$u = w e^{\frac{x}{2}}$$

の形で求めると，前と全く同様に w は

$$w = c_1 \int_{c_2}^{x} \frac{e^{-t}}{t}\, dt$$

となり，2 つの特別な解，すなわち，$x = 0$ において正則な解，および $x = +\infty$ において 0 となる解が，それぞれ

$$a e^{\frac{x}{2}} \quad \text{および} \quad b e^{\frac{x}{2}} \int_{x}^{\infty} \frac{e^{-t}}{t}\, dt$$

と得られる．これらから，§5.10.4 で述べた境界条件に対するグリーン関数は

---

[33] [原註] R. Neumann: Die Entwicklung willkürlicher Funktionen usw.（任意の関数の展開その他），Diss. Breslau, 1912 参照．

$$\mathsf{K}(x,\xi) = \begin{cases} e^{\frac{x+\xi}{2}} \int_\xi^\infty \frac{e^{-t}}{t}\, dt & (x \leqq \xi), \\ e^{\frac{x+\xi}{2}} \int_x^\infty \frac{e^{-t}}{t}\, dt & (x \geqq \xi) \end{cases}$$

となる.

区間 $-\infty < x < \infty$ に対して,無限遠で有限に留まるという境界条件の下,微分式

$$L[u] = u''$$

はグリーン関数をもたない.これは,同次方程式 $u'' = 0$ が,無限遠で正則な解 $u =$ 定数をもつという事実に対応する.一方,微分式

$$L[u] = u'' - u$$

には,グリーン関数

$$\frac{1}{2} e^{-|x-\xi|}$$

が対応する.これから構成された特異な積分方程式

$$\varphi(x) = \frac{\lambda}{2} \int_{-\infty}^\infty e^{-|x-\xi|} \varphi(\xi)\, d\xi$$

は,連続なスペクトルとしてすべての値 $\lambda = 1 + s^2 \geqq 1$ をもち,固有関数は $\frac{\cos sx}{\sqrt{\pi}}, \frac{\sin sx}{\sqrt{\pi}}$ である(§5.12 参照).ここで双線形関係は,積分形式

$$\frac{1}{\pi} \int_0^\infty \frac{\cos sx \cos s\xi + \sin sx \sin s\xi}{1 + s^2}\, ds = \frac{1}{\pi} \int_0^\infty \frac{\cos s(x-\xi)}{1+s^2}\, ds = \frac{1}{2} e^{-|x-\xi|}$$

によって表される.

4 階の微分式に対するグリーン関数の例として,$L[u] = u''''$ のグリーン関数を,区間 $0 \leqq x \leqq 1$ に対して境界条件が $u(0) = u(1) = u'(0) = u'(1) = 0$ (両端が固定された棒に対応する)の下で考える.これは難しくはなく,$x \leqq \xi$ では

$$\mathsf{K}(x,\xi) = \frac{x^2(\xi-1)^2}{6}(2x\xi + x - 3\xi)$$

であり,$x \geqq \xi$ では対応する式である.

5.15.2 Δu に対する円および球でのグリーン関数

偏微分方程式に対するグリーン関数で最も簡単で最も興味深い例が, 平面のあるいは空間の領域におけるポテンシャル式 Δu に関するものである. 領域によっては, グリーン関数が既知の超越関数によって明瞭に表されることもある.

ここでは, ポテンシャル方程式に対する, すでに先に述べた特異点の関数の直観的な意味を念頭におくことが適当である. さらなる取り扱いは, 旧原著 II 巻でのポテンシャル論の系統だった記述に譲る. 3 次元空間を考える. 関数 $\frac{1}{r} = \frac{1}{\sqrt{(x-\xi)^2+(y-\eta)^2+(z-\zeta)^2}}$ は, 凝縮された質量 1 が源点 (ξ, η, ζ) にある場合のニュートンポテンシャルである. すなわち, 座標 x, y, z のどれかによって微分すれば, 源点の質量 1 がもたらすニュートンの万有引力による場の, 逆の符号の成分である. 空間領域 G に, 密度が $\varrho(x, y, z)$ で表される連続な質量分布があるときは, ポテンシャルは積分の形

$$u(x,y,z) = \iiint \varrho(\xi, \eta, \zeta) \frac{1}{\sqrt{(x-\xi)^2+(y-\eta)^2+(z-\zeta)^2}} \, d\xi \, d\eta \, d\zeta$$

となる. ここで積分領域はその空間領域である. この質量分布 ϱ のポテンシャルは, G の外部では方程式 $\Delta u = 0$ を満たし, G では——ϱ が微分可能である限り——すでに見たように方程式 $\Delta u = -4\pi\varrho$ を満たす.

空間域 G において離散的な質量分布のときは, そのポテンシャルは, 個々の質点にわたる対応する和によって得られる.

2 つの独立変数 x, y の場合, 事情は同様である. $1/r$ の代わりに関数 $\log 1/r$ が現れ, よって**対数ポテンシャル**と呼ばれる.

最も簡単な境界条件 $u = 0$ を考え, 円および球に対するグリーン関数をまず求めよう. そのためには初等幾何の事実, すなわち円あるいは球は, 2 点 P_1, P_2 からの距離が一定の比をもつような点の軌跡であるという事実を用いる. 正確には, $P_1 : (\xi, \eta)$ あるいは (ξ, η, ζ) は, 円 $x^2 + y^2 = 1$ あるいは球 $x^2 + y^2 + z^2 = 1$ の内部の任意の点とし, 座標が $\frac{\xi}{\xi^2+\eta^2}, \frac{\eta}{\xi^2+\eta^2}$ あるいは $\frac{\xi}{\xi^2+\eta^2+\zeta^2}, \frac{\eta}{\xi^2+\eta^2+\zeta^2}, \frac{\zeta}{\xi^2+\eta^2+\zeta^2}$ である点 P_2 を鏡像点 (よって必ず外部にある) とする. さらに r_1, r_2 を, P_1 あるいは P_2 から, 任意の点 $P : (x, y)$

あるいは (x, y, z) からの距離とすれば，点 P が円周上あるいは球面上にある限り，比 $r_1 : r_2$ は一定である．その比の値はちょうど $\sqrt{\xi^2 + \eta^2}$ あるいは $\sqrt{\xi^2 + \eta^2 + \zeta^2}$ である．そこで，関数 $-\frac{1}{2\pi} \log r_1$, $-\frac{1}{2\pi} \log r_2$ あるいは関数 $\frac{1}{4\pi r_1}$, $\frac{1}{4\pi r_2}$ が $\Delta u = 0$ の解であり，また $-\frac{1}{2\pi} \log r_1$ あるいは $\frac{1}{4\pi r_1}$ が，基本解として点 P における与えられた特異性をちょうどもつことに注意する．よって

$$\mathsf{K}(x, y; \xi, \eta) = -\frac{1}{2\pi} \log \frac{r_1}{r_2} + \frac{1}{2\pi} \log \sqrt{\xi^2 + \eta^2}$$

あるいは

$$\mathsf{K}(x, y, z; \xi, \eta, \zeta) = \frac{1}{4\pi} \left(\frac{1}{r_1} - \frac{1}{r_2 \sqrt{\xi^2 + \eta^2 + \zeta^2}} \right)$$

は，ちょうど境界条件 $u = 0$ に対する円板あるいは球のグリーン関数となる．というのは，これらの関数は境界の表面の上で $u = 0$ となるからである．

5.15.3　グリーン関数と等角写像

独立変数が 2 つの場合，グリーン関数が，領域 G から単位円の上への等角写像と関連しているという関数論の一般的な事実を利用することは有益である．$\zeta = f(x + iy)$ を，領域 G を ζ-平面の単位円の上に等角に写像する解析関数とし，G の点 (ξ, η) が単位円の原点に写されるとする．このとき，$-\frac{1}{2\pi} \log |f(x + iy)|$ が G の求めるグリーン関数となる．よって，円に等角に写されるどのような領域についても，グリーン関数をもつことが示された．区分的に滑らかな境界をもつ単連結領域すべてがそうであることは，関数論の重要な定理の 1 つである[34]．

5.15.4　ポテンシャル方程式に対する球面でのグリーン関数

広義のグリーン関数が現れる簡単な例は，微分方程式 $\Delta^* u = 0$ (§5.8 および §5.9.1) において，源点以外のすべての球面で正則という条件の下で与え

---

[34] [原註] Hurwitz–Courant: Funktionentheorie (関数論), 第 3 版, (Berlin 1929), p. 389–423, 特に p. 389–398 参照.

られる.関数 $1/\sqrt{4\pi}$ はこの条件を満たすから,微分方程式 $\Delta^* u = 1/4\pi$ を満たす広義のグリーン関数を構成しなければならない.この関数は容易に得られる.それは,$\Delta^* u$ という式が球の任意の回転で不変であることを用いる.まず,グリーン関数の源点 P_1 を北極 $\theta = 0$ におくと,微分方程式 $\Delta^* u = 1/4\pi$ は,座標 θ のみに依存する関数 $-\frac{1}{2\pi}\log\left(2\sin\frac{\theta}{2}\right)$ によって満たされることが直ちに分かる.回転不変性に鑑みて,球面上の 2 点 $P : (\theta, \varphi)$ と $P_1 : (\theta_1, \varphi_1)$ の球面上の距離を $\varrho(\theta, \varphi; \theta_1, \varphi_1)$ により表すと

$$\mathsf{K}(\theta, \varphi; \theta_1, \varphi_1) = -\frac{1}{2\pi}\log\left(2\sin\frac{\varrho}{2}\right)$$

は,$P = P_1$ のときのみ正則でない $\Delta^* u = 1/4\pi$ の解となる.さらにこの関数は,$P = P_1$ に対してちょうどよい特異性をもつから,これが求めるグリーン関数である.この関数を,積分方程式

$$-2\pi Y(\theta, \varphi) = \lambda \iint_G \log\left(2\sin\frac{\varrho}{2}\right) Y(\theta_1, \varphi_1)\, d\theta_1\, d\varphi_1$$

の核とすれば,$(2n+1)$-重の固有値 $\lambda = n(n+1)$,および対応する固有関数 $Y = Y(\theta, \varphi)$ が属しており,それ以外はない.

5.15.5 方程式 $\Delta u = 0$ に対する直方体表面でのグリーン関数[35]

直方体の表面を $x = \pm\frac{a}{2}, y = \pm\frac{b}{2}, z = \pm\frac{c}{2}$ とする.球の場合(§5.15.2)に用いた手順の自然な一般化として,境界条件 $u = 0$ についての,上で定めた性質をもつグリーン関数をつくるため,初めの直方体に対する格子を構成する.その格子点を $((k+\frac{1}{2})a, (m+\frac{1}{2})b, (n+\frac{1}{2})c)$ $(k, m, n = 0, \pm 1, \pm 2, \ldots)$ とし,格子平面に関して点 (ξ, η, ζ) の鏡像を繰り返す.そうして点の系 $(ka + (-1)^k\xi, mb + (-1)^m\eta, nc + (-1)^n\zeta)$ が得られる.これらの点それぞれに,単位質量が凝縮しているとし,その符号は $(k+m+n)$ の偶奇に従って正あるいは負であるとする.このとき,これらの格子平面の質量分布のポテンシャルはちょうど 0 であると推測できる.というのは,個々の単位質量による寄

---

[35] [原註] この項の収束性の考察と計算の実行は A. オストロフスキ氏による.

与は打ち消しあうからである．そこで K の次の表現[36]

(106) $$\mathsf{K} = \frac{1}{4\pi}\sum_{k=-\infty}^{\infty}\sum_{m=-\infty}^{\infty}\sum_{n=-\infty}^{\infty}\frac{(-1)^{k+m+n}}{\sqrt{N(k,m,n,;\xi,\eta,\zeta;x,y,z)}}$$

ただし

$$N(k,m,n;\xi,\eta,\zeta;x,y,z) = [ka + (-1)^k\xi - x]^2 + [mb + (-1)^m\eta - y]^2 \\ + [nc + (-1)^n\zeta - z]^2$$

となる．ここで収束は，せいぜいが条件収束ということもあるので，まず和の順序をより正確に議論しておかなければならない．そのため一般に，$\varphi(k)$ を k の任意の関数としたとき，式 $\varphi(k+1) - \varphi(k)$ を $\Delta_k\varphi(k)$ と表す．K に対する式において，k と m を固定し因子 $(-1)^{k+m}$ を除くと，n に関する内部の和は，$\lim_{|n|\to\infty} N(k,m,n) = \infty$ であるから

$$N'(k,m) = \sum_{n=\pm 1,\pm 3,\ldots}\Delta_n\frac{1}{\sqrt{N(k,m,n)}} = -\sum_{n=0,\pm 2,\pm 4,\ldots}\Delta_n\frac{1}{\sqrt{N(k,m,n)}}$$

と書くことができる．同じ変換を m と k に関する和に対して適用すると，すぐ後で示すように $\lim_{|m|\to\infty} N'(k,m) = 0$ であるから

$$N''(k) = \sum_{m=\pm 1,\pm 3,\ldots}\Delta_n N'(k,m) = -\sum_{m=0,\pm 2,\pm 4,\ldots}\Delta_m N'(k,m)$$

となり，さらに，$\lim_{|k|\to\infty} N''(k) = 0$ であるから

$$\mathsf{K} = \frac{1}{4\pi}\sum_{k=\pm 1,\pm 3,\ldots}\Delta_k N''(k) = -\frac{1}{4\pi}\sum_{k=0,\pm 2,\pm 4,\ldots}\Delta_k N''(k)$$

となる．これらをまとめると，変換

(107) $$\mathsf{K} = \pm\frac{1}{4\pi}\sum_k\sum_m\sum_n\Delta_k\Delta_m\Delta_n\frac{1}{\sqrt{N(k,m,n)}}$$

が得られる．ここで3つの和の因子は，それぞれ $-\infty$ から $+\infty$ までのすべての偶数あるいはすべての奇数にわたるとし，全体の和の前にある復号は，

---

[36] ［原註］B. Riemann und K. Hattendorf: Schwere, Elektrizität und Magnetismus（重力と電磁気），Hannover, 1880, pp. 84–88 参照.

偶数全体にわたる和を偶数回行うか奇数回行うかによって + あるいは − とする．

我々の主張を示すには，最後の和が絶対収束であることを証明すれば十分である．その証明は，一般項を評価すれば直ちに導かれる．実際,

$$(108) \quad \begin{cases} \left| \Delta_k \Delta_m \Delta_n \dfrac{1}{\sqrt{N(k,m,n)}} \right| \\ < \dfrac{(d_1|k|+c_1)(d_2|m|+c_2)(d_3|n|+c_3)}{(\sqrt{k^2+m^2+n^2})^7} < \dfrac{c}{(k^2+m^2+n^2)^2}, \end{cases}$$

ただし

$$x^2+y^2+z^2 < h, \quad \xi^2+\eta^2+\zeta^2 < h, \quad k^2+m^2+n^2 > c_4(h),$$
$$d_1 = d_1(h), \quad \ldots, \quad c_3 = c_3(h), \quad c = c(h).$$

この評価は，微分法での平均値の定理を3回適用し，相加平均と相乗平均の間の不等式を用いれば得られる．

同時に，$x, y, z, \xi, \eta, \zeta$ に関する収束の一様性が，$k^2+m^2+n^2 > c_4(h)$ を満たし，これらの3つ組 k, m, n に対して $N(k,m,n)$ が0とならないような k, m, n に関してのみ和をとることで得られる．

$x^2+y^2+z^2 < h, \xi^2+\eta^2+\zeta^2 < h, k^2+m^2+n^2 > c_4(h)$ に対しては，同じ考察により，項別に偏微分して得られる和 (107) のすべての偏導関数も絶対収束し，また $x, y, z, \xi, \eta, \zeta$ に関して一様収束することが分かる．

従って，(107) が求めるグリーン関数であることは明白である．もちろん (106) と (107) は，どの $N(k,m,n)$ も 0 でないという限り意味をもたない．条件1および3 (§5.14.3) が満たされることは証明の必要がない．条件2については，例えば平面 $x = a/2$ において，表示

$$\mathsf{K} = \frac{1}{4\pi} \sum_{k=\pm 1, \pm 3, \ldots} \Delta_k N''(k)$$

を用いる．$x = a/2$ に対して，有限和 $\sum_{k=\pm 1, \pm 3, \ldots, \pm(2l+1)} \Delta_k N''(k)$ は，1つ1つの項が対になって 0 となるから $\mathsf{K} = 0$ となる．同様にして，直方体の他の平面において条件2が満たされることが分かる．

和 (106) は，すでにリーマンによって，ある種のテータ積に関する積分と

して表された．これらリーマンの表現は次のように導かれる．等式
$$\frac{2}{\sqrt{\pi}} \int_0^\infty e^{-st^2}\,dt = \frac{1}{\sqrt{s}} \quad (s>0)$$
から始めて，s として式 $N(k,m,n;x,y,z;\xi,\eta,\zeta)$ を代入すると
$$\mathsf{K} = \frac{1}{2\pi\sqrt{\pi}} \sum_k \sum_m \sum_n \Delta_k \Delta_m \Delta_n \int_0^\infty e^{-Nt^2}\,dt$$
となる．ここで，和と積分が順序交換できるとすると

(109)
$$\mathsf{K} = \frac{1}{2\pi\sqrt{\pi}} \int_0^\infty \sum_k \sum_m \sum_n \Delta_k \Delta_m \Delta_n e^{-Nt^2}\,dt = \frac{1}{2\pi\sqrt{\pi}} \int_0^\infty f_1 f_2 f_3\,dt$$

となるだろう．ただし，積分記号の中の3つの因子は，それぞれ
$$f_1 = \sum_{k=-\infty}^\infty (-1)^k e^{-t^2[ka+(-1)^k\xi-x]^2},$$
$$f_2 = \sum_{m=-\infty}^\infty (-1)^m e^{-t^2[mb+(-1)^m\eta-y]^2},$$
$$f_3 = \sum_{n=-\infty}^\infty (-1)^n e^{-t^2[nc+(-1)^n\zeta-z]^2}$$

により与えられ，従ってテータ関数によって
$$\vartheta_{00}(z,\tau) = \vartheta_0(z,\tau) = \sum_{\nu=-\infty}^\infty e^{i\pi\nu^2\tau} e^{2i\pi\nu z}$$

と表される．

公式 (109) の証明が当面の問題である．そのとき，点 $t=0$ が最も主要な難点である．というのはこれら3つの級数は，$t=0$ の近傍で一様に収束しないからである．まず最初に，k についての和は積分と交換可能であることを証明する．すなわち

(110)
$$\frac{1}{2\pi\sqrt{\pi}} \int_0^\infty f_1 f_2 f_3\,dt = \frac{1}{2\pi\sqrt{\pi}} \sum_{k=-\infty}^\infty (-1)^k \int_0^\infty f_2 f_3 e^{-t^2[ka+(-1)^k\xi-x]^2}\,dt$$

が成り立つ．この和が，1から∞までの積分と交換できることを見るのは容

易である.実際,和 f_1 の剰余に対して,$t>1, p>P(\xi,x)$ について,評価

$$\left|\sum_{|k|>p}(-1)^k e^{-t^2[ka+(-1)^k\xi-x]^2}\right| < e^{-\frac{a^2}{4}t^2}\sum_{|k|>p}e^{-\frac{a^2}{2}t^2k^2}$$
$$< \frac{2e^{-\frac{a^2}{4}t^2}}{a^2}\sum_{|k|>p}\frac{1}{k^2} < \frac{2}{a^2}e^{-\frac{a^2}{4}t^2}\frac{1}{p-1} < \frac{4}{pa^2}e^{-\frac{a^2t^2}{4}}$$

が成り立ち,よって 1 から ∞ までの積分は,p が ∞ に増大するにつれて 0 に収束するからである.一方 f_2, f_3 は,1 から ∞ までの半直線の上で明らかに一様に有界に留まる.

和と 0 から 1 までの積分が交換できることは,よく知られた定理により,被積分関数の部分和の有界性を示せば十分である.いま,f_1 を分解して得られる 2 つの和 $\sum_{k=-\infty}^{0}, \sum_{k=1}^{\infty}$ のどちらも,交代級数であり,その項はある k から先は単調に減少し,この k は ξ と x に依存するが t には依存しない.よって 2 つの和の各部分和の値は,すべての $t>0$ に対してある一定値の間にある.同じことは,f_2 と f_3 の部分和に関しても成り立つから,f_2 と f_3 自身も $t>0$ に対して一様に有界である.従って,上記の定理が適用でき等式 (110) が示された.全く同様の考察により,(109) の右辺の各項において,m と n に関する和と積分が交換できることが示された.これで (109) のすべての関係が証明された.

さて,K を関数 ϑ_{00} によって表そう.それは

$$f_1 = e^{-t^2(x-\xi)^2}\vartheta_{00}\left(-\frac{2at^2i(x-\xi)}{\pi}, \frac{4a^2t^2i}{\pi}\right)$$
$$- e^{-t^2(x+\xi)^2}\vartheta_{00}\left(-\frac{2at^2i(x+\xi)}{\pi}, \frac{4a^2t^2i}{\pi}\right),$$
$$f_2 = e^{-t^2(y-\eta)^2}\vartheta_{00}\left(-\frac{2bt^2i(y-\eta)}{\pi}, \frac{4b^2t^2i}{\pi}\right)$$
$$- e^{-t^2(y+\eta)^2}\vartheta_{00}\left(-\frac{2bt^2i(y+\eta)}{\pi}, \frac{4b^2t^2i}{\pi}\right),$$
$$f_3 = e^{-t^2(z-\zeta)^2}\vartheta_{00}\left(-\frac{2ct^2i(z-\zeta)}{\pi}, \frac{4c^2t^2i}{\pi}\right),$$

114　第 5 章　数理物理学における振動および固有値問題

$$-e^{-t^2(z+\zeta)^2}\vartheta_{00}\left(-\frac{2ct^2i(z+\zeta)}{\pi}, \frac{4c^2t^2i}{\pi}\right)$$

である．おのおのの因子に，テータ関数に対する反転公式

$$\vartheta_{00}(z,\tau) = e^{-\frac{\pi i}{\tau}z^2}\frac{1}{\sqrt{-i\tau}}\vartheta_{00}\left(\frac{z}{\tau}, -\frac{1}{\tau}\right)$$

を適用する．平方根は主値をとる．さらに

$$q_x = e^{-\frac{\pi^2}{4a^2t^2}}, \quad q_y = e^{-\frac{\pi^2}{4b^2t^2}}, \quad q_z = e^{-\frac{\pi^2}{4c^2t^2}}$$

とおくと

$$
\begin{aligned}
(111) \quad f_1 &= \frac{\sqrt{\pi}}{2at}\left[\vartheta_{00}\left(-\frac{x-\xi}{2a}, \frac{\pi i}{4a^2t^2}\right) - \vartheta_{00}\left(-\frac{x+\xi}{2a}, \frac{\pi i}{4a^2t^2}\right)\right]\\
&= \frac{\sqrt{\pi}}{2at}\left[\sum_{k=-\infty}^{+\infty} q_x^{k^2} e^{-\frac{k(x-\xi)\pi i}{a}} - \sum_{k=-\infty}^{+\infty} q_x^{k^2} e^{-\frac{k(x+\xi)\pi i}{a}}\right]\\
&= \frac{\sqrt{\pi}}{at}\sum_{k=1}^{\infty} q_x^{k^2}\left(\cos\frac{k\pi(x-\xi)}{a} - \cos\frac{k\pi(x+\xi)}{a}\right)\\
&= \frac{2\sqrt{\pi}}{at}\sum_{k=1}^{\infty} q_x^{k^2}\sin\frac{k\pi x}{a}\sin\frac{k\pi\xi}{a}
\end{aligned}
$$

が得られる．

f_2, f_3 についても類似の表現が得られ，K に対して

$$\mathsf{K} = \frac{4}{abc}\int_0^\infty \frac{1}{t^3}\sum_{k=1}^\infty\sum_{m=1}^\infty\sum_{n=1}^\infty \sin\frac{k\pi x}{a}\sin\frac{k\pi\xi}{a}\cdots$$
$$\sin\frac{n\pi\zeta}{c}e^{-\frac{\pi^2}{4t^2}\left(\frac{k^2}{a^2}+\frac{m^2}{b^2}+\frac{n^2}{c^2}\right)}dt$$

となる．ここで新たな積分変数として $1/t^2 = \tau$ とすると

$$\mathsf{K} = \frac{2}{abc}\int_0^\infty \sum_{k=1}^\infty\sum_{m=1}^\infty\sum_{n=1}^\infty e^{-\frac{\pi^2}{4}\tau\left(\frac{k^2}{a^2}+\frac{m^2}{b^2}+\frac{n^2}{c^2}\right)}\sin\frac{k\pi x}{a}\cdots\sin\frac{n\pi\zeta}{c}d\tau$$

となる．この公式は，グリーン関数を固有関数によって展開した式

$$\mathsf{K}(x,y,z;\xi,\eta,\zeta) = \frac{8}{abc\pi^2}\sum_{k=1}^\infty\sum_{m=1}^\infty\sum_{n=1}^\infty \frac{\sin\frac{k\pi x}{a}\sin\frac{k\pi\xi}{a}\cdots\sin\frac{n\pi\zeta}{c}}{\frac{k^2}{a^2}+\frac{m^2}{b^2}+\frac{n^2}{c^2}}$$

の有効な代替となる．形式的には，この公式は和と積分を交換すれば得られ

るが，その収束性はまだ証明されていない．

Kに対する最も簡単な式として，(109) で $\tau = 1/t^2$ とした

$$\mathsf{K} = \frac{1}{32abc} \int_0^\infty \left\{ \left[\vartheta_{00}\left(-\frac{x-\xi}{2a}, \frac{\pi i \tau}{4a^2}\right) - \vartheta_{00}\left(-\frac{x+\xi}{2a}, \frac{\pi i \tau}{4a^2}\right) \right] \cdots \right. \\ \left. \left[\vartheta_{00}\left(-\frac{z-\zeta}{2c}, \frac{\pi i \tau}{4c^2}\right) - \vartheta_{00}\left(-\frac{z+\zeta}{2c}, \frac{\pi i \tau}{4c^2}\right) \right] \right\} d\tau$$

がある．

5.15.6　方程式 $\Delta u = 0$ に対する長方形内部でのグリーン関数

座標軸に平行な長方形 R で，1つの頂点が原点，他の頂点が $(a,0), (0,b), (a,b)$ であるものを考える．源点を (ξ, η) とし，点 (x,y) をとる．$\mathsf{K}(x,y;\xi,\eta)$ を，境界条件 $u=0$ に対応するグリーン関数とすると，K は x, y の関数として R の内部で $\Delta u = 0$ を満たし，境界の上で 0 となり，点 (ξ, η) のみにおいて $-\frac{1}{2\pi} \log r$ のような特異性をもつ．ただし，$r = \sqrt{(x-\xi)^2 + (y-\eta)^2}$ である．直方体表面の場合と同様に，次のような構成は自然である．すなわち，長方形 R に属する格子点を，点 (ξ, η) を格子線に関して次々に折り返し，このようにしてできる各点が，(ξ, η) から格子線に関して奇数回あるいは偶数回の折り返しで得られるかに応じて，強度 1 の源点あるいは沈点とする．

このようにしてできた質量分布のポテンシャル X を組み立てるには，前と同様に無限級数の和を求めても可能である．しかしながら，関数論を利用して実部が X となるような解析関数 $\varphi(x+iy) = X + iY$ を求めるほうが好都合である．このとき，関数

$$f(x+iy) = e^{2\pi(X+iY)} = e^{2\pi\varphi(x+iy)}$$

は，(ξ, η) およびこの折り返しにより生じる点において，1位の零点あるいは1位の極をもたなければならない．そこで，格子点から隣接する4つの点を取りまとめ，新しい格子の長方形をつくる．すると $f(x+iy)$ は，新しい格子の長方形それぞれにおいて，2個の1位の零点と2個の1位の極をもち，これらは原点に関して対称でありそれぞれ $\mathrm{mod}(2a, 2b)$ で合同である．

零点： (ξ,η), $(-\xi,-\eta)$

極： $(-\xi,\eta)$, $(\xi,-\eta)$

である．

この種の解析関数で最も簡単なのは楕円関数である．頂点が (a,b), $(-a,b)$, $(a,-b)$, $(-a,-b)$ である周期平行四辺形に上の零点と極をもち，該当の σ-関数によって次のように表される．

$$f(z) = \frac{\sigma(z-\xi-i\eta)\sigma(z+\xi+i\eta)}{\sigma(z-\xi+i\eta)\sigma(z+\xi-i\eta)},$$

ただし

$$\sigma(z) = z\prod_\omega{}' \left[\left(1-\frac{z}{2\omega}\right)e^{\frac{z}{2\omega}+\frac{1}{8}\frac{z^2}{\omega^2}}\right], \quad \omega = ka + lbi \quad \begin{array}{l}(k=0,\pm1,\ldots)\\(l=0,\pm1,\ldots)\end{array}$$

である[37]．この σ-関数の表現を $f(z)$ の式に代入し，因子ごとに乗ずると，$\omega=0$ のときは $e^{\frac{\xi\eta i}{\omega^2}}=1$ として

$$f(z) = \prod_{\omega=ka+lbi}\left[\frac{(z+\zeta-2\omega)(z-\zeta-2\omega)}{(z+\bar\zeta-2\omega)(z-\bar\zeta-2\omega)}e^{\frac{\xi\eta i}{\omega^2}}\right] \quad \begin{array}{l}(\zeta = \xi+i\eta,\\ \bar\zeta = \xi-i\eta;\\ k=0,\pm1,\ldots,\\ l=0,\pm1,\ldots.)\end{array}$$

が得られる．ここで境界条件が満たされること，すなわち，$f(z)$ は R の境界の上で絶対値が 1 であることは確かめておかなければならない．$z=x=\Re(z)$ に対しては，$\omega=0$ である因子はちょうど絶対値が 1 であり，他の ω に対応する因子は，共役複素数 ω に応じて対にまとめられ，対の一方の分子が他方の分母の共役複素数となるようにできる．$z=x+ib$ に対しては，まず l に関して掛けあわせ次に k に関して掛けあわせる．l に関する積では，k を固定しての l についての和 $\sum\frac{1}{\omega^2}$ は絶対収束して実数値だから，指数因子 $e^{\frac{\xi\eta i}{\omega^2}}$ は無視してよい．そうして残りの因子を，一方の因子が $\omega=ka+lbi$ に対応すれば他方が $\omega=ka-(l-1)i$ に対応するよう対にまとめる．するとこのよう

---

[37] ［原註］ここで $\prod'$ は，$\omega=0$ に対応する因子を除いた積を表す．

な対の積は，絶対値が1であることが直ちに分かる．しかし$z = iy$に対しては，まずlに関して掛けあわせ，$|k| > 0$に対して値$\pm k$に対応する2つのこのような部分積をまとめる．するとここでも，lについての$\sum \frac{1}{\omega^2}$は絶対収束して実数値だから，指数因子を無視することができる．残りの因子を対にまとめて，因子$\omega = ka + lbi$を他方の$\omega = -ka + lbi$に対応させる．するとこのような積のおのおのは絶対値が1となる．最後に，$z = a + iy$の場合は，$\omega = ka + lbi$と$\omega = -(k-1)a + lbi$に対応する因子をまとめ，lに関して掛けあわせる．そうして求めるグリーン関数に対する表示

$$\mathsf{K}(x,y;\xi,\eta) = -\frac{1}{2\pi}\Re\left(\log\frac{\sigma(z-\zeta,\omega_1,\omega_2)\sigma(z+\zeta,\omega_1,\omega_2)}{\sigma(z-\bar\zeta,\omega_1,\omega_2)\sigma(z+\bar\zeta,\omega_1,\omega_2)}\right)$$

$$(z = x+iy,\ \zeta = \xi+i\eta,\ \bar\zeta = \xi-i\eta,\ \omega_1 = a,\ \omega = ib)$$

が得られる．

今このように構成されたグリーン関数は，固有関数$\frac{2}{\sqrt{ab}}\sin k\frac{\pi}{a}x\sin m\frac{\pi}{b}y$によって収束級数に展開できる[38]．展開は

$$\mathsf{K}(x,y;\xi,\eta) = \frac{4}{ab\pi^2}\sum_{m=1}^{\infty}\sum_{k=1}^{\infty}\frac{\sin k\frac{\pi}{a}x \sin m\frac{\pi}{b}y \sin k\frac{\pi}{a}\xi \sin m\frac{\pi}{b}\eta}{\frac{m^2}{b^2}+\frac{k^2}{a^2}}$$

となる．これは一般には証明されていない，双線形形式が有効である1つの例である．

5.15.7 円環でのグリーン関数

原点を中心とする2つの同心円で囲まれた円環を考え，半径の積は1であるとする（これは，長さの単位を適当にとることで実現される）．内側の円k_1の半径を$q^{\frac{1}{2}}$とし，外側の円k_2の半径を$q^{-\frac{1}{2}}$とする．ただし，$0 < q < 1$である．そうして，cを源点で最初は正の実数であるとし，点$z = x + iy$とともに円環Rの内部にあるとすると，我々の問題は次の関数論の問題に帰

---

[38] ［訳註］（英語版ではここに次の注意がある．）収束は絶対ではない．V.A. Il'in, On the convergence of bilinear series of eigenfunctions（固有関数の双線形列の収束について），Uspekhi Matem. Nauk (N.S.) 5, No.4 (38), 1950, pp. 135–138 参照．

着される.すなわち,c において単純零点であり,R の内部で正則かつ R の境界で絶対値が 1 となるような解析関数を決定せよ.$f(z)$ により,c を原点とする点 z の求めるグリーン関数は,公式

$$\mathsf{K}(x,y;\xi,\eta) = -\frac{1}{2\pi}\Re\log f(z)$$

によって得られる.

そこで,求める関数 $f(z)$ を構成するために,関数論的な性質を十分多く見出すべく,2 つの円周を超えて接続してみよう.そのため,R の各点 z に k_1 内部の点 z_1 を,等式 $zz_1 = q$ により対応させる.z が k_1 の円周に近づくと,z_1 もそうであり,実のところ z_1 は複素共役点に近づく.さてしかし,対称性の仮定のため,$f(z)$ は実関数,すなわち実軸では実数値であり,さらに一般に,複素共役な点では複素共役な値をとると考えられる.これは,z が円 k_1 の周の点 z_0 に近づくと,$f(z)f\left(\frac{q}{z}\right)$ は正の実数値 $|f(z_0)|^2$ に近づくことを意味する.一方,$f(z)$ は k_1 の上で絶対値が 1 である.よって,k_1 の上で $f(z)$ に対して,等式

(112) $$f(z)f\left(\frac{q}{z}\right) = 1$$

が成り立ち,この等式は恒等的にすべての z に対して成り立つ.同様に,k_2 に関する鏡像によって 2 つ目の関数等式

(113) $$f(z)f\left(\frac{1}{qz}\right) = 1$$

が得られる.$f(z)$ は c で 1 位の零点をもつので,これらの関係を次々に適用すると,$f(z)$ は

$$c, \quad q^{\pm 2}c, \quad q^{\pm 4}c, \quad \ldots$$

において 1 位の零点をもち,点

$$q^{\pm 1}c^{-1}, \quad q^{\pm 3}c^{-2}, \quad q^{\pm 5}c^{-1}, \quad \ldots$$

において 1 位の極をもつことが導かれ,零点と極は関数

$$F(z) = \left(1 - \frac{z}{c}\right) \frac{\prod_{\nu=1}^{\infty} \left(1 - q^{2\nu}\frac{z}{c}\right)\left(1 - q^{2\nu}\frac{c}{z}\right)}{\prod_{\nu=1}^{\infty} \left(1 - q^{2\nu-1}cz\right)\left(1 - q^{2\nu-1}\frac{1}{cz}\right)}$$

5.15 グリーン関数の例

と一致する．しかし関数 $F(z)$ は，簡単な計算で分かるように，(112) および (113) と同種の関数方程式

$$F(z)F\left(\frac{q}{z}\right) = 1, \quad F(z)F\left(\frac{1}{qz}\right) = \frac{1}{qc^2}$$

を満たす．よって定数 a, b を，$az^b F(z)$ は関数等式 (112), (113) を満たし，k_1, k_2 の上では絶対値が 1 となるように定めることができる．特に a, b は実定数であり，値は

$$a = \pm\sqrt{c}q^{\frac{1}{4}}, \quad b = -\frac{1}{2} - \frac{\log c}{\log q}$$

となる．a について負の符合をとると

$$f(z) = q^{\frac{1}{4}} z^{-\frac{\log c}{\log q}} \left(\sqrt{\frac{z}{c}} - \sqrt{\frac{c}{z}}\right) \frac{\prod_{\nu=1}^{\infty}\left(1 - q^{2\nu}\frac{z}{c}\right)\left(1 - q^{2\nu}\frac{c}{z}\right)}{\prod_{\nu=1}^{\infty}\left(1 - q^{2\nu-1}cz\right)\left(1 - q^{2\nu-1}\frac{1}{cz}\right)}$$

が得られる．これらの式はテータ関数

$$\vartheta_1(z) = -iCq^{\frac{1}{4}}(e^{i\pi z} - e^{-i\pi z})\prod_{\nu=1}^{\infty}(1 - q^{2\nu}e^{2i\pi z})(1 - q^{2\nu}e^{-2i\pi z}),$$

$$\vartheta_0(z) = C\prod_{\nu=1}^{\infty}(1 - q^{2\nu-1}e^{2i\pi z})(1 - q^{2\nu-1}e^{-2i\pi z})$$

によって表される．ただし

$$C = \prod_{\nu=1}^{\infty}(1 - q^{2\nu})$$

である．$z = e^{2i\pi v}, c = e^{2i\pi\alpha}$ とおくと

$$f(z) = iz^{-\frac{2i\pi\alpha}{\log q}}\frac{\vartheta_1(v - \alpha)}{\vartheta_0(v + \alpha)}$$

となる．$\log f(z)$ の実部は，もちろん k_1, k_2 の上で 0 となり，R の内部の複素数 c についてもそうである．よって我われの問題は確かに解かれた．

5.16　第 5 章への補足

5.16.1　弦の振動の例

(a) つままれた弦．つままれた弦の場合についての解を，単振動の重ね合わせとして表そう．時刻 $t=0$ において，弦は点 $x=b$ で h の変位を受け，2 つの端点の間は線形であるとする．初期速度は 0 とする．このとき，変位 $u(x,t)$ の展開は

$$u(x,t) = \sum_{n=0}^{\infty} a_n \sin nx \cos nt,$$

ただし

$$\begin{aligned}
a_n &= \frac{2}{\pi} \int_0^x u(x,0) \sin nx \, dx \\
&= \frac{2h}{\pi} \left(\int_0^b \frac{x}{b} \sin nx \, dx + \int_b^\pi \frac{\pi - x}{\pi - b} \sin nx \, dx \right) \\
&= \frac{2h}{n^2 b(\pi - b)} \sin nb
\end{aligned}$$

という形である．よって

$$u(x,t) = \frac{2h}{b(\pi-b)} \sum_{n=1}^{\infty} \frac{\sin nb \sin nx}{n^2} \cos nt$$

である．

(b) 撃力励起．弦が平衡の位置から，点 $x=b$ への撃力により静止状態から振動させられる場合も，同様に取り扱うことができる．

$$\begin{aligned}
u(x,t) &= \sum_{n=1}^{\infty} b_n \sin nx \sin nt, \\
nb_n &= \frac{2}{\pi} \int_0^\pi u_t(x,0) \sin nx \, dx
\end{aligned}$$

が得られる．ここで極限移行の必要があり，積分 $\int_0^\pi u_t(x,0)\,dx = \pi U$ を一定に保ちながら，撃力を受けた部分を点 $x=b$ に集約させる．極限において

$$b_n = 2U \frac{\sin nb}{\pi n},$$

$$u(x,t) = 2U \sum_{n=1}^{\infty} \frac{\sin nx \sin nb}{\pi n} \sin nt$$

が得られる.

(c) **強制振動.** 周期的な外力の下での強制振動の微分方程式

$$u_{tt} - u_{xx} = f(x) \cos nt$$

の一般解は

$$u = -\frac{2}{\pi} \cos nt \sum_{\nu=1}^{\infty} \sin \nu x \frac{\int_0^\pi f(x) \sin \nu x \, dx}{n^2 - \nu^2} + \sum_{\nu=1}^{\infty} \sin \nu x (a_\nu \sin \nu t + b_\nu \cos \nu t)$$

である.

$$\frac{2}{\pi} \int_0^\pi f(x) \sin \nu x \, dx = c_\nu$$

とおくと,初期条件 $u(x,0) = 0$, $u_t(x,0) = 0$ の下での対応する積分として

$$u(x,t) = -\sum_{\nu=1}^{\infty} \sin \nu x \frac{c_\nu}{n^2 - \nu^2} (\cos nt - \cos \nu t)$$

が得られる.ここで,項

$$\frac{-c_\nu}{n^2 - \nu^2} \sin \nu x (\cos nt - \cos \nu t)$$

は,n が ν に近づくと一般に大きくなる.これらの項の振る舞いをよく理解するには,これを

$$\frac{2c_\nu}{n^2 - \nu^2} \sin \nu x \sin \frac{n+\nu}{2} t \sin \frac{n-\nu}{2} t$$

の形に書くと見やすい.この式は,変動する振幅が $\sin \frac{n-\nu}{2} t$ である振動 $\sin \frac{n+\nu}{2} t$ の表現と考えることができる.この振動は交互に強弱を繰り返し,「うなり」の現象を引き起こす.$n \to \nu$ に対する極限では,問題の項は

$$\frac{c_\nu}{\nu} \sin \nu x \sin \nu t \cdot \frac{t}{2}$$

となり,振幅は時間とともに無限となる.

5.16.2 自由につるされた綱の振動とベッセル関数

長さと重さが 1 の均質な綱が,x-軸に沿ってつるされており,重力の方向

は x-軸と逆方向であるとする．固定端は点 $x=1$ であるとし，よって自由端は点 $x=0$ にあるとする．u を，x-軸に垂直な変位とすると，u に対する微分方程式

$$\frac{\partial^2 u}{\partial t^2} = \frac{\partial}{\partial x}\left(x\frac{\partial u}{\partial x}\right)$$

が得られる[39]．

$$u = q(t)\varphi(x)$$

とおくと

$$\frac{\ddot{q}}{q} = -\lambda = \frac{(x\varphi')'}{\varphi}$$

と分解され，付帯条件は $\varphi(1)=0,\ \varphi(0)$：任意に有限，である．

これから

$$\varphi(x) = cJ_0(2\sqrt{\lambda x})$$

となる．ただし，$J_0(x)$ は 0 次のベッセル関数であり，条件 $J_0(2\nu)=0$ から固有振動の列 $\nu = \sqrt{\lambda}$ が決まる．

5.16.3　振動の方程式が具体的に解けるさらなる例 ——マシュー関数

(a) 扇形．極座標で表された扇形 $0 \leq r \leq 1,\ 0 \leq \theta \leq a$ に対する振動の方程式 $\Delta u + \lambda u = 0$ もまた，$u = f(r)g(\theta)$ とおいて解くことができる．§5.9 にならい，固有関数系として

$$u_n = \sin\frac{n\pi\theta}{\alpha} J_{\frac{n\pi}{\alpha}}(\sqrt{\lambda_{n,m}}\,r)$$

が得られる．ここで境界条件は $u=0$ とした．$J_{\frac{n\pi}{\alpha}}$ は，位数 $\frac{n\pi}{\alpha}$ のベッセル関数であり（第 7 章参照），固有値 $\lambda_{n,m}$ は超越方程式 $J_{\frac{n\pi}{\alpha}}(\sqrt{\lambda_{n,m}})=0$ から定められなければならない．

(b) 楕円．楕円に対する固有値問題の解は，楕円座標（上巻 §4.8.3 参照）を導入することで得られる．

---

[39] ［原註］A. Kneser: Integralgleichungen（積分方程式），pp. 39–43 参照．

$$\Delta T + \lambda T = \frac{1}{\lambda_1 - \lambda_2}\left(\frac{\partial^2 T}{\partial t_1^2} - \frac{\partial^2 T}{\partial t_2^2}\right) + \lambda T = 0$$

であり，$T = U(t_1)V(t_2)$ とおくと，方程式

$$\frac{U''}{U} - \frac{V''}{V} = -\lambda(\lambda_1 - \lambda_2)$$

となる．これは，U と V が方程式

$$U'' = -(\lambda\lambda_1 + \mu)U, \quad V'' = -(\lambda\lambda_2 + \mu)V,$$

あるいは

$$\frac{d^2 U}{d\lambda_1^2} + \frac{1}{2}\left(\frac{1}{\lambda_1 - e_1} + \frac{1}{\lambda_1 - e_2}\right)\frac{dU}{d\lambda_1} = \frac{-\lambda\lambda_1 + \mu}{(\lambda_1 - e_1)(\lambda_1 - e_2)}U,$$

および V に対して同様の方程式の解であるとき，そのときのみ満たされる．

$$\frac{2\lambda_1 - e_1 - e_2}{e_1 - e_2} = \cosh u,$$
$$\frac{2\lambda_2 - e_1 - e_2}{e_1 - e_2} = \cos v$$

とおくと，u と v は実数となる．そうして

$$\frac{d^2 U}{du^2} = -(\lambda' \cosh u + \mu')U,$$
$$\frac{d^2 V}{dv^2} = (\lambda' \cos v + \mu')V$$

という形の方程式になる．λ' と μ' は定数である．これら微分方程式の解は，$u = iv$ とおくと互いに変換されるが，**楕円柱の関数**，あるいは**マシュー関数**と呼ばれる[40]．

(c) 共焦点 4 面体と 6 面体．ここまで，振動の方程式とポテンシャル方程式が変数分離によって解けるような特別な対象を扱ってきた．これらの対象は，共焦点曲線系や曲面によって囲まれた 2 次曲面や 6 面体の，特別な場合あるいは極限である（§5.9.3 参照）．

---

[40] ［原註］E.T. Whittaker and G.N. Watson, A course of modern analysis（近代解析教程），pp. 404–428, Cambridge, 1921 参照．

5.16.4 境界条件のうちのパラメータ[41]

境界条件のうちにパラメータをともなうある種の境界値問題が，どのように積分方程式に帰着され得るのか手短に述べよう．例えば，微分方程式 $\Delta u = 0$ を，有界な単連結領域 G の正則な境界 Γ の上で，次の境界条件の下で考える．

$$\frac{\partial u}{\partial n} + \lambda u + h(s) = 0$$

ただし，n は外向き法線，λ はパラメータ，$h(s)$ は Γ の弧長 s の与えられた関数とする．領域 G のグリーン関数 $\mathsf{K}(x,y;\xi,\eta)$ で，その境界での法線方向の微分が 0 となるものを用いる．グリーンの公式により

$$u(\xi,\eta) = \int_\Gamma [\lambda u(x,y) + h(s)] \mathsf{K}(x,y;\xi,\eta)\, ds$$

となる．ここで，点 x,y は曲線 Γ を動く．Γ のパラメータ表示 $x = a(s)$, $y = b(s)$ を用いると，$\mathsf{K}(x,y;\xi,\eta)$ の値から，2変数 s, σ に関する対称な関数 $K(s,\sigma)$ が得られる．すなわち

$$K(s,\sigma) = \mathsf{K}(a(s),b(s);a(\sigma),b(\sigma))$$

である．さらに

$$u(a(s),b(s)) = \varphi(s),$$

$$\int_\Gamma K(s,\sigma)h(s)\, ds = f(\sigma)$$

とおくと，u に対する上の関係は

$$f(\sigma) = \varphi(\sigma) - \lambda \int_\Gamma K(s,\sigma)\varphi(s)\, ds$$

という形となる．$\varphi(s)$ から u を決めるには，単に第1種境界値問題が解ければよい．よって，この積分方程式を調べることで十分である．その核は，$\sigma = s$ に対してのみ対数特異点をもち，これらの核に対して一般の理論が直ちに適用できる．

同様の考察は，一般の自己共役な2階楕円型微分方程式に対しても成り立つ．

---

[41] ［原註］D. Hilbert, Integralgleichungen（積分方程式），pp. 77–81 参照．

5.16.5 連立微分方程式系に対するグリーンテンソル

グリーン関数を導入したとき基となった考察は，微分方程式系の問題に対しても，変更なしに拡張することができる．例えば，$\mathbf{f} = (f_1, f_2, f_3)$ を与えられたベクトルとするとき，微分方程式 $L[\mathbf{u}] = -\mathbf{f}$ からベクトル $\mathbf{u} = (u_1, u_2, u_3)$ を決定する問題である．与えられた同次境界条件，例えば $\mathbf{u} = \mathbf{0}$ の下で，微分方程式 $L[\mathbf{u}] = -\mathbf{f}$ に対応する**グリーンテンソル** $\mathfrak{G}$ とは，行列

$$\mathfrak{G}(x,y,z;\xi,\eta,\zeta) = \begin{pmatrix} \mathsf{K}_{11} & \mathsf{K}_{12} & \mathsf{K}_{13} \\ \mathsf{K}_{21} & \mathsf{K}_{22} & \mathsf{K}_{23} \\ \mathsf{K}_{31} & \mathsf{K}_{32} & \mathsf{K}_{33} \end{pmatrix}$$

であり，次の性質をもつものを意味する．微分方程式 $L[\mathbf{u}] = -\mathbf{f}$ は，公式

$$\mathbf{u}(x,y,z) = \iiint \mathfrak{G}(x,y,z;\xi,\eta,\zeta)\mathbf{f}(\xi,\eta,\zeta)\,d\xi\,d\eta\,d\zeta$$

と同値であり，この公式におけるベクトル $\mathbf{u}$ はいずれも境界条件を満たす．ここで，$\mathfrak{G}\mathbf{f}$ によってベクトル $\mathbf{f}$ と行列 $\mathfrak{G}$ の掛け算を表す．すなわち，成分が

$$\mathsf{K}_{11}f_1 + \mathsf{K}_{12}f_2 + \mathsf{K}_{13}f_3, \quad \mathsf{K}_{21}f_1 + \mathsf{K}_{22}f_2 + \mathsf{K}_{23}f_3, \quad \mathsf{K}_{31}f_1 + \mathsf{K}_{32}f_2 + \mathsf{K}_{33}f_3$$

となるベクトルのことである．

グリーンテンソルの各列は，ベクトル $\mathbf{k}_i$ を表す．それは**源点** $x = \xi, y = \eta, z = \zeta$ を除いて導関数とともに連続であり，微分方程式 $L[\mathbf{k}_i] = 0$ および境界条件を満たす．源点での特異性の性質は，単独の微分方程式の場合と同様に，源点 $x = \xi, y = \eta, z = \zeta$ に働く 1 点での力の影響関数として，容易に解釈することができる．グリーンテンソルは，我々が仮定するように，微分方程式 $L[\mathbf{u}]$ が自己共役である限り，すなわちベクトル $\mathbf{u}$ とその 1 階導関数の 2 次微分表現の変分として与えられている限り，対称性

$$\mathsf{K}_{ii}(x,y,z;\xi,\eta,\zeta) = \mathsf{K}_{ii}(\xi,\eta,\zeta;x,y,z),$$
$$\mathsf{K}_{ik}(x,y,z;\xi,\eta,\zeta) = \mathsf{K}_{ki}(\xi,\eta,\zeta;x,y,z)$$

を満たす．このグリーンテンソルを用いることによって，微分方程式 $L[\mathbf{u}] + \lambda\mathbf{u} = \mathbf{0}$ の固有値問題は，常微分方程式の場合と全く同様に解くことができ

る[42].

5.16.6　方程式 $\Delta u + \lambda u = 0$ の解の解析接続

線分 l を境界の一部とする閉領域 G における，$\Delta u + \lambda u = 0$ の解が，2階までの導関数を含めて連続であり，l の上では関数 u が，あるいは法線微分 $\partial u / \partial n$ が 0 であるとする．関数 u は，l に関して G を折り返してできる領域 G' に接続することができる．すなわち鏡像点に，u と反対符号の値を，あるいは同じ値を与える．合併された領域 $G + G'$ における拡張された関数は，2階までの導関数が連続な $\Delta u + \lambda u = 0$ の解である[43]．同様の定理が板の方程式 $\Delta \Delta u - \lambda u = 0$ に対して成り立つ．定理の仮定は，関数論での鏡像原理と同じように弱めることができる．それについては本書の後半で見出されるだろう．

5.16.7　$\Delta u + \lambda u = 0$ の解の節線に関する定理

(x, y)-平面の領域の内部において，u は正則であり[44]曲線 $u = 0$ のいくつかの枝が交叉しているとき，その交点に交わる節線の集合は，互いに等角な半直線系をなす．読者はこの定理を，関数 u を問題の点において展開することにより証明することができるだろう．

5.16.8　無限重複度の固有値の例

任意の平面領域 G，例えば円を考え，この領域に対して，境界条件 $\Delta u = 0$，$\frac{\partial}{\partial n} \Delta u = 0$ の下での $\Delta \Delta u - \lambda u = 0$ の固有値問題を考察する．この問題では無限の固有値 λ_h と固有関数 u_h が直ちに得られる．それは，関数 $\Delta u_h = v_h$

---

[42] ［原註］D. Hilbert, Integralgleichungen（積分方程式），pp. 206–212 参照．
[43] ［原註］R. Courant, Beweise des Satzes usw.（定理の証明その他），Math. Zeitschrift 1, pp. 321–328, 1918 参照．
[44] ［原註］導関数とともに連続な任意の解 u は，x と y の正則関数になることをみるのは難しくない（旧原著 II 巻も参照）．

は，Δu_h が項等的に 0 でない限り固定した板の固有関数となるからである．よって，固定した板と同一の固有値が得られ，それに加えて無限重複度の固有値として 0 が加わる．実際，$\lambda = 0$ に対して，G で正則であり与えられた境界条件の下，方程式 $\Delta\Delta u + \lambda u = 0$ を満たす互いに線形独立なポテンシャル関数が無数にある．

5.16.9　展開定理の有効性についての限界

我われの，微分方程式
$$L[u] + \lambda \varrho u = 0$$
の固有値問題に関する展開定理に対しては，常に $\varrho > 0$ を仮定してきた．この仮定が本質的であることは，次の例からも示される．すなわち，微分方程式 $y'' + \lambda \varrho y = 0$ において，基本領域の任意の部分区間で $\varrho = 0$ とする．このとき，すべての固有関数はこの部分区間で線形でなければならない．よって展開定理が「どのような」関数に対しても成り立つということはない．

第6章 変分法の固有値問題への応用

すでに前の章で見たように，微分方程式の固有値問題と2次形式の固有値問題との間には密接な関係がある．我々の微分方程式の固有値問題は，無限個の変数に関する2次形式の主軸変換の問題と全く同値である．例えば，1次元連続体のポテンシャルおよび運動エネルギーを，それぞれ，$U = \frac{1}{2}\int_0^\pi p\left(\frac{\partial u}{\partial x}\right)^2 dx$，$T = \frac{1}{2}\int_0^\pi \varrho\left(\frac{\partial u}{\partial t}\right)^2 dx$ とし，そうして単に $u = \sum_{\nu=1}^\infty f_\nu(t)\sin\nu t$ とおいて，p と ϱ をフーリエ級数に展開する．このとき，このポテンシャルおよび運動エネルギーの2つの表現 U と T を，無限個の変数（座標）f_ν および $\dot{f}_\nu$ の2次形式と考えることができる．これらの変数に，直交変換

$$f_\nu = \sum_{\mu=1}^\infty t_{\nu\mu} q_\mu \quad \text{および} \quad \dot{f}_\nu = \sum_{\mu=1}^\infty t_{\nu\mu} \dot{q}_\mu \quad (\nu = 1, 2, \ldots)$$

をほどこし，新しい変数 q_ν および $\dot{q}_\nu$ を決めて，T と U を

$$T = \sum_{\nu=1}^\infty \dot{q}_\nu^2, \quad U = \sum_{\nu=1}^\infty \lambda_\nu q_\nu^2$$

の形にできるならば，数 λ_ν はちょうど我々の振動問題の固有値である．2次形式の固有値は，簡単な極値の性質により特徴付けられるから，有限個の変数とは限らないここでの考察でも，これらの特徴付けは正当である．しかしながら，これらの発見的考察を厳密に基礎づけるために必要な極限移行と収束の考察を実行するかわりに，ここでは変分法の一般の方法を用いて，無限個の座標による設定を行うことなしに，問題の極値性を直接に定式化し利用する．

その際に，2 つの 2 次形式 T と U の代わりに，2 つの同次の 2 次汎関数[1]を扱う．この方法によって，前章での固有値問題の新しい簡単な取り扱いと重要な一般化が得られるだけではなく，それに加えて特に多変数の場合の，固有値と固有関数の状況の本質的な見通しが得られる．

6.1 固有値の極値性

6.1.1 古典的な極値性

自己共役な 2 階偏微分方程式の固有値問題

(1) $\quad L[u] + \lambda \varrho u = (p u_x)_x + (p u_y)_y - q u + \lambda \varrho u = 0, \quad (p > 0,\ \varrho > 0)$

を考察する．ただし，2 つの独立変数を x, y とし，基本領域 G は，区分的に連続な接成分をもつ 1 個あるいは数個の連続曲線 $\varGamma$ を境界にもつとする．境界条件は $u = 0$ の形，あるいは一般の $\frac{\partial u}{\partial n} + \sigma u = 0$ の形とする．ただし σ は，境界 $\varGamma$ の上の点の区分的に連続な関数とし，$\partial/\partial n$ は外向き法線方向の微分とする[2]．これら固有値問題と同値な変分問題として，次の 2 次汎関数を考える．

(2) $$\mathfrak{D}[\varphi] = D[\varphi] + \int_{\varGamma} p \varrho \varphi^2 \, ds$$

ただし

(2a) $$D[\varphi] = \iint_G p(\varphi_x^2 + \varphi_y^2) \, dx\, dy + \iint_G q \varphi^2 \, dx\, dy$$

および

(3) $$H[\varphi] = \iint_G \varrho \varphi^2 \, dx\, dy$$

である．対応する極形式は

---

[1] ［訳註］用語に関しては上巻 p. 179 註 3 を参照のこと．
[2] ［訳註］（英語版ではここに次の注意がある．）この境界条件は一般に「弱い」意味で考える．すなわち，関数が $\varGamma$ のいたる所で境界値をとることを実際に要求しない．この微妙な点は，旧原著 II 巻第 7 章で，存在定理と関連して議論される．ここでは，解の存在は仮定しており，u の境界での振る舞いを特定する必要がない．

$$\mathfrak{D}[\varphi,\psi] = D[\varphi,\psi] + \int_\Gamma p\sigma\varphi\psi\,ds,$$
$$D[\varphi,\psi] = \iint_G p(\varphi_x\psi_x + \varphi_y\psi_y)\,dx\,dy + \iint_G q\varphi\psi\,dx\,dy,$$
$$H[\varphi,\psi] = \iint_G \varrho\varphi\psi\,dx\,dy$$

となる.これらに関して関係

$$\mathfrak{D}[\varphi+\psi] = \mathfrak{D}[\varphi] + 2\mathfrak{D}[\varphi,\psi] + \mathfrak{D}[\psi],$$
$$H[\varphi+\psi] = H[\varphi] + 2H[\varphi,\psi] + H[\psi]$$

が成り立つ.

許容関数(引数関数)φ については,G においておよびその境界 Γ 含めて連続とし,また1階の導関数は区分的に連続とする.

このとき,微分方程式 (1) の固有値 λ_ν と対応する固有関数 u_ν は,以下の極小性によって特徴付けられる.すべての許容関数のうちで,付帯条件 $H[\varphi]=1$ の下で式 $\mathfrak{D}[\varphi]$ を最小にするのが,自然境界条件 $\frac{\partial \varphi}{\partial n}+\sigma\varphi=0$ を満たす微分方程式 (1) の固有関数 u_1 である.$\mathfrak{D}$ の最小値は対応する固有値である.この自由な最小問題において,正規化条件

(3a) $$H[\varphi]=1$$

に加えて,さらに付帯条件

$$H[\varphi,u_1]=0$$

を課すと,解として再度,同じ境界条件を満たす (1) の固有関数 u_2 が得られ,その最小値 $\mathfrak{D}[u_2]=\lambda_2$ が対応する固有値である.これは次の最小値問題へ逐次的に一般化される.すなわち,正規化条件 $H[\varphi]=1$ および付帯条件

$$H[\varphi,u_i]=0 \quad (i=1,2,\ldots,n-1)$$

の下で $\mathfrak{D}[\varphi]=$ 最小にするという問題によって,境界条件 $\frac{\partial \varphi}{\partial n}+\sigma\varphi=0$ を満たす微分方程式 (1) の固有関数 u_n が決定され,対応する固有値 λ_n はちょうど最小値 $\mathfrak{D}[u_n]$ である.

$\mathfrak{D}$ を正規化条件 $H[\varphi] = 1$ の下で最小とする代わりに,この条件なしに比 $\mathfrak{D}[\varphi]/H[\varphi]$ を最小にしてもよい.このとき解の関数は,任意の定数因子を除いて決まる.

境界条件 $u = 0$ の場合も,同じ自由な変分問題により固有値と固有関数が定められる.異なる点は,許容条件に境界条件 $\varphi = 0$ が加わることである.このとき $\mathfrak{D}[\varphi]$ において,境界項 $\int_\Gamma p\sigma\varphi^2\,ds$ は自動的になくなる.

我々の最小問題が,実際に 2 階の導関数が連続な解をもつことは,特別な考察を要する.この証明は旧原著第 II 巻において,変分法における直接法とともに述べる.ここでは,考えている最小問題が解をもつと仮定して先に進もう.

まず示すべきことは,変分問題の解が微分方程式の問題の固有関数であること,そうしてこれによって微分方程式の問題のすべての固有関数が得られることである.この 2 つ目の主張は,§6.3 において,変分問題から得られる関数系 $u_1, u_2, \dots$ が完全であることを示すことによって証明される.1 つ目の主張を導くには,上巻 §4.7 の一般の未定乗数法を用いてもよい.ここではそれとは独立に示したい.

そこで 1 つ目の変分問題を考える.解 u_1 は最初から正規化されていると,すなわち条件 $H[u_1] = 1$ が満たされていると仮定する.ζ を,φ と同じ条件を満たし,その他は任意である関数とし,ε を任意の定数とする.この定数 ε の任意な値と $u = u_1, \lambda = \lambda_1$ に対して

$$\mathfrak{D}[u + \varepsilon\zeta] \geqq \lambda H[u + \varepsilon\zeta]$$

でなければならない.あるいは,$\mathfrak{D}[u] = \lambda H[u]$ を考慮すれば,これは

$$2\varepsilon\left\{\mathfrak{D}[u,\zeta] - \lambda H[u,\zeta] + \frac{\varepsilon}{2}(\mathfrak{D}[\zeta] - \lambda H[\zeta])\right\} \geqq 0$$

と同値である.この不等式が,任意の ε の値に対して成り立つのは,等式

(4) $$\mathfrak{D}[u,\zeta] - \lambda H[u,\zeta] = 0$$

が成り立つとき,すなわち,式の第 1 変分が 0 となるときのみである.よって,グリーンの公式(上巻 §4.1 参照)

$$\mathfrak{D}[u,\zeta] = -\iint_G \zeta L[u]\,dx\,dy + \int_\Gamma p\sigma\zeta u\,ds$$

により式 $\mathfrak{D}[u,\zeta]$ を変形すると，関数 ζ は任意なので，$u = u_1$ と $\lambda = \lambda_1$ に対して直ちに方程式 (1) が得られる．2 番目の最小問題に関しては，さらに付帯条件 $H[\varphi, u_1] = 0$ を課すと，まず，$u = u_2$ と $\lambda = \lambda_2$ に対して等式 (4) が，関数 ζ に対する仮定

(5) $$H[\zeta, u_1] = 0$$

の下でのみ成り立つことが分かる．さて，η を区分的に連続な 1 階および 2 階の導関数をもつ任意の連続関数とし，値 t を，関数 $\zeta = \eta + tu_1$ が条件 (5) を満たすように決める．すなわち，$t = -H[u_1, \eta]$ とおく．さらに，ζ に対する方程式 (4) において，特に関数 u_2 を代入してもよいので，条件

(6) $$H[u_2, u_1] = 0$$

から，直ちに

(7) $$\mathfrak{D}[u_2, u_1] = 0$$

が得られる．そこで方程式 (4) に我々の関数 $\zeta = \eta + tu_1$ を代入すると，$u = u_2, \lambda = \lambda_2$ として

$$\mathfrak{D}[u,\eta] - \lambda H[u,\eta] + t(\mathfrak{D}[u,u_1] - \lambda H[u,u_1]) = 0$$

が導かれる．あるいは，等式 (6) と (7) を考慮すると

(4a) $$\mathfrak{D}[u,\eta] - \lambda H[u,\eta] = 0$$

が得られる．言い換えると，等式 (4) は，付帯条件 (5) を考慮せずに任意の関数 η あるいは ζ に対して成り立つ．これから直ちに，上と同様に，$u = u_2$，$\lambda = \lambda_2$ に対して方程式 (1) の成り立つことが導かれる．このように続けると，一般に解 u_i と最小値 λ_i に対して，固有方程式 (4a) の成り立つことが分かる．(3a) により正規化された我々の問題の解は，関係

(8) $$\left\{\begin{array}{ll} \mathfrak{D}[u_i] = \lambda_i, & \mathfrak{D}[u_i, u_k] = 0, \\ H[u_i] = 1, & H[u_i, u_k] = 0 \end{array}\right\} \quad (i \neq k)$$

を満たす．このように得られた固有値は，関係

(9) $$\lambda_{n-1} \leqq \lambda_n$$

を満たす．というのは，この問題で n 番目の固有値は，$(n-1)$ 番目に比べて比較関数 φ の範囲が狭いからである．よって，最小値 λ_n は前の λ_{n-1} より小さくなり得ない．

我々の変分問題によって，対応する微分方程式の問題の固有値と固有関数の無限列が得られた．このように変分問題により定められた固有値と固有関数が，実際にちょうど微分方程式の固有値問題に対応する系であることは，§6.3.1 において完全性により示される．

6.1.2 補足および拡張[3]

特に指摘するまでもないが，前の章での他の固有値問題も，ちょうど同じように変分法の観点からまとめられる．多重積分であっても単積分であっても，また，対応するオイラー方程式が 2 階であっても高階であっても，それは全く同じである．例えば，スチュルム–リウヴィル型微分方程式の固有値問題

$$(pu')' - qu + \lambda \varrho u = 0$$

で，境界条件が $u'(0) - h_1 u(0) = 0, u'(\pi) + h_2 u(\pi) = 0$ であるとき，対応する固有値問題は，境界条件がない

$$\mathfrak{D}[\varphi] = \int_0^\pi (p\varphi'^2 + q\varphi^2)\,dx + h_1 p(0)\varphi(0)^2 + h_2 p(\pi)\varphi(\pi)^2 = \text{極小}$$

の形となる．h_1 と h_2 を適切に選ぶことによって，前に考察した任意の同次境界条件を得ることができる．境界条件 $u(0) = 0$ と $u(\pi) = 0$ は，h_1 と h_2 を無限大とした極限の場合に対応する．

両端に特異点をもつスチュルム–リウヴィル型についても，固有値と固有関数は，対応する変分問題により特徴付けられる．ルジャンドル多項式およびベッセル関数に対する定式化を与えておけば十分であろう．ルジャンドル多項式は

$$\mathfrak{D}[\varphi] = \int_{-1}^{+1} (1-x^2)\varphi'^2\,dx, \quad H[\varphi] = \int_{-1}^{+1} \varphi^2\,dx$$

---

[3] [原註] R. Courant, Über die Anwendung der Variationsrechnung… (変分法の応用について…), Acta math. 49 参照.

として，自由な問題を考えれば得られる．0次ベッセル関数 $J_0(x\sqrt{\lambda})$ は

$$\mathfrak{D}[\varphi] = \int_0^1 x\varphi'^2\,dx, \quad H[\varphi] = \int_0^1 x\varphi^2\,dx$$

として，$x = 0$ において自由な問題から得られる．$m \geqq 1$ のとき m 次ベッセル関数は

$$\mathfrak{D}[\varphi] = \int_0^1 \left(x\varphi'^2 + \frac{m^2}{x}\varphi^2\right)dx, \quad H[\varphi] = \int_0^1 x\varphi^2\,dx$$

として，境界条件 $\varphi(0) = 0$ の下での問題から得られる．

高階多次元の自己共役な微分方程式，例えば板の振動の微分方程式

(10) $$\Delta\Delta u - \lambda u = 0$$

に対しても，全く類似の結果が得られる．ここでは，例えば境界で留められた板（上巻 §4.10 参照）を考えた場合に

$$\mathfrak{D}[\varphi] = D[\varphi] = \iint_G (\Delta\varphi)^2\,dx\,dy, \quad H[\varphi] = \iint_G \varphi^2\,dx\,dy$$

として，G の境界 Γ で

$$\varphi = \frac{\partial\varphi}{\partial n} = 0$$

とおく．するとこのような了解の下で，§6.1.1 でのすべての説明や公式がそのまま成り立つ．

第5章ではっきりと取り上げなかった，他の型の固有値問題に関しても，ここで与えた手順に全く離齬なく当てはまる．$\frac{1}{2}H[\varphi]$ が質量密度 ϱ の連続体の運動エネルギーを表し，$\frac{1}{2}\mathfrak{D}[\varphi]$ がそのポテンシャルエネルギーを表すことを思い出すならば，領域 G にわたって連続的に質量が分布している場合のみならず，凝縮した質量分布をもつ場合，例えば1次元領域 G では孤立した質点の分布，を考えるのは自然であろう．そのように仮定すると，式 H の代わりに式

(11) $$\mathfrak{H}[\varphi] = \int_G \varrho\varphi^2\,dx + \sum_{\nu=1}^{h} b_\nu \varphi(x_\nu)^2$$

を考察することになる．ここで，点 $x_1, \ldots, x_h$ は，領域 G の与えられた点

であり，b_ν は与えられた定数である．この形は，点 $x_1, \ldots, x_h$ に大きさ b_ν の質量が凝縮しているという仮定を表す．さらに今後，これらの質量は負でないと仮定しよう．全く同様に，より一般の式

$$\text{(12)} \qquad \mathfrak{D}[\varphi] = \int_G p\varphi'^2 \, dx + \int_G q\varphi^2 \, dx + \sum_{\mu=1}^{h} a_\nu \varphi(x_\nu)^2$$

を考えることができる．このような「荷重問題」に対しては，§6.1.1 と全く同様の記号と考察によって，固有値と固有関数が与えられる．これらの固有関数は，点 $x_1, \ldots, x_h$ を除いて，微分方程式

$$\text{(13)} \qquad L[u] + \lambda \varrho u = (pu')' - qu + \lambda \varrho u = 0$$

を満たす．これらの点 $x_1, \ldots, x_h$ では，導関数について極めて自然な境界条件，あるいは**跳びの条件**が現れる．そうしてこれらの条件は，第 1 変分をつくれば直ちに得られる．我われの問題の固有関数に $\sqrt{\varrho}$ を掛けると，もはや互いに直交しないが，対応する条件[4]

$$\text{(14)} \qquad \int_G \varrho u_i u_j \, dx + \sum_{\nu=1}^{h} b_\nu u_i(x_\nu) u_j(x_\nu) = \begin{cases} 0 & (i \neq j \text{ に対して}), \\ 1 & (i = j \text{ に対して}) \end{cases}$$

を満たす．

さらなる例は，式

$$\text{(15)} \qquad \mathfrak{D}[\varphi] = \int_G p\varphi'^2 \, dx + \int_G q\varphi^2 \, dx$$

および

$$\text{(15a)} \qquad \mathfrak{H}[\varphi] = \int_G \varrho \varphi^2 \, dx + \int_G \int_G k(x,y) \varphi(x) \varphi(y) \, dx \, dy$$

により与えられる．ここで $k(x,y)$ は，x と y の与えられた対称な関数であり，簡単のため $\mathfrak{D}[\varphi]$ は負の値をとらないと仮定する．固有値の微分方程式の代わりに，§6.1.1 の方法により，**積分微分方程式**

$$\text{(16)} \qquad (pu')' - qu + \lambda \left(\varrho u + \int_G k(x,y) u(y) \, dy \right) = 0$$

---

[4] ［原註］H. Kneser は「荷重直交性」という用語を提唱している．

が得られる．境界条件は，例えば $u=0$ である．この問題の固有関数に対する直交関係は

$$\int_G u_i(x)u_j(x)\,dx + \int_G \int_G k(x,y)u_i(x)u_j(y)\,dx\,dy = \begin{cases} 0 & (i \neq j \text{ に対して}), \\ 1 & (i = j \text{ に対して}) \end{cases}$$

と書くことができる[5]．

6.1.3　連結でない領域に対する固有値問題

次の一般的な注意は，微分方程式の形を取るすべての固有値問題に対して当てはまるものであり，我々の後の扱いに対し重要である．

領域 G が，互いに重ならない領域 G', G'', ... からなり，これらは内点は共有しないが境界点は共有してもよいとする．このとき，G での固有値と固有関数の全体は，部分領域 G', G'', ... の対応する固有値と固有関数をあわせたものからなる．ここで，おのおのの固有関数は，ただ 1 つの部分領域で 0 ではなく，それ以外では恒等的に 0 とおく．

物理学では，これは全く明白である．すなわち，互いに重ならない多数の領域の振動系では，それぞれの領域は互いに独立に振動する．

この主張の数学の証明は，固有関数の定義を微分方程式の問題の立場から与えても可能である．それには単に次の事実に注意すればよい．すなわち，部分領域 G', G'', ... の任意の 1 つで定義され，それ以外では恒等的に 0 となる固有関数は，同じ固有値に対応するこのような固有関数の線形結合とともに，G での固有関数になる．逆に，どのような G の固有関数も，少なくとも 1 つの部分領域に対して，そこで恒等的に 0 ではない固有関数でなければならない，という事実である．しかしながら，我々の変分問題による固有値

---

[5] ［原註］固有関数 $u_i(x)$ の他に，関数 $v_i(x) = \varrho u_i(x) + \int_G k(x,y)u_i(y)\,dy$ を導入すると，関数系 u_i と関数系 v_i の間の「双直交関係」と捉えることもできる．すなわち

$$\int_G u_i v_j\,dx = \begin{cases} 0 & (i \neq j \text{ に対して}), \\ 1 & (i = j \text{ に対して}) \end{cases}$$

の形に書くことができる．

の定義に基づき,全領域の固有値が部分領域の固有値と一致することを,1つ1つ示すのも難しくはない.

6.1.4　固有値のマックス・ミニ性

上巻第1章で2次形式について行ったのと同様に,ここでも,第 n 固有値と対応する固有関数の定義を,先行する固有値や固有関数の情報なしに,第 n 固有値と対応する固有関数を特徴付けることにより,独立した定義として与えることができる.

これまで考察してきた変分問題のどれか1つを考えよう.§6.1.1 の記号はそのままとし,問題を以下のように言い換える.関数 φ に,条件 $H[\varphi, u_i] = 0$ ($i = 1, 2, \ldots, n-1$) を課す代わりに,$(n-1)$ 個の別の条件

$$H[\varphi, v_i] = 0 \quad (i = 1, 2, \ldots, n-1)$$

を課す.ここで $v_1, v_2, \ldots, v_{n-1}$ は,任意に選んだ G で区分的に連続な関数である.このようにつくられた変分問題が,はたして,およびいつ解をもつかどうかはここでは問わないでおく.しかしいずれにせよ,積分 $D[\varphi]$,あるいは一般的な式 $\mathfrak{D}[\varphi]$ は,与えられた条件の下で下限をとる.それは関数 $v_1, v_2, \ldots, v_{n-1}$ に依存するので,$d\{v_1, v_2, \ldots, v_{n-1}\}$ で表すことにする.先に変分問題により順々に定義された,固有関数 v_n と固有値 λ_n は,問題のこのような言い換えにより,次の定理によって特徴付けられる.

《定理》G で区分的に連続な $(n-1)$ 個の関数 $v_1, v_2, \ldots, v_{n-1}$ が与えられたとし,$d\{v_1, \ldots, v_{n-1}\}$ を,比 $\mathfrak{D}[\varphi] : H[\varphi]$ がとり得るすべての値の最小値あるいは下限とする.ただし φ は,G で区分的に連続な導関数をもつ任意の関数で,条件

(17) $$H[\varphi, v_i] = 0 \quad (i = 1, 2, \ldots, n-1)$$

を満たすとする.このとき λ_n は,$v_1, v_2, \ldots, v_{n-1}$ がすべての許容関数の集合にわたるときの,この下限 d がとり得る最大値である.このマックス・ミニは,$u = u_n$ および $v_1 = u_1, v_2 = u_2, \ldots, v_{n-1} = u_{n-1}$ に対して達成される.

境界条件が $u = 0$ の場合には，我々の変分問題を，自由な問題とはもはやみなさずに，Γ の上で $\varphi = 0$ という拘束条件の下で考える．□

この定理の証明には，まず $v_i = u_i$ $(1 \leqq i \leqq n-1)$ に対して，定義より実際に $d\{v_1, \ldots, v_{n-1}\} = \lambda_n$ であることに注意する．次に任意の $v_1, v_2, \ldots, v_{n-1}$ に対して，とにかく $d\{v_1, \ldots, v_{n-1}\} \leqq \lambda_n$ であることを示す．そのためには，条件 $H[\varphi, v_i] = 0$ $(i = 1, 2, \ldots, n-1)$ を満たし，$\mathfrak{D}[\varphi] \leqq \lambda_n$ が成り立つような特別な関数 φ を決めればよい．これは，最初の n 個の固有関数の適当な線形結合 $\sum_{i=1}^{n} c_i u_i$（ただし，$c_1, \ldots, c_n$ は定数）によって達成される．$(n-1)$ 個の関係 (17) は，n 個の量 $c_1, \ldots, c_n$ に対する $(n-1)$ 個の線形同次な条件を与えるから，確かに解がある．等式 $H[\varphi] = \sum_{i=1}^{n} c_i^2 = 1$ は未知の比例定数を決める正規化である．よって $\mathfrak{D}[\varphi] = \sum_{i,k=1}^{n} c_i c_k \mathfrak{D}[u_i, u_k]$ から直ちに，$\mathfrak{D}[u_i, u_k] = 0$ $(i \neq k)$ および $\mathfrak{D}[u_i] = \lambda_i$（(8) 参照）により

$$\mathfrak{D}[\varphi] = \sum_{i=1}^{n} c_i^2 \lambda_i$$

が導かれる．そうして

$$\sum_{i=1}^{n} c_i^2 = 1 \quad \text{および} \quad \lambda_n \geqq \lambda_i \quad (i = 1, \ldots, n)$$

から

$$\mathfrak{D}[\varphi] \leqq \lambda_n$$

となる．従って，最小値 $d\{v_1, \ldots, v_{n-1}\}$ は確かに λ_n より大きくない．すなわち λ_n は実際に最小値をとるような最大の値である．

6.2 固有値の極値性の性質による一般的な結論

6.2.1 一般的な定理

前節での結果は豊かなものであり，これは固有値のマックス・ミニ性が，変分法の簡単な原理にともなってもたらすものである．これらの原理の第 1 は，

最小問題において条件を厳しくすると，最小の値は小さくならない．また逆に，条件をゆるめると，最小の値は大きくならない，という原理である．第2の原理は，同じ範囲の許容関数 φ に対する2つの最小問題が与えられ，各関数 φ に対して，最小とするべき式が，第1の問題では第2のものより小さくないとする．このとき最小値もまた，第1の問題に対しては第2に対してより小さくない，という原理である．

我われの原理を，異なる問題の固有値の比較に対して応用することは，古典的な固有値を最小値で定義することに際して困難さが出てくる．というのは，付帯条件のために比較の範囲が一致しないからである．しかしながら，マックス・ミニによる定義では，あらかじめ許容関数の範囲の一致があるため，我われの原理の応用が可能となる．

物理学での振動現象に対しては，第1の原理から直ちに大切な結論を引き出すことができる．任意の振動系を考え，それらはこれまでに扱ってきた方法によって固有値問題で特徴付けられるような固有振動を行うとする．このとき，系が振動するのに必要などのような拘束条件も，数学的には，変分問題での許容関数 φ に対する付帯条件として表されることに注意しよう．マックス・ミニ問題において φ に対する条件を厳しくすると，関数 $v_1, v_2, \ldots, v_{n-1}$ の固定系について，下限 $d\{v_1, \ldots, v_{n-1}\}$ は大きくなるにしても小さくなることはない．これらの下限の最大値である第 n 固有値に対しても同様である．同じように，マックス・ミニの値，すなわち第 n 固有値は，関数 φ に対する条件がゆるめられる場合，小さくなるにしても大きくなることはない．

物理的には，これは以下の意味である．

《定理1》振動可能系が束縛条件の下で振動するとき，基音および各倍音は高くなる．逆に，振動系の条件が取り除かれると，基音および各倍音は低くなる．□

例えば，のばされた**弾性膜の振動**の場合では，基音およびすべての倍音は，膜が境界に加えて線あるいは面分も固定されれば高くなる．一方，基音およびすべての倍音は，膜に裂け目があったり，**板の振動**の場合では材質に「**割れ目**」がある場合は低くなる．後者の場合では，比較関数 φ およびその導関数に対する裂け目や割れ目における連続性の条件は除かれるとする．

数学的には我々の原理から，考察している境界値問題の，重要な**固有値分布に関する一般的定理**が導かれる．定理 2 と定理 3 は，境界条件 $u = 0$ について，全領域での固有値分布と部分領域での固有値分布との比較を与える．定理 4 では，境界条件 $\partial u/\partial n = 0$ について対応する主張を述べる．その後の定理は，一般の境界条件について述べ，これらの境界条件の様々な形に対する微分方程式のスペクトル[6]の比較を行う．

《**定理 2**》$G', G'', G''', \ldots$ を，領域 G の有限個の部分領域で，互いに内点を共有しないとする．$A(\lambda)$ によって，境界条件 $u = 0$ での領域 G に対する微分方程式 $L[u] + \lambda \varrho u = 0$ の固有値で，λ 以下であるものの個数を表すとする．このとき，同じ境界条件での各部分領域 $G^{(i)}$ の固有値で λ 以下であるものの総和は，$A(\lambda)$ を超えない．□

この定理は次のようにも述べられる．**境界条件 $u = 0$ の下で，領域 G に対する第 n 固有値 λ_n は，部分領域 $G^{(i)}$ の固有値全体を，重複度も込めて順に大きくなるように並べたときの，第 n 番目の値 λ_n^* に高々等しい．**

この証明は，以下の考察から直ちに導かれる．固有値 λ_n を定めるマックス・ミニ問題において，関数 φ に，部分領域 $G^{(i)}$ のすべての境界，およびどの $G^{(i)}$ にも属さない G の部分のすべてで 0 になるという新たな条件を課したとき，上で述べた基本原理によって，マックス・ミニの値は小さくならない．一方で，この新しいマックス・ミニ問題は，部分領域 $G', G'', \ldots$ の合併からなる領域のちょうど第 n 固有値を定める．すなわち，新しいマックス・ミニの値は λ_n^* に等しく，よって $\lambda_n \leq \lambda_n^*$ が成り立つ．

特に，ちょうど示した定理から，境界条件 $u = 0$ に対する固有値 λ_n の重要な「**単調性**」といい得るべき性質が導かれる．

《**定理 3**》境界条件 $u = 0$ に対する領域 G の第 n 固有値は，同じ境界条件に属する部分領域の第 n 固有値より，決して大きくはならない[7]．□

定理 2 の事実と対応する内容が，境界条件 $\partial u/\partial n = 0$ について述べられ

---

[6] ［原註］スペクトルとは，前と同様に固有値全体を意味するとする．

[7] ［原註］実際には，§6.6 の方法で容易に確かめられるように，真部分領域を考えているときは小さくなる．

得る．

《定理 4》 G', G'', G''', ... を，有限個の部分領域で，領域 G をすき間なく覆い尽くし，かつ互いに内点を共有しないとする．$B(\kappa)$ によって，境界条件 $\partial u/\partial n = 0$ での領域 G に対する微分方程式 $L[u] + \lambda \varrho u = 0$ の固有値で，κ 以下であるものの個数を表すとする．このとき $B(\kappa)$ は，同じ境界条件での各部分領域 $G^{(i)}$ に対する微分方程式の固有値で，κ 以下であるものの総和より小さいか高々等しい．□

この定理は次のように述べてもよい．**境界条件 $\partial u/\partial n = 0$ と部分領域 $G^{(i)}$ に対する固有値全体を，重複度を正しく数えて順に大きくなるように並べたときの，第 n 番目の値を κ_n^* とする．このとき，同じ境界条件に対する領域 G の第 n 固有値 κ_n は，数 κ_n^* より大きいかあるいは等しい．**

証明はここでもまた，G の第 n 固有値 κ_n を特徴付けるマックス・ミニ問題に関して，我われの一般原理の第 1 を応用すれば直ちに導かれる．というのは，これらの問題の許容比較関数 φ に，G 内にわたる領域 $G^{(i)}$ の境界線で不連続なこと，つまりこれらの線を越えるときに有限の跳びを認めると，この条件の緩和により，マックス・ミニの値は小さくなっても大きくはならない．一方で，§6.1, p.138 での変更されたマックス・ミニ問題は，分割された領域 $G^{(i)}$ からなる領域の，自然な境界条件 $\partial u/\partial n = 0$ に属する固有値の第 n 番目，すなわち値 κ_n^* を定める．よって関係 $\kappa_n \geqq \kappa_n^*$ が示された．

次の定理は，上で考察した異なる型の境界条件における微分方程式の，スペクトルの相体的な関係の詳細を与える．

《定理 5》 λ_n を，領域 G における微分方程式 $L[u] + \lambda \varrho u = 0$ の，境界条件 $u = 0$ に対する第 n 固有値とし，μ_n を，境界条件 $\frac{\partial u}{\partial n} + \sigma u = 0$ に対する，あるいは一般に，境界 Γ のある部分 Γ' の上では $\frac{\partial u}{\partial n} + \sigma u = 0$ であり，境界の残りの部分 Γ'' の上では $u = 0$ である境界条件に対する第 n 固有値とする．このとき

$$\mu_n \leqq \lambda_n$$

が成り立つ．□

これは次のようにして得られる．境界条件がない場合の G の第 n 固有値

μ_n を，$\mathfrak{D}[\varphi]$ の最小の最大として特徴付けるマックス・ミニ問題を考える．関数 φ に，G の境界 Γ の上で 0 になるというさらなる条件を課すと，それぞれの最小の値は，よってマックス・ミニは大きくなっても小さくなることはない．一方，この新しいマックス・ミニの値は確かに λ_n と一定する．というのは，新たに課した条件によって $\mathfrak{D}[\varphi] = D[\varphi]$ であるから，よって主張通りに $\mu_n \leqq \lambda_n$ が示された．

定理 5 の応用で注意すべきことは，与えられた範囲内に該当する固有値の数は，固有値そのものと大きさの順が逆になることである．

《定理 5 の系》 定理 5 の結論は，境界条件 $\frac{\partial u}{\partial n} + \sigma u = 0$ がいたる所ではなく，境界 Γ の一部で $u = 0$ に置き換えられても成り立つ． □

証明は定理 5 と全く同様である．

《定理 6》 Γ の上の境界条件 $\frac{\partial u}{\partial n} + \sigma u = 0$ において，関数 σ が各点で増大するか減少するかに応じて，各固有値も同じように変化する． □

この注目すべき事実もまた，前に述べた原理の第 2 により，マックス・ミニ性から直ちに従う．というのは，各 φ に対して関数 σ が変化すると，式 $\mathfrak{D}[\varphi]$ も σ と同じ向きに変化し，よって与えられた v_i での下限も，またこれらの下限の最大値も，同じ向きに変化するからである．

定理 5 と定理 6 から，様々な境界条件に対する固有値の間には，互いに特徴的な関連のあることが分かる．関数 σ を，各点で 0 から ∞ に単調に変化させると，それぞれの固有値 μ の値も，境界条件 $\partial u/\partial n = 0$ での値から境界条件 $u = 0$ での値まで，単調に増加する．定理を別の言葉で述べると，**考えている境界条件のうち，$u = 0$ は最も制限的であり，σ が非負ならば，$\partial u/\partial n = 0$ が最も緩やかである．** 無限に増大する σ での固有値 μ_n の極限が，実際にちょうど λ_n であることを示すには，固有関数の性質を調べることが最も適切である．それは後で行うとして，ここではこの証明には触れない（旧原著第 II 巻参照）．

§6.2.6 では，**この増加は連続的である**ことをみる．さらに，固有値の漸近分布を調べると，固有値の上記の挙動にかかわらず，第 n 固有値の漸近挙動は境界条件に依存しないことが分かる．また，関数 σ の増大による固有値の

増大は，十分大きい n に対する固有値の大きさと比べると無視できるほど小さい．

定理 5 と定理 6 で構成された事実は，すべて 1 つの簡単な**物理的な意味**をもっている．境界条件 $\frac{\partial u}{\partial n} + \sigma u = 0$ は，弾性力によって束縛される境界に対応し，束縛の力の大きさは関数 σ により定められる．(p. 15 参照.) 定理が述べているのは，要するに，この弾性の束縛が強くなると，固有振動は増大するということである．条件 $u = 0$ は，この力が無限に大きくなった場合を，すなわち，境界が完全に固定された場合を表す．

最後に，第 n 固有値のマックス・ミニ性と，この節の初めに述べた原理の第 2 によると，固有値が，微分方程式の係数および領域 G にどのように依存しているか容易に調べることができる．

《定理 7》微分方程式 $L[u] + \lambda \varrho u = 0$ において，係数 ϱ が各点で同じ向きに変化するならば，どの境界条件に対しても，第 n 固有値は逆の向きに変化する．係数 p または q が，すべての点で同じ向きに変化すれば，各固有値も同じ向きに変化する．(ここで境界条件 $\frac{\partial u}{\partial n} + \sigma u = 0$ の場合は，$\sigma \geqq 0$ を仮定する.) □

実際，まず p がいたる所で同じ向きに変化するとする．このとき，各比較関数 φ に対して，式 $\mathfrak{D}[\varphi]$ の値は同じ向きに単調に変化し，よって v_i を固定したときのそれらの値の下限も，また，それらの下限の最大値である第 n 固有値も，同じ向きに変化する．ϱ が単調に変化すると，例えば $\varrho' \geqq \varrho$ とすると，任意の比較関数 φ に対して

$$\mathfrak{D}[\varphi] : \iint_G \varrho \varphi^2 \, dx \, dz \geqq \mathfrak{D}[\varphi] : \iint_G \varrho' \psi^2 \, dx \, dz$$

が成り立つ．ここで，関数 v_i が固定されたときの左辺の比の下限は，右辺の比の下限より小さくなることはない．ただし，右辺の比の下限をとる場合には，ϱ から ϱ' へ変化するのに対応して，関数 v_i の代わりに関数 $v_i' = v_i \frac{\varrho}{\varrho'}$ を用いなければならない．もし関数 v_i すべての系が，ちょうど許容関数全体にわたるならば，関数 v_i' の系もそうであるから，上と同様に，考えている下限の最大値は，関数 ϱ と ϱ' の大小とは互いに逆になる．

6.2.2 固有値の無限増大性

次を示したい．**我われの変分–固有値問題においては，固有値 λ_i は有界ではない**．特に，各固有値は有限の重複度しかもち得ず，また負の固有値は高々有限個である．固有値が有界でないことの最も重要な帰結は，§6.3.1 でみるように，固有関数系が完全であること，よって微分方程式系の，対応する固有関数系と一致することである．

証明では，——仮定 $q > 0$ は用いない——関数 p, q, ϱ の G での最大値を p_M, q_M, ϱ_M で，最小値を p_m, q_m, ϱ_m で表し，まず境界条件 $u = 0$ の場合を考える．$\mathfrak{D}$ と H において，関数 p, q, ϱ を定数 p_m, q_m, ϱ_M および p_M, q_M, ϱ_m で置き換え，その新しい固有値問題の固有値を，それぞれ λ'_n および λ''_n とすると，定理 7 より $\lambda'_n \leqq \lambda_n \leqq \lambda''_n$ が成り立つ．固有値 λ'_n が有界であることは直ちに分かる．例えば，1 個の独立変数の場合には，対応する微分方程式の固有値問題は，三角関数系により具体的に解くことができる．そこでの固有値は，数 $\frac{p_m \nu^2 + q_m}{\varrho_M}$ ($\nu = 1, 2, \ldots$) である．変分問題から生じる固有値 λ''_n もこの数列のうちに含まれているから，$\lambda_n \to \infty$ という主張が直ちに導かれる．

上では前に，変分問題から生じる固有値は，微分方程式の固有値の集合の部分集合をなすのみではなく，実は一致することを述べた．この結論を認めると，今の場合では

$$\lambda'_m = \frac{p_m n^2 + q_m}{\varrho_M}, \quad \lambda''_n = \frac{p_M n^2 + q_M}{\varrho_m}$$

となる．よって n が増大するとき，比 λ_n/n^2 は正の有界な範囲に留まることが分かる．

多次元での任意の領域 G に対する固有値 λ'_n を評価するため，G を完全に含む正方形に対する固有値 λ^*_n と比較しよう．これらの固有値たちもまた，対応する微分方程式の固有値にすべて含まれる．§5.14 により，λ^*_n は n が増大するとき無限大となり，定理 3 と定理 7 により $\lambda^*_n \leqq \lambda'_n \leqq \lambda_n$ であるから，λ_n についても同様である．

この論考を，他の境界条件に拡張することは見合わせよう．すぐ後で，より精密な固有値の漸近評価によって，固有値が無限に増大することは自ずか

ら示されるからである．しかしながらここで，この事実に対する全く別の——間接的な——証明方法を簡単に与えておこう．そこでは，特別な場合の変分問題の解を仮定せず，よって原理的に望ましい方法となっている[8]．

独立変数が1個の場合，我々の問題は無限個の固有値 $\lambda_1, \lambda_2, \ldots$ をもち，それらの絶対値はすべて正の上界以下であると仮定しよう．このとき

$$\lambda_n = \int_{x_1}^{x_2}(pu_n'^2+qu_n^2)\,dx+h_1 u_n(x_1)^2+h_2 u_n(x_2)^2 \quad \text{および} \quad \int_{x_1}^{x_2}\varrho u_n^2\,dx$$

の有界性を考慮すると，定数 h_1 と h_2 が非負のとき，直ちに

$$\int_{x_1}^{x_2} u_n'^2\,dx \quad \text{および} \quad \int_{x_1}^{x_2} u_n^2\,dx$$

の有界であることが従う．ただし，h_1 と h_2 が非負の仮定は，§6.2.5 の注意によって容易に除くことができる．

さて次の補題を用いよう．すなわち，関数 $\varphi(x)$ のある集合に対して，積分 $\int_G \varphi'^2\,dx$ と $\int_G \varphi^2\,dx$ が有界ならば，関数 $\varphi(x)$ の族は同程度連続かつ一様に有界である（上巻第2章 p.63 参照）．よって集積原理（上巻 §2.2）により，固有関数 u_n たちから一様収束する部分列を選び出すことができる．この部分列を再び u_n と表すと，確かに $\lim_{n,m\to\infty} H[u_n - u_m] = 0$ である．しかしながら一方で，u_n の $n \neq m$ に対する直交性から

$$H[u_n - u_m] = 2$$

となる．これは矛盾であり，定理が示された．

多変数，例えば独立変数が2個の場合も，次の補題を基にして全く同じ論考となる．補題の証明はここでは行わない[9]．

領域 G における関数 $\varphi(x,y)$ の集合に対して，式

$$\iint_G (\varphi_x^2 + \varphi_y^2)\,dx\,dy \quad \text{および} \quad \iint_G \varphi^2\,dx\,dy$$

が一様に有界ならば，関数 φ から部分列 φ_n を選び

---

[8] ［原註］この方法は Fr. Rellich, "Ein Satz über mittlere Konvergenz"（平均収束に関する定理）Gött. Nachr. (math.-phys. Kl) 1930 による．

[9] ［原註］Rellich 前掲論文参照．

$$\lim_{n,m\to\infty} \iint_G (\varphi_n - \varphi_m)^2 \, dx \, dy = 0$$

が成り立つようにできる.

6.2.3 スチュルム–リウヴィル型問題での固有値の漸近挙動

スチュルム–リウヴィル型問題では，マックス・ミニ性によって簡単な仕方で，第 n 固有値の大きさの度合いが決定されるのみならず，その漸近値も見出すことができる．p.20 で与えた変形により，微分方程式 $(py')' - qy + \lambda \varrho y = 0$ を，領域 $0 \leqq t \leqq l$ に対して

(18) $$z'' - rz + \lambda z = 0$$

の形に変形する．ここで $r(t)$ は連続関数であり，もとの同次境界条件から現れた新しい同次境界条件を満たす．まず $y(0) = y(\pi) = 0$ の場合，すなわち $z(0) = z(l) = 0$ の場合を考える．マックス・ミニ問題により固有値は——この項では，後で（§6.3.1）示す事実を仮定する．つまり，変分問題より生じる固有関数と固有値は，微分方程式に対応する固有関数と固有値に一致するという事実を仮定する——式

$$\int_0^l (z'^2 + rz^2) \, dx$$

の最小値の最大値である．ここで rz^2 の項を除いて，よって積分

$$\int_0^1 z'^2 \, dx$$

を考えると，z が

$$\int_0^l z^2 \, dx = 1$$

を満たす限り，両者の積分の式の差は一定の有限な上界 r_M（r の絶対値の最大値）を超えない．従って最初の式のマックス・ミニと，すなわち求める固有値と，2つ目の式との差は r_M を超えることはない．しかしながらこの2つ目の積分のマックス・ミニは，区間 $(0, l)$ での $z'' + \mu z = 0$ の固有値 $\mu_n = n^2 \frac{\pi^2}{l^2}$ である．よって $\lim_{n\to\infty} \mu_n = \infty$ から直ちに，**漸近公式**

(19)
$$\lambda_n = \mu_n + O(1)$$

が得られる．ここで $O(1)$ は，前 (p.60) と同様に，n が大きくなっても有限に留まる数を表す．もとの記号に戻ると，これより

(19a)
$$\lim_{n\to\infty} \frac{n^2}{\lambda_n} = \frac{1}{\pi^2}\left(\int_0^\pi \sqrt{\frac{\varrho}{p}}\,dx\right)^2$$

が導かれる．**全く同様の評価が，他の任意の境界条件でも成り立つ**．というのは，微分方程式 $z'' + \mu z = 0$ の固有値の漸近評価は，境界条件に依存しない（§6.4 も参照）ことに注意すればよいからである．

6.2.4　特異な微分方程式

我々の漸近評価は，微分方程式が特異点をもつ場合へも容易に拡張できる．ここでは，ベッセルの微分方程式

$$xu'' + u' + \left(x\lambda - \frac{m^2}{x}\right)u = 0$$

を取り扱うにとどめよう．解はベッセル関数 $J_m(x\sqrt{\lambda})$ であり，λ に対して境界条件を，例えば原点で有限であり $u(1) = 0$ とすると，J_m の零点の平方 $\lambda_{m,n}$ が固有値として現れる（p.53 参照）．$m \geqq 1$ の場合には，関数 $v = \sqrt{x}J_m(x\sqrt{\lambda})$ とその固有値の方程式

$$v'' + \left(\lambda - \frac{4m^2 - 1}{4x^2}\right)v = 0$$

を考え，固有値を，§6.1.2 での特徴付けの代わりに，比 $D[\varphi] : H[\varphi]$ のマックス・ミニとして特徴付けると都合がよい．ただし

$$D[\varphi] = \int_0^1 \left(\varphi'^2 + \frac{4m^2 - 1}{4x^2}\varphi^2\right)dx, \quad H[\varphi] = \int_0^1 \varphi^2\,dx$$

であり，境界条件は $\varphi(0) = \varphi(1)$ とおく．$m \geqq 1$ としたので確かに $d[\varphi] \geqq \int_0^1 \varphi'^2\,dx$，よって $\lambda_n \geqq n^2\pi^2$ である．一方，λ_n の上からの評価には，次のように許容条件を拡張する．すなわち，すぐ後で決める区間 $0 \leqq x \leqq \varepsilon$ に対して条件 $\varphi(x) = 0$ を課し，$D[\varphi]$ のうちの第 2 項を，定数 $\frac{4m^2-1}{4\varepsilon^2}\int_0^1 \varphi^2\,dx = \frac{c}{\varepsilon^2}$ により上から評価する．直ちに $\lambda_n \leqq \frac{n^2\pi^2}{(1-\varepsilon)^2} + \frac{c}{\varepsilon^2}$ が得られる．ε と $\frac{1}{n}$ をと

もに 0 に近づけると，例えば $\varepsilon = \frac{1}{\sqrt{n}}$ とすると，$\lim_{n\to\infty} \frac{\lambda_n}{n^2\pi^2} \leqq 1$ が成り立つ．よって J_m の零点 $\sqrt{\lambda_{m,n}}$ に対する漸近公式

$$\lim_{n\to\infty} \frac{\lambda_n}{n^2\pi^2} = 1$$

が得られる．これは，特異点をもたない場合の公式と一致する．全く同じ関係が，考えている他の境界条件，例えば境界条件 $u'(1) = 0$ に対して成り立つ．

この結果は，関係 $J_0'(x) = -J_1(x)$ に注意すると（p.31 参照），0 次のベッセル関数に直ちに拡張される．よって，$m = 1$ で境界条件 $u(1) = 0$ に対するベッセルの問題の固有値は，$m = 0$ で境界条件 $u'(1) = 0$ に対する固有値と一致する（第 1 固有値の 0 は除く）．これから直ちに，$m = 0$ に対する漸近公式が有効なことが導かれる[10]．

6.2.5 固有値の増大についてのさらなる注意 ——負の固有値の出現

§6.1 の変分問題で，——ここまで仮定したように——関数 σ および数 h_1, h_2 が負でなく，q もやはり負でなければ[11]，どの固有値も負でないことはもとより明らかである．§6.2.2 の考察から次が分かる．**関数 q がいたる所で正というわけでなければ，負の固有値が高々有限個現れ得る．関数 σ あるいは定数 h_1, h_2 が負の値をとり得る場合も同様である．**この事実は，今の場合でも固有値は n が増大するにつれ無限大になることから直ちに分かる．

これを示すには，簡単のため，基本領域を $0 \leqq x \leqq \varepsilon$ とする 1 次元の問題の場合を考察し，境界に起因する負の項を次のように評価する．それは

$$|y(0) - y(\xi)| = \left| \int_0^\xi y' \, dx \right|$$

であり，ξ は区間 $0 \leqq x \leqq t$ の点を表すとき，t の値に関しては制限 $0 < t \leqq \pi$ を課すものとする．シュヴァルツの不等式により

$$|y(0) - y(\xi)| \leqq \sqrt{t} \sqrt{\int_0^\pi y'^2 \, dx}$$

10　［原註］$m = 0$ に対する別証明は，§6.7.10 参照．
11　［原註］関数 p は，ϱ と同様に負でないと仮定している．

となり，よって，p_m が p の最小値を表すとき

$$|y(0)| \leqq |y(\xi)| + \sqrt{\frac{t}{p_m}}\sqrt{\int_0^\pi py'^2\,dx}$$

となる．さて条件 $\int_0^\pi \varrho y^2\,dx = 1$ の下では，ϱ_m を ϱ の最小値として，$y(\xi)^2 \leqq \frac{1}{t\varrho_m}$ となる区間の値 ξ が存在する．従って

$$|y(0)| \leqq \frac{1}{\sqrt{t\varrho_m}} + \sqrt{\frac{t}{p_m}}\sqrt{\int_0^\pi py'^2\,dx}$$

となる．いま，平方根号のうちの積分が，固定された上界 $1/\pi^2$ を超えるならば，t は

$$\frac{1}{t} = \sqrt{\int_0^\pi py'^2\,dx}$$

を満たすよう設定する．このとき t は区間 $0 \leqq x \leqq \pi$ のうちにある．それ以外では，$t = \pi$ とおく．そうすると

$$y(0)^2 \leqq c\sqrt{\int_0^\pi py'^2\,dx} + c_1$$

が得られる．ここで c と c_1 は，$y(x)$ に依存しない定数である．類似の評価が $y(\pi)$ に対しても成り立つから，これから直ちに，おのおのの許容関数 y に対して，重要な関係式

$$|h_1 y(0)^2 + h_2 y(\pi)^2| \leqq C_1 \sqrt{\int_0^x py'^2\,dx} + C_2$$

が成り立つことが分かる．さらに，確かに

$$\left|\int_0^\pi qy^2\,dx\right| \leqq C_3$$

であるから，すなわち最終的に

$$\mathfrak{D}[y] \geqq \int_0^\pi py'^2\,dx - C_4\sqrt{\int_0^\pi py'^2\,dx} - C_5 \geqq \frac{1}{2}\int_0^\pi py'^2\,dx - C_6$$

が得られる．積分 $\int_0^\pi y'^2\,dx$ に対応する固有値は無限に増大するから，$\mathfrak{D}[y]$

に対応する固有値についてもそうである．よって，負の固有値は有限個しかあり得ない．

全く同様に，2次元の問題に対しても

(20) $$\left|\int_\Gamma p\sigma\varphi^2\,ds\right| \leqq c_1\sqrt{|D[\varphi]|} + c_2$$

の形の評価が成り立つ．この評価から，固有値の本質的な正値性という同じ結論が得られる[12]．最後に，全く同様の考察により，§6.1.2 の一般の固有値問題に対しても，固有値の無限の増大性が示されることを注意しておく[13]．

6.2.6 固有値の連続性

まず初めに，関数 ϱ が ϱ' に変化し，正の数 ε について $0 < (1-\varepsilon)\varrho \leqq \varrho' \leqq (1+\varepsilon)\varrho$ とする．このとき定理 7 により，関数 ϱ' に対する微分方程式の第 n 固有値は，微分方程式において ϱ を $\varrho(1-\varepsilon)$ および $\varrho(1+\varepsilon)$ で置き換えて得られる第 n 固有値の間にある．ところが明らかに，それらはもとの微分方程式の第 n 固有値に，それぞれ因子 $(1-\varepsilon)^{-1}$ および $(1+\varepsilon)^{-1}$ を乗じたものである．ε を十分小さくとったとき，これら 2 つの数は互いにいくらでも近くできる．よって，**第 n 固有値は関数 ϱ に連続的に依存する**ことが示された．

第 n 固有値は，同じように，q に連続的に依存する．すなわち，ϱ_m を正の定数として，関係 $\varrho \geqq \varrho_m$ から

$$1 = \iint_G \varrho\varphi^2\,dx\,dy \geqq \varrho_m \iint_G \varphi^2\,dx\,dy$$

となる．よって，すべての許容関数 φ に対して，積分 $\iint_G \varphi^2\,dx\,dy$ は有界である．これより，関数 q の変化が十分小さければ，式 $\mathfrak{D}[\varphi]$ の変化は任意に小さくできる．実際それは，すべての許容関数 φ に対して一様に小さくできる．$\mathfrak{D}[\varphi]$ のマックス・ミニに対してもまたそうである．

---

[12] ［原註］R. Courant: Über die Eigenwerte bei den Differentialgleichungen der mathematischen Physik（数理物理学での微分方程式の固有値について），Math. Zeitschr. Vol. 7, 1920, pp.1–37, 特に pp.13–17 参照．

[13] ［原註］R. Courant: Über die Anwendung der Variationsrechnung...（変分法の応用…について），Acta. math. 49 参照．

同じような方法で，固有値は，境界条件に現れる関数 σ に関して連続的に依存することが分かる．再び前の変分問題において，式 $\mathfrak{D}[\varphi]$ はある固定された上界以下であるとする[14]．このとき，評価 (20) により，境界積分 $\int_\Gamma \varphi^2\,ds$，よって $\int_\Gamma p\sigma\varphi^2\,ds$ もまた，固定された上界以下となる．すなわち，境界積分 $\int_\Gamma p\sigma\varphi^2\,ds$ において，関数 σ の変化が十分小さいとき，これら境界積分の変化も任意に一様に小さい．よって $\mathfrak{D}[\varphi]$ に対しても同様であり，$\mathfrak{D}[\varphi]$ のマックス・ミニに対してもそうである．

p に連続的に依存することも，全く同様に示される．

まとめると次の結論が得られる．

《定理 8》 微分方程式 $L[u] + \lambda \varrho u = 0$ の第 n 固有値は，考えてきたすべての境界条件に対して，微分方程式の係数に連続的に依存する．□

《定理 9》 第 n 固有値は，境界条件 $\frac{\partial u}{\partial n} + \sigma u = 0$ に現れる関数 σ に連続的に依存する．□

最後に，**第 n 固有値が領域 G の関数として連続**かどうかを調べる．そうして，領域 G が領域 G' により十分精密に近似できるとき，領域 G' の第 n 固有値は，領域 G の第 n 固有値を，対応する境界条件の下で，任意に精密に近似できることを示したい．しかしながら，**領域 G を別の G' で近似する**という概念を，十分に強くする必要がある．境界条件に法線成分が現れるときは，G' の境界が G の境界を各点で近似するという通常の解析のようなことではもはや十分ではない．G' の境界の**法線**が，G の境界の法線を**近似する**ことがさらに求められる．実際に，近似の解釈を弱いものにすると，第 n 固有値は必ずしも領域の連続関数ではないことを示すことができる[15]．

---

[14] [原註] 例えば上界は，境界条件 $u = 0$ に対する，G の内部の任意の正方形の第 n 固有値以下となる．というのは，定理 3 と定理 5 により，もとの境界条件での G の第 n 固有値は，境界条件 $u = 0$ に対するそのような正方形の第 n 固有値を，確かに超えることはないからである．よって，$\mathfrak{D}[\varphi]$ に対するこのような上界を設定しても，マックス・ミニ問題の解には影響を与えない．

[15] [原註] このような現象の最も簡単な例として次がある．$L[\varphi] = \Delta\varphi$，$\varrho = 1$ とし，G は辺長 1 の正方形とする．G の外部に，G と平行に向き付けられた辺の長さ ε の 2 つ目の正方形 G_ε を，G の 1 辺の中点から距離 ε の位置におく．そうしてそれらの内部を，G に垂直な，互いの距離 η 長さ ε の直線からなる細い通路 S で結ぶ．領域 G' は，2 つの正方形 G と G_ε お

6.2 固有値の極値性の性質による一般的な結論   **153**

領域 G を領域 G' により強い意味で近似するとは,解析的には以下のように定義される.

領域 G は境界とともに,各点ごとに

(21) $$x' = x + g(x, y), \quad y' = y + h(x, y)$$

の形の変換によって,領域 G' に境界とともに写されるとする.ここで関数 g, h は,全領域において連続であり,区分的に連続な 1 階偏導関数をもつ.さらにこれらの関数は,その 1 階偏導関数とともに絶対値が十分小さい正の上界 ε 以下であるとする.この場合には,**領域 G は領域 G' により ε の精度で近似される**という.

ε が 0 に収束するとき,G' はそれに応じて変化する.これを,G' は G に**変形する**という.このとき,次の定理を示したい.

《**定理 10**》考えてきたどのような境界条件に対しても,微分方程式 $L[u] + \lambda \varrho u =$

よび通路 S からなるとする.(訳注:図は英語版の脚注に掲載のものをもとに作図. "*Methods of Mathematical Physics*", First English Edition (John Wiley & Sons (Interscience Publishers, Inc.), 1953), p.420)

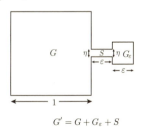

$$G' = G + G_\varepsilon + S$$

境界条件 $\partial u / \partial n = 0$ での G' の第 1 固有値は 0 であり,対応する固有関数は $u_1 =$ 定数である.さて,各 ε について,通路 S の幅 η が十分小さければ,G' の第 2 固有値もまた任意に小さくできる.実際,G' における関数 φ' を,G_ε では $-1/\varepsilon$ に等しく G では定数 c に等しく,S では c から $-1/\varepsilon$ に線形に減少するものとする.定数 c は,φ の G' の上での積分が 0 となるように定める.ε が十分小さいとき,c と 0 の差は任意に小さくできる.G' の上の積分は $D[\varphi]$ は,η/ε^3 の程度である.よって,例えば η を ε^4 に等しくとると,この積分は任意に小さくなり,一方で φ^2 の G' の上での積分は 1 に任意に近くなる.よって,固有値と固有関数の古典的な最小性から,G' の第 2 固有値はいよいよ任意に小さくなる.ε を 0 に収束させると,η/ε^3 が 0 に収束するとき,G' の第 2 固有値は確かに 0 に収束する.ところで G の第 2 固有値は正である.すなわちこれは,G' が G に収束しても,G' の第 2 固有値の極限値ではないことを示している.

0 の第 n 固有値は，領域 G が上に定められた強い意味で G' に変形するとき，連続に変化する．□

証明には，上に導入した数 ε が 0 に収束するときに応じた領域 G' の列を考える．方程式 (21) を x と y に関して解いて

$$\varphi(x,y) = \varphi'(x',y'), \quad p(x,y) = p'(x',y') \quad \text{および} \quad \sigma(x(s),y(s)) = \tau(s)$$

とおく．$\mathfrak{D}[\varphi]$ を構成する 2 つの積分を，領域 G' の上の積分と境界 Γ' の上の積分とに変形する．

このようにして，領域 G に対する固有値変分問題が生じる．その係数は，もとの係数との差が任意に小さい．これより連続依存性は，定理 8 と定理 9 を導出したのと類似の手法で示されるだろう．この考えをいま一度実行しよう．

積分 $D[\varphi]$ は，積分

(22)
$$\iint_{G'} \left(p'\left[(\varphi'_{x'}(1+g_x) + \varphi'_{y'} h_x)^2 + (\varphi'_{x'} g_y + \varphi'_{y'}(1+h_y))^2 \right] + q' \varphi'^2 \right) M^{-1} \, dx' \, dy'$$

となる．ここで関数行列式を

$$M = \left(1 + \frac{\partial g}{\partial x}\right)\left(1 + \frac{\partial h}{\partial y}\right) - \frac{\partial g}{\partial y}\frac{\partial h}{\partial x}$$

とおいたが，これは十分小さい ε に対して，任意に 1 に近くなる．境界積分は

$$\int_\Gamma p \sigma \varphi^2 \, ds = \int_{\Gamma'} p' \tau(s) \varphi'^2 \frac{ds}{ds'} \, ds'$$

となる．ds' は G' の境界 Γ' の線素である．

一般に

$$D'[\psi] = \iint_{G'} (p(\psi_x^2 + \psi_y^2) + q\psi^2) \, dx \, dy, \quad \mathfrak{D}'[\psi] = D'[\psi] + \int_{\Gamma'} p \tau(s) \psi^2 \, ds'$$

とおくと，(22) の被積分関数と $D'[\psi]$ との差は，因子 M^{-1}，任意に 1 に近い因子 $p : p'$，および ε とともに 0 に収束する因子が乗じられた $\varphi'^2_{x'}, \varphi'^2_{y'}$，$\varphi'_{x'}, \varphi'_{y'}$ と φ'^2 を含む加えられた項である．

不等式

$$2\left| \iint_{G'} \varphi'_{x'} \varphi'_{y'} \, dx' \, dy' \right| \leq \iint_{G'} (\varphi'^2_{x'} + \varphi'^2_{y'}) \, dx' \, dy'$$

を用いると，関係
$$D[\varphi] = (1+\delta)D'[\varphi']$$
が得られる．ここで δ は，以下では——常にそうとは限らないが—— ε とともに 0 に収束する量である．さて，十分小さい ε に対して ds/ds' は任意に 1 に近い．よって
$$\int_{\Gamma'} p'\tau(s)\varphi'^2 \frac{ds}{ds'}\,ds' = (1+\delta)\int_{\Gamma'} p\tau(s)\varphi'^2\,ds'$$
となり，結局
$$\mathfrak{D}[\varphi] = (1+\delta)\mathfrak{D}'[\varphi']$$
が得られる．

さらに，関数 φ に対する §6.1 の付帯条件 (3a), (17) を変換しなければならない．それは
$$\iint_G \varrho\varphi^2\,dx\,dy = \iint_{G'} \varrho'M^{-1}\varphi'^2\,dx'\,dy' = 1,$$
$$\iint_G \varrho\varphi v_i\,dx\,dy = \iint_{G'} \varrho'M^{-1}\varphi'v_i\,dx'\,dy' = 0 \quad (i=1,2,\ldots,n-1)$$
である．関数 φ' と v_i に対して，——小さい ε について任意に 1 に近い——定数因子を掛けて，その結果として新しい関数 φ'' と v_i' が，関係
$$\iint_{G'} \varrho\varphi''^2\,dx'\,dy' = 1,$$
$$\iint_{G'} \varrho\varphi''v_i'\,dx'\,dy' = 0 \quad (i=1,2,\ldots,n-1)$$
を満たすとする．するとまず
$$\mathfrak{D}[\varphi] = (1+\delta)\mathfrak{D}'[\varphi'']$$
であり，第 2 に，関数 φ'' は G' の第 n 固有値を特徴付けるマックス・ミニの条件を満たす．ここで関数 v_i' は，G での関数 v_i の役割を果たす．関数系 v_i' が許されるすべての範囲は，ちょうど関数系 v_i の範囲なので，左辺のマックス・ミニは右辺のと，——0 に収束する ε とともに——1 に収束する因子としか異ならない．これで定理 10 が証明された．上の論証から同時に，この定理

が以下のように精密化されることが分かる．

《定理 10 の系》 領域 G が領域 G' に変換 (21) により変形され，$\left|\frac{\partial g}{\partial x}\right| < \varepsilon$, $\left|\frac{\partial g}{\partial y}\right| < \varepsilon$, $\left|\frac{\partial h}{\partial x}\right| < \varepsilon$, $\left|\frac{\partial h}{\partial y}\right| < \varepsilon$ であるとする．ただし，ε は任意に小さい正の数とする．このとき，ε のみに依存し，ε とともに 0 に収束する数 η が存在し，すべての n と考えてきたどのような境界条件に対しても，領域 G と G' の第 n 固有値 μ_n, μ'_n は

$$\left|\frac{\mu'_n}{\mu_n} - 1\right| < \eta$$

を満たす．□

境界条件 $u = 0$ に対しては，法線微分が現れないので，もちろん弱い意味の連続性の下で成り立つ．

《定理 11》 境界条件 $u = 0$ に対して，微分方程式 $L[u] + \lambda \varrho u = 0$ の第 n 固有値は，領域が連続に変形するとき，法線の連続変化を要求しなくとも，やはり領域 G の連続関数である．□

実際，2 つの領域 G と G' は十分近いとする．ただし，対応する隣接境界点での法線は必ずしも隣接した方向とは限らないとする．G と G' の境界を，強い意味で十分近い 2 つの領域 B と B' の境界の間にはさむ．定理 3 により，境界条件 $u = 0$ に対する第 n 固有値は領域の単調関数だから，G と G' の第 n 固有値は，B と B' の第 n 固有値の間にある．定理 10 により後者はいくらでも近くなる．よって定理 11 が示された．

上の最後の考察によると，$\varepsilon \to 0$ の極限移行を行わないとき，次の一般的な結論が導かれる．

2 つの領域 G と G' が，上の型の点変換により互いに結び付けられ，そのとき関数行列式の絶対値は一様に有界であるとする．領域 G と G' の第 n 固有値を，それぞれ λ_n および λ'_n とすると，比 λ_n/λ'_n は，十分大きい n に対して，n に依存しない 2 つの正の数の間にある．

6.3 完全性定理と展開定理

6.3.1 固有値の完全性

§6.1 と §6.2 で考察した比 $\mathfrak{D}[\varphi] : \mathfrak{H}[\varphi]$ に対する変分問題では，固有値に対して，関係
$$\lim_{n \to \infty} \lambda_n = \infty$$
が得られた．そこにおいて本質的だったのは，$\mathfrak{H}[\varphi]$ が正定値という性質，すなわち $\mathfrak{H}[\varphi]$ が正の値のみをとり，0 となるのは被積分関数 φ が 0 であるときに限ることであった．そこで上の極限の関係を用いて，完全性定理を次の形で示したい．

比 $\mathfrak{D}[\varphi] : \mathfrak{H}[\varphi]$ に対応する固有関数の系 $\{u_n\}$ は次の意味で完全である．任意の連続関数 f と任意に小さい正の数 ε に対して，有限個の固有関数の線形結合
$$\alpha_1 u_1 + \alpha_2 u_2 + \cdots + \alpha_n u_n = \omega_n$$
をつくり
$$\mathfrak{H}[f - \omega_n] < \varepsilon$$
とできる．最良の近似は，すなわち $\mathfrak{H}[f - \omega_n]$ の最小値は，フーリエ展開係数
$$\alpha_i = c_i = \mathfrak{H}[f, u_i]$$
により達成される．さらに完全性関係

(23)
$$\mathfrak{H}[f] = \sum_{i=1}^{\infty} c_i^2$$

が成り立つ．

まず次に注意する．初めの n 個の固有関数の結合により，$\mathfrak{H}$ に関して f の最良の平均近似は，すなわち $\mathfrak{H}[f - \omega_n]$ の最小値は，$\alpha_i = c_i = \mathfrak{H}[f, u_i]$ に対して得られる（係数は n に依存しない）ことが，§6.1 の関係 (8) を考慮すると，任意の直交関数関係におけると同様な方法で分かる．関係
$$0 \leq \mathfrak{H}\left[f - \sum_{i=1}^{n} c_i u_i\right] = \mathfrak{H}[f] - \sum_{i=1}^{n} c_i^2$$

から，無限級数 $\sum_{i=1}^{\infty} c_i^2$ の収束性と，およびさらに詳しくはベッセルの不等式 $\sum_{i=1}^{\infty} c_i^2 \leqq \mathfrak{H}[f]$ が直ちに導かれる．

これら不等式のみならず，完全性等式 (23) の成立を証明するため，まず関数 f が，対応する変分問題に必要な許容条件を満たしていることを仮定しよう．そうすると関数

$$\varrho_n = f - \sum_{i=1}^{n} c_i u_i$$

は，直交関係

$$\mathfrak{H}[\varrho_n, u_i] = 0 \quad (i=1,\ldots,n)$$

を満たし，§6.1 (7) から，直交関係

(24) $$\mathfrak{D}[\varrho_n, u_i] = 0 \quad (i=1,\ldots,n)$$

もまた満たす．この最初の式と λ_{n+1} の最小性により

(25) $$\lambda_{n+1} \mathfrak{H}[\varrho_n] \leqq \mathfrak{D}[\varrho_n]$$

が成り立つ．一方，$\mathfrak{D}[\varrho_n]$ は有界である．というのは

$$\mathfrak{D}[f] = \mathfrak{D}\left[\sum_{i=1}^{n} c_i u_i\right] + 2\mathfrak{D}\left[\sum_{i=1}^{n} c_i u_i, \varrho_n\right] + \mathfrak{D}[\varrho_n]$$

であり，よって上の関係 (24) から

$$\mathfrak{D}[f] = \mathfrak{D}\left[\sum_{i=1}^{n} c_i u_i\right] + \mathfrak{D}[\varrho_n]$$

となる．$\mathfrak{D}\left[\sum_{i=1}^{n} c_i^2\right] = \sum_{i=1}^{n} \lambda_i c_i^2$ であり，負の固有値はせいぜい有限個であるから，n が増大するとこれは一定の下界以上に留まる．よって $\mathfrak{D}[\varrho_n]$ は上に有界である．

関係 (25) および λ_{n+1} が無限に増大することから，$n \to \infty$ に対して

$$\mathfrak{H}[f] - \sum_{i=1}^{n} c_i^2 = \mathfrak{H}[\varrho_n] \to 0$$

となり，完全性関係が示され，よって完全性 (23) が証明された．

連続関数 f が問題の許容条件を満たさない場合，これらの条件を満たす関数 f^* で近似し $\mathfrak{H}[f - f^*] < \varepsilon/4$ となるようにできる．そうして f^* を関数 $f_n^* = \sum_{i=1}^n c_i^* u_i$ で近似し $\mathfrak{H}[f^* - f_n^*] < \varepsilon/4$ とする．これから

$$\mathfrak{H}[f - f_n^*] = \mathfrak{H}[f - f^*] + \mathfrak{H}[f^* - f_n^*] + 2\mathfrak{H}[f - f^*, f^* - f_n^*]$$

であること，およびシュヴァルツの不等式を考慮すると，$\mathfrak{H}[f - f_n^*] < \varepsilon$ となり，ϱ_n の最小性により $\mathfrak{H}[\varrho_n] < \varepsilon$ となる．これで，単に連続な関数に対する完全性が示された．

このように証明された変分問題の解の完全性から，これらの解は対応する微分方程式の問題の固有関数の全体を与えることが分かる（第 5 章，例えば p. 29 でしばしば用いられた論法を参照）．

完全性関係 (23) から容易に，関数 f と g の組に対して，より一般の完全性関係

(23a) $$\mathfrak{H}[f, g] = \sum_{i=1}^n \mathfrak{H}[f, u_i]\mathfrak{H}[g, u_i]$$

が成り立つことが分かる．

6.3.2 展開定理

独立変数が 1 個の場合には，完全性定理を拡張して任意の関数が固有関数によって展開できることを，今までの我々の観点から証明することは困難ではない．それは，第 5 章と比べて本質的に弱い仮定の下で可能である．次のことを示したい．**固有値変分問題の許容条件を満たす各々の関数 $f(x)$ は，固有関数の絶対かつ一様に収束する級数 $\sum_{n=1}^\infty c_n u_n$ に展開される．**

固有関数系 $\sqrt{\varrho} u_n$ の完全性により，級数 $\sum_{n=1}^\infty c_n u_n$（ただし $c_n = \int_0^\pi \varrho f u_n\, dx$）が，一様に収束することを示せば十分である（上巻第 2 章 p. 44 参照）．これを証明するには，再び関数 $\varrho_n = f - \sum_{\nu=1}^n c_\nu u_\nu$ を考える．p. 158 でみたように

$$\mathfrak{D}[\varrho_n] = \mathfrak{D}[f] - \sum_{\nu=1}^n c_\nu^2 \lambda_\nu$$

である．十分大きな n に対して，例えば $n \geq N$ に対して $\lambda_{n+1} \geq 0$ であるから $\mathfrak{D}[\varrho_n] \geq 0$ となる．よって，各項は $\nu > N$ に対して非負なので，級数 $\sum_{\nu=1}^{\infty} c_\nu^2 \lambda_\nu$ は収束する．そうしてシュヴァルツの不等式により

$$\left(\sum_{n=h}^{k} c_n u_n(x)\right)^2 \leqq \sum_{n=h}^{k} c_n^2 \lambda_n \sum_{n=h}^{k} \frac{u_n^2(x)}{\lambda_n} \leqq \sum_{n=1}^{\infty} c_n^2 \lambda_n \sum_{n=h}^{\infty} \frac{u_n^2(x)}{\lambda_n}$$

となる．§5.11.3 でみたように $|u_n(x)| < C$ である．ただし，C は n に依存しない定数である．§6.2.2 と §6.2.3 から λ_n/n^2 は 2 つの有限な値の間に留まり，また $\sum_{n=1}^{\infty} \frac{1}{n^2}$ は収束するので，$\sum_{n=h}^{k} \frac{u_n^2(x)}{\lambda_n}$ は十分大きな h と k について，x に対して一様に任意に小さくなる．同じことが $\sum_{n=h}^{k} |c_n u_n(x)|$ にも当てはまる．これは上の級数が絶対かつ一様に収束することを意味し，すなわち主張の定理が証明された．

我々の考察と結果は，ルジャンドルやベッセルの固有関数のような，特異点のある場合に対しても有効である．しかしながら，ここでの展開定理の証明は，特異点の近傍——任意に小さい——を除いてのみ有効である．というのは，このような近傍に対して，正規化された固有関数の有界性が証明されていないからである．

6.3.3 展開定理の精密化

§5.11.5 で得たようなスチュルム–リウヴィル型固有関数に対する漸近表現によれば，上で示した展開定理を，簡単な仕方で本質的に一般化できる．実際，次の定理を証明する．

《定理》基本領域で区分的に連続であり導関数が 2 乗可積分[16]な各関数は，固有関数の級数に展開できる．級数は，関数の不連続点のない閉部分領域すべてにおいて絶対かつ一様に収束する．また不連続点では，フーリエ級数のように，右および左極限値の算術平均を表す．□

---

16 ［原註］導関数が 2 乗可積分とは，導関数の 2 乗積分が，関数が連続であるような基本領域の，有限個の各区間において有界であることをいう．

（この定理は，展開される関数が境界条件を満たすことを要求していないことに注意.）

まず§6.2.3のように，区間 $0 \leqq t \leqq l$ での関数 $z(t)$ に対する微分方程式は

(18) $$z'' - rz + \lambda z = 0$$

の形に書かれるとする．級数

$$G(t,\tau) = \sum_{n=1}^{\infty} \frac{z_n(t)z_n'(\tau)}{\lambda_n}$$

を考える．ここで z_n は，上の微分方程式の，例えば境界条件 $u = 0$ の第 n 固有関数とする．

第5章の漸近公式 (70) と (71) および公式 (19) を適用すると

$$G(t,\tau) = \frac{2}{\pi} \sum_{n=1}^{\infty} \frac{\sin n\frac{\pi}{l}t \cos n\frac{\pi}{l}\tau}{n} + \sum_{n=1}^{\infty} \psi_n(t,\tau)$$

が得られる．ここで $\psi_n(t,\tau) = O(1/n^2)$ であり，よって $G(t,\tau)$ と

$$\begin{aligned}G^*(t,\tau) &= \frac{2}{\pi} \sum_{n=1}^{\infty} \frac{\sin n\frac{\pi}{l}t \cos n\frac{\pi}{l}\tau}{n} \\ &= \frac{1}{\pi} \sum_{n=1}^{\infty} \frac{1}{n}\left(\sin n\frac{\pi}{l}(t+\tau) + \sin n\frac{\pi}{l}(t-\tau)\right)\end{aligned}$$

との差は，絶対かつ一様に収束する級数の差でしかない．

この級数については，上巻§2.5.1から次が分かる．固定された τ $(0 < \tau \leqq l)$ について，$\varepsilon > 0$ の下，条件 $|t+\tau| > \varepsilon, |t-\tau| > \varepsilon$ を満たす閉区間のすべての t に対して，絶対かつ一様に収束する．$\tau > 0, t > 0$ なので，これは区間が点 $t = \tau$ を含まないことを意味する．よって，$t \neq \tau$ に対しては級数は連続関数を表す一方で，$t = \tau$ に対してはその和は有限の跳びをもち，再び上巻§2.5により，両端の極限値の算術平均に等しい．

上に挙げた条件を満たす任意の関数については，適当な和

$$\sum_i a_i G(t,\tau_i)$$

を加えて不連続性を除去する．また必要ならば，境界条件を満たすようにす

ると，すでに§6.2で証明した一般展開定理の前提を満たす関数が得られる．そうして固有関数の一様収束級数により展開される．しかしながらこの付加した和は，ちょうどいま得られた結果によって，上の定理に主張された性質をもつ固有関数による級数で表される．よって上に述べた定理が，まず微分方程式 (18) の固有関数による展開に対して証明された．変数 z, t を再び y, x にもどし，微分方程式を一般のスチュルム–リウヴィル型に変換すると，直ちにもとの微分方程式の固有関数 $y_n(x)$ に対して展開定理が得られる．というのはこれら固有関数は，定数因子を除いて，固有関数 z_n にいたる所 0 にならない関数を掛けることで得られるからである．

6.4 固有値の漸近分布

§6.2で得られた結果と手法は，独立変数が多数の場合にも同じく，n が増大するときの第 n 固有値の漸近挙動を，困難なく追跡することを可能とする．独立変数が1つの場合にはすでに§6.2.2と§6.2.3で扱った．これらの研究の結果として，際立った事実であり，また物理学の基本的な問題にとって重要な次の主張が得られる．すなわち，**定数係数微分方程式に対する固有値の漸近挙動は，基本領域の形状ではなく大きさのみに依存する**．

6.4.1 長方形に対する微分方程式 $\Delta u + \lambda u = 0$

辺の長さが a と b の長方形に対する $\Delta u + \lambda u = 0$ の固有関数と固有値は，§5.5.4によって具体的に与えられることを，まず始めに注意しておく．実際，境界条件が $u = 0$ のときは，——正規化因子を除いて——式

$$\sin\frac{l\pi x}{a}\sin\frac{m\pi y}{b}, \quad \pi^2\left(\frac{l^2}{a^2}+\frac{m^2}{b^2}\right) \quad (l, m = 1, 2, 3, \ldots)$$

で与えられ，境界条件 $\partial u/\partial n = 0$ のときは，式

$$\cos\frac{l\pi x}{a}\cos\frac{m\pi y}{b}, \quad \pi^2\left(\frac{l^2}{a^2}+\frac{m^2}{b^2}\right) \quad (l, m = 0, 1, 2, 3, \ldots)$$

で与えられる．上界 λ 以下の固有値の個数を，第 1 の場合は $A(\lambda)$ で，第 2 の場合は $B(\lambda)$ で表すと，これらの数は，不等式
$$\frac{l^2}{a^2}+\frac{m^2}{b^2}\leqq\frac{\lambda}{\pi^2}$$
の整数解の個数に一致する．ただし，第 1 の場合は $l>0, m>0$ とし，第 2 の場合は $l\geqq 0, m\geqq 0$ とする．求める数 $A(\lambda)$ と $B(\lambda)$ に対する，λ が大きいときの簡単な**漸近式**が与えられる．例えば数 $A(\lambda)$ は，楕円 $\frac{x^2}{a^2}+\frac{y^2}{b^2}=\frac{\lambda}{\pi^2}$ の第 1 象限での格子点の数にちょうど等しい．十分大きな λ では，この楕円の第 1 象限にある面積とそこでの格子点の数との比は，任意に 1 に近くなる．実際，各格子点についてその右上にある方眼を対応させると，これらの方眼による領域は，楕円の第 1 象限にある部分を含む．一方で，楕円の境界に触れる方眼——その数を $R(\lambda)$ としよう——を除くと，残りの領域は，楕円の第 1 象限にある部分に含まれる．よってこれらの面積の間の不等式
$$A(\lambda)-R(\lambda)\leqq\lambda\frac{ab}{4\pi}\leqq A(\lambda)$$
が得られる．2 つの隣接境界にある楕円の弧は，十分大きな λ について，長さは少なくとも 1 である．よって $R(\lambda)-1$ は，4 分の 1 楕円の高々 2 倍の長さであり，$\sqrt{\lambda}$ に比例して増大するのみである．すなわち求める漸近公式 $\lim_{\lambda\to\infty}\frac{A(\lambda)}{\lambda}=\frac{ab}{4\pi}$，あるいは
$$A(\lambda)\propto\lambda\frac{ab}{4\pi}$$
が得られる．より精密に書くと
$$A(\lambda)=\frac{ab}{4\pi}\lambda+\theta c\sqrt{\lambda}$$
である．ただし，c は λ に依存しない定数であり，また $|\theta|<1$ である．これらの公式は考えているどの境界条件に対しても有効である．つまり $B(\lambda)$ に対しても成り立つ．というのは，4 分の 1 楕円の部分の境界にある線分の上の格子点の数は，漸近的に $\frac{a+b}{\pi}\sqrt{\lambda}$ となるからである．固有値を大きさの順に数列 $\lambda_1, \lambda_2, \lambda_3, \ldots$ に書くと，**第 n 固有値の漸近表現**が計算できる．すなわち $A(\lambda_n)=n$ および $B(\lambda_n)=n$ とおくと
$$\lambda_n\propto\frac{4\pi}{ab}A(\lambda_n)\propto\frac{4\pi}{ab}n$$

あるいは

$$\lim_{n\to\infty} \frac{\lambda_n}{n} = \frac{4\pi}{ab}$$

である.

6.4.2 有限個の正方形あるいは立方体からなる領域に対する微分方程式 $\Delta u + \lambda u = 0$

次に,有限個の,例えば h 個の,辺の長さが a で合同な正方形——あるいは 3 次元の場合には立方体——に分割される領域 G に対して微分方程式 $\Delta u + \lambda u = 0$ を考える.このような領域を「正方形型領域」あるいは「立方体型領域」と呼ぶことにする. G の面積あるいは体積は $f = ha^2$ あるいは $V = ha^3$ である.

以下では, -1 と 1 の間にある数を文字 θ で,正の定数を文字 c または C で表す.また,誤解のおそれがないときは,このような θ あるいは c または C の異なる値を,添字その他でその都度区別しないことにする.

そこで $A(\lambda)$ あるいは $B(\lambda)$ により,領域 G に対して——まず初めに 2 独立変数の場合を考える——境界条件が $u = 0$ あるいは $\partial u / \partial n = 0$ のときの微分方程式 $\Delta u + \lambda u = 0$ の,上界 λ を超えない固有値の数を表すとする. $A_{Q_1}(\lambda), A_{Q_2}(\lambda), \ldots, A_{Q_h}(\lambda)$ により境界条件 $u = 0$ のときの小正方形の対応する数を表し, $B_{Q_1}(\lambda), B_{Q_2}(\lambda), \ldots, B_{Q_h}(\lambda)$ により境界条件 $\partial u / \partial n = 0$ のときの数を表すと,§6.4.1 から

(26) $$A_Q(\lambda) = \frac{a^2}{4\pi}\lambda + \theta ca\sqrt{\lambda}, \quad B_Q(\lambda) = \frac{a^2}{4\pi}\lambda + \theta' ca\sqrt{\lambda}$$

となる.定理 2 と定理 4(§6.2 参照)および定理 5 を結び付けると

$$A_{Q_1}(\lambda) + \cdots + A_{Q_h}(\lambda) \leqq A(\lambda) \leqq B_{Q_1}(\lambda) + \cdots + B_{Q_h}(\lambda)$$

が得られる.一方,これらの数 $A_{Q_i}(\lambda), B_{Q_i}(\lambda)$ は等式 (26) によって与えられるから

$$A(\lambda) = \frac{f}{4\pi}\lambda + \theta ca\sqrt{\lambda}$$

と分かる.別の述べ方では次の定理が成り立つ.

6.4 固有値の漸近分布 **165**

《定理 12》面積が f の正方形型領域に対する微分方程式 $\Delta u + \lambda u = 0$ の上界 λ を超えない固有値の数 $A(\lambda)$ は，考えているすべての境界条件について，漸近的に
$$\frac{f}{4\pi}\lambda$$
に等しい．すなわち

(27) $$\lim_{\lambda \to \infty} \frac{A(\lambda)}{f\lambda} = \frac{1}{4\pi}$$

が成り立つ．さらに詳しくは，十分大きなすべての λ に対して，関係

(28) $$\left| \frac{4\pi A(\lambda)}{f\lambda} - 1 \right| < \frac{C}{\sqrt{\lambda}}$$

が成り立つ．ここで C は，λ に依存しない定数である．□

ϱ_n により，考えている境界条件の 1 つに対応する第 n 固有値を表すと，この定理，あるいは式 (28) は式

(29) $$\varrho_n = \frac{4\pi}{f}n + \theta c\sqrt{n}$$

と同値である．ここで再び $-1 \leqq \theta \leqq 1$ であり，c は n に依存しない定数である．これを見るには，(28) において単に $A(\varrho_n) = n$ とおくと分かる．

定理 12 は，境界条件 $\frac{\partial u}{\partial n} + \sigma u = 0$ において関数 σ が負の値をとり得るような場合でもやはり成り立つ．このときもまた，§6.2.5 の注意を鑑みて示される．まず初めに定理 5 によって，境界条件 $\frac{\partial u}{\partial n} + \sigma u = 0$ の下での第 n 固有値 μ_n は，境界条件 $u = 0$ の下での第 n 固有値 λ_n より，確かに大きくないことに注意しよう．よって初めから，そのマックス・ミニが μ_n である式

$$\mathfrak{D}[\varphi] = D[\varphi] + \int_\Gamma p\sigma\varphi^2\, ds$$

は，変分問題において比較するための許容関数 φ に対して上界 λ_n を超えないとしてよい．というのはマックス・ミニ問題の解は変化しないからである．

さて，§6.2.5 により

$$\left| \int_\Gamma p\sigma\varphi^2\, ds \right| < c_1\sqrt{|D[\varphi]|} + c_2$$

である．ここで c_1, c_2 は定数を表す．よって

$$D[\varphi] - c_1\sqrt{|D[\varphi]|} - c_2 < \mathfrak{D}[\varphi] < D[\varphi] + c_1\sqrt{|D[\varphi]|} + c_2$$

が得られる．仮定 $\mathfrak{D}[\varphi] \leqq \lambda_n$ から

$$D[\varphi] - c_1\sqrt{|D[\varphi]|} - c_2 < \lambda_n$$

が導かれ，これから再び，$D[\varphi]$ は n が増大するにつれて λ_n より速くは増大しない，すなわち，c_3 をやはり定数として

$$D[\varphi] < c_3\lambda_n$$

の形の関係が成り立たなければならないことが分かる．関係 (29) は $\varrho_n = \lambda_n$ の下で成り立つから，φ に関して課された仮定の下で

$$D[\varphi] - c_4\sqrt{n} \leqq \mathfrak{D}[\varphi] \leqq D[\varphi] + c_4\sqrt{n}$$

となる．これらの関係は，与えられた関数 $v_1, v_2, \ldots, v_{n-1}$ について式 $\mathfrak{D}[\varphi]$ と $D[\varphi]$ の下限に対して成り立つので，これら下限の最大値に対しても成り立つ．これら最大値は $D[\varphi]$ に対しては，境界条件 $\partial u/\partial n = 0$ に対応する第 n 固有値であり，これについては関係 (29) はすでに示されている．よって直ちに，$\mathfrak{D}[\varphi]$ の下限の最大値に対しても，すなわち境界条件 $\frac{\partial u}{\partial n} + \sigma u = 0$ の下で考えてきた第 n 固有値 μ_n に対しても成り立つ．そうしてこの関係は定理 12 の主張することと同値である．

独立変数が 2 個ではなく 3 個の場合，先の考察において，境界条件 $u = 0$ あるいは $\partial u/\partial n = 0$ での上界 λ を超えない固有値の数に対する式 $A_Q(\lambda)$, $B_Q(\lambda)$ のみが変更される．それらは

(26a) $\quad A_Q(\lambda) = \dfrac{1}{6\pi^2}a^3\lambda^{\frac{3}{2}} + \theta c a^2 \lambda, \quad B_Q(\lambda) = \dfrac{1}{6\pi^2}a^3\lambda^{\frac{3}{2}} + \theta c a^2 \lambda$

である．よって次の結果が得られた．

《定理 13》有限個の合同な立方体からなる体積 V の多面体に対して，微分方程式 $\Delta u + \lambda u = 0$ の上界 λ を超えない固有値の数 $A(\lambda)$ は，考えているすべての境界条件について漸近的に $\frac{V}{6\pi^2}\lambda^{\frac{3}{2}}$ に等しい．すなわち

(27a) $$\lim_{\lambda \to \infty} \frac{A(\lambda)}{V\lambda^{\frac{3}{2}}} = \frac{1}{6\pi^2}$$

が成り立つ．さらに詳しくは，十分大きなすべての λ に対して，関係

(28a) $$\left|\frac{6\pi^2 A(\lambda)}{V\lambda^{\frac{3}{2}}} - 1\right| < C\frac{1}{\sqrt{\lambda}}$$

が成り立つ．ここで C は λ に依存しない定数である[17]．□

6.4.3　一般の微分方程式 $L[u] + \lambda \varrho u = 0$ への結果の拡張

　固有値の漸近分布に関して得られた定理を，一般の自己共役な微分方程式 (1) に拡張するため，辺の長さ a を次々に 2 等分し，領域 G を小正方形あるいは小立方体に細分する．そうしておのおのの小基本領域では，関数 p および ϱ の最大値と最小値の差が，あらかじめ与えられた十分小さい正の数 ε を超えないようにする．さらに，**関数 q は固有値の漸近分布に対して全く影響を与えないことに注意する**．というのは，式 $\mathfrak{D}[\varphi]$ およびそのマックス・ミニは，関数 q の変動に関して有界な量，すなわち q_M/ϱ_m より小さい値でしか変動しない．ここで q_M と ϱ_m は，前と同じ意味である．従って，以下の説明では $q = 0$ と仮定する．

　さらなる考察は，平面の正方形型領域 G の場合に対して行うことにする．G を構成する正方形の数を再び h とし，その辺の長さを a とする．$A'(\lambda)$ により，領域 G に対する微分方程式 $L[u] + \lambda \varrho u = 0$ の上限 λ を超えない固有値の数を表す．ここで境界条件として，考えてきたどちらをとってもよいが，条件 $\frac{\partial u}{\partial n} + \sigma u = 0$ では，まずより厳しい仮定 $\sigma \geq 0$ の下で考える．小正方形を $Q_1, Q_2, \ldots, Q_h$ で表し，対応する微分方程式の上界 λ を超えない固有値の数を，境界条件 $u = 0$ に対しては $A'_{Q_1}(\lambda), \ldots, A'_{Q_h}(\lambda)$ により，境界条件 $\partial u/\partial n = 0$ に対しては $B'_{Q_1}(\lambda), \ldots, B'_{Q_h}(\lambda)$ により表す．定理 2，定理 4，定理 5 から，再び

(30) $$A'_{Q_1}(\lambda) + \cdots + A'_{Q_h}(\lambda) \leqq A'(\lambda) \leqq B'_{Q_1}(\lambda) + \cdots + B'_{Q_h}(\lambda)$$

である．さて定理 7 から

$$A'_{Q_i}(\lambda) \geqq \frac{\varrho_m^{(i)}}{p_M^{(i)}} A_{Q_i}(\lambda), \quad B'_{Q_i}(\lambda) \leqq \frac{\varrho_M^{(i)}}{p_m^{(i)}} B_{Q_i}(\lambda)$$

---

[17] ［原註］$A(\lambda)$ の漸近評価の誤差の，より強い評価を得るのは一般にはできない．というのは正方形あるいは立方体のときには，得られた誤差の程度は実際に実現されるからである．

が導かれる．ただし，小正方形 Q_i における該当する関数 p, ϱ の最大値を $p_M^{(i)}$, $\varrho_M^{(i)}$ で，最小値を $p_m^{(i)}, \varrho_m^{(i)}$ で表すとし，$A_{Q_i}(\lambda), B_{Q_i}(\lambda)$ は前項のように，等式 (26) で与えられる微分方程式 $\Delta u + \lambda u = 0$ に対する対応する固有値の数とする．というのは，微分方程式 (1) において，p を $p_M^{(i)}$ で，ϱ を $\varrho_m^{(i)}$ で置き換えると，定理 7 により各固有値は大きくなるかせいぜい小さくならないので，上界 λ を超えない数もまた小さくないかせいぜい大きくならない．一方，微分方程式 (1) は微分方程式 $\Delta u + \lambda \frac{\varrho_m^{(i)}}{p_M^{(i)}} = 0$ となり，後者の固有値は微分方程式 $\Delta u + \lambda u = 0$ の固有値に $\frac{p_M^{(i)}}{\varrho_m^{(i)}}$ を掛けたものである．p を $p_m^{(i)}$ で，ϱ を $\varrho_M^{(i)}$ で置き換えても同様のことが成り立つ．

さらに，ϱ と p は連続関数なので

$$\iint_G \frac{\varrho}{p}\,dx\,dy = a^2 \sum_{i=1}^h \frac{\varrho_m^{(i)}}{p_M^{(i)}} + \delta = a^2 \sum_{i=1}^h \frac{\varrho_M^{(i)}}{p_m^{(i)}} + \delta'$$

である．ここで数 $|\delta|, |\delta'|$ は，初めの小正方形を十分小さくとれば，すなわち a を十分小さくとれば任意に小さくできる．従って (30) を適用すると，§6.4.2 と全く同様に

$$A(\lambda) = \frac{\lambda}{4\pi} \iint_G \frac{\varrho}{p}\,dx\,dy + \lambda \delta'' + \theta c \sqrt{\lambda}$$

が得られる．ここで $|\delta''|$ は任意に小さい．これは固有値の漸近分布についての以下の主張に他ならない．

《定理 14》微分方程式 $L[u] + \lambda \varrho u = 0$ に対応する，正方形型領域 G の上界 λ を超えない固有値の数 $A(\lambda)$ は，考えているどの境界条件に対しても漸近的に $\frac{\lambda}{4\pi} \iint_G \frac{\varrho}{p}\,dx\,dy$ に等しい．すなわち

(31) $$\lim_{\lambda \to \infty} \frac{A(\lambda)}{\lambda} = \frac{1}{4\pi} \iint_G \frac{\varrho}{p}\,dx\,dy$$

が成り立つ．□

もとの仮定 $\sigma \geqq 0$ は，§6.4.2 と全く同様に余分なものである．

空間に対しても，これらの考察を行うと次の結果が得られる．

《定理 15》微分方程式 $L[u] + \lambda \varrho u = 0$ に対応する，正方形型領域 G の上界

λ を超えない固有値の数は，考えているどの境界条件に対しても漸近的に

$$\frac{1}{6\pi^2} \lambda^{\frac{3}{2}} \iiint_G \left(\frac{\varrho}{p}\right)^{\frac{3}{2}} dx\,dy\,dz$$

に等しい．すなわち，関係

(32) $$\lim_{\lambda \to \infty} \frac{A(\lambda)}{\lambda^{\frac{3}{2}}} = \frac{1}{6\pi^2} \iiint_G \left(\frac{\varrho}{p}\right)^{\frac{3}{2}} dx\,dy\,dz$$

が成り立つ．□

最後に，§6.4.2 と §6.4.3 での考察は，有限個の任意の**長方形**あるいは**正方形**からなる**一般の領域**に対しても等しく適用できることを指摘しておく．

6.4.4　任意の領域に対する固有値の漸近分布の法則

前項での漸近的スペクトルの法則を，任意の領域に対して拡張するためには，これらの領域を正方形あるいは立方体によって内部から近似しなければならない．この際には，それぞれの近似で残った領域の影響を評価するための新しい考察が必要となる．

まず，G は平面領域であり，その境界はいたる所連続な曲率をもつと仮定しよう．さらに，微分方程式 $\Delta u + \lambda u = 0$ のみ考えるとする．

その前に一連の注意をしておく．ある簡単な領域に対するこれら微分方程式と境界条件 $\partial u/\partial n = 0$ に対応する固有値，あるいはその与えられた上界を超えない固有値の数に関してである．

まず G は，辺の長さが等しく a である直角二等辺三角形とする．この三角形の各固有関数は，斜辺に関する鏡像によってできる正方形の，同じ境界条件 $\partial u/\partial n = 0$ に対する固有関数でもある．実際，すぐ分かるように，固有関数を斜辺に関して鏡像の位置にある点に同じ関数値を与えることにより，鏡像である三角形へ接続することができる．このようにして境界条件 $\partial u/\partial n = 0$ は正方形の境界すべてで満たされる．三角形の第 n 固有値は同時に正方形の固有値である．正方形の第 n 固有値は，三角形の第 n 固有値より大きくない．あるいは，**境界条件 $\partial u/\partial n = 0$ での三角形に対する上界を超えない固有値の数は，正方形に対する対応する数に高々等しい**．後者は，すなわち公式

(26) で与えられる数である.

第 2 に, G は直角をなす辺の長さが a と b の任意の直角三角形とし, $b < a$ を仮定する. 辺 a は x-軸上に, 辺 b は y-軸上にあるとする. 変換 $\xi = x$, $\eta = \frac{a}{b}y$ により, 三角形 G を等しい辺の長さが a の直角二等辺三角形 G' に変形する. 式 $D[\varphi]$ は

$$D[\varphi] = \iint_{G'} \left[\left(\frac{\partial \varphi}{\partial \xi}\right)^2 + \frac{a^2}{b^2}\left(\frac{\partial \varphi}{\partial \eta}\right)^2 \right] \frac{b}{a} \, d\xi \, d\eta$$

となり, 付帯条件 $H[\varphi] = 1$ は

$$\iint_{G'} \varphi^2 \frac{b}{a} \, d\xi \, d\eta = 1$$

となる. 一方, §6.1.4 の付帯条件 $H[\varphi, v_i] = 0$ はこの変形でその形を変えない. 上の 2 つの積分に現れる本質的でない因子 b/a を省略すると, 三角形 G の第 n 固有値 κ_n は, 積分

$$\iint_{G'} \left[\left(\frac{\partial \varphi}{\partial \xi}\right)^2 + \left(\frac{a}{b}\right)^2 \left(\frac{\partial \varphi}{\partial \eta}\right)^2 \right] d\xi \, d\eta$$

のマックス・ミニとして特徴付けられる. ここでマックス・ミニは通常の意味で考える. $a/b \geqq 1$ なので, 確かに

$$\iint_{G'} \left[\left(\frac{\partial \varphi}{\partial \xi}\right)^2 + \frac{a^2}{b^2}\left(\frac{\partial \varphi}{\partial \eta}\right)^2 \right] d\xi \, d\eta \geqq \iint_{G'} \left[\left(\frac{\partial \varphi}{\partial \xi}\right)^2 + \left(\frac{\partial \varphi}{\partial \eta}\right)^2 \right] d\xi \, d\eta$$

であり, 左辺のマックス・ミニは右辺のマックス・ミニ, すなわち二等辺三角形 G' の第 n 固有値よりは小さくない. 従って辺の長さ a の正方形の第 n 固有値より小さくない. 境界条件 $\partial u / \partial n = 0$ の下, 直角をなす辺の長さが高々 a である直角二等辺三角形の, 上界を超えない固有値の数は, 辺の長さが a の正方形の対応する固有値の数より大きくない. よって, より大きな正方形の対応する数より大きくない.

同様に, 上界を超えない任意の長方形に対する固有値の数は, この長方形の長い方の辺の長さと, 少なくとも等しい長さの辺の正方形に対する, 対応する数より大きくない.

これらの事実と定理 4 を結びつけることにより, 考えている領域が有限個

の長方形と直角三角形とからなっているならば,与えられた上界を超えない固有値の数を上から評価する可能性が容易に得られる.

これらの結果を用いて,G を正方形で埋め尽くしたときに残る境界の帯が,固有値の分布に与える影響を評価する.まず境界の帯を定義しなければならない.必要ならば辺の長さを何度も 2 等分して平面の正方形による分割を細かくし,G の境界が通る各正方形において,法線部分の変化はあらかじめ与えられた小さい角 η より小さくなるようにする.この η の小ささは今はそのままにしておく.このとき,図 3 のように,境界 Γ に r 個の互いに隣接する基本領域 $E_1, E_2, \ldots, E_r$ を次の仕方で対応させることができる.各領域 E は,正方形の互いに直交する長さが a と $3a$ の間にある 2 つの線分 AB, AC と境界の部分 BC で囲まれている(図 4)か,あるいは,正方形の辺 AB とそれと直交する長さが a と $3a$ の間にある 2 つの線分 AC, BD と境界の部分 CD で囲まれている(図 5)かどちらかであるとする.このような r 個の領域から境界の帯を構成し,G からこれらの帯を除くと,k 個の正方形 $Q_1, Q_2, \ldots, Q_k$ からなる正方形領域が残る[18].数 r は,a によらずに本質的に境界の長さに依存する定数 C を a で割ったものより確かに小さい.

領域 E での微分方程式 $\Delta u + \lambda u = 0$ と境界条件 $\partial u / \partial n = 0$ に対応する固

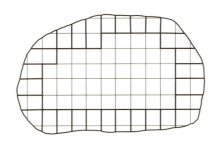

図 3.

---

[18] [原註] この作図をどうするかは読者自身の考察に任せる.境界曲線を,3 種類の有限個の弧に分けることから始める.1 種類目の弧の上では接線と x-軸との角度が,2 種類目の弧の上では接線と y-軸との角度が,それぞれせいぜい 30° の角となるようにして,3 種類目の弧の上では接線はどちらの軸とも 20° 以下の角となるようにする.1 種類目および 2 種類目の弧の端点は,それぞれ有理数の x-座標および y-座標をもつとする.正方形の分割を十分細かくすると,その辺の上にこれらの端点があり,本文で述べた作図が可能となる.

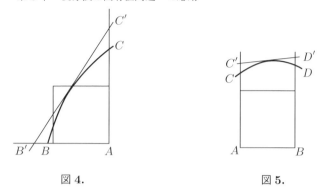

図 4.　　　　　　　　図 5.

有値の,ある上界 λ を超えないものの数 $B_E(\lambda)$ を上から評価するには,再び第 n 固有値の下限を見出さなければならない.このためには,E の境界の曲線部分の上の任意の点をとり,そこから接線を引く.領域 E がどの型に属するのかによって,これと E の境界の直線部分とによって限られた領域は,AB′C′(図 4)の型,すなわち,十分小さい η のとき直角をはさむ辺が $4a$ より小さい直角三角形であるか,あるいは ABC′D′ の型の台形で,辺 AC′, BD′ がやはり $4a$ より小さい(図 5)かのどちらかである.この領域 AB′C′ および ABC′D′ を E' により表そう.§6.2 でみたように,領域 E は領域 E' へと (21) の型の変換によって写すことができる.第 1 の型の領域では,A を極座標系 ϱ, θ の極とし,$\varrho = f(\theta)$ を曲線部分 BC の方程式,また $\varrho = g(\theta)$ を直線部分 B′C′ の方程式とする.すると,方程式

$$\theta' = \theta, \quad \varrho' = \varrho \frac{g(\theta)}{f(\theta)}$$

は,曲線の三角形 E を直線の三角形 E' に写す変換となる.第 2 の型の ABCD の場合では,AB を x-軸におき,$y = g(x)$ を直線 C′D′ の方程式,$y = f(x)$ を直線 CD の方程式とする.このとき,変換

$$x' = x, \quad y' = y \frac{g(x)}{f(x)}$$

を考える.基礎とした線分 a が十分小さく,よって曲線部分 CB および CD の接線方向の全変動も十分小さいと仮定すると,ここで考えている変換はちょうど (21) の形になり,そこでの ε で表した量は任意に小さくできる.定理 10

の系により，領域 E と E' に対応する第 n 固有値は，すべての n に対して一様に，1 と小さい因子の違いでしかない．よって境界条件 $\partial u/\partial n = 0$ に対応する固有値で上界 λ を超えないものの数 $B_E(\lambda)$ と $B_{E'}(\lambda)$ に対しても同様のことが成り立つ．

領域 E' は，辺が $4a$ より小さい直角三角形であるか，あるいはそのような三角形と辺が $3a$ より小さい長方形との結合であるかなので，a を十分小さくとる限り，数 $B_E(\lambda)$ はある λ より先は

$$(33) \qquad B_E(\lambda) < c_1 a^2 \lambda + c_2 a \sqrt{\lambda}$$

を満たす．ここで c_1, c_2 は適当に選ばれた定数である．

これで，領域 G に対する固有値の漸近分布を証明できる状態に達した．再び $A(\lambda)$ により，領域 G に対し，これまで考えてきたどれかの境界条件の下での，微分方程式 $\Delta u + \lambda u = 0$ の上界 λ を超えない固有値の総数を表す．ただし必要ならばまた $\sigma \geqq 0$ を仮定する．平面を辺の長さが a の正方形で分割すると，領域 G が h 個の正方形 $Q_1, Q_2, \ldots, Q_h$ と，r 個の境界領域 $E_1, E_2, \ldots, E_r$ とに分かれるとする．正方形に対応する境界条件 $u = 0$ あるいは $\partial u/\partial n = 0$ の，λ を超えない固有値の数を，再びそれぞれ $A_i(\lambda)$ および $B_i(\lambda)$ で表す．$A_{E_i}(\lambda)$ および $B_{E_i}(\lambda)$ により，領域 E_i についての対応する数を表す．(後で用いるのは数 $B_{E_i}(\lambda)$ のみである．)

等式 (26) により

$$A_i(\lambda) = \frac{a^2}{4\pi}\lambda + a\theta_1 c_1 \sqrt{\lambda}, \quad B_i(\lambda) = \frac{a^2}{4\pi}\lambda + a\theta_2 c_2 \sqrt{\lambda}$$

であり，(33) から

$$B_{E_i}(\lambda) = \theta_3(c_3 \lambda a^2 + a c_4 \sqrt{\lambda})$$

が成り立つ．ここでいつものように，$\theta_1, \theta_2, \ldots$ により -1 と $+1$ の間にある数を，$c_1, c_2, \ldots$ により a, i および λ によらない任意の定数を表す．

定理 5，定理 2 および定理 4 から

$$A_1(\lambda) + A_2(\lambda) + \cdots + A_h(\lambda) \leqq A(\lambda)$$
$$\leqq B_1(\lambda) + \cdots + B_h(\lambda) + B_{E_1}(\lambda) + \cdots + B_{E_r}(\lambda)$$

である．さらに

$$A_1(\lambda) + \cdots + A_h(\lambda) = \frac{ha^2}{4\pi}\lambda + \theta_1 c_1 ha\sqrt{\lambda} = \lambda\left(\frac{ha^2}{4\pi} + \frac{\theta_1 c_1 ha}{\sqrt{\lambda}}\right),$$

$$B_1(\lambda) + \cdots + B_h(\lambda) + B_{E_1}(\lambda) + \cdots + B_{E_r}(\lambda)$$
$$= \frac{ha^2}{4\pi}\lambda + \theta_2 c_2 ha\sqrt{\lambda} + \theta_3 ra^2\lambda c_3 + \theta_3 rac_4\sqrt{\lambda}$$
$$= \lambda\left[\left(\frac{ha^2}{4\pi} + \theta_3 c_3 ra^2\right) + (ha\theta_2 c_2 + ra\theta_3 c_4)\frac{1}{\sqrt{\lambda}}\right]$$

となる．さて $ar < c_5$ であり，よって十分小さい a に対して $a^2 r$ は任意に小さくでき，さらに十分小さい a について，δ がどのように小さくとも

$$|ha^2 - f| < \delta$$

が成り立つ．これらの不等式から直ちに，漸近関係

$$\lim_{\lambda \to \infty} \frac{4\pi A(\lambda)}{\lambda f} = 1$$

が導かれる．というのは，量 a は自由にとれ，十分小さい a のときに上の不等式の λ の係数は，十分大きい λ に対して $f/4\pi$ の値に任意に近くできるからである．

仮定 $\sigma \geqq 0$ を取り除いたとしてもまた，§6.4.2 の類似の箇所で行った推論によって，同じような漸近法則が得られる．まとめると次の結果となる．

《定理 16》 考えているすべての境界条件について，領域 G に対する微分方程式 $\Delta u + \lambda u = 0$ の上界 λ を超えない固有値の数 $A(\lambda)$ は，漸近的に $\lambda f/4\pi$ に等しい．すなわち

(34) $$\lim_{\lambda \to \infty} \frac{4\pi A(\lambda)}{\lambda f} = 1$$

が成り立つ．ここで f は領域 G の面積を表す．□

証明では，まず G の境界 Γ には角がないと仮定した．しかしながら，角の数が有限個のときは，考察および結果も本質的に変更なしに成り立つ．

同様にして，微分方程式 $\Delta u + \lambda u = 0$ の代わりに，より一般の微分方程式 $L[u] + \lambda \varrho u = 0$ を取り上げても先の考察は有効である．§6.4.3 とちょうど同

じような仕方で次の結果が得られる．

《定理 17》考えているどのような境界条件に対しても，領域 G の微分方程式 $L[u] + \lambda \varrho u = 0$ に対応する上界 λ を超えない固有値の数 $A(\lambda)$ は，漸近的に $\frac{\lambda}{4\pi} \iint_G \frac{\varrho}{p} \, dx \, dy$ に等しい．すなわち

$$\lim_{\lambda \to \infty} \frac{A(\lambda)}{\lambda} = \frac{1}{4\pi} \iint_G \frac{\varrho}{p} \, dx \, dy$$

が成り立つ．□

ここで平面に対して行ったのと同様の考察によって，空間での固有値問題に対する次の結果が得られる．

《定理 18》微分方程式 $\Delta u + \lambda u = 0$ に対応する，体積 V である空間領域 G の上界 λ を超えない固有値の数 $A(\lambda)$ は，考えているすべての境界条件に対して漸近的に $\frac{\lambda^{\frac{3}{2}}}{6\pi^2} V$ に等しい．すなわち

(35) $$\lim_{\lambda \to \infty} \frac{A(\lambda)}{\lambda^{\frac{3}{2}} V} = \frac{1}{6\pi^2}$$

が成り立つ．□

《定理 19》一般の微分方程式 $L[u] + \lambda \varrho u = 0$ についての対応する数は，漸近的に $\frac{\lambda^{\frac{3}{2}}}{6\pi^2} \iiint_G \left(\frac{\varrho}{p}\right)^{\frac{3}{2}} dx \, dy \, dz$ に等しい．すなわち

(36) $$\lim_{\lambda \to \infty} \frac{A(\lambda)}{\lambda^{\frac{3}{2}}} = \frac{1}{6\pi^2} \iiint_G \left(\frac{\varrho}{p}\right)^{\frac{3}{2}} dx \, dy \, dz$$

が成り立つ．□

ここで領域 G は，連続な曲率の有限個の曲面部分からなり，それらは互いに接することはないが，頂点や辺をなすことは許す．

6.4.5　微分方程式 $\Delta u + \lambda u = 0$ に対する固有値の漸近分布の法則の精密な形

我々の理論は，上記の定理で述べてきた固有値分布の漸近法則を，さらに精密にすることを可能にする．すなわち，式 $A(\lambda)$ を漸近値で置き換えた

ときの誤差の評価を見出すことができる．微分方程式 $\Delta u + \lambda u = 0$ に対して適用してみよう．

このために領域 G を，正方形あるいは立方体からなる基本領域で可能な限り覆い尽くし，これらの領域が必要以上に多すぎたり少なすぎたりしないようにする．まず G は平面領域であるとする．次のように組み立てる．すなわち，初めに平面を，例えば辺の長さが 1 の正方形で分割する．このうち h_0 個の正方形 $Q_1^0, Q_2^0, \ldots, Q_{h_0}^0$ は G の内部に完全に含まれているとする．さて各正方形を，辺の長さが $\frac{1}{2}$ の 4 つの合同な正方形に切り分ける．これらのうちの h_1 個の正方形 $Q_1^1, Q_2^1, \ldots, Q_{h_1}^1$ は，G の内部には含まれるが Q_i^0 のいずれの内部にも含まれないとする．このように辺の長さを半分にして正方形を細分し，辺の長さが $1/2^2$ の h_2 個の新しい正方形 $Q_1^2, Q_2^2, \ldots, Q_{h_2}^2$ は，G の内部に含まれるが前のどの正方形 Q_i^0 あるいは Q_i^1 にも含まれないとする．t 回目の段階では，辺の長さが $1/2^t$ の h_t 個の正方形 $Q_1^t, Q_2^t, \ldots, Q_{h_t}^t$ が得られる．前項で定めた仕方により，正方形で取り尽くした残りは，r 個の基本領域 $E_1, E_2, \ldots, E_r$ からなり，a で表した数はちょうど $1/2^t$ に等しいと設定する．

数 h_i と r に対しては，境界に関する仮定によって，関係

$$\text{(37)} \qquad h_i < 2^i c, \quad r < 2^t c$$

が成り立つ．ここで c は，i と t によらず，本質的に境界の長さで決まる定数である[19]．

領域 Q_m^i, E_m に対する上界 λ を超えない固有値の数を，再び，境界条件 $u = 0$ のときは $A_m^i(\lambda), A_{E_m}(\lambda)$ で表す．境界条件 $\partial u/\partial n = 0$ のときは，それぞれ $B_m^i(\lambda), B_{E_m}(\lambda)$ で表す．境界条件 $\frac{\partial u}{\partial n} + \sigma u = 0$ のとき，関数 σ が非負ならば，定理 2，定理 4，定理 5 によって

(38)
$$\begin{cases} A(\lambda) \leqq (B_1^0 + B_2^0 + \cdots + B_{h_0}^0) + \cdots + (B_1^t + B_2^t + \cdots + B_{ht}^t) \\ \qquad\qquad\qquad + (B_{E_1} + B_{E_2} + \cdots + B_{E_r}), \\ A(\lambda) \geqq (A_1^0 + A_2^0 + \cdots + A_{h_0}^0) + \cdots + (A_1^t + A_2^t + \cdots + A_{ht}^t) \end{cases}$$

---

[19] ［原註］この不等式は，正方形 Q^i あるいは境界領域の全周は，G の周長の大きさの程度を超えないことを意味する．

である．最初の不等式の右辺は，前の項の等式 (26) と等式 (33) とにより

$$\frac{1}{4\pi}\left(h_0+\frac{h_1}{2^2}+\frac{h_2}{2^4}+\cdots+\frac{h_t}{2^{2t}}+\frac{r\theta c}{2^{2t}}\right)\lambda$$
$$+\theta_1 c_2\left(h_0+\frac{h_1}{2}+\frac{h_2}{2^2}+\cdots+\frac{h_t}{2^t}+\frac{r}{2^t}\right)\sqrt{\lambda}$$

に等しい．また

$$h_0+\frac{h_1}{2^2}+\cdots+\frac{h_t}{2^{2t}}=f-\theta_2 c_2\frac{r}{2^{2t}}$$

であるから，(37) を考慮すると，上の右辺は

$$\frac{1}{4\pi}\left(f+\frac{c\theta_3 c_3}{2^t}\right)\lambda+\theta_4 c_4(t+2)\sqrt{\lambda}$$

の形となる．よってこの式に対して結局，十分大きい t に対して成り立つ不等式

(39) $(B_1^0+\cdots+B_{h_0}^0)+\cdots+(B_{E_1}+\cdots+B_{E_r})\leqq\dfrac{f}{4\pi}\lambda+C\left(\dfrac{\lambda}{2^t}+t\sqrt{\lambda}\right)$

が得られる．ここでいつものように，文字 C は λ および t に依存しない定数を意味する．

まだ決めていない数 t を，括弧の中の 2 つの項が近似的に等しいようにとる．すなわち t を，$\frac{1}{2}\frac{\log\lambda}{\log 2}$ を超えない最大の整数に等しいとする．このとき (38) と (39) から

(40) $$A(\lambda)\leqq\frac{f}{4\pi}\lambda+C\sqrt{\lambda}\log\lambda$$

が得られる．式 $A(\lambda)$ の下限に対してちょうど同じ形が，C を負として得られる．

これらの考察は，境界条件に現れる関数 σ が決して負にならないときに限り有効であり，そうでなければ (38) の最初の不等式が保証されない．しかしながら，§6.4.2 とちょうど同じ考察により，§6.2.5 の不等式 (20) に立脚して，この制限がないときでも上の形の不等式がそのまま得られる．よって一般に，精密化された次の漸近法則が得られた．

《定理 20》すべての考えている境界条件に対して，差

は，λ が増大するとき，式
$$A(\lambda) - \frac{f}{4\pi}\lambda$$

$$\sqrt{\lambda}\log\lambda$$

より速く増大しない． □

空間に対しても同じ考察により次が得られる．

《定理 21》 考えているすべての境界条件に対して，体積が V の空間領域に対する問題では，差
$$A(\lambda) - \frac{V}{6\pi^2}\lambda^{\frac{3}{2}}$$
は，λ が増大すると，式
$$\lambda\log\lambda$$
より速く無限に増大しない． □

6.5 シュレーディンガー型固有値問題

§5.12 では，シュレーディンガーに従って，無限領域に対する固有値問題を考察し，それに付随するスペクトルの特質を調べた．さてこれらを，変分法で取り扱うことによってどのように統率されるか示したい．もちろん，満足するほどまで問題を明らかにするわけではない．しかしながら，シュレーディンガーの場合だけではなく，変数分離法がもはや適用できないような，無限の空間に対する固有値問題のより広い型についても，スペクトルが増大する可算無限の負の固有値列を含んでいることが分かる．

固有値問題を

(41) $$\Delta u + Vu + \lambda u = 0$$

とし，$u(x,y,z)$ に対して無限で有界に留まるという条件を課す．係数 $V(x,y,z)$ は——ポテンシャルエネルギーの符号を変えたもの——空間全体で正とし，無限遠では十分大きい r に対して不等式

(42) $$\frac{A}{r^{\alpha}} \leqq V \leqq \frac{B}{r^{\beta}}$$

が成り立つように0になるとする．ただし A と B は正の定数であり，指数については

$$0 < \beta \leqq \alpha < 2$$

を満たすとする．V は，原点で無限になることを許し[20]，それはせいぜい $0 \leqq \gamma < 2$ について C/r^γ の程度とする．r は点 x, y, z の原点からの距離を表す．

$\int \cdots dg$ により全 xyz-空間にわたる積分を表すと，固有値 λ_n と固有関数 u_n を導く変分問題は，普通の記法で書くと

(43) $\quad J[\varphi] = \int (\varphi_x^2 + \varphi_y^2 + \varphi_z^2 - V\varphi^2)\, dg =$ マックス・ミニ

となる．付帯条件は

(44) $\quad \begin{cases} \int \varphi^2 \, dg = 1, \\ \int \varphi v_\nu \, dg = 0 \quad (\nu = 1, \ldots, n-1) \end{cases}$

である．ここで $\varphi(x, y, z)$ は，連続な1階偏導関数をもち，全空間で2乗可積分であり，さらに $\int V\varphi^2 \, dg$ は存在するとする．$v_1, \ldots, v_{n-1}$ により再び区分的に連続な関数を表す．

まず初めに我われの変分問題が意味をもつことを，すなわち与えられた条件の下で積分 $J[\varphi]$ は下に有界であることを示そう．そのためには V に関する仮定から，すぐさま次の事実，すなわちすべての点で

$$V \leqq \frac{a}{r^2} + b$$

が成り立つことに注意すればよい．ただし十分大きな正の数 b について，正の定数 a は任意に小さくできる．よって直ちに

(45) $\quad \int V\varphi^2 \, dg \leqq a \int \frac{1}{r^2} \varphi^2 \, dg + b \int \varphi^2 \, dg$

となる．さて積分不等式

(46) $\quad \int \frac{1}{r^2} \varphi^2 \, dg \leqq 4 \int (\varphi_x^2 + \varphi_y^2 + \varphi_z^2)\, dg$

---

[20] ［原註］V が原点以外の有限個の点で特異な場合でも，以下の論考は変更なしに適用できる．

を用いる．これは次のように示される．$\psi = \varphi\sqrt{r}$ とおくと

$$\varphi_x^2 + \varphi_y^2 + \varphi_z^2 = \frac{1}{r}(\psi_x^2 + \psi_y^2 + \psi_z^2) - \frac{1}{r^2}\psi\psi_r + \frac{1}{4r^3}\psi^2$$

であり，よって

$$\int (\varphi_x^2 + \varphi_y^2 + \varphi_z^2)\,dg \geqq -\int \frac{1}{2r^2}(\psi^2)_r\,dg + \frac{1}{4}\int \frac{1}{r^3}\psi^2\,dg$$

となる．右辺第 1 項はさらに積分できて，仮定より $\int \varphi^2\,dg$ が存在するのでその値は 0 となる[21]．よって望む不等式が得られた．これにより (45) から

$$J[\varphi] \geqq (1-4a)\int (\varphi_x^2 + \varphi_y^2 + \varphi_z^2)\,dg - b$$

となり，$a < \frac{1}{4}$——それは許される——とすると

$$J[\varphi] \geqq -b$$

が得られ，よって $J[\varphi]$ が下に有界であること，すなわち (41) の固有値が下に有界であることが示された．

固有値の上界を得るには，我々の変分問題において許容条件を強化する．つまり φ は，原点を中心とする半径 R の球 K_R の外部では恒等的に 0 とすることをさらに要求する．このようにして生じた球 K_R に対する問題の第 n 固有値 $\nu_n(R)$ は，一般原理によって関係 $\nu_n(R) \leqq \lambda_n$ を確かに満たす．一方それは，球 K_R に対する微分方程式 $\Delta u + \mu u = 0$ で境界値を 0 としたときの固有値 $\mu_n(R)$ によって容易に評価される．実際，仮定 (42) により K_R（十分大きい R に対して）において $V \geqq \frac{A}{R^\alpha}$ であり

$$\int_{K_R}(\varphi_x^2 + \varphi_y^2 + \varphi_z^2 - V\varphi^2)\,dg \leqq \int_{K_R}(\varphi_x^2 + \varphi_y^2 + \varphi_z^2)\,dg - \frac{A}{R^\alpha}\int_{K_R}\varphi^2\,dg$$

である．よって直ちに

$$\nu_n(R) \leqq \mu_n(R) - \frac{A}{R^\alpha}$$

が導かれる．しかしながら $\mu_n(R) = \frac{1}{R^2}\mu_n(1)$ なので（ただし $\mu_n(1)$ は単位

---

[21] ［原註］実際，数列 $R_1, R_2, \ldots, R_n, \ldots$ が存在し，積分 $\frac{1}{R_n}\int \varphi^2\,dg$——半径 R_n の球面の上での積分——は，R_n が無限に増大するとき 0 に収束する．まずこれらの球の上で積分し，それを無限領域に移行するのである．

6.5 シュレーディンガー型固有値問題

球での固有値である)

$$\lambda_n \leq \frac{\mu_n(1)}{R^2} - \frac{A}{R^\alpha}$$

となる．与えられた n について $\alpha < 2$ なので，十分大きい R に対して右辺は確かに負である．

以上によって，我々の変分問題は単調非減少な負の固有値列をもつことが証明された．

これらの固有値が，n が増大するとき 0 に収束することを証明するには，すでに詳しく知られている特別な $V = c/r$ に対するシュレーディンガーの問題の固有値 κ_n を用いて評価する (すぐ下の説明も参照)．これについては，§5.12.4 から関係 $\kappa_n \to 0$ が知られている．さて κ_n の評価のためには，まず不等式 $V \leq \frac{a}{r^2} + \frac{b}{r} + k$ が成り立つことに注意する．ここで十分大きな b について，正定数 a と k は任意に小さくできる．よって $c = \frac{b}{1-4a}$ として (46) を用いれば，我々の原理により明らかに

$$\lambda_n \geq (1 - 4a)\kappa_n - k$$

である．これから，n が増大するとき固有値 λ_n はあるときから値 $-2k$ を超え，よって k は任意に小さくとることができるので λ_n は 0 に収束することが分かる．

正の固有値の連続スペクトルが現れることはあり得ることである．それは無限領域に対する固有値問題を，有限領域に対する固有値問題の極限，例えば増大する半径 R の球 K_R と考えた場合である．実際，第 n 固有値 $\nu_n(R)$ は，増大する R について単調に減少し，無限領域の第 n 固有値に収束することが容易に示される．事実，おのおのの正の数は固有値 $\nu_n(R)$ の集積値である．というのは，有限領域については任意に大きい正の固有値 $\nu_n(R)$ が存在し，n を R とともに適当に増大させると，おのおのの正の数を近似できるからである．

固有値が 0 に収束するという事実は，有限領域のときに，固有値の無限増大性のときと同様に次のように証明することができる．それは，特殊な問題の具体的な知識なしに可能である．

固有値が一定の負の上限を超えないという仮定の下では，関数列 $\varphi_1, \varphi_2, \ldots,$

$\varphi_n, \ldots$ を，次を満たすように構成することができるであろう．すなわち第 1 に，積分 $D[\varphi] = \int (\varphi_x^2 + \varphi_y^2 + \varphi_z^2)\, dg$ と $H[\varphi] = \int \varphi^2\, dg$ は，ある一定の上限以下であり，第 2 に積分 $F[\varphi] = \int V\varphi^2\, dg$ はある一定の正の下限以上にあり，しかも直交関係 $F[\varphi_\nu, \varphi_\mu] = 0$ が成り立つ．そうしてこの第 1 の性質から，以下に示される補題を用いることで，関数 φ_ν から部分列 φ_n を選び $F[\varphi_n - \varphi_m] \to 0\ (n, m \to \infty)$ が成り立つようにできる．しかしこれから，$F[\varphi_n, \varphi_m] = 0$ であるから関係 $F[\varphi_n] + F[\varphi_m] \to 0$ が導かれ，これは上記の 2 番目と矛盾することになる．

関数列 φ_ν は次のように構成される．上記の変分問題 (43) から始めよう．第 1 固有値 λ_1 を与える関数 φ_1 を見出して

$$J[\varphi_1] = D[\varphi_1] - F[\varphi_1] \leqq \lambda_1 + \varepsilon \quad (\varepsilon > 0)$$

が成り立ち，しかも

$$H[\varphi_1] = 1$$

であるようにできる．変分問題 (43), (44) に戻ると，第 2 固有値 λ_2 を与え，さらに，付帯条件として方程式

$$\int V\varphi\varphi_1\, dg = F[\varphi, \varphi_1] = 0$$

を課したとき，(マックス・ミニ性によって) λ_2 より確かに大きくない最小値が得られる．関数 φ_2 を見出し

$$D[\varphi_2] - F[\varphi_2] \leqq \lambda_2 + \varepsilon$$

が成り立ち，しかも

$$H[\varphi_2] = 1, \quad F[\varphi_1, \varphi_2] = 0$$

であるようにできる．このように続けていくと，関数列 $\varphi_1, \varphi_2, \ldots, \varphi_\nu, \ldots$ で

$$D[\varphi_\nu] - F[\varphi_\nu] \leqq \lambda_\nu + \varepsilon,$$
$$H[\varphi_\nu] = 1, \quad F[\varphi_\mu, \varphi_\nu] = 0 \quad (\mu = 1, \ldots, \nu - 1)$$

が成り立つものが得られる．もし数 λ_ν が上限 -2ε を超えないならば，十分小さい ε について，すべての関数に対して

6.5 シュレーディンガー型固有値問題

(47)
$$D[\varphi_\nu] - F[\varphi_\nu] \leqq -\varepsilon$$

となるであろう．この不等式からまず，$D[\varphi_\nu]$ が有限であることが導かれる．というのは，方程式 (45), (46) から

$$F[\varphi] \leqq 4aD[\varphi] + bH[\varphi]$$

であり，よって

$$(1-4a)D[\varphi] \leqq b$$

となるからである．

一方，不等式 (47) から直ちに $F[\varphi] \geqq \varepsilon$ が分かる．このように得られた関数 φ_ν は望む性質をもっている．

最後に上の補題を示すことが残っている．すなわち，$D[\varphi]$ と $H[\varphi]$ が有界な関数列 φ_ν から，部分列 φ_n で

$$F[\varphi_n - \varphi_m] \underset{n,m\to\infty}{\longrightarrow} 0$$

を満たすものが存在することの証明である．

この定理は，前に (§6.2.2) 述べたレリッヒの補題の一般化であり，これを基に有限領域での固有値の無限増大性が示されたのであった．ここでは，関数 V が原点で正則な場合のみ考察する．(V が原点で 2 乗以下の特異性のときには，以下と同様の評価により目的に達することができる．)

証明のため，半径 R_i の球 K_i の列により無限遠点を除外する．上で述べた先の補題に基づき，積分が球 K_1 の内部のみにわたるならば，関数 φ_ν の部分列 φ_n を見出し，$F[\varphi_n - \varphi_m]$ が 0 に収束するようにできる．この部分列から再び部分列を選び，球 K_2 での積分 $F[\varphi_n - \varphi_m]$ が 0 に収束するようにできる．同じように続けて，通常の仕方で対角線の列を構成し，それを再び φ_n で表す．この列に対しては，任意の球 K_i の上で積分 $F[\varphi_n - \varphi_m]$ が 0 に収束することが分かる．積分が空間全体にわたる場合も同様であることを示すには，球 K_i の外部にわたる積分が，n と m に依存しない上限を超えず，それが無限に増大する R とともに 0 に収束することを示しさえすればよい．このためには，十分大きな R と $r \geqq R$ に対して，評価 $V \leqq \frac{B}{r^\beta} \leqq \frac{B}{R^\beta}$ が仮定されているので，半径 R の球の外部の上にわたる積分は

$$F[\varphi_n - \varphi_m] \leqq \frac{B}{R^\beta} H[\varphi_n - \varphi_m] \leqq \frac{4B}{R^\beta}$$

が成り立つことに注意すれば十分である．これで我われの主張が証明された．

6.6 固有関数の節

ここまでの説明において，大いに一般性を保ちつつ固有値の性質に関して正確な命題を述べることができた．しかしながら，固有関数の一般的な性質の研究は大変な困難をともない，固有値のようには未だ進んでいない．このことは，固有値問題が定める関数族の多様性によれば驚くことではない．これらの関数のうち特殊な二，三については以下の章で詳しく述べる．この節では固有関数についての一般的な考察を述べよう．

特に興味があるのは，固有関数が 0 となるような基本領域 G の点である．問題が 1 次元，2 次元，3 次元のときにそれぞれこれらを**節点**，**節線**，**節面**と呼ぶ．一般には**節**（ふし）という語を用いる[22]．

まず，以下の定理から直ちに導かれる注意を述べておく．すなわち，**固有値問題の第 1 固有値は基本領域の内部に節をもち得ない．よってそれはいたる所同じ符号であり，それと直交する他のおのおのの固有関数は節をもたなければならない．**

節の位置および密度に関して，いくつかの一般的な命題を述べることができる．例えば境界条件 $u = 0$ での微分方程式 $\Delta u + \lambda u = 0$ を考える．G' を G に完全に含まれ，u_n の節となる点を含まない領域とする．そうして関数 u_n の節に囲まれ，G' を含む最小の G の部分領域 G'' を考える．これらの領域 G'' に対して，関数 u_n は第 1 固有関数であり，λ_n は最小の固有値でなければならない．一方，我われの一般的な定理 3 から，G'' の第 1 固有値は G' の第 1 固有値より大きくはなく，よって $\gamma \geqq \lambda_n$ である．例えば，G' を半径 a の円とすると $\gamma = \tau^2$ であり，τ は方程式 $J_0(a\tau) = 0$ の最小の根である．よって $\gamma = k_{0,1}^2/a^2$ である．ただし $k_{0,1}$ は，§5.5.5 の記法に従って 0 次ベッセル関数の最初の零点である．よって $a^2 \leqq \frac{k_{0,1}^2}{\lambda_n}$ を得る．この関係は，節線

---

[22] [原註] 我われの微分方程式の節については，区分的に滑らかな曲線あるいは曲面であり，それにより基本領域が，区分的に滑らかな境界をもつ部分領域に分割されると想定しておく．

の網の密度に関する一般的に期待できる最良のものである．§6.4 の漸近関係 $\lambda_n \sim 4\pi \frac{n}{f}$ に鑑みれば，十分大きい n について，面積が $k_{0,1}^2 f/4n$ より大きい円それぞれが，第 n 固有関数の節線を含んでいなければならない．円の代わりに辺の長さが a の正方形をとると，対応して $a^2 \leqq 2\frac{\pi^2}{\lambda_n}$ を得る．読者は1変数あるいは多変数の他の問題について，全く同様な命題を各自で示すことができよう．

さらに，固有関数の節について，次の一般的な定理を証明することができる．領域 G に対する任意の同次境界条件での **2 階自己共役微分方程式** $L[u] + \lambda \varrho u = 0$ $(\varrho > 0)$ の固有関数を，固有値が増大する順に並べると，第 n 固有関数 u_n は，その零点集合によって領域を高々 n 個の部分領域に分割する．独立変数の数についてはどのような仮定もおかない[23]．

証明については，簡単のため xy-平面の領域 G を境界条件 $u = 0$ の下で考察しよう．λ_n を第 n 固有値とする．すなわち，対応する積分 $D[\varphi]$ の，あらかじめ与えられた境界条件と付帯条件

(48) $$\iint_G \varrho \varphi^2 \, dx \, dy = 1,$$

(49) $$\iint_G \varrho \varphi v_i \, dx \, dy = 0 \quad (i = 1, 2, \ldots, n-1)$$

の下でのマックス・ミニである．

対応する固有関数 u_n が，その零点集合により，領域 G を n 以上の部分領域 $G_1, G_2, \ldots, G_n, G_{n+1}, \ldots$ に分割し，n 個の関数 $w_1, w_2, \ldots, w_n$ を定めると仮定する．ただし w_i は，正規化因子を除いて G_i において u_i と一致し，G_i の外部では 0 となり，さらに

$$\iint_G \varrho w_i^2 \, dx \, dy = 1$$

とする．これらの線形結合 $\varphi = c_1 w_1 + \cdots + c_n w_n$ に対して，それ自身が正規化条件

$$\iint_G \varrho \varphi^2 \, dx \, dy = c_1^2 + \cdots + c_n^2 = 1$$

---

[23] [原註] R. Courant: Ein allgemeiner Satz zur Theorie der Eigenfunktionen selbstadjungierter Differentialausdrücke（自己共役微分式の固有関数の理論についての一般的な定理），Nachr. Ges. Göttingen (math.-phys. Kl.) 1923, Sitzung vom 13. Juli 参照．

を満たすとすると，部分積分によって直ちに，方程式

$$D[\varphi] = \lambda_n$$

の成り立つことが分かる．実際 w_i は，方程式 $L[w_i] + \lambda_n \varrho w_i = 0$ を満たすことに注意しよう．さて，任意に与えられた関数 v_i について，係数 c_i は，φ が (48) に加えて条件 (49) も満たすように決めることができるから，同じ微分方程式と境界条件 $u = 0$ に対する領域 $G' = G_1 + G_2 + \cdots + G_n$ の第 n 固有値 λ'_n は，λ_n より大きくない．§6.2.1 の定理 2 から，λ_n より小さくもないので，λ'_n はちょうど λ_n に等しい．これから再び定理 3 により，G の G' を含む各部分領域 G'' に対して，第 n 固有値は λ_n に等しいことが導かれる．任意の m 個の領域 G', G'', G''', ..., $G^{(m)}$ で，それぞれ前の領域を含むものに対して，このようにして固有関数 $u_n^{(1)}, u_n^{(2)}, \ldots, u_n^{(n)}$ が得られる．これらの関数を，対応する G の部分領域の外側では恒等的に 0 とおくと，G においてそれぞれが微分方程式 $L[u_n^{(i)}] + \lambda_n \varrho u_n^{(i)} = 0$ を満たす，m 個の線形独立な[24]関数系が得られる．すべてが 0 ではない係数 γ_i をもつ線形結合

$$\varphi = \gamma_1 u_n^{(1)} + \cdots + \gamma_m u_n^{(m)}$$

を，$(m-1)$ 個の関係

$$\iint_G \varrho \varphi v_i \, dx \, dy = 0 \quad (i = 1, 2, \ldots, m-1)$$

を満たすように決めることができる．$u_n^{(i)}$ は線形独立なので，φ は恒等的に 0 でなく，よって適当な因子を掛けて正規性 (48) を満たすようにできる．しかしながら，第 m 固有値のマックス・ミニ性により

$$D[\varphi] \geqq \lambda_m$$

でなければならない．一方，部分積分を用いて計算すると

$$D[\varphi] = \lambda_n$$

---

[24] ［原註］これらの関数が線形独立なことは，$u_n^{(k)}$ が $G^{(k)}$ のどの部分領域でも恒等的に 0 となり得ないことに注意すれば直ちに見てとれる．これは，常微分方程式では一意性定理から従う事実であり，偏微分方程式では楕円型の性質のゆえである．のちに旧原著第 II 巻で再び触れる．

が得られる．しかし $\lim_{n\to\infty} \lambda_n = \infty$ により，十分大きな m に対して $\lambda_m > \lambda_n$ となるのでこれは矛盾であり，よって n 個以上の領域 $G_1, G_2, \ldots$ という前の仮定はあり得ないことが示された．この定理の証明が，変数の数が異なるときもちょうど同じように行われることは，もはや述べなくともよいだろう[25]．

このように証明された一般定理は，スチュルム–リウヴィル型の固有値問題 $(py')' - qy + \lambda \varrho y = 0$ の特別な場合に対して，驚くべき精密化ができる．実際このとき第 n 固有値は，基本領域を n 個より少ない部分に分割できない．よって次の定理が成り立つ．

《定理》スチュルム–リウヴィル型問題について，第 n 固有関数は，その節線によって基本領域をちょうど n 個の部分領域に分割する．□

証明は通常，連続性の考え方により行われる．それをここに手短に述べよう．簡単のため微分方程式 $y'' + \lambda \varrho y = 0$ に限定しよう．$y(x, \lambda)$ により，パラメータ λ に連続的に依存し，$x = 0$ では 0 となる個の微分方程式の解を表す．直ちに等式

$$y(x, \lambda_1) y'(x, \lambda) - y(x, \lambda) y'(x, \lambda_1) = (\lambda_1 - \lambda) \int_0^x \varrho y(x, \lambda) y(x, \lambda_1) \, dx$$

が得られる．$x = \xi$ が $y(x, \lambda)$ の正の零点ならば

$$y(\xi, \lambda_1) y'(\xi, \lambda) = (\lambda_1 - \lambda) \int_0^\xi \varrho y(x, \lambda) y(x, \lambda_1) \, dx$$

となる．そこで $\lambda_1 > \lambda$ を十分 λ に近いとし，右辺の積分は正であるとする．このとき，$y(\xi, \lambda)$ と $y'(\xi, \lambda)$ は同符号でなければならない．$x = \xi$ では関数 $y(x, \lambda)$ は負の値から正の値に移り，すなわち $y'(\xi, \lambda)$ も正である．——$y'(\xi, \lambda)$ と $y(\xi, \lambda)$ は同時に 0 とはならない——よって $y(\xi, \lambda)$ もまた正である．十分小さい $\lambda_1 - \lambda$ について，$y(x, \lambda_1)$ と $y(x, \lambda)$ との差は任意に小さくできるから，$x = \xi$ の近傍では負の値から正の値に移らなければならず，$y(x, \lambda_1)$ の

---

[25] [原註] ここで証明した定理は以下のように一般化される．最初の n 個の固有関数の任意の線形結合は，その節によって領域を n 個以上の部分領域に分割することはない．H. Hermann: Beiträge zur Theorie der Eigenwerte und Eigenfunktionen（固有値と固有関数の理論への貢献），Göttingen dissertation, 1932 参照．

零点は ξ の左にある．そこで次のように述べることができる[26]．λ が連続して大きくなると，関数 $y(x,\lambda)$ の零点は一斉に左に移る．第 1 固有関数については，基本領域の内部に零点はなく，両端にあるのみである．λ が第 1 固有値から第 2 固有値にまで増大すると，第 2 の零点が右から区間の内部に移り，区間の端点が関数の第 3 の零点になるまで続く．以下同様であり，上に述べた定理は明らかであろう[27]．

ここで証明した事実は，これまでの一般的な結果とは異なり，常微分方程式を取り扱っていることに本質的に立脚している．偏微分方程式の固有値問題では，固有関数 u_n の節が，基本領域全体をただ 2 つの部分領域にしか分割しないような任意に大きな n の値が存在し得る．最も簡単な例[28]には，正方形 $0 \leqq x \leqq \pi$, $0 \leqq y \leqq \pi$ に対する微分方程式 $\Delta u + \lambda u = 0$ がある．$\lambda = 4r^2 + 1$ に対応する固有関数 $\sin 2rx \cos y + \mu \cos 2rx \sin y$ は，μ が 1 に

---

[26] [原註] λ が増大したとき，0 と ξ の間に零点が生じたり消滅したりしないことは，それらの点において y と y' とが同時に 0 とならないことから導かれる．

[27] [原註] 連続性の方法を避ける形に証明を修正することが，1 つの独立変数にはとどまらない次の定理に基づいて可能である．閉領域 B における $L[u] + \lambda \varrho u = 0$ の 2 階連続微分可能な解 u が，内部では符号を変化させることなく，B の境界 Γ の上で 0 になるとし，v を $\mu > \lambda$ である $L[v] + \mu \varrho v = 0$ の解とするならば，v は B において符号が変化しなければならない．（このときもちろん，u または v が B で恒等的に 0 となる場合は除く．）証明は，——例えば 2 つの独立変数という仮定の下で——グリーンの公式を用いた

$$\iint_B (vL[u] - uL[v])\,dx\,dy = (\mu - \lambda) \iint_B \varrho uv\,dx\,dy = \int_\Gamma v \frac{\partial u}{\partial n}\,ds$$

と結び付ければ直ちに得られる．ただし $\partial/\partial n$ は，Γ の外向き法線方向の微分を表す．一般性を失うことなく，u と v は B において正の値をとると仮定する．Γ の上では確かに $\partial u/\partial n \leqq 0$ であるから，上の等式の右辺の表式は正ではない．一方で中央の表式は，v が B で符号が変化しないとき正でなければならない．

これらの結果を，境界条件が 0 のスチュルム–リウヴィル型の問題に適用すると，2 つの固有関数のうち，零点個数の多いものが大きい固有値に対応していなければならないことが分かる．というのは，零点個数の少ない方の固有関数の，適当な 2 つの零点間の区間に，他方の固有関数の 2 つの零点間の区間が真部分区間として含まれるからである．第 1 の固有関数は内部に零点をもたず，第 n 固有関数の零点は $(n-1)$ 個より多くはないので，主張の通り，第 n 固有関数は基本領域の内部でちょうど $(n-1)$ 回だけ 0 となる．

[28] [原註] A. Stern: Bemerkungen über asymptotisches Verhalten von Eigenwerten und Eigenfunktionen（固有値と固有関数の漸近的振る舞いについての注意），Göttingen dissertation, 1925 参照．

十分近い正の定数のとき，ただ1つの節線しかもたないことが容易に分かる．
これら節線が，線の系をひもとくことによってどのように現れるか，$r = 12$
の場合に図6と図7に示す．

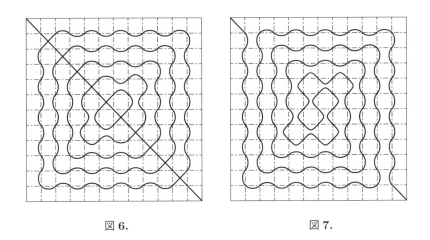

図 6.   図 7.

6.7 　第6章への補足と問題

6.7.1 　完全性からの固有値の最小性の導出

この章では，変分問題を通して定義された固有関数の完全性によって，そ
れらが対応する微分方程式での解の全体と同一であることを証明した．一方
で逆に，例えば三角関数やルジャンドル関数の場合は，微分方程式の固有値
問題に対して，解として完全な関数系が知られている．このときは，これら
の関数系が，極値の性質によって定義された関数系と同一であることを，次
のように直接証明することができる．2次元領域 G と境界条件 $u = 0$ に対す
る微分方程式

$$L[u] + \lambda \varrho u = 0$$

を考える．微分方程式問題の固有関数を $u_1, u_2, \ldots$ とし，対応する固有値を
$\lambda_1, \lambda_2, \ldots$ とする．まず初めに，G のいたる所において1階導関数が連続

であり 2 階導関数が区分的に連続である関数 φ が,境界 Γ の上で 0 となり,条件

(50) $$\iint_G \varrho\varphi^2 \, dx\, dy = 1,$$

(51) $$\iint_G \varrho\varphi u_i \, dx\, dy = 0 \quad (i = 1, 2, \ldots, n-1)$$

を満たすならば,積分が

$$D[\varphi] \geqq \lambda_n$$

であることを示そう.まずグリーンの公式から,境界条件 $\varphi = 0$ により

$$D[\varphi] = -\iint_G \varphi L[\varphi] \, dx\, dy$$

である.完全性関係(式 (23a), p.159 参照)を,関数 φ および $L[\varphi]/\varrho$ に適用すると,さらに

(52) $$D[\varphi] = -\sum_{i=1}^{\infty} \gamma_i \iint_G u_i L[\varphi] \, dx\, dy$$

が得られる.ただし

$$\gamma_i = \iint_G \varrho\varphi u_i \, dx\, dy$$

である.(52) から,$L[u_i] = -\lambda_i \varrho u_i$ を考慮してグリーンの公式を用いると

(53) $$D[\varphi] = \sum_{i=1}^{\infty} \lambda_i \gamma_i^2$$

となる.さて (51) から

$$\gamma_i = 0 \quad (i = 1, 2, \ldots, n-1)$$

であり,(50) および完全性関係により

$$\sum_{i=1}^{\infty} \gamma_i^2 = 1$$

である.よって直ちに,λ_i を増大する順に並べたとき

$$D[\varphi] \geqq \lambda_n$$

となる．さらに，以前にも示したが，簡単な計算により

$$D[u_n] = \lambda_n$$

が得られるので，上に述べた関数 φ についての第 n 固有値の最小性がちょうど示された．同じことが，連続性と区分的に連続な 1 階導関数の存在のみ仮定した関数 φ についても成り立つ．というのはこのような関数は，導関数とともに上で示したような関数によって近似でき，対応する積分 $D[\varphi]$ が，その差を任意に小さくできることから導かれるからである（上巻 §4.3.7 での説明参照）．

6.7.2　零点の非存在による第 1 固有関数の特徴付け

p. 184 から，第 1 固有関数は零点が存在しないことにより特徴付けられる．この事実についてここで別の証明を与えよう．ヤコビによって考案された——変分法においてもまた用いられる——方法である（**乗数変分法**）．

ここでは方程式

$$\Delta u - qu + \lambda u = 0$$

の場合に限る．以下を証明したい．すなわち，この方程式の，領域 G の境界 Γ の上で 0 であり内部では決して 0 とならない解 u が存在するならば

$$\mathfrak{D}[\varphi] = \iint_G (\varphi_x^2 + \varphi_y^2 + q\varphi^2)\, dx\, dy \geqq \lambda \iint_G \varphi^2\, dx\, dy$$

が，任意の許容関数 φ に対して成り立つ．等号が成り立つのは $\varphi = $ 定数 $\cdot u$ のときのみである．それを示すため，そのような関数 φ を

$$\varphi = \eta u$$

の形におく．u が G で 0 にならないのでこれは可能である．よって

$$\mathfrak{D}[\varphi] = \iint_G \left[u^2(\eta_x^2 + \eta_y^2) + 2uu_x \eta \eta_x + 2uu_y \eta \eta_y + (u_x^2 + u_y^2)\eta^2 + qu^2\eta^2\right] dx\, dy$$

となる．$2\eta\eta_x = (\eta^2)_x,\ 2\eta\eta_y = (\eta^2)_y$ に注意して部分積分すると，現れる境界積分は 0 なので

$$\mathfrak{D}[\varphi] = \iint_G \left[u^2(\eta_x^2 + \eta_y^2) - u\Delta u\,\eta^2 + qu^2\eta^2\right] dx\, dy$$

となる．u に対する微分方程式を用いると

$$\mathfrak{D}[\varphi] = \iint_G \left[u^2(\eta_x^2 + \eta_y^2) + \lambda u^2 \eta^2\right] dx\,dy$$
$$\geqq \lambda \iint_G u^2 \eta^2\,dx\,dy = \lambda \iint_G \varphi^2\,dx\,dy$$

が得られる．ただし等号は $\eta_x = \eta_y = 0$ に対して，すなわち $\eta =$ 定数に対してのみ成り立つ．

6.7.3 固有値の他の最小性

次の定理を証明してみよ．

《定理》積分表現

$$\mathrm{D}[v_1, \ldots, v_n] = \mathfrak{D}[v_1] + \cdots + \mathfrak{D}[v_n]$$

を最小にする問題は関数 $v_i = u_i$ を解とする．ただし，基本領域において区分的に連続な導関数をもつ，互いに直交する正規化されたすべての n 個の関数系を許容関数とする下で考える．あるいは解は，これら関数から直交変換によって得られる任意の関数系である．ここで関数 $u_1, \ldots, u_n$ は，この領域の最初の n 個の固有関数である．最小値はちょうど最初の n 個の固有値の和 $\lambda_1 + \cdots + \lambda_n$ に等しい．□

さらに，次の定理を証明してみよ．

《定理》$v_1, v_2, \ldots, v_{n-1}$ を G で連続な関数とし，$d\{v_1, v_2, \ldots, v_{n-1}\}$ により積分表現 $\mathfrak{D}[\varphi]$ の下限を表すとする．ただし φ は，通常の連続性の条件の他には，ただ1つの付帯条件

$$\iint_G \varrho\varphi^2\,dx\,dy - \sum_{i=1}^{n-1}\left(\iint_G \varrho\varphi v_i\,dx\,dy\right)^2 = 1$$

のみを課すとする．このとき第 n 固有値 λ_n は，$d\{v_1, v_2, \ldots, v_{n-1}\}$ の最大値に等しく，それは $v_1 = u_1, v_2 = u_2, \ldots, v_{n-1} = u_{n-1}; \varphi = u_n$ に対して実現される．□

このような定式化は，2 次の付帯条件のみが要求され，線形の条件が必要ないので大変興味がある．しかしながら，付帯条件の形が通常の等周問題の範囲を超えていくらか複雑になっていることを我慢しなければならない．

これらの定式化を，対応する 2 次形式の初等問題に帰着させることは読者の練習問題としておく．

別の多くの応用に有用な固有値問題の定式化を，境界条件が $u = 0$ の微分方程式 $\Delta u + \lambda u = 0$ を例にとり与えよう．

$$H[\varphi] = \iint_G \varphi^2 \, dx \, dy = \text{ミニ・マックス}$$

を，付帯条件

$$D[\varphi] = \iint_G (\varphi_x^2 + \varphi_y^2) \, dx \, dy = 1,$$
$$D[\varphi, v_i] = 0 \quad (i = 1, \ldots, n-1)$$

の下で考える．ミニ・マックスの意味は直ちに了解されよう．

さらなる同値な問題は，同じ付帯条件の下で，表式

$$\iint (\Delta \varphi)^2 \, dx \, dy$$

のマックス・ミニをとる問題である．ここでも比較関数 φ は，連続な 1 階導関数と区分的に連続な 2 階導関数をもつと要求しなければならない．

6.7.4 振動する板の固有値の漸近分布

振動する板の微分方程式 $\Delta \Delta u - \lambda u = 0$ に対して，境界条件 $u = 0$ と $\partial u / \partial n = 0$ （固定された板）については，漸近評価

$$A(\lambda) \propto \frac{f}{4\pi} \sqrt{\lambda}$$

が成り立つ．これから

$$\lambda_n \propto \left(\frac{4\pi n}{f} \right)^2$$

となる．ここで $A(\lambda)$ は，先のように上界 λ を超えない固有値の数であり，さらに λ_n は第 n 固有値，また f は板の面積を表す．よって次のように述べる

ことができる．固定された板の第 n 固有値は，n が増大するとき，固定された膜の第 n 固有値の平方に漸近的に等しい．特にそれは板の大きさのみに依存し形とは無関係である．同様のことが 3 次元でも成り立つ[29]．

6.7.5 問題 (1)[30]

スチュルム–リウヴィル型微分方程式（§6.2.3 の結果を参照）および 4 階常微分方程式に対して，§6.4.3 の方法により，固有値の漸近分布の法則を導いてみよ．

6.7.6 問題 (2)[30]

任意の 2 次正定値変分問題から現れる楕円型自己共役微分方程式に対して，固有値の漸近分布の法則を導いてみよ．

6.7.7 問題 (3)[30]

2 個のパラメータの固有値問題（§5.9.3 のラメの問題をみよ）を，変分法を用いて取り扱ってみよ．

6.7.8 境界条件のうちのパラメータ

§5.16.4 のように，パラメータが境界条件のうちに現れる固有値問題もまた，変分法の観点から容易に解くことができる．微分方程式 $\Delta u = 0$ および境界条件 $\partial u/\partial n = \lambda u$ の場合には，積分

$$\iint (\varphi_x^2 + \varphi_y^2)\, dx\, dy$$

を極小にすることで扱うことができる．ただし φ^2 に関する境界積分については，条件

$$\int \varphi^2\, ds = 1$$

---

[29] [原註] R. Courant; Über die Schwingungen eingespannter Platten（固定された板の振動について）, Math. Zeitschr., Bd. 15, pp.195–200, (1922) 参照．

[30] [訳註] 原著では表題は与えられていないが，ここでは便宜上「問題」とした．

を満たし，さらにその上に適当な線形の付帯条件を課すとする．読者はこの考えをさらに発展させてみるとよい．

G が単位円の場合，この関数の解はポテンシャル関数 $r^n \cos n\theta$, $r^n \sin n\theta$ により与えられる．固有値は $\lambda_n = n^2$ である．

一般の場合，この章の手法を適用して λ_n の大きさの程度は n^2 であること，またこれから，§6.3.1 により表式 $\mathfrak{H}[\varphi] = \int_\Gamma \varphi^2 \, ds$ に関する固有関数の完全性が導かれる．すなわち固有関数の境界値は s の関数として完全系をなし，よってこれより，G で正則な任意のポテンシャル関数は，固有関数により平均近似されることが導かれる．

6.7.9 閉曲面に対する固有値問題

ラプラスの球関数の固有値問題は，閉曲面の上の関数の簡単な例である．そこでは曲面全体での正則性が，境界条件の代わりとして現れる．この固有値問題の理論は，第 6 章で展開した方法により，ちょうど $\mathfrak{D} : \mathfrak{H}$ の比に対する極小問題あるいはマックス・ミニ問題と密接に結ばれる．ここで $\mathfrak{D}$ は，φ の導関数により構成された 2 次式であり，$\mathfrak{H}[\varphi]$ は閉曲面を積分領域とする導関数を含まない正値 2 次形式である．この固有値問題の理論は，閉曲面上の別の 2 次微分形式に対しても引き継がれる．

6.7.10 特異点が現れる場合の固有値の評価

§6.2.4 では，ベッセルの固有値問題の例で特異点が現れる場合を扱った．そこでは 0 次のベッセル関数の場合に，ベッセル関数の特別な性質を用いる特殊な扱いが必要であった．ここでは，一般的な方法の応用が可能な考え方を用いて，この特殊な扱いが回避できることを示す．例として

$$D[\varphi] = \int_0^1 x\varphi'^2 \, dx, \quad H[\varphi] = \int_0^1 x\varphi^2 \, dx$$

に対応する固有値問題で，点 $x = 0$ に対する境界条件はなく，境界条件 $\varphi(1) = 0$ であるものを考える．求める関数として $\sqrt{x}\varphi$ としてみると，我々の問題

の第 n 固有値 λ_n に対して,評価 $\lambda_n \leqq n^2\pi^2$ が容易に得られる. λ を超えない固有値の数 $A(\lambda)$ に対しては,よって $A(\lambda) \geqq \frac{1}{\pi}\sqrt{\lambda}$ となる.

λ_n を下から,すなわち $A(\lambda)$ を上から評価するため——これらの評価はここで特に問題となる——0 と 1 の間の任意に小さい正の数 ε をとる. $A(\lambda) \leqq B_1(\lambda) + B_2(\lambda)$ が成り立つことに注意する.ただし B_1, B_2 は,それぞれ式

$$D_1 = \int_0^\varepsilon x\varphi'^2\,dx, \quad H_1 = \int_0^\varepsilon x\varphi^2\,dx \quad \text{および}$$

$$D_2 = \int_\varepsilon^1 x\varphi'^2\,dx, \quad H_2 = \int_\varepsilon^1 x\varphi^2\,dx$$

に対する,λ を超えない固有値の数である.ここで関数 φ の点 $x = \varepsilon$ における連続性は課されず,よってどちらの場合も点 $x = \varepsilon$ は自由な端点として扱われる. $B_2(\lambda)$ については,この章の通常の方法により漸近関係 $\frac{B_2(\lambda)}{\sqrt{\lambda}} \to \frac{1}{\pi}(1-\varepsilon)$ が成り立つ.そうして $B_1(\lambda)$ の評価の問題のみ残り,それは以下のように実行される. H_1 を $H_1^* = \varepsilon\int_0^\varepsilon \varphi^2\,dx$ により上から評価し,D_1 を $D_1^* = \int_0^\varepsilon x(1-\frac{x}{\varepsilon})\varphi'^2\,dx$ により下から評価する.明らかな記法で直ちに $B_1(\lambda) < B_1^*(\lambda)$ となる.一方でこの新しく現れた固有値問題の固有関数と固有値は,変換 $x = (1+\xi)\frac{\varepsilon}{2}$ により区間 $0 \leqq x \leqq \varepsilon$ を区間 $-1 \leqq \xi \leqq 1$ に変換すれば,具体的に求めることができる.すなわち固有関数として ξ のルジャンドル多項式,固有値として数 $\frac{n(n+1)}{\varepsilon^2}$ が得られる.よって $B_1(\lambda) \leqq B_1^*(\lambda) \leqq \varepsilon(1+\delta)\sqrt{\lambda}$ となり,δ はやはり λ が増大すると 0 に収束する.以上の考察をまとめると,ε は任意に小さくとれるから,直ちに漸近関係

$$\lim_{\lambda \to \infty} \frac{A(\lambda)}{\sqrt{\lambda}} = \frac{1}{\pi}$$

が導かれる.

6.7.11 膜と板に対する極小定理

与えられた周長あるいは面積を持つ膜あるいは板の縁が固定されていて,内部での(与えられた)密度および弾性率が一定のとき,最も低い基音をもつのは形が円の場合である.(証明には,与えられた周長の場合については下に引用された論文の最初のものを,与えられた面積の場合については,G. ファー

ベル[31]とE.クラーン[32]の論文をそれぞれ参照せよ．）

6.7.12 質量分布が変化するときの極小問題

次の定理を証明されたい．変分法の興味深い例である．

《定理》与えられた一様な張力の両端が固定された弦で，その上に与えられた質量が分布しているものは，質量が中点に凝縮しているとき最も低い基音となる．□

膜および板に対する同様の結果を証明してみよ．

6.7.13 スチュルム–リウヴィル型問題の節点とマックス・ミニ原理

§6.6の定理では，スチュルム–リウヴィル問題の第n固有値が，その零点により基本領域を，n個の部分領域に分割することを示したが，それは以下の考察によっても与えられる[33]．振動する弦において，$(n-1)$個の任意に選んだ内点を固定すると，これらn個の独立な弦からなる系の基音は，部分領域系の最も低い基音と一致する（§6.1.3参照）．このとき分割された系の基本振動は，その当の部分の基本振動と他の部分の休止状態により与えられる．あらかじめ与えられた節点の位置を動かすと，分割された系の基音は，現れるn個の部分系がちょうど同じ基音をもつときに最も高くなる．というのは，2つの隣接する部分系が異なる基音をもつならば，2つに共通する節点をずらすと，一方の基音を高くし他方のそれを低くして，2つの音をちょうど同じ高さにできる．そうして考えている極値の場合では，分割された系の基本

---

[31] ［原註］G. Faber; Beweis, daß unter allen homogenen Membranen von gleicher Fläche ...（同じ面積をもつすべての一様な膜のうちで…であることの証明），Bayr. Akad. 1923.

[32] ［原註］E. Krahn; Über eine von Rayleigh formulierte Minimaleigenschaft des Kreises （レイリーが定式化した円の極小性について），Math. Ann. Bd.94, (1925).

[33] ［原註］Hohenemester; Ingenieurarchiv 1930, 第3巻参照．そこでも同様な考察がなされている．

振動は，連続微分可能な関数によって表され，その関数は，考えている振動数に対応する各 $(n-1)$ 個の点で 0 となるもとの自由な系の固有関数である．よって，弦を $(n-1)$ 個の点で固定し，これらの点を，分割された系が最も高い基音となるよう適当な仕方で選ぶと，解として $(n-1)$ 個の内点を零点とするもとの系の固有関数が得られる．このように得られた固有値を μ_n と，対応する固有関数を v_n とすると，常に $\mu_{n+1} \geqq \mu_n$ である．というのは確かに v_n の適当な 2 つの隣り合う零点により定まる区間が存在し，v_{n+1} の 2 つの零点の間の区間を真部分集合として含み，区間を短くすると，基音は対応して高くなるからである（p. 188 脚注参照）．

前のように，λ_n により弦の固有値の全体を増大する順に表すと，μ_n は λ_n の中に含まれているので，$\mu_n \geqq \lambda_n$ の成り立つことが分かる．一方であらかじめ節点を与えるという制限は，§6.1.4 で固有値 λ_n を決定するための変分問題を考察したように，線形の付帯条件の特別な，あるいは極限の場合に過ぎない．これら特別な付帯条件に制限した下でのマックス・ミニ，すなわち数 μ_n は，任意の線形な付帯条件を課したときのマックス・ミニ，すなわち λ_n より大きくない．よって $\mu_n \leqq \lambda_n$ であり，上の結果とあわせると $\mu_n = \lambda_n$ である．これでスチュルム–リウヴィル固有関数の零点についての定理は証明された．

第7章 固有値問題によって定義される特殊関数

7.1 2階線形微分方程式についての前置き

本章では，すでに定義したいくつかのクラスの関数，すなわちベッセル関数，ルジャンドル関数，ラプラスの一般球関数について，立ち入った考察を行う．その際の視点はこれまでの章における扱いよりもかなり一般的である．まず，独立変数は任意の複素数値をとり得るものする．当然ながら対象とする関数は複素変数関数となるが，それを関数論の方法を用いて調べる．さらに，上に挙げた関数だけでなく，それらが満たす微分方程式の解の全体をも問題視する．

なお，次のことは既知であると仮定しよう：独立変数を複素数 $z = x + iy$ とした場合でも，これらの線形微分方程式は2つの線形独立な解をもち，一般解はそれらを定数係数で結んだ線形結合で表される．さらにこれらの解のすべては，微分方程式の係数から定まる特異点を除いて正則な z の解析関数である．多くの新規な，そうして重要な関数がこのような線形微分方程式によって定義される．これらの関数は初等関数に直接的には帰着されないが，しかし，初等関数の積分により表示されることが多い．

さて，線形微分方程式

$$L[u] + \mu u = 0$$

の解を積分表示の形で求めたいとき，これから一般的に述べる，いわゆる**積分変換法**が多くの場合に望ましい結果をもたらす．

未知関数 $u(z)$ の代わりに求めるべきものとして，複素変数 $\zeta = \xi + i\eta$ の

未知関数 $v(\zeta)$ を新たに導入し,

$$u(z) = \int_C K(z,\zeta) v(\zeta) \, d\zeta \tag{1}$$

とおく.ここで複素変数 z, ζ のどちらについても解析的な変換核(積分変換の核関数)$K(z,\zeta)$,および積分路 C は,目的に応じて(うまく)選ばれるべきものである.

そうすると,もとの微分方程式は

$$\int_C (L[K] + \mu[K]) v(\zeta) \, d\zeta = 0$$

となる.L は変数 z についての微分作用素であるが,ここでは L と積分との可換性を仮定している.

K を(うまく)選ぶことによって $L[K]$ が ζ についての微分だけをともなう線形微分式 $A[K]$ で置き換わるようにする.すなわち,K が偏微分方程式

$$L[K] = A[K]$$

を満たすようにとるのである.そうして,積分の中での K に対する微分演算を部分積分(その可能性は仮定しよう)により消去すると,上記の線積分は

$$\int_C K(z,\zeta)(B[v] + \mu v) \, d\zeta$$

と書き換えられる.ただし,$B[v]$ は $A[v]$ に共役な微分式である(§5.1 を参照).なお,上記の積分の扱いにおいて,積分路の端点からの寄与を考慮せねばならないが,積分路を然るべく選ぶことによってそれを消すことができる.

上記における(K を定める)偏微分方程式の選び方には様々な余地があるが,その偏微分方程式およびそれから由来する微分方程式

$$B[v] + \mu v = 0$$

が,簡単かつ具体的に解ければ,そうして演算に関する上記の仮定も満たされるならば,この方法により解 $u(z)$ が所期の積分形で得られるのである.

解析学では,このような積分変換が様々な形で登場する.例えば,核

$$K(z,\zeta) = e^{z\zeta} \quad \text{あるいは} \quad e^{iz\zeta}$$

に対しての**ラプラス変換**が,また,核

$$K(z,\zeta) = (z-\zeta)^\alpha$$

に対しての**オイラー変換**がその例である．

7.2 ベッセル関数

最初にベッセルの微分方程式

(2) $$z^2 u'' + z u' + z^2 u - \lambda^2 u = 0$$

を考察し，そのすべての解を見出し，かつその性質を調べることを目標としよう．その際，変数 z だけでなく指数（パラメータ）λ も複素数であるとする．

7.2.1 積分変換の遂行

目指すことは，変換 (1) を用いての微分方程式 (2) の積分である．(1) を微分方程式に代入すると

$$\int_C (z^2 K_{zz} + z K_z + z^2 K - \lambda^2 K) v(\zeta)\, d\zeta = 0$$

となる．ここで K が満たすべき微分方程式として

$$z^2 K_{zz} + z K_z + z^2 K + K_{\zeta\zeta} = 0$$

をとろう．関数

$$K(z,\zeta) = e^{\pm i z \sin \zeta}$$

は，複号のどちらについても，z-平面全体および ζ-平面全体において 1 価正則な解である．これを用いると微分方程式 (2) は

$$\int_C (K_{\zeta\zeta} + \lambda^2 K) v(\zeta)\, d\zeta = 0$$

に帰着されるが，これはさらに部分積分を用いて

$$\int_C K(z,\zeta)\{v'' + \lambda^2 v\}\, d\zeta + \int_C \frac{\partial}{\partial \zeta}\{K v' - K_\zeta v\}\, d\zeta = 0$$

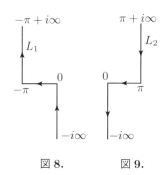

図 8.　　図 9.

と書ける．変換された微分方程式 $v'' + \lambda^2 v = 0$ は，解 $\pm i\lambda z$ をもつ．そこで残る課題は積分路を然るべく選ぶことだけである．まず次のことに注意しよう．図 8, 図 9 で示される積分路 L_1, L_2 の鉛直部分において，$-iz\sin\zeta$ の実数部分は $\Re z > 0$ ならば負であり，$|\zeta|$ が増大するにつれて指数関数的に負の無限大になる．従って $K(z, \zeta) = e^{-iz\sin\zeta}$ ととれば，第 2 項の $K_\zeta v - K v'$ は L_1, L_2 に沿って，上下どちらの方向についても，遠方に行くにつれて 0 に近づく．従って次の 2 つの積分

$$\text{(3)} \quad \begin{cases} H_\lambda^1(z) = -\dfrac{1}{\pi} \displaystyle\int_{L_1} e^{-iz\sin\zeta + i\lambda\zeta}\, d\zeta, \\[2pt] H_\lambda^2(z) = -\dfrac{1}{\pi} \displaystyle\int_{L_2} e^{iz\sin\zeta + i\lambda\zeta}\, d\zeta \end{cases}$$

の形で微分方程式 (2) の解が得られる．この解は通常，ハンケル関数と呼ばれる．ここでの積分が $\Re z > 0$ のときに収束すること，また導出に必要な仮定を満たすものであることを確かめるのは容易である．

7.2.2　ハンケル関数

ハンケル関数 $H_\lambda^1(z)$ および $H_\lambda^2(z)$ は，積分 (3) により右半平面 $\Re z > 0$ 上でのみ定義されている．しかし，これらは次のようにして容易に解析接続される．

簡単のために，固定した z に対し

$$f(\zeta) = -iz\sin\zeta + i\lambda\zeta,$$
$$\zeta = \xi + i\eta, \quad \lambda = a + ib$$

とおけば，

$$\Re f(\zeta) = y\sin\zeta\cosh\eta + x\cos\xi\sinh\eta - b\xi - a\eta,$$

7.2 ベッセル関数

$$\Im f(\zeta) = -x\sin\zeta\cosh\eta + y\cos\xi\sinh\eta + a\xi - b\eta$$

となる．ここで例えば積分路 L_1 を取り換えて，その鉛直部分の横座標が 0, $-\pi$ であるものから横座標が ξ_0, $-\pi-\xi_0$ であるものを新しい積分路 L_1' として用いることにすれば，積分 $\int_{L_1'} e^{f(\zeta)}\,d\zeta$ は次の条件を満たす z に対して収束する：

$$y\sin\xi_0 - x\cos\xi_0 < 0$$

このような z は直線

$$y\sin\xi_0 - x\cos\xi_0 = 0$$

に区切られる（然るべき側の）半平面の点である．点 z がこの半平面と半平面 $\Re z > 0$ の双方の上にあるときは，どちらの積分路も有効であり，かつコーシーの積分定理から分かるように，与える結果は同じである．一方，上記の半平面の $\Re z > 0$ ではない部分については，新しい積分路による積分が関数 $H_\lambda^1(z)$ の解析接続を与えている．そこで，ξ_0 を正値の適当な非有界列に沿って変化させることにより，さらにまた負値の適当な非有界列に沿って変化させることにより，順次に $H_\lambda^1(z)$ の完全な解析接続を遂行することができる．すなわち原点を，位数が λ に依存する分岐点にもつこの関数のリーマン面が得られる．

$\xi_0 = -\frac{\pi}{2}$ に対しては，積分路の水平部分がなくなるので，$H_\lambda^1(z)$ の積分表示

$$H_\lambda^1(z) = \frac{e^{-i\frac{\pi}{2}\lambda}}{\pi i}\int_{-\infty}^\infty e^{iz\cosh\eta - \lambda\eta}\,d\eta$$

が得られる．これは上半平面 $\Im z > 0$ において $H_\lambda^1(z)$ を表すものである．

z が上半平面の角領域

$$\delta \leqq \arg z \leqq \pi - \delta$$

に留まりながら無限遠に近づくとき，被積分関数は積分路の全体において 0 に近づく．そうして，積分が部分領域 $\Im(z) \geqq \rho > 0$ において一様に収束することから，関数 $H_\lambda^1(z)$ も 0 に収束する．同様に，z が下半平面の角領域

$$\pi + \delta \leqq \arg z \leqq 2\pi - \delta$$

に留まりながら無限遠に近づくとき,関数 $H_\lambda^2(z)$ は 0 に近づく.

よって次の結果が得られた.

《定理》 ハンケル関数 $H_\lambda^1(z)$ は,変数 z が上半平面の角領域 $\delta \leqq \arg z \leqq \pi - \delta$ に留まりながら無限遠に近づくとき 0 に近づく.ハンケル関数 $H_\lambda^2(z)$ は,変数 z が下半平面の角領域 $\pi + \delta \leqq \arg z \leqq 2\pi - \delta$ に留まりながら無限遠に近づくとき 0 に近づく[1].

ハンケル関数の無限遠の近傍における挙動から容易に導かれることは,$H_\lambda^1(z)$ と $H_\lambda^2(z)$ はどちらも恒等的に $\mathbf{0}$ ではなく,かつ,$\boldsymbol{\lambda}$ の各値に対して互いに線形独立なことである.

これを証明するために「$|z|$ を増大させるとき,$H_\lambda^2(z)$ は,正の虚軸上で,また,$H_\lambda^1(z)$ は負の虚軸上でそれぞれ限りなく大きくなる」ことを示そう.

正の虚軸上の z に対して有効な $H_\lambda^2(z)$ の表示を得るために,積分路 L_2' の鉛直部分の横座標を $-\xi_0$ および $\pi+\xi_0$ ととる.ただし,ξ_0 は区間 $0 < \xi_0 \leqq \frac{\pi}{2}$ の任意の点である.鉛直部分に沿っての積分 $\int e^{f(\zeta)} d\zeta$ は y が増大するとき 0 に収束するから,それ以外の部分での積分

$$\int_{\pi+\xi_0}^{-\xi_0} e^{y \sin \xi - b\xi + ia\xi} \, d\xi$$

に考察を限ってよい.そうすれば,——$\xi = \xi' + \frac{\pi}{2}$ と変数変換してみれば分かるのであるが——結局は積分

$$\int_0^{\frac{\pi}{2}+\xi_0} \cosh b\xi \, e^{y \cos \xi} \cos a\xi \, d\xi$$

を調べればよいことも分かる.

さらに,この積分が $y \to \infty$ につれて限りなく増大することは,$|a| \leqq 1$ の場合には直接に,そうして $|a| > 1$ の場合には少々精密な評価を行うことにより示すことができる[2].

同様な考察を関数 $H_\lambda^1(z)$ と負の虚軸に対して行うことができる.

---

[1] [原註] この主張は,$H_\lambda^1(z)$ と $H_\lambda^2(z)$ の最初に考察した分岐に対してだけ成り立つ.他の分岐は,初めに考察した両分枝の線形結合で表されるのであり,それに対してここでの主張は成り立たない.

[2] [原註] まず ξ_0 を,$\frac{\pi}{2} + \xi_0$ が $\pi/2a$ の整数倍となるように選ぶ.このとき問題の積分は

こうして証明された関数 $H^1_\lambda(z)$ と $H^2_\lambda(z)$ の線形独立性から，ハンケル関数によってベッセルの微分方程式の解のすべてを支配することができる．すなわち，任意の解は

$$c_1 H^1_\lambda(z) + c_2 H^2_\lambda(z)$$

の形の線形結合で表されるのである．

次の注意も加えておこう．**ハンケル関数 $H^1_\lambda(z)$ および $H^2_\lambda(z)$ は無限遠点における挙動と微分方程式 (2) によって，z を含まない定数因子だけを別として一意に確定される．**なぜなら，もしベッセルの微分方程式のある解が $H^1_\lambda(z)$ と線形独立でありながら，無限遠において，例えば，上半平面での遠方において同じ挙動をとるとすれば，ベッセルの微分方程式の任意の解が無限遠において $H^1_\lambda(z)$ と同じ挙動をもつことになる．特に解 $H^2_\lambda(z)$ も例外でない．これは，$|H^2_\lambda(z)|$ が正の虚軸に沿っての遠方で限りなく大きくなるという，証明済みの事実と矛盾する．

最後に $z \ne 0$ を固定したとき，ハンケル関数の λ への依存の仕方に着目しよう．積分 (3) における被積分関数は λ に解析的に依存し，積分の収束は任意に固定した有界領域に属する λ に関して一様である．これより，**ハンケル関数が λ の解析関数であること，特に超越整関数であることが分かる．**

7.2.3　ベッセル関数とノイマン関数

微分方程式 (2) の解で物理学的に興味がもたれるのは，z と λ が実数のときに実数となる解である．そのような解を導くために

(4) $$\begin{cases} H^1_\lambda(z) = J_\lambda(z) + i N_\lambda(z), \\ H^2_\lambda(z) = J_\lambda(z) - i N_\lambda(z) \end{cases}$$

$$\int_0^{n\frac{\pi}{2a}} \cosh b\xi\, e^{y\cos\xi} \cos a\xi\, d\xi$$
$$= \frac{1}{a} \int_0^{\frac{\pi}{2}} \cos\xi \left\{ \sum_{\nu=0}^{n-1} (-1)^\nu \cosh \frac{b}{a}\left(\xi + \nu\frac{\pi}{2}\right) e^{y\cos\frac{1}{a}\left(\xi + \nu\frac{\pi}{2}\right)} \right\} d\xi$$

となる．ここで，y が増加するにつれて，指数 $\cos\frac{1}{a}\xi$ は続く指数 $\cos\frac{1}{a}\left(\xi + \nu\frac{\pi}{2}\right)$ より，少なくとも $1 - \cos\frac{\pi}{2a}$ だけ大きいため，総和において第 1 項が卓越する．そしてこの第 1 項は，y とともに限りなく増大する．

とおく．これから定まる

(5) $$J_\lambda(z) = \frac{1}{2}(H^1_\lambda(z) + H^2_\lambda(z))$$

は，いわゆる指数 λ のベッセル関数であり，一方

(5′) $$N_\lambda(z) = \frac{1}{2i}(H^1_\lambda(z) - H^2_\lambda(z))$$

は対応するノイマン関数である．この変換の行列式

$$\begin{vmatrix} \frac{1}{2} & \frac{1}{2} \\ \frac{1}{2i} & -\frac{1}{2i} \end{vmatrix} = \frac{i}{2}$$

が 0 でないので，任意の λ に対して $J_\lambda(z)$ と $N_\lambda(z)$ は線形独立である．

実数の z と λ に対しては，ハンケル関数 $H^1_\lambda(z)$ と $H^2_\lambda(z)$ は互いに複素共役である．実際，$\overline{L}_1$ を L_1 の実軸に関する鏡像であるとして成り立つ積分表示

$$\overline{H^1_\lambda(z)} = -\frac{1}{\pi} \int_{\overline{L}_1} e^{iz\sin\zeta - i\lambda\zeta} d\zeta$$

において，変数 ζ を $-\zeta$ で置き換えれば，

$$\overline{H^1_\lambda(z)} = \frac{1}{\pi} \int_{-\overline{L}_1} e^{-iz\sin\zeta + i\lambda\zeta} d\zeta$$

が導かれる．ところが，$-\overline{L}_1$ は積分路 L_2 を逆に向きづけたものに等しいので

$$\overline{H^1_\lambda(z)} = -\frac{1}{\pi} \int_{L_2} e^{-iz\sin\zeta + i\lambda\zeta} d\zeta = H^2_\lambda(z)$$

が成り立つ．

よって，実数の λ, z に対して，$J_\lambda(z)$ および $N_\lambda(z)$ はそれぞれハンケル関数の実部および虚部である．従って $J_\lambda(z)$ および $N_\lambda(z)$ は実数値である．

関数 $H^\nu_{-\lambda}(z)$ ($\nu = 1, 2$) は，同じ λ に対する $H^\nu_\lambda(z)$ と同様にベッセルの微分方程式の解である．なぜなら，λ はその微分方程式に λ^2 の形でしか入っていないからである．また，$H^\nu_\lambda(z)$ と $H^\nu_{-\lambda}(z)$ とは線形独立ではあり得ない．なぜなら，§7.2.2 によりそれらは無限遠において同じ挙動を示すからである．

実際，積分表示

$$H^1_{-\lambda}(z) = -\frac{1}{\pi} \int_{L_1} e^{-iz\sin\zeta - i\lambda\zeta} d\zeta$$

に新しい積分変数 $-\zeta-\pi$ を導入すれば，関係式

(6) $$H^1_{-\lambda}(z) = e^{i\lambda\pi} H^1_\lambda(z)$$

がすぐに得られる．また同様な計算により，

(6′) $$H^2_{-\lambda}(z) = e^{-i\lambda\pi} H^2_\lambda(z)$$

が導かれる．

よって，負の指数をもつベッセル関数およびノイマン関数に対して

(7) $$J_{-\lambda}(z) = \frac{e^{i\lambda\pi} H^1_\lambda(z) + e^{-i\lambda\pi} H^2_\lambda(z)}{2},$$

(7′) $$N_{-\lambda}(z) = \frac{e^{i\lambda\pi} H^1_\lambda(z) - e^{-i\lambda\pi} H^2_\lambda(z)}{2i}$$

が得られる．ハンケル関数の場合と対照的に，これらは例外的な場合を除いて $J_\lambda(z)$, $N_\lambda(z)$ のそれぞれと線形独立である．そうでなくなるのは変換の行列式

$$\frac{1}{4}\begin{vmatrix} e^{i\lambda\pi} & e^{-i\lambda\pi} \\ 1 & 1 \end{vmatrix} = \frac{i}{2}\sin\lambda\pi$$

が 0 に等しいときだけある．すなわち，n が整数のときだけである．その場合には関係

(8) $$J_{-n}(z) = (-1)^n J_n(z),$$
(8′) $$N_{-n}(z) = (-1)^n N_n(z)$$

が成り立つ．

以上により，λ が整数でないときはベッセルの微分方程式 (2) の**一般解**を

$$c_1 J_\lambda(z) + c_2 J_{-\lambda}(z)$$

で表すことができる．これに対して $\lambda = n$ の場合には，線形結合

$$c_1 J_n(z) + c_2 N_n(z)$$

を用いるのであるが，後で見るように，この場合の $N_n(z)$ は $J_n(z)$ および $J_{-n}(z)$ から簡単に計算できる（§7.2.9 参照）．

7.2.4 ベッセル関数の積分表示

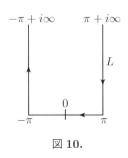

図10.

(3) における $H_\lambda^1(z), H_\lambda^2(z)$ それぞれの積分表示の和をとると,虚軸に沿う積分が打ち消し合う.すなわち,右半平面 $\Re z > 0$ に属する z に対する $J_\lambda(z)$ の表示

(9) $$J_\lambda(z) = -\frac{1}{2\pi}\int_L e^{-iz\sin\zeta + i\lambda\zeta}\,d\zeta$$

が得られる.ただし,L は図10で示される無限折線である.

特に λ が整数ならば,被積分関数の周期性によって積分路の鉛直部分からの寄与が打ち消し合う.すなわち

(10) $$J_n(z) = \frac{1}{2\pi}\int_{-\pi}^{\pi} e^{iz\sin\zeta - in\zeta}\,d\zeta$$

となる.さらに,被積分関数の実数部分および虚数部分が[3]それぞれ ζ の偶関数,奇関数であることから,次式が成り立つ.

(10′) $$J_n(z) = \frac{1}{\pi}\int_0^\pi \cos(z\sin\zeta - n\zeta)\,d\zeta.$$

これらの積分によれば $J_n(z)$ はすべての z に対して定義される.そうして,**整数指数をもつベッセル関数は全平面において1価正則であること,すなわち整関数であること**が分かる.

さらに,積分表示 (10) から,$J_n(z)$ が ζ の関数 $e^{iz\sin\zeta}$ のフーリエ展開

(11) $$e^{iz\sin\zeta} = \sum_{n=-\infty}^{\infty} J_n(z)e^{in\zeta}$$

における n 番目の係数であることが分かる.この展開は,整数指数のベッセル関数を母関数 $e^{iz\sin\zeta}$ を用いて定義するものとみなすことができる.

z と ζ が実数のときは,(11) から関係式

---

[3] [訳註] z が実数値でないとこの言い方は正しくない.正しくは $\Phi = z\sin\zeta - n\zeta$ とおいて $e^{i\Phi} = \cos\Phi + i\sin\Phi$ と書いたとき,右辺第1項からの偶関数,第2項からの奇関数であることを用いる.

$$\cos(z\sin\zeta) = \sum_{n=-\infty}^{\infty} J_n(z)\cos n\zeta,$$
$$\sin(z\sin\zeta) = \sum_{n=-\infty}^{\infty} J_n(z)\sin n\zeta$$

が得られる．ただし，これらは z と ζ が複素数のときも成り立つ．

さらに

$$J_{-n}(z) = (-1)^n J_n(z)$$

であることに注意すれば，

(12) $$\begin{cases} \cos(z\sin\zeta) = J_0(z) + 2\sum_{n=1}^{\infty} J_{2n}(z)\cos 2n\zeta, \\ \sin(z\sin\zeta) = 2\sum_{n=1}^{\infty} J_{2n-1}(z)\sin(2n-1)\zeta \end{cases}$$

が得られ，また，特に $\zeta = \frac{\pi}{2}$ とした場合から

$$\cos z = J_0(z) - 2J_2(z) + 2J_4(z) - + \cdots,$$
$$\sin z = 2J_1(z) - 2J_3(z) + - \cdots$$

が得られる．

積分表示 (9) において変数変換 $\zeta' = e^{-i\zeta}$ を行えば，新しい積分表示

(13) $$J_\lambda(z) = \frac{1}{2\pi i}\int_{\tilde{L}} e^{\frac{z}{2}\left(\zeta - \frac{1}{\zeta}\right)}\zeta^{-\lambda-1}\,d\zeta$$

が導かれる．

ここで L は図 11 で示されるような曲線路である．この積分路は負の実軸の上下の岸に沿って $-\infty$ と -1 の間を（図の向きに）往復し，原点の周りを単位円に沿って正の向きに一周するものである[4]．λ が整数 n のときは，半直

---

[4] ［原註］この積分表示は，積分変換の核を微分方程式

$$z^2 K_{zz} + zK_z + z^2 K - \zeta(\zeta K_\zeta)_\zeta = 0$$

に従うようにとれば，§7.1 で述べた方法から直接に導出することができる．そうしてこの微分方程式の解 $K = e^{\frac{z}{2}(\zeta-\frac{1}{\zeta})}$ を採用すれば，変換に際して v の満たすべき微分方程式は $[\zeta(\zeta v)']' - \lambda^2 v = 0$ となり，これが解 $v = \zeta^{\pm\lambda-1}$ をもつのである．

線に沿う積分が打ち消しあうので積分表示は

(14) $$J_n(z) = \frac{1}{2\pi i} \oint e^{\frac{z}{2}(\zeta - \frac{1}{\zeta})} \zeta^{-n-1} d\zeta$$

となる．よって，$J_n(z)$ は，ローラン展開

(15) $$e^{\frac{z}{2}(\zeta - \frac{1}{\zeta})} = \sum_{n=-\infty}^{\infty} J_n(z) \zeta^n$$

の n 次の項の係数にもなっている．この展開を整数指数をもつ $J_n(z)$ の定義として採用することも可能である．

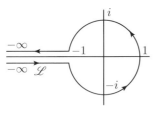

図 11.

(13) で，まずは z が正の実数であると仮定して，$\zeta = \frac{2v}{z}$ により積分変数を変換すると，同じ積分路を用いての積分表示

(16) $$J_\lambda(z) = \frac{1}{2\pi i} \left(\frac{z}{2}\right)^\lambda \int_L e^{v - \left(\frac{z}{2}\right)^2 v^{-1}} v^{-(\lambda+1)} dv$$

が得られる．一方，この右辺の積分はすべての z の値に対して収束するので，$J_n(z)$ はすべての z に対して (16) で表される．これから特に，**任意の λ に対して商 $\frac{J_\lambda(z)}{z^\lambda}$ が z の整関数である**ことが分かる．

7.2.5 ハンケル関数およびベッセル関数の別な積分表示

さて，ベッセル関数のこれまでと異なった積分表示に話を向けよう．その積分表示は $\frac{J_\lambda(z)}{z^\lambda}$ の満たす微分方程式を立て，それにラプラス変換を施すことによって得られる．$\frac{J_\lambda(z)}{z^\lambda}$ が z の 1 価関数であることから，こうした扱いによって簡単な結果に到達することを期待するのは自然である．この目的のために微分方程式

$$u'' + \frac{1}{z}u' + \left(1 - \frac{\lambda^2}{z^2}\right)u = 0$$

に変換

$$u = \omega z^\lambda$$

を代入し，新しい未知関数 ω に対する微分方程式

(17)
$$zω'' + (2λ+1)ω' + zω = 0$$

を導く[5].

ここで一般論に従って
$$ω(z) = \int_C K(z,ζ)v(ζ)\,dζ, \quad K = e^{zζ}$$

とおけば v の満たすべき条件は
$$\int_C (zK_{zz} + (2λ+1)K_z + zK)v(ζ)\,dζ = 0$$

となる．いま用いているラプラス変換の場合には
$$K_z = ζK,$$
$$K_ζ = zK$$

であるから，$zK_{zz} = ζ^2 K_ζ$ が成り立ち

$$\int_C \{(1+ζ^2)K_ζ + (2λ+1)ζK\}v(ζ)\,dζ$$
$$= -\int_C K(z,ζ)\{(1+ζ^2)v' - (2λ-1)ζv\}\,dζ$$
$$+ \int_C \frac{∂}{∂ζ}(Kv(1+ζ^2))\,dζ = 0$$

が導かれる．よって，$v(ζ)$ と曲線 C を以下のようにとれば微分方程式が解けたことになる．すなわち，

$$(1+ζ^2)v'(ζ) - (2λ-1)ζv(ζ) = 0$$

が成り立ち，かつ $e^{zζ}v(ζ)(1+ζ^2)$ が C の両端点において同一の値をとるように選ぶ．

そうすると
$$\frac{v'(ζ)}{v(ζ)} = \frac{2λ-1}{1+ζ^2}ζ$$

---

[5] ［訳註］原著ではここ数行にわたり記号 $v, ω$ の混乱があったが修正した．英語版でもそのような修正がなされている．

となり，これの解として

$$v(\zeta) = c(1+\zeta^2)^{\lambda-\frac{1}{2}}$$

が得られる．こうして

$$\omega(z) = c\int_C e^{z\zeta}(1+\zeta^2)^{\lambda-\frac{1}{2}}\,d\zeta$$

が導かれ，さらに，$i\zeta$ を新しい積分変数にとり，かつ $i(-1)^{\lambda-\frac{1}{2}}$ を定数 c に吸収させ，また，積分路を同じ記号 C で記すことにすれば，

$$\omega(z) = c\int_C e^{iz\zeta}(\zeta^2-1)^{\lambda-\frac{1}{2}}\,d\zeta$$

が得られる．

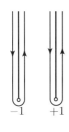

図 12.

都合のよい積分路を見出すため，まず被積分関数 $e^{iz\zeta}(\zeta^2-1)^{\lambda-\frac{1}{2}}$ のリーマン面を構成する．それには 2 つの分岐点 $\zeta=+1, \zeta=-1$ を結ぶ切断線を入れ，これに沿って無限枚の平面を接合すればよい．特にこの切断を，点 $+1$ と点 -1 のそれぞれから無限遠方に向かう 2 本の半直線に沿って入れることもできる．これらの半直線のそれぞれの近くを通り，各端点 $+1$, -1 の周りで向きを代える（各半直線を包みこむ）曲線（リーマン面の主平面上にあるもの）を C_1, C_2 とする（図 12 では各半直線を正の虚軸に平行にとっている）．

このような曲線に沿っての積分 $\omega(z)$ は，積分路を規定する半直線上を点 ζ が遠ざかるにつれて $\Re(iz\zeta)$ が $-\infty$ に向かうような z の値に対して収束する．また，そのとき

$$Kv(\zeta^2-1) = (\zeta^2-1)^{\lambda+\frac{1}{2}}e^{iz\zeta}$$

は積分路の両端（無限遠）で 0 に収束する．すなわち，$\omega(z)$ は (17) の解である．さて一般に，この積分路を規定する半直線が ξ-軸となす角を α とすれば，上の収束が実現するのは

$$y\cos\alpha + x\sin\alpha > 0$$

が成り立つ場合，すなわち，z-平面上において，点 $z = x + iy$ が直線 $y=$

$\cos\alpha + x\sin\alpha = 0$ を境界とする半平面の[6]上にあるときである．そうしてさらに，§7.2.2におけると全く同様に，積分表示を z に関して解析接続することができる．すなわち，一般角 α を有界でない正の数の列に沿って，そうして，また負の列に沿って正負の無限大に向けて変化させればよい[7]．

特に，図12が示すように両方の積分路 C_1, C_2 について $\alpha = \frac{\pi}{2}$ であるときは，どちらの積分も右半平面 $\Re z > 0$ で収束する．積分路 C_1 を正の実軸に沿う位置まで回転すると新しい路上での積分は，z の上半平面において収束し，また，z が角領域

$$\delta \leqq \arg z \leqq \pi - \delta \quad \left(0 < \delta < \frac{\pi}{2}\right)$$

内に留まりながら無限に増大するときには，積分の値が 0 に収束する．§7.2.2における注意に従えば，この積分は z に無関係な因数を除いて $\frac{H_\lambda^1(z)}{z^\lambda}$ と一致するはずである．すなわち，

$$H_\lambda^1(z) = a_1 z^\lambda \int_{C_1} e^{iz\zeta}(\zeta^2-1)^{\lambda-\frac{1}{2}}\,d\zeta$$

であること，また同様に

$$H_\lambda^2(z) = a_2 z^\lambda \int_{C_2} e^{iz\zeta}(\zeta^2-1)^{\lambda-\frac{1}{2}}\,d\zeta$$

であることが分かる．

ここで λ にのみ依存する係数 a_1 と a_2 は，符号を異にするだけである．すなわち，$a_2 = -a_1$．このことは，まず実数の λ に対して，§7.2.3で述べた注意，すなわち，λ と z がともに実数であるときは上記のハンケル関数が互いに共役複素数であるという注意から導かれる[8]．まず，

$$\overline{H_\lambda^2(z)} = -\bar{a}_2 z^\lambda \int_{-\bar{C}_2} e^{iz\zeta}(\zeta^2-1)^{\lambda-\frac{1}{2}}\,d\zeta$$

---

[6] ［訳註］詳しくは，その直線によって限られる2つの半平面のうち，点 $\sin\alpha + i\cos\alpha$ を含む半平面．

[7] ［訳註］詳しくは，隣接する α の値に対する上記の半平面が重なりをもつように α を変化させる．

[8] ［訳註］これに続く原著の記述には不備があり，英語版（および東京図書旧和訳版）ではかなりの行数を補っての訂正がなされている．ここでは，原典の雰囲気を守りながら論法を修正補足して記すにとどめた．

と $-\bar{C}_2 = C_1$ とから[9]

$$\overline{H_\lambda^2(z)} = -\frac{\bar{a}_2}{a_1} H_\lambda^1(z) = H_\lambda^1(z)$$

が得られる.すなわち,$\bar{a}_2 = -a_1$ が成り立つ.一方,詳細は省略するが λ が実数で $\lambda > -1$ のとき,a_1 が純虚数であることを示すことができる.従って,このような λ に対して $a_2(\lambda) = -a_1(\lambda)$ が成り立つ.

ところが,§7.2.2 によればハンケル関数は λ について解析的であり,また直接の考察によって分かるように積分 $\int e^{iz\zeta}(z^2-1)^{\lambda-\frac{1}{2}} d\zeta$ もそうであるから,係数 a_1, a_2 も λ の解析関数である.従って $a_1 = -a_2$($= c$ とおく)という関係は任意の λ に対して一般的に成り立つ.

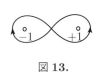

図 **13**.

上の2つのハンケル関数の積分表示を加えるとき,積分路を図 13 が示すような,$+1$ を正の向きに,かつ -1 を負の向きに周る 8 字形の曲線路 $\mathfrak{A}$ に変形することができる.

結果としてベッセル関数の積分表示

$$J_\lambda(z) = cz^\lambda \int_{\mathfrak{A}} e^{iz\zeta}(\zeta^2 - 1)^{\lambda - \frac{1}{2}} d\zeta$$

が得られる.これは $\lambda \neq n + \frac{1}{2}$($n = 0, \pm 1, \ldots$)に対して,全 z-平面で通用する.積分路が有限の範囲を走っているからである.定数 c を決定するために,上の表示と積分表示 (16) を比較し,$z = 0$ とおく.そうすると

$$c \int_{\mathfrak{A}} (\zeta^2 - 1)^{\lambda - \frac{1}{2}} d\zeta = \frac{1}{2^\lambda} \frac{1}{2\pi i} \int_L e^v v^{-\lambda - 1} dv$$

が得られる.この左辺の積分は次の小節で見るように

$$\int_{\mathfrak{A}} (\zeta^2 - 1)^{\lambda - \frac{1}{2}} d\zeta = 2\pi i \frac{\Gamma(\frac{1}{2})}{\Gamma(\lambda + 1)\Gamma(\frac{1}{2} - \lambda)}$$

という値をもつ.

右辺の積分を求めるために,特に正の実数値の t に対して,積分

$$\frac{1}{2\pi i} \int_L e^v v^{t-1} dv$$

---
[9] [原註] ここでは正の実軸上の z に対する収束を考慮して積分路 C_1, C_2 は虚軸に平行にとる.

を考察する．この積分は t の解析関数であるので，上のような特別な t に対して既知の解析関数に帰着ができれば十分である．

$t > 0$ の仮定の下では，指数 $t-1$ が -1 より大きいので積分は原点に至るまで収束する．従って積分路の単位円の部分を原点に収縮さ

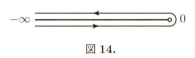

図 **14.**

せてよい．すなわち，コーシーの積分定理によれば，曲線 L 上で積分する代わりに実軸の下岸に沿って $-\infty$ から 0 まで積分し，ついで実軸の上岸に沿って 0 から $-\infty$ まで積分することにしても積分の値は変わらない（図 14 参照）．

すなわち

$$\frac{1}{2\pi i}\int_L e^v v^{t-1}\,dv = \frac{1}{2\pi i}\underbrace{\int_{-\infty}^{0} e^v v^{t-1}\,dv}_{\text{実軸下岸}} + \frac{1}{2\pi i}\underbrace{\int_{0}^{-\infty} e^v v^{t-1}\,dv}_{\text{実軸上岸}}$$

$$(\text{ただし } t > 0).$$

$v = -w$ とおけば，第 1 の積分は

$$\frac{1}{2\pi i}\int_{\infty}^{0} w^{t-1}e^{-(t-1)\pi i}e^{-w}(-dw) = \frac{1}{2\pi i}\int_{0}^{\infty} w^{t-1}e^{-(t-1)\pi i}e^{-w}\,dw$$

と，また，第 2 の積分は

$$\frac{1}{2\pi i}\int_{0}^{\infty} w^{t-1}e^{(t-1)\pi i}e^{-w}(-dw)$$

と変形される．よって両方の和は

$$\frac{1}{2\pi i}\int_{0}^{\infty} w^{t-1}e^{-w}(e^{t\pi i} - e^{-t\pi i})\,dw$$

となる．$e^{t\pi i} - e^{-t\pi i} = 2i\sin\pi t$ であり，また，定義によって

$$\int_{0}^{\infty} w^{t-1}e^{-w}\,dw = \Gamma(t)$$

であるから，両積分の和の値は

$$\frac{\sin\pi t}{\pi}\Gamma(t)$$

である．ガンマ関数についての公式

$$\Gamma(t)\Gamma(1-t) = \frac{\pi}{\sin\pi t}$$

によって,
$$\frac{\sin \pi t}{\pi} \Gamma(t) = \frac{1}{\Gamma(1-t)}$$
が導かれる.

以上により
$$\frac{1}{2\pi i} \int_L v^{t-1} e^v \, dv = \frac{1}{\Gamma(1-t)}$$
が成り立つ.

こうして定数 c の値が
$$c = \frac{1}{2\pi i} \frac{1}{2^\lambda} \frac{\Gamma(\frac{1}{2} - \lambda)}{\Gamma(\frac{1}{2})}$$
であると分かり,結局,$J_\lambda(z)$ に対して表示

(18) $$J_\lambda(z) = \frac{\Gamma(\frac{1}{2} - \lambda)}{2\pi i \Gamma(\frac{1}{2})} \left(\frac{z}{2}\right)^\lambda \int_{\mathfrak{A}} e^{iz\zeta} (\zeta^2 - 1)^{\lambda - \frac{1}{2}} \, d\zeta$$

が得られる.この表示は,0以上の整数 n を用いて $\lambda = n + \frac{1}{2}$ と表されるような値を除くすべての λ に対して成り立つ.

ハンケル関数については,これに対応する公式

(18′) $$\begin{cases} H_\lambda^1(z) = \dfrac{1}{\pi i} \dfrac{\Gamma(\frac{1}{2} - \lambda)}{\Gamma(\frac{1}{2})} \left(\dfrac{z}{2}\right)^\lambda \displaystyle\int_{C_1} e^{iz\zeta} (\zeta^2 - 1)^{\lambda - \frac{1}{2}} \, d\zeta, \\ H_\lambda^2(z) = -\dfrac{1}{\pi i} \dfrac{\Gamma\left(\frac{1}{2} - \lambda\right)}{\Gamma\left(\frac{1}{2}\right)} \left(\dfrac{z}{2}\right)^\lambda \displaystyle\int_{C_2} e^{iz\zeta} (\zeta^2 - 1)^{\lambda - \frac{1}{2}} \, d\zeta \end{cases}$$

が成り立つ.

$\Re(\lambda) > -\frac{1}{2}$ ならば,(18) から極めて使いやすい表示

(19) $$J_\lambda(z) = \frac{1}{\Gamma(\frac{1}{2}) \Gamma(\lambda + \frac{1}{2})} \left(\frac{z}{2}\right)^\lambda \int_{-1}^{+1} e^{iz\zeta} (1 - \zeta^2)^{\lambda - \frac{1}{2}} \, d\zeta$$

を導くことができる.

さらに $\zeta = \sin \tau$ とおけば,$\Re(\lambda) > -\frac{1}{2}$ に対して成り立つ表示

(20) $$J_\lambda(z) = \frac{1}{\Gamma(\frac{1}{2}) \Gamma(\lambda + \frac{1}{2})} \left(\frac{z}{2}\right)^\lambda \int_{-\frac{\pi}{2}}^{+\frac{\pi}{2}} \cos(z \sin \tau) (\cos \tau)^{2\lambda} \, d\tau$$

が得られる.

7.2.6 ベッセル関数のベキ級数展開

全 z-平面で 1 価正則な $J_\lambda(z)/z^\lambda$ のベキ級数展開を初等的な考察によって求めることが可能である．例えば第 5 章でのように，

$$u(z) = z^\lambda \sum_{\nu=0}^\infty a_\nu z^\nu$$

とおいて，微分方程式 (2) に代入し，係数 a_ν を逐次に決定することができる．しかし，この章での我々の論法の枠組みに合わせて，級数展開を積分表示から導こう．

積分表示 (18) から出発し，そこでの関数 $e^{iz\zeta}$ をベキ級数に展開する：それには (18) において λ が $n + \frac{1}{2}$ ($n = 0, \pm 1, \pm 2, \ldots$) の形の数でないと仮定する必要がある．この級数展開が任意の有界な ζ-領域において一様収束するので，項別積分が可能であり，

$$J_\lambda(z) = \frac{\Gamma(\frac{1}{2} - \lambda)}{2\pi i \Gamma(\frac{1}{2})} \left(\frac{z}{2}\right)^\lambda \sum_{n=0}^\infty \frac{z^n}{n!} i^n \int_\mathfrak{A} \zeta^n (\zeta^2 - 1)^{\lambda - \frac{1}{2}} d\zeta$$

が得られる．

積分 $\int_\mathfrak{A} \zeta^n (\zeta^2 - 1)^{\lambda - 1/2} d\zeta$ を計算するに当たって次のことに留意しよう：λ の解析関数を相手にしているのであるから，$\Re \lambda > 0$ であるような任意の λ に対してその関数形を求めれば十分である．実際，その場合には積分路 $\mathfrak{A}$ を線分 $-1 \leqq \zeta \leqq 1$ の上下を往復するものに変形することができる．

その際，被積分関数の値が

実軸の上岸では $\quad e^{\pi i (\lambda - 1/2)} \zeta^n (\zeta^2 - 1)^{\lambda - 1/2}$,

実軸の下岸では $\quad e^{-\pi i (\lambda - 1/2)} \zeta^n (\zeta^2 - 1)^{\lambda - 1/2}$

と表されるから

$$\int_\mathfrak{A} \zeta^n (\zeta^2 - 1)^{\lambda - \frac{1}{2}} d\zeta = -2i \sin \pi \left(\lambda - \frac{1}{2}\right) \int_{-1}^1 \zeta^n (1 - \zeta^2)^{\lambda - \frac{1}{2}} d\zeta$$

となる．右辺の積分は n が奇数のときは 0 となり，n が偶数のときは

$$\int_\mathfrak{A} \zeta^{2n} (\zeta^2 - 1)^{\lambda - \frac{1}{2}} d\zeta = 4i \sin \pi \left(\lambda + \frac{1}{2}\right) \int_0^1 \zeta^{2n} (1 - \zeta^2)^{\lambda - \frac{1}{2}} d\zeta$$

と書ける．ここで変数変換 $\zeta^2 = u$ を行えば次式に行きつく：

$$\int_{\mathfrak{A}} \zeta^{2n}(\zeta^2-1)^{\lambda-\frac{1}{2}}\,d\zeta = 2i\sin\pi\left(\lambda+\frac{1}{2}\right)\int_0^1 u^{n-\frac{1}{2}}(1-u)^{\lambda-\frac{1}{2}}\,du.$$

右辺の積分は第1種のオイラー積分[10]である．

よく知られた関係式

$$B(p,q) = \int_0^1 x^{p-1}(1-x)^{q-1}\,dx = \frac{\Gamma(p)\Gamma(q)}{\Gamma(p+q)}$$

により

$$\int_{\mathfrak{A}} \zeta^{2n}(\zeta^2-1)^{\lambda-\frac{1}{2}}\,d\zeta = 2i\sin\pi\left(\lambda+\frac{1}{2}\right)B\left(n+\frac{1}{2},\lambda+\frac{1}{2}\right)$$

$$= 2i\sin\pi\left(\lambda+\frac{1}{2}\right)\frac{\Gamma(n+\frac{1}{2})\Gamma(\lambda+\frac{1}{2})}{\Gamma(\lambda+1)}$$

が導かれる．

公式 $\Gamma(x)\Gamma(1-x) = \frac{\pi}{\sin\pi x}$ によれば，

$$\Gamma\left(\lambda+\frac{1}{2}\right)\sin\pi\left(\lambda+\frac{1}{2}\right) = \frac{\pi}{\Gamma(\frac{1}{2}-\lambda)}$$

である．こうして

$$\int_{\mathfrak{A}} \zeta^{2n}(\zeta^2-1)^{\lambda-\frac{1}{2}}\,d\zeta = 2\pi i\frac{\Gamma(n+\frac{1}{2})}{\Gamma(\frac{1}{2}-\lambda)\Gamma(n+\lambda+1)}$$

が得られる．特に $n=0$ に対しては

$$\int_{\mathfrak{A}} (\zeta^2-1)^{\lambda-\frac{1}{2}}\,d\zeta = 2\pi i\frac{\Gamma(\frac{1}{2})}{\Gamma(\lambda+1)\Gamma(\frac{1}{2}-\lambda)}$$

である．

得られた値を $J_\lambda(z)$ を表す級数に代入すると

$$J_\lambda(z) = \frac{1}{\Gamma(\frac{1}{2})}\left(\frac{z}{2}\right)^\lambda \sum_{n=0}^{\infty} \frac{(-1)^n}{(2n)!} z^{2n} \frac{\Gamma(n+\frac{1}{2})}{\Gamma(n+\lambda+1)}$$

となる．さらに，

$$\Gamma\left(n+\frac{1}{2}\right) = \frac{(2n)!}{2^{2n}n!}\Gamma\left(\frac{1}{2}\right)$$

---

[10] ［訳註］ベータ関数．

によれば,

(21) $$J_\lambda(z) = \left(\frac{z}{2}\right)^\lambda \sum_{n=0}^\infty \frac{(-1)^n}{n!} \left(\frac{z}{2}\right)^{2n} \frac{1}{\Gamma(n+\lambda+1)}$$

が得られる.

係数 $1/\Gamma(n+\lambda+1)$ は λ が整数でないときは決して 0 にならない. しかし, λ が整数であるならば,

$$n+\lambda+1 \leqq 0 \text{ のとき,} \quad \frac{1}{\Gamma(n+\lambda+1)} = 0,$$

$$n+\lambda+1 > 0 \text{ のとき,} \quad \frac{1}{\Gamma(n+\lambda+1)} = \frac{1}{(n+\lambda)!}$$

である.

実は,ここまで設けていた仮定 $\lambda \neq n + \frac{1}{2}$ がなくても級数展開 (21) は成り立つ. なぜなら級数 (21) は $\lambda = n + \frac{1}{2}$ の場合を含めて一様に収束し,またすでに見たように $J_\lambda(z)$ は λ に解析的に依存するからである.

級数 (21) はすべての z に対して収束するので, $J_\lambda(z)/z^\lambda$ は多項式あるいは定数にならないかぎり, **超越整関数** である. しかし, 多項式あるいは定数になることは不可能である. というのは, $\Gamma(n+\lambda+1)$ は, λ が負の整数のときに有限個だけ現れる例外を除けば, すべての n に対して有限値をとり, そのような n に対する z^{2n} の係数は 0 でない, すなわち, $J_\lambda(z)/z^\lambda$ を表すベキ級数が 0 でない項を無限に多くもつからである.

級数展開 (21) を見れば明らかなように, λ と z がともに実数のときは $J_\lambda(z)$ は実数値をとる. このような引数値に対して Γ 関数は実の値をとるからである.

7.2.7 ベッセル関数の相互関係

ベッセル関数の級数展開と積分表示を導き終えたところで, ベッセル関数のいくつかの一般的な性質を, 積分表示を用いて導こう.

p.210 の表示式 (16) によれば:

$$J_\lambda(z) = \frac{1}{2\pi i} \left(\frac{z}{2}\right)^\lambda \int_L v^{-(\lambda+1)} e^{v - \frac{z^2}{4v}} \, dv,$$

ただし L は p.210 の図 11 で示した積分路である. これにより
$$\frac{J_\lambda(z)}{z^\lambda} = \frac{1}{2^\lambda}\frac{1}{2\pi i}\int_L v^{-(\lambda+1)}e^{v-\frac{z^2}{4v}}\,dv$$
である.

上の両辺を z^2 で微分しよう. 右辺の積分記号の下で形式的な微分を行うと
$$\frac{d^k}{d(z^2)^k}\frac{J_\lambda(z)}{z^\lambda} = \frac{1}{2^\lambda}\frac{1}{2\pi i}\int_L v^{-(\lambda+1)}\left(\frac{-1}{4v}\right)^k e^{v-\frac{z^2}{4v}}\,dv$$
となる. 積分記号下での微分が許される理由は, 積分路 L の上では $|v| \geqq 1$ が成り立つゆえに, $|z| \leqq h$ の範囲での一様有界性
$$\left|e^{-\frac{z^2}{4v}}\right| \leqq e^{\left|\frac{z^2}{4v}\right|} \leqq e^{h^2}$$
がいえるからである. 従ってまた, 右辺は z^2 の解析関数に対する一様収束する積分である.

すぐ上の等式の両辺に $z^{\lambda k}$ を掛けると右辺には別の指数のベッセル関数が現れて

(22) $$\frac{d^k}{d(z^2)^k}\frac{J_\lambda(z)}{z^\lambda} = \left(-\frac{1}{2}\right)^k \frac{J_{\lambda+k}(z)}{z^{\lambda+k}}$$

が得られる. これは次の形にも書ける:
$$\left(\frac{d}{z\,dz}\right)^k \frac{J_\lambda(z)}{z^\lambda} = (-1)^k \frac{J_{\lambda+k}(z)}{z^{\lambda+k}}.$$

特に $k=1$ に対しては,

(23) $$\frac{d}{dz}\frac{J_\lambda(z)}{z^\lambda} = -\frac{J_{\lambda+1}(z)}{z^\lambda},$$

すなわち, 漸化式

(24) $$\frac{dJ_\lambda(z)}{dz} = \frac{\lambda}{z}J_\lambda(z) - J_{\lambda+1}(z)$$

が成り立つ. これは特に $\lambda=0$ に対して
$$J_1(z) = -\frac{dJ_0(z)}{dz}$$
の形になる.

$\lambda = -\frac{1}{2}, \lambda = +\frac{1}{2}$ の場合をさらに調べよう．(21) によれば

$$J_{-\frac{1}{2}}(z) = \left(\frac{z}{2}\right)^{-\frac{1}{2}} \sum_{n=0}^{\infty} \frac{(-1)^n}{n! \Gamma(n+\frac{1}{2})} \left(\frac{z}{2}\right)^{2n}$$

であるが，これは等式

$$\Gamma\left(n+\frac{1}{2}\right) = \left(n-\frac{1}{2}\right)\left(n-\frac{3}{2}\right) \cdots \frac{3}{2} \cdot \frac{1}{2} \Gamma\left(\frac{1}{2}\right)$$
$$= \left(n-\frac{1}{2}\right)\left(n-\frac{3}{2}\right) \cdots \frac{3}{2} \cdot \frac{1}{2} \sqrt{\pi}$$

により，

$$J_{-\frac{1}{2}}(z) = \sqrt{\frac{2}{\pi z}} \sum_{n=0}^{\infty} \frac{(-1)^n}{(2n)!} z^{2n} = \sqrt{\frac{2}{\pi z}} \cos z$$

と書ける．

前出の微分公式 (23) を $\lambda = -\frac{1}{2}$ として用いると

$$\frac{d}{dz} \frac{J_{-\frac{1}{2}}(z)}{z^{-\frac{1}{2}}} = -\frac{J_{\frac{1}{2}}(z)}{z^{-\frac{1}{2}}}$$

となり，これから

$$\frac{d}{dz} \sqrt{\frac{2}{\pi}} \cos z = -\sqrt{\frac{2}{\pi}} \sin z = -\frac{J_{\frac{1}{2}}(z)}{z^{-\frac{1}{2}}},$$

すなわち，

(25) $$J_{\frac{1}{2}}(z) = \sqrt{\frac{2}{\pi z}} \sin z$$

が従う．

辺々割り算を行うことにより

$$\frac{J_{-\frac{1}{2}}(z)}{J_{\frac{1}{2}}(z)} = \cot z$$

が得られる．

このように $\lambda = -\frac{1}{2}, \lambda = +\frac{1}{2}$ の場合のベッセル関数は三角関数によって簡単に表される．

さて，

$$J_\lambda(z) = \frac{H_\lambda^1(z) + H_\lambda^2(z)}{2},$$

$$J_{-\lambda}(z) = \frac{H_\lambda^1(z)e^{i\lambda\pi} + H_\lambda^2(z)e^{-i\lambda\pi}}{2}$$

から，$\lambda = -\frac{1}{2}, \lambda = +\frac{1}{2}$ に対して次式が成り立つ：

$$J_{\frac{1}{2}}(z) = \frac{H_{\frac{1}{2}}^1(z) + H_{\frac{1}{2}}^2(z)}{2},$$

$$J_{-\frac{1}{2}}(z) = \frac{i(H_{\frac{1}{2}}^1(z) - H_{\frac{1}{2}}^2(z))}{2}.$$

後者を

$$-iJ_{-\frac{1}{2}}(z) = \frac{H_{\frac{1}{2}}^1(z) - H_{\frac{1}{2}}^2(z)}{2}$$

と書き換えて辺々足し算をすれば

(26) $\quad H_{\frac{1}{2}}^1(z) = J_{\frac{1}{2}}(z) - iJ_{-\frac{1}{2}}(z) = \sqrt{\dfrac{2}{\pi z}}(\sin z - i\cos z) = -i\sqrt{\dfrac{2}{\pi z}}e^{iz}$

が得られ，辺々引き算をすれば

(26′) $\quad H_{\frac{1}{2}}^2(z) = J_{\frac{1}{2}}(z) + iJ_{-\frac{1}{2}}(z) = \sqrt{\dfrac{2}{\pi z}}(\sin z + i\cos z) = i\sqrt{\dfrac{2}{\pi z}}e^{-iz}$

が得られる．

　これらの結果は，すでに言及した事実，すなわちベッセル関数，ノイマン関数，ハンケル関数の相互関係は，それぞれ正弦関数，余弦関数，（複素）指数関数の相互関係に類似であるという事実を裏書きしている．これから後で導く零点の分布に関する定理においても，この種の類似が認められる (§7.2.8)．

　p. 220 では関係式

(22) $\qquad \dfrac{d^k}{d(z^2)^k} \dfrac{J_\lambda(z)}{z^\lambda} = \left(-\dfrac{1}{2}\right)^k \dfrac{J_{\lambda+k}(z)}{z^{\lambda+k}}$

を導いた．これを $\lambda = \frac{1}{2}$ に対して用いた

$$\dfrac{d^k}{d(z^2)^k} \sqrt{\dfrac{2}{\pi}} \dfrac{\sin z}{z} = \left(-\dfrac{1}{2}\right)^k \dfrac{J_{k+\frac{1}{2}}(z)}{z^{k+\frac{1}{2}}}$$

から

$$J_{k+\frac{1}{2}}(z) = (-1)^k \dfrac{(2z)^{k+\frac{1}{2}}}{\sqrt{\pi}} \dfrac{d^k}{d(z^2)^k} \dfrac{\sin z}{z}$$

が従う.すなわち,こうした指数をもつベッセル関数 $J_{k+\frac{1}{2}}(z)$ は,すべて三角関数と z との有理関数に $\sqrt{z}$ を掛けた形に表し得るのである.

さらに別の漸化式が,関係式

$$J_\lambda(z) = \frac{1}{2\pi i} \int_L e^{\frac{z}{2}\left(\zeta - \frac{1}{\zeta}\right)} \zeta^{-\lambda-1} \, d\zeta$$

から,積分記号の内部で微分を遂行することにより導かれる.具体的には

$$J'_\lambda(z) = \frac{1}{4\pi i} \left\{ \int_L e^{\frac{z}{2}\left(\zeta - \frac{1}{\zeta}\right)} \zeta^{-\lambda} \, d\zeta - \int_L e^{\frac{z}{2}\left(\zeta - \frac{1}{\zeta}\right)} \zeta^{-\lambda-2} \, d\zeta \right\}$$

すなわち,

(27) $$J'_\lambda = \frac{1}{2}\{J_{\lambda-1}(z) - J_{\lambda+1}(z)\}$$

である.これから既知の漸化式

$$J'_\lambda(z) = \frac{\lambda}{z} J_\lambda(z) - J_{\lambda+1}(z)$$

を引き算すると

(28) $$J_{\lambda-1}(z) + J_{\lambda+1}(z) = \frac{2\lambda}{z} J_\lambda(z)$$

が得られる.この関係を次のように書くことができる:

$$\frac{J_{\lambda-1}(z)}{J_\lambda(z)} = \frac{2\lambda}{z} - \frac{1}{\frac{J_\lambda(z)}{J_{\lambda+1}(z)}} = \frac{2\lambda}{z} - \frac{1}{\frac{2\lambda+2}{z} - \frac{1}{\frac{2\lambda+4}{z} - \cdots}}$$

このように,$J_{\lambda-1}(z)/J_\lambda(z)$ は無限連分数で表される:ただし,その収束性を論ずることはここではできない.各項に z を掛けると上の連分数式は次の形になる.

(29) $$z \frac{J_{\lambda-1}(z)}{J_\lambda(z)} = 2\lambda - \cfrac{z^2}{2\lambda+2 - \cfrac{z^2}{2\lambda+4 - \cdots}}$$

$\lambda = \frac{1}{2}$ に対しては,

(30) $$z \frac{J_{-\frac{1}{2}}(z)}{J_{\frac{1}{2}}(z)} = z \cot z = 1 - \cfrac{z^2}{3 - \cfrac{z^2}{5 - \cdots}}$$

となる.

これは $\cot z$ の無限連分数表示であり,すでに 18 世紀において知られていて,ランベルト (Lambert) は $z = \pi/4$ に対してこの表示式を用い,π が無理数であることを証明した[11].

整数指数 n をもつベッセル関数については次の**加法定理**が成り立つ:

$$(31) \qquad J_n(a+b) = \sum_{\nu=-\infty}^{\infty} J_\nu(a) J_{n-\nu}(b).$$

証明は,母関数 $e^{i(a+b)\sin\zeta} = e^{ia\sin\zeta} e^{ib\sin\zeta}$ を用いれば[12]容易である.それによって

$$\sum_{n=-\infty}^{\infty} J_n(a+b) e^{in\zeta} = \sum_{n=-\infty}^{\infty} \left(\sum_{\nu=-\infty}^{\infty} J_\nu(a) J_{n-\nu}(b) \right) e^{in\zeta}$$

が分かり,主張が導かれる.

$n = 0$ に対しては,やや一般的な関係

$$(32) \quad J_0(\sqrt{a^2+b^2+2ab\cos\alpha}) = J_0(a) J_0(b) + 2 \sum_{1}^{\infty} J_\nu(a) J_{-\nu}(b) \cos\nu\alpha$$

が成り立つ.この証明には,積分表示 (10) を用い,積 $J_\nu(a) J_{-\nu}(b)$ を二重積分

$$\frac{1}{4\pi^2} \int_{-\pi}^{\pi} d\zeta_1 \int_{-\pi}^{\pi} d\zeta_2 \, e^{i(a\sin\zeta_1 + b\sin\zeta_2) - i\nu(\zeta_1 - \zeta_2)}$$

で表す.これを少しばかり変形すると

$$\frac{1}{2\pi} \int_{-\pi}^{\pi} J_0(\sqrt{a^2+b^2+2ab\cos\alpha}) e^{-i\nu\alpha} \, d\alpha$$

となり,関係 (32) が示される.

最後に次の注意を述べておこう:関数 $f(r)$ が然るべき条件を満たせば,$f(r)$ は(フーリエの積分定理により)複素指数関数を用いて表し得る(上巻 §2.6

---

[11] [原註] J.H. Lambert: Mémoire sur quelques propriétés remarquables des quantités transcendentes circulaires et logarithmiques(円と対数の超越量の特筆するべき性質について),Hist. Acad. Berlin, Mém., Vol. 17 (1761), 1768, pp.265–322. 特に p.369.

[12] [訳註] 関係式 (11) を用いる.

およびに下巻§5.12）のであったが，それと同様に，$f(r)$ をベッセル関数を用いて表すことができる．すなわち次の事実が成り立つ．

《定理》$f(r)$ は連続，かつ区分的に滑らかであるとし，さらに無限積分

$$\int_0^\infty r|f(r)|\,dr$$

が存在するとせよ．このとき，任意の整数 n および $r > 0$ に対して，公式

(33) $$f(r) = \int_0^\infty s\,ds \int_0^\infty tf(t)J_n(st)J_n(sr)\,dt$$

が成り立つ．□

この公式の導出は次の論法による．まず

$$x = r\cos\theta, \quad y = r\sin\theta$$

とおき，関数

$$g(x,y) = f(r)e^{in\theta}$$

を考察する．

関数 $g(x,y)$ は，$f(r)$ に対する仮定により，原点を除いて連続であり，かつ区分的に連続な導関数をもつ．この関数に対して，2次元のフーリエの積分定理（上巻§2.6.2を参照）を適用し，さらに内側の2つの積分の順序を交換すれば（交換を正当化するには，より精密な議論が必要であるが），等式

$$g(x,y) = \frac{1}{4\pi^2}\int_{-\infty}^\infty\int_{-\infty}^\infty e^{i(ux+vy)}\,du\,dv\int_{-\infty}^\infty\int_{-\infty}^\infty g(\xi,\eta)e^{-i(u\xi+v\eta)}\,d\xi\,d\eta$$

が得られる．積分変数 $\xi, \eta; u, v$ に対しても，次のように極座標を導入しよう．

$$\xi = s\cos\alpha, \quad u = t\cos\beta,$$
$$\eta = s\sin\alpha, \quad v = t\sin\beta.$$

すると

$$f(r)e^{in\theta} = \frac{1}{4\pi^2}\int_0^\infty t\,dt\int_{-\pi}^\pi e^{irt\cos(\beta-\theta)}\,d\beta$$
$$\cdot\int_0^\infty sf(s)\,ds\int_{-\pi}^\pi e^{in\alpha}e^{ist\cos(\alpha-\beta)}\,d\alpha$$

となる.

さらに変数変換
$$\beta - \theta = \frac{\pi}{2} + \beta',$$
$$\alpha - \beta = \alpha' - \frac{\pi}{2}$$

を行い,指数関数の周期性を考慮すれば,この式は次の形になる:

$$f(r)e^{in\theta} = \frac{e^{in\theta}}{4\pi^2} \int_0^\infty t\,dt \int_{-\pi}^\pi e^{-irt\sin\beta' + in\beta'}\,d\beta'$$
$$\cdot \int_0^\infty sf(s)\,ds \int_{-\pi}^\pi e^{ist\sin\alpha' + in\alpha'}\,d\alpha'.$$

ここで,公式 (10) を用いて変数 α および変数 β についての積分を遂行すれば,求める関係

$$f(r) = \int_0^\infty tJ_n(rt)\,dt \int_0^\infty sf(s)J_n(st)\,ds$$

が容易に得られる.

上での積分順序の交換を正当化する代わりに,積分公式 (33) の証明を,フーリエの積分定理の証明にならった方法で遂行することができる.それには,区分的に滑らかであり,原点では 0 となる任意の関数 $f(r)$ に対して成り立つ関係

(34)
$$\begin{cases} f(r) = \lim_{v \to \infty} \int_0^a sf(s)P_v(s,r)\,ds, \\ P_v(s,r) = \int_0^v tJ_n(st)J_n(rt)\,dt \end{cases}$$

を利用する.ここで a は, $a > r > 0$ を満たす任意の正数を表す.上の関係式は,まさしく上巻第 2 章におけるディリクレ積分に対応するものであり,証明も同様にできる.そうして,積分 $\int_0^\infty r|f(r)|\,dr$ が存在するという仮定により, s についての積分を無限遠まで伸ばせることを示そう.次の小節の式 (36) から漸化式 (24) を用いて得られる(そうして $r \neq s$ に対して成り立つ)恒等式

(35) $\qquad P_v(r,s) = \dfrac{v}{s^2 - r^2}\{sJ_n(vr)J_{n+1}(vs) - rJ_n(vs)J_{n+1}(vr)\}$

によれば，$r \neq 0$ を固定したとき，$P_v(r,s)$ は s を増大させるにつれて，v について一様に，0 に収束するからである（例えば，大きい変数に対するベッセル関数の漸近展開を用いよ．§5.11.2 あるいは §7.6.2 を参照せよ）．これより，積分

$$\int_a^b sf(s)P_v(r,s)\,ds$$

も十分大きな a に対しては，v と b に関して一様に，いくらでも小さくなる．これらから我々の主張，すなわち関係 (33) が導かれる．

7.2.8 ベッセル関数の零点

ベッセル関数の考察を一段落するに当たり，その零点に関するいくつかの定理を導こう[13]．

ベッセル関数 $J_\lambda(z)$ は，微分方程式

$$J_\lambda''(z) + \frac{1}{z}J_\lambda'(z) + \left(1 - \frac{\lambda^2}{z^2}\right)J_\lambda(z) = 0$$

を満足する．ここで

$$z = \xi_1 t, \quad \xi_1 = \text{定数} \neq 0$$

とおけば，

$$J_\lambda''(\xi_1 t) + \frac{1}{\xi_1 t}J_\lambda'(\xi_1 t) + \left(1 - \frac{\lambda^2}{\xi_1^2 t^2}\right)J_\lambda(\xi_1 t) = 0$$

が得られる．同様に

$$z = \xi_2 t, \quad \xi_2 = \text{定数} \neq 0$$

とおいたときは，

$$J_\lambda''(\xi_2 t) + \frac{1}{\xi_2 t}J_\lambda'(\xi_2 t) + \left(1 - \frac{\lambda^2}{\xi_2^2 t^2}\right)J_\lambda(\xi_2 t) = 0$$

となる．

---

[13] ［原註］なお，§6.2.4 における同様な考察を参照せよ．

これらの等式の最初のものに $\xi_1^2 t J_\lambda(\xi_2 t)$ を，第 2 のものに $-\xi_2^2 t J_\lambda(\xi_1 t)$ をそれぞれ掛けて，辺々足し算をすれば

$$t(\xi_1^2 J_\lambda''(\xi_1 t) J_\lambda(\xi_2 t) - \xi_2^2 J_\lambda''(\xi_2 t) J_\lambda(\xi_1 t))$$
$$+ (\xi_1 J_\lambda'(\xi_1 t) J_\lambda(\xi_2 t) - \xi_2 J_\lambda'(\xi_2 t) J_\lambda(\xi_1 t)$$
$$+ (\xi_1^2 - \xi_2^2) t J_\lambda(\xi_1 t) J_\lambda(\xi_2 t) = 0$$

が得られる．

上式の最初の 2 行にある 2 項の和は，関数

$$t(\xi_1 J_\lambda'(\xi_1 t) J_\lambda(\xi_2 t) - \xi_2 J_\lambda'(\xi_2 t) J_\lambda(\xi_1 t))$$

の t についての導関数である．よって，上の等式を 0 から t まで積分すると

(36) $$\begin{cases} t(\xi_1 J_\lambda'(\xi_1 t) J_\lambda(\xi_2 t) - \xi_2 J_\lambda'(\xi_2 t) J_\lambda(\xi_1 t)) \\ \qquad + (\xi_1^2 - \xi_2^2) \int_0^t t J_\lambda(\xi_1 t) J_\lambda(\xi_2 t) \, dt = 0 \end{cases}$$

が導かれる[14]．

特に，0 から 1 まで積分すれば

(37) $$\begin{cases} \left(\xi_1 J_\lambda'(\xi_1) J_\lambda(\xi_2) - \xi_2 J_\lambda'(\xi_2) J_\lambda(\xi_1) \right) \\ \qquad + (\xi_1^2 - \xi_2^2) \int_0^t t J_\lambda(\xi_1 t) J_\lambda(\xi_2 t) \, dt = 0 \end{cases}$$

が成り立つ．この等式から，$J_\lambda(z)$ の零点の分布に関する結論を引き出すことができる（これに関しては §6.6 を参照）．

ξ を $J_\lambda(z)$ の 0 と異なる零点とする．$\bar{\xi}$ を ξ の共役複素数として，$\xi_1 = \xi$，$\xi_2 = \bar{\xi}$ とおく．当然，ξ_1 と ξ_2 が一致するのは ξ が実数のときのみである．

λ を実数としよう．すると，実数の z に対して $J_\lambda(z)$ は実数値である．ベキ級数 (21) の係数はすべて実数である．よって，$J_\lambda(\xi) = 0$ ならば $J_\lambda(\bar{\xi}) = 0$

---

[14] ［訳註］この計算では，$t = 0$ において（あるいは $t \to 0$ のとき），$t(\xi_1 J_\lambda'(\xi_1 t) J_\lambda(\xi_2 t) - \xi_2 J_\lambda'(\xi_2 t) J_\lambda(\xi_1 t))$ が 0 になるとしている．実は，それは $\lambda > -1$ のときにだけ成り立つ．後者の証明には $J_\lambda(z)/z^\lambda$ が z の超越整関数であることを用いる．この修正は英語版ではなされていない．この段落における他の変換についても，実数の λ については条件 $\lambda > -1$ が付加されるべきである．

でもある．ゆえに，等式 (37) で $J_\lambda(\xi_1) = J_\lambda(\xi_2) = 0$ とおかねばならない．すると，大括弧で括られた第 1 項は 0 となり，第 2 項が残って次の形になる：

$$(\xi^2 - \bar{\xi}^2) \int_0^1 t |J_\lambda(\xi t)|^2 \, dt = 0.$$

ここで，$\xi \neq 0$ の仮定が活きる．ベッセル関数が（線分上で）恒等的に 0 になることはないから $\int_0^1 t|J_\lambda(\xi t)|^2 \, dt \neq 0$ であり，従って $\xi^2 - \bar{\xi}^2 = (\xi - \bar{\xi})(\xi + \bar{\xi}) = 0$，すなわち，

$$\xi = \bar{\xi} \quad \text{または} \quad \xi = -\bar{\xi}.$$

こうして，ξ は実数あるいは純虚数である．すなわち，λ が実数ならば，ベッセル関数 $J_\lambda(z)$ は実数あるいは純虚数の零点だけをもつ．

ベッセル関数の純虚数の零点の様子を調べるために，ベキ級数展開

$$\frac{J_\lambda(z)}{z^\lambda} = \frac{1}{2^\lambda} \sum_{n=0}^\infty \frac{(-1)^n}{n!} \left(\frac{z}{2}\right)^{2n} \frac{1}{\Gamma(n+\lambda+1)}$$

を考察しよう．ここで，$a \neq 0$ を実数として $z = ai$ とおけば，

$$\frac{J_\lambda(z)}{z^\lambda} = \frac{1}{2^\lambda} \sum_{n=0}^\infty \left(\frac{a}{2}\right)^{2n} \frac{1}{n! \Gamma(n+\lambda+1)}$$

となる．

λ は実数であるから，n が自然数全体を動くとき，有限個の例外を除いて $n + \lambda + 1$ の値は正になる．ガンマ関数は変数が正ならば関数値も正であるから，上のベキ級数の係数は，初めの有限個を除いてすべて正になる．$|a|$ が大きいとその累乗は高次の項が優勢であり，また $a \neq 0$ ならば $(\frac{a}{2})^{2n} > 0$ であるから，ゆえに十分に大きな $|a|$ の任意の値に対して，$\frac{J_\lambda(z)}{z^\lambda} > 0$ となる．よって，関数 $\frac{J_\lambda(z)}{z^\lambda}$ の純虚数の零点が現れる範囲は虚軸の，ある有限な部分に限られる．従って，超越整関数である $\frac{J_\lambda(z)}{z^\lambda}$ は純虚数の零点を有限個しかもち得ない[15]．

さらに $\lambda > -1$ ならば，$\frac{J_\lambda(z)}{z^\lambda}$ は純虚数の零点をもたない．なぜならこの場合には任意の非負の整数 n に対して

---

15 ［訳註］零点が集積すれば真性特異点をもつことになるから．

$$n + \lambda + 1 > 0,$$
$$\Gamma(n+\lambda+1) > 0$$

が成り立ち，従って級数の係数がすべて正となり，当然ながら級数の値自身が正になるからである．特に $\lambda = 0, 1, 2, \ldots$ に対しては純虚数の零点は存在しない．

こうして次の結論が得られた：

《定理》 λ が実数のときは，$J_\lambda(z)$ は，有限個の純虚数の零点を除けば，実数の零点しかもたない．λ が実数で $\lambda > -1$ のときは，$J_\lambda(z)$ は実数の零点しかもたない．□

λ が正の整数の場合には，関数 $J_\lambda(z)$ は無限個の実数の零点をもつことがすでに先行章での考察によって示されている．なぜなら $J_\lambda(z)$ の零点が対応する微分方程式の固有値の全体を与えるからである．

最後にベッセル関数の実数の零点について，その位置に関するコメントをいくつか加えよう．

λ が実数であるとして，

$$\frac{J_\lambda(z)}{z^\lambda} = v, \quad J_\lambda(z) = vz^\lambda$$

とおけば，p. 210 での考察から

(17) $$zv'' + (2\lambda+1)v' + zv = 0$$

が成り立つ．

いま ξ が v' の正の零点であるならば，点 $z = \xi$ において微分方程式は

$$\xi v''(\xi) + \xi v(\xi) = 0$$

となり，

$$v''(\xi) + v(\xi) = 0$$

に帰着する．

これより，点 ξ において 2 階微分係数 $v''(\xi)$ まで 0 にならないことが分かる．なぜなら，$v''(\xi) = 0$ ならば，$v(\xi) = 0$ となり，これと $v'(\xi) = 0$ によっ

て，2階微分方程式 (17) の解である $v(z)$ は恒等的に 0 となってしまうからである．従って，$v(\xi)$ と $v''(\xi)$ は反対の符号もつ．

さて，ξ_1 と ξ_2 を $v'(z)$ の隣接する2つの零点としよう（ただし，$\xi_1 < \xi_2$）．当然，$\xi_1 < z < \xi_2$ であるような z では，$v'(z) \neq 0$ である．このときロルの定理によれば，ξ_1 と ξ_2 の間には v'' の奇数個の零点が存在する．従って $v''(\xi_1)$ と $v''(\xi_2)$ とは反対符号をもつ．よって，$v(\xi_1)$ と $v(\xi_2)$ もまた反対符号をもつ．よって ξ_1 と ξ_2 の間に v の零点が少なくとも1つ存在しなければならない[16]．一方，ロルの定理により ξ_1 と ξ_2 の間には v の零点がただ1つしか存在し得ないことが分かる．なぜなら，そこに v の零点が2つ存在すると，両者の間に v' の零点が存在することになり，ξ_1, ξ_2 に関する仮定に反するからである．以上により，v は ξ_1 と ξ_2 の間にまさに1個の零点をもつ，すなわち，v' の隣接する正の零点の間に v の零点が1個づつ存在する．こうして，**正の範囲において v と v' のそれぞれの零点は相互に分離し合う**．同じことが，**負の零点についても成り立つ**．

さて，§7.2.7, p. 220 では，関係式

(23)
$$\frac{d}{dz}\frac{J_\lambda(z)}{z^\lambda} = -\frac{J_{\lambda+1}(z)}{z^\lambda},$$

すなわち
$$v' = -\frac{J_{\lambda+1}(z)}{z^\lambda}$$

を導いた．

v と v' の零点が互いに分離し合うこと，さらに
$$v = \frac{J_\lambda(z)}{z^\lambda}, \quad v' = -\frac{J_{\lambda+1}(z)}{z^\lambda}$$

によって，v と v' の正負の零点はそれぞれ $J_\lambda(z)$ と $J_{\lambda+1}(z)$ の零点であることから，次のことが成り立つ：**$J_\lambda(z)$ の零点と $J_{\lambda+1}(z)$ の零点は互いに分離し合う．**

例を見よう．$\lambda = -\frac{1}{2}$, $\lambda = \frac{1}{2}$ に対して

$$J_{-\frac{1}{2}}(z) = \sqrt{\frac{2}{\pi z}}\cos z, \quad J_{\frac{1}{2}}(z) = \sqrt{\frac{2}{\pi z}}\sin z$$

---

[16] [訳註] 中間値の定理による．

であることはすでに知っている．これらの関数の零点はそれぞれ

$$\pm\frac{\pi}{2}, \quad \pm\frac{3\pi}{2}, \quad \pm\frac{5\pi}{2}, \quad \ldots, \quad \pm\frac{(2n+1)\pi}{2}, \quad \ldots,$$

および

$$0, \quad \pm\pi, \quad \pm 2\pi, \quad \ldots, \quad \pm n\pi, \quad \ldots$$

であるが，確かに互いに分離し合っている．

このような視点からも，ベッセル関数は三角関数と近縁関係にある．

7.2.9 ノイマン関数

λ が整数でないときは，関係式

(5) $$J_\lambda(z) = \frac{1}{2}(H_\lambda^1(z) + H_\lambda^2(z))$$

および

(7) $$J_{-\lambda}(z) = \frac{1}{2}\left(e^{i\lambda\pi}H_\lambda^1(z) + e^{-i\lambda\pi}H_\lambda^2(z)\right)$$

を $H_\lambda^1(z)$ と $H_\lambda^2(z)$ に関して解くことができる．結果は

(38) $$H_\lambda^1(z) = -\frac{1}{i\sin\lambda\pi}(J_\lambda(z)e^{-i\lambda\pi} - J_{-\lambda}(z)),$$

(38′) $$H_\lambda^2(z) = \frac{1}{i\sin\lambda\pi}(J_\lambda(z)e^{i\lambda\pi} - J_{-\lambda}(z))$$

となり，それからさらに，

(39) $$N_\lambda(z) = \frac{1}{2i}(H_\lambda^1(z) - H_\lambda^2(z)) = \frac{J_\lambda(z)\cos\lambda\pi - J_{-\lambda}(z)}{\sin\lambda\pi}$$

が得られる．

しかしながら，λ が整数のとき，ノイマン関数を J_λ と $J_{-\lambda(z)}$ で表すこの関係式は意味をもたない．なぜなら，λ の関数と見た分子 $J_\lambda(z)\cos\lambda\pi - J_{-\lambda}(z)$ および分母 $\sin\lambda\pi$ がそのような値を 1 位の零点とするからである．一方，$z \neq 0$ に対しては，分子も分母も λ の正則な解析関数であるから，分母と分子を微分してから極限をとることによって λ の整数値に対するこの分数式の値を求めることができる[17]．すなわち分数式

---

[17] ［訳註］いわゆるロピタルの方法である．

$$\frac{\frac{\partial J_\lambda(z)}{\partial \lambda}\cos\lambda\pi - J_\lambda(z)\pi\sin\lambda\pi - \frac{\partial J_{-\lambda}(z)}{\partial \lambda}}{\pi\cos\lambda\pi}$$

の極限をとることにより，整数 λ に対して

(40) $$N_\lambda(z) = \frac{1}{\pi}\left(\frac{\partial J_\lambda(z)}{\partial \lambda} - (-1)^\lambda \frac{\partial J_{-\lambda}(z)}{\partial \lambda}\right)$$

が得られる．

λ の整数値に対して，上の表式の右辺がベッセルの微分方程式を満たすことを直接確かめることも容易である．それには，まず，λ については恒等式であるベッセルの微分方程式

$$\frac{d^2 J_\lambda(z)}{dz^2} + \frac{1}{z}\frac{dJ_\lambda(z)}{dz} + \left(1 - \frac{\lambda^2}{z^2}\right)J_\lambda(z) = 0$$

を λ に関して微分すると

$$\frac{d^2}{dz^2}\frac{\partial J_\lambda(z)}{\partial \lambda} + \frac{1}{z}\frac{d}{dz}\frac{\partial J_\lambda(z)}{\partial \lambda} + \left(1 - \frac{\lambda^2}{z^2}\right)\frac{\partial J_\lambda(z)}{\partial \lambda} = \frac{2\lambda}{z^2}J_\lambda(z)$$

が得られる．

同様に $-\lambda$ に対しても

$$\frac{d^2}{dz^2}\frac{\partial J_{-\lambda}(z)}{\partial \lambda} + \frac{1}{z}\frac{d}{dz}\frac{\partial J_{-\lambda}(z)}{\partial \lambda} + \left(1 - \frac{\lambda^2}{z^2}\right)\frac{\partial J_{-\lambda}(z)}{\partial \lambda} = \frac{2\lambda}{z^2}J_{-\lambda}(z)$$

が成り立つ．上の第2式に $(-1)^\lambda$ を掛けて，第1式から辺々引き算すると，整数の λ に対しては $J_\lambda(z) = (-1)^\lambda J_{-\lambda}(z)$ が成り立つので，右辺は 0 になる．よって λ が整数のときのベッセルの方程式の新規な解として，

$$\frac{\partial J_\lambda(z)}{\partial \lambda} - (-1)^\lambda \frac{\partial J_{-\lambda}(z)}{\partial \lambda} = \pi N_\lambda(z) \quad (\lambda \text{ は整数})$$

が得られるのである．

さて，上で導かれたノイマン関数 $N_\lambda(z)$ と $J_\lambda(z)$, $J_{-\lambda}(z)$ との間の関係により，ベッセル関数の表示式から $N_\lambda(z)$ の表示式を導くことができる．例えば，$\lambda \neq n$ に対しては積分表示 (9) から

(41) $$N_\lambda(z) = -\frac{1}{\pi\sin\pi\lambda}\int_L e^{-iz\sin\zeta}\left\{e^{i\lambda\zeta}\cos\pi\lambda - e^{-i\lambda\zeta}\right\}d\zeta$$

が得られ，一方，整数の $\lambda = n$ に対しては

(42) $$N_n(z) = -\frac{2i}{\pi^2}\int_L \zeta e^{-iz\sin\zeta}\cos\lambda\zeta\, d\zeta \quad (n \text{ 偶数})$$

および

(42′) $$N_n(z) = \frac{2}{\pi^2}\int_L \zeta e^{-i\dot z \sin\zeta}\sin\lambda\zeta\, d\zeta \quad (n \text{ 奇数})$$

が得られる.

§7.5 の積分公式 (20) を用いると，例えば $N_0(z)$ に対して

$$N_0(z) = \frac{2}{\pi}\left(\frac{\partial J_\lambda}{\partial \lambda}\right)_{\lambda=0}$$

のおかげで,

(43) $$\pi N_0(z) = (2C + \log 2)J_0(z) + \frac{2}{\pi}\int_0^\pi \cos(z\cos\zeta)\log(z\sin^2\zeta)\, d\zeta$$

が導かれる．ここで C はよく知られたオイラーの定数である.

同様に，$N_\lambda(z)$ の級数展開も $J_\lambda(z)$ および $J_{-\lambda}(z)$ のそれから得られる．λ が整数の場合について詳しく考察しよう.

(21) $$J_\lambda(z) = \left(\frac{z}{2}\right)^\lambda \sum_{n=0}^\infty \frac{(-1)^n}{n!}\left(\frac{z}{2}\right)^{2n}\frac{1}{\Gamma(n+\lambda+1)}$$

を用いる．今の場合，$\sum$ 記号の下で x について項別微分を行ってよいので,

(44)
$$\begin{cases} \dfrac{\partial J_\lambda(z)}{\partial \lambda} = \log\dfrac{z}{2}J_\lambda(z) + \left(\dfrac{z}{2}\right)^\lambda \sum_{n=0}^\infty \dfrac{(-1)^n}{n!}\left(\dfrac{z}{2}\right)^{2n}\left(\dfrac{d}{dt}\dfrac{1}{\Gamma(t)}\right)_{t=n+\lambda+1}, \\ \dfrac{\partial J_{-\lambda}(z)}{\partial \lambda} = -\log\dfrac{z}{2}J_{-\lambda}(z) \\ \qquad\qquad - \left(\dfrac{z}{2}\right)^{-\lambda}\sum_{n=0}^\infty \dfrac{(-1)^n}{n!}\left(\dfrac{z}{2}\right)^{2n}\left(\dfrac{d}{dt}\dfrac{1}{\Gamma(t)}\right)_{t=n-\lambda+1} \end{cases}$$

が成り立つ.

ここでまず，正整数 t に対して導関数 $\frac{d}{dt}\frac{1}{\Gamma(t)}$ の値を計算しよう．Γ 関数に対しては関数方程式

$$\Gamma(t+1) = t\Gamma(t) \quad (t \neq 0, -1, -2, \ldots)$$

が成り立つ．これより対数微分によって

$$\frac{\Gamma'(t+1)}{\Gamma(t+1)} = \frac{1}{t} + \frac{\Gamma'(t)}{\Gamma(t)}$$

が得られる．この式を繰り返し用いれば

$$\frac{\Gamma'(t+k+1)}{\Gamma(t+k+1)} = \frac{1}{t+k} + \frac{1}{t+k-1} + \cdots + \frac{1}{t} + \frac{\Gamma'(t)}{\Gamma(t)} \quad (k=0,1,2,\ldots)$$

となる．また

$$\frac{d}{dt}\frac{1}{\Gamma(t)} = -\frac{\Gamma'(t)}{\Gamma^2(t)} = -\frac{1}{\Gamma(t)}\frac{\Gamma'(t)}{\Gamma(t)}$$

である．$t=1, k=n-1$ として上の等式を用いると，$n=1,2,3,\ldots$ に対して

$$\frac{\Gamma'(n+1)}{\Gamma(n+1)} = \frac{1}{n} + \frac{1}{n-1} + \cdots + 1 + \frac{\Gamma'(1)}{\Gamma(1)} = \frac{1}{n} + \frac{1}{n-1} + \cdots + 1 - C$$

が得られる．また，正整数 t に対する $\Gamma'(t)/\Gamma(t)$ の値を用いればこれらの点における導関数 $\frac{d}{dt}\frac{1}{\Gamma(t)}$ の値を求めることができる．特に

$$\left(\frac{d}{dt}\frac{1}{\Gamma(t)}\right)_{t=1} = C$$

とおけば，

$$\frac{d}{dt}\frac{1}{\Gamma t} = -\frac{1}{(t-1)!}\left\{\frac{1}{t-1} + \frac{1}{t-2} + \cdots + 1 - C\right\} \quad (t=2,3,\ldots)$$

が成り立つ．

さらに，t の負の整数値に対する導関数を求めるには，t の一般の値に対する等式

$$\frac{\Gamma'(t+k+1)}{\Gamma(t+k+1)} = \frac{1}{t+k} + \frac{1}{t+k-1} + \cdots + \frac{1}{t} + \frac{\Gamma'(t)}{\Gamma(t)}$$

を $\frac{\Gamma'(t)}{\Gamma(t)}$ に関して解いた形にし，その両辺に $-\frac{1}{\Gamma(t)}$ を掛ける．すると

$$-\frac{1}{\Gamma(t)}\frac{\Gamma'(t)}{\Gamma(t)} = \frac{1}{\Gamma(t)}\left\{\frac{1}{t} + \frac{1}{t+1} + \cdots + \frac{1}{t+k-1} + \frac{1}{t+k}\right\} \\ - \frac{1}{\Gamma(t)}\frac{\Gamma'(t+k+1)}{\Gamma(t+k+1)}$$

が得られる．ここで t を $-k$ $(k=0,1,2,\ldots)$ に収束させると，左辺が導関数の値 $\left(\frac{d}{dt}\frac{1}{\Gamma(t)}\right)_{t=-k}$ に収束するので右辺もそうなる．さて $t \to -k$ のとき，$\frac{1}{\Gamma(t)}$ は 0 に近づき，一方，和 $\frac{1}{t} + \frac{1}{(t+1)} + \cdots + \frac{1}{(t+k-1)}$ および $\frac{\Gamma'(t+k+1)}{\Gamma(t+k+1)}$ は

236 第7章 固有値問題によって定義される特殊関数

有界である．よって右辺は $\frac{1}{\Gamma(t)} \cdot \frac{1}{t+k}$ だけになる．

この分数の分母と分子に $t(t+1)\cdots(t+k-1)$ を掛けると，分母はガンマ関数の公式によって $\Gamma(t+k+1)$ に等しく，$t \to -k$ のときは $\Gamma(1) = 1$ に収束する．そのとき分子は $(-1)^k k!$ に近づく．よって

$$\left(\frac{d}{dt}\frac{1}{\Gamma(t)}\right)_{t=-k} = (-1)^k k!$$

が得られる．

こうして得られた，t の整数値における導関数 $\frac{d}{dt}\frac{1}{\Gamma(t)}$ の値を，級数 (44) に代入すると，$\lambda = 1, 2, \ldots$ に対して

$$(45)\begin{cases}
\pi N_\lambda(z)\dfrac{\partial J_\lambda(z)}{\partial \lambda} - (-1)^\lambda \dfrac{\partial J_{-\lambda}(z)}{\partial \lambda} \\
\quad = 2J_\lambda(z)\left(\log\dfrac{z}{2} + C\right) - \left(\dfrac{z}{2}\right)^{-\lambda}\displaystyle\sum_{n=0}^{\lambda-1}\dfrac{(\lambda-n-1)!}{n!}\left(\dfrac{z}{2}\right)^{2n} \\
\quad - \left(\dfrac{z}{2}\right)^\lambda \dfrac{1}{\lambda!}\left\{\dfrac{1}{\lambda} + \dfrac{1}{\lambda-1} + \cdots + 1\right\} \\
\quad - \left(\dfrac{z}{2}\right)^\lambda \displaystyle\sum_{n=1}^{\infty}\dfrac{(-1)^n \left(\dfrac{z}{2}\right)^{2n}}{n!(n+\lambda)!}\bigg\{\dfrac{1}{n+\lambda} + \dfrac{1}{n+\lambda-1} + \cdots \\
\qquad\qquad\qquad\qquad\qquad + 1 + \dfrac{1}{n} + \dfrac{1}{n-1} + \cdots + 1\bigg\}
\end{cases}$$

が，また，$\lambda = 0$ に対しては

$$\pi N_0(z) = 2J_0(z)\left(\log\frac{z}{2} + C\right) - 2\sum_{n=1}^{\infty}\frac{(-1)^n}{(n!)^2}\left(\frac{z}{2}\right)^{2n}\left\{\frac{1}{n} + \frac{1}{n-1} + \cdots + 1\right\}$$

が導かれる．

上の展開式から，ベッセルの微分方程式の解がもち得る特異性を見通すことができる．

$z = \infty$ は，恒等的に 0 ではない任意の解の真性特異点であるが，それを別とすれば，原点 $z = 0$ は，ベッセルの微分方程式の解が特異性をもち得る唯一の点である．

λ が整数でないならば，一般解は $J_{-\lambda}(z)$ と $J_\lambda(z)$ を用いて表されるので，原点において z^λ あるいは $z^{-\lambda}$ の形の特異性のみをもち得る．

$\lambda = n$ が整数のときは，原点における位数 n の極を別とすれば，解は $z^n \log z$

の形の対数特異点だけをもち得る. なぜなら, 任意の解が $J_n(z)$ と $N_n(z)$ の線形結合で表され, これらは上述のもの以外の特異点をもたないからである.

非負の整数 n を指数とするベッセル関数 $J_n(z)$ は, 特に例外的な, 原点においても正則な解である.

7.3 ルジャンドルの球関数

本書の先行箇所[18]においては, 我われはルジャンドルの球関数およびそれらから微分によって得られる高次の球関数を実変数の関数として考察し, それらの多くの性質を導いた. ここでは, 変数を複素変数 $z = x + iy$ に広げてこれらの関数の積分表示を構成し, かつ, ルジャンドルの微分方程式の他の解を導き出したい. そうするにつれ, ルジャンドル関数 $P_n(z)$ のパラメータ n の値を正整数に限るという制約を解除する可能性が自然に見えてくる[19].

7.3.1 シュレーフリの積分表示

n 次のルジャンドル多項式の表式 (§2.8, 上巻 p. 89)

$$P_n(z) = \frac{1}{2^n n!} \frac{d^n}{dz^n}(z^2 - 1)^n$$

からコーシーの積分公式によって, 任意の複素数値 z に対する表示,

(46)
$$P_n(z) = \frac{1}{2\pi i} \int_C \frac{(\zeta^2 - 1)^n}{2^n(\zeta - z)^{n+1}} d\zeta$$

が直ちに得られる. ここで積分路 C は複素変数 $\zeta = \xi + i\eta$ の平面において, 点 $\zeta = z$ を正の向きに囲む閉曲線である. 上の表示はシュレーフリによるものであるが, これから重要な結果や一般化が導かれる.

まず, 積分表示 (46) に基づいて, ルジャンドルの微分方程式

$$\frac{d}{dz}\left((1-z^2)\frac{dP_n}{dz}\right) + n(n+1)P_n = 0$$

---

[18] [原註] 上巻 §2.8 および下巻 §5.10.2.

[19] [原註] この節に関しては, 特に E.T. Whittaker, G.N. Watson: A Course of Modern Analysis, Cambridge University Press, Cambridge, 1920/1927 を参照せよ.

の成立を直接に検証できることに注意しよう．実際，積分記号の下での微分を実行すれば，微分方程式の左辺は次のようになる：

$$\frac{n+1}{2\pi i 2^n} \int_C \frac{(\zeta^2-1)^n}{(\zeta-z)^{n+3}} \left((n+2)(1-z^2) - 2z(\zeta-z) + n(\zeta-z)^2\right) d\zeta$$

$$= \frac{n+1}{2\pi i 2^n} \int_C \frac{(\zeta^2-1)^n}{(\zeta-z)^{n+3}} \left(2(n+1)\zeta(\zeta-z) - (n+2)(\zeta^2-1)\right) d\zeta$$

$$= \frac{n+1}{2\pi i 2^n} \int_C \frac{d}{d\zeta}\left(\frac{(\zeta^2-1)^{n+1}}{(\zeta-z)^{n+2}}\right) d\zeta.$$

上式は，積分路が閉じていること，また関数 $\frac{(\zeta^2-1)^{n+1}}{(\zeta-1)^{n+2}}$ が ζ の関数として 1 価であることにより，0 になる．この直接的な検証法を利用すれば，指数 n が任意の，すなわち正整数でないような数である場合まで $P_n(z)$ の定義を拡張することができる．なぜなら，シュレーフリの積分は，積分路に沿って一周したときに式 $\frac{(\zeta^2-1)^{n+1}}{(\zeta-z)^{n+2}}$ の値がもとに戻るならば，例えば積分路が被積分関数のリーマン面において閉じているならば，n の任意の値に対してルジャンドルの微分方程式の解となることが明らかなゆえである．ただしその際，関数 $P_n(z)$ は一般には，もはや有理整関数でなくなるばかりか，z の 1 価正則関数ですらない．望ましい積分路の 1 つを次のようにして得ることができる．すなわち，ζ-平面を実軸に沿って -1 から $-\infty$ まで切断し，さらに点 1 から点 z までを任意の曲線に沿って切断する．z-平面も同じように -1 から $-\infty$ まで切断する．そうして C としては，上のように切断線を入れた ζ-平面上で点 $\zeta = z$ と点 $\zeta = +1$ を正の向きに回るが，点 $\zeta = -1$ を内部に含まないような閉曲線を採用する．このようにして定義された関数，すなわち切断線を入れた z-平面上で 1 価な関数

(47) $$P_\nu(z) = \frac{1}{2\pi i} \int_C \frac{(\zeta^2-1)^\nu}{2^\nu (\zeta-z)^{\nu+1}} d\zeta$$

のことを，やはり**指数 ν のルジャンドル関数**と名付ける．これはルジャンドルの微分方程式

(48) $$\left((1-z^2)u'\right)' + \nu(\nu+1)u = 0$$

を満たし，$z = 1$ において有限で，

$$P_\nu(1) = 1$$

という値をもつ解として一意に確定する[20]．この関係が成立することは，積分表示において，z を 1 に近づければすぐに分かる．上の微分方程式は ν を $-\nu-1$ に置き換えても変わらないから，恒等式

$$P_\nu(z) = P_{-\nu-1}(z)$$

が成り立つ．この恒等式を計算で確かめることは容易ではない．

積分表示に基づけばすぐに確かめることができるが，関数 $P_\nu(z)$ は次の漸化式を満足する：

(49)
$$P'_{\nu+1}(z) - zP'_\nu(z) = (\nu+1)P_\nu(z),$$
$$(\nu+1)P_{\nu+1}(z) - z(2\nu+1)P_\nu(z) + \nu P_{\nu-1}(z) = 0,$$

後者は ν の整数値に対してすでに上巻 §2.8.3 で導いた．

7.3.2 ラプラスの積分表示

ここでは，z の実部が正で，$z \neq 1$ であると仮定しよう．そのときには，C として，点 z を中心とする半径 $|\sqrt{z^2-1}|$ の円をとることができる．$\Re z > 0$, $z \neq 1$ のときに成り立つ不等式 $|z-1|^2 < |z+1||z-1|$ から分かるように，この円は上に述べた所望の性質をもつからである．このとき，$\zeta = z + |z^2-1|^{\frac{1}{2}} e^{i\varphi}$, $|\varphi| \leq \pi$ によって，実数の積分変数 φ を導入すると，シュレーフリの積分から直ちに，$z = 1$ に対しても有効なラプラスの第 1 積分表示

(50)
$$P_\nu(z) = \frac{1}{\pi} \int_0^\pi \left(z + \sqrt{z^2-1} \cos\varphi\right)^\nu d\varphi$$

が得られる．ここで多価関数 $(z + \sqrt{z^2-1}\cos\varphi)^\nu$ の値は，z^ν がその主値を表しているとして，$\varphi = \pi/2$ のとき z^ν に等しいようにとる．特に正数の z および実数の ν に対しては，実数値になる．

公式 $P_\nu = P_{-\nu-1}$ によって，ラプラスの第 2 積分表示

(51)
$$P_\nu(z) = \frac{1}{\pi} \int_0^\pi \frac{d\varphi}{(z + \sqrt{z^2-1}\cos\varphi)^{\nu+1}}$$

---

[20] [原註] 実際，後出の §7.3.3 で示すように，第 2 の解 Q_ν が，従って P_ν と線形独立なすべての解が $z = 1$ において対数特異点をもつからである．

が直ちに得られる.

ここで注意しておくべきは,積分路上で $z + \sqrt{z^2-1}\cos\varphi$ の値が 0 になり得るような z に対しては,第 1 の表示は $\nu \leqq -1$ のときに,第 2 の表示は $\nu \geqq 0$ のときに,使用できないことである.こうして,少なくとも一方の表示は(-1 から ∞ に到る切断線上を除いて)全 z-平面上において有効である.

7.3.3 第 2 種のルジャンドル関数

微分方程式 (48) は,$P_\nu(z)$ の他に,$P_\nu(z)$ と線形独立な第 2 の解をもっているはずである.それをシュレーフリの積分から,積分路を然るべく変更することによって容易に求めることができる.

点 z が外部にありさえすれば,そのような積分路の 1 つは p. 214 の図 13 における 8 字形の曲線 $\mathfrak{A}$ で与えられる.すなわち,積分

$$(52) \qquad Q_\nu(z) = \frac{1}{4i\sin\nu\pi}\int_{\mathfrak{A}} \frac{1}{2^\nu}\frac{(\zeta^2-1)^\nu}{(z-\zeta)^{\nu+1}}\,d\zeta$$

によって定義される解析関数 $Q_\nu(z)$ もルジャンドルの微分方程式を満足させる.これは,**第 2 種のルジャンドル関数**と呼ばれるもので,実軸に沿って 1 から $-\infty$ まで切断線を入れた z-平面上で 1 価正則である.ところで,この積分表示は ν が整数でないことを前提としている.ν が整数ならば,正規化因数の $\frac{1}{\sin\nu\pi}$ が無限大になってしまうからである.

$(\nu+1)$ の実数部が正であり,z が線分 $-1 \leqq \zeta \leqq 1$ の上にない場合には,積分路を然るべく縮めることにより(p. 218 の計算を参照),

$$(53) \qquad Q_\nu(z) = \frac{1}{2^{\nu+1}}\int_{-1}^{1}\frac{(1-\zeta^2)^\nu}{(z-\zeta)^{\nu+1}}\,d\zeta$$

と書くことができる.この形での公式は ν が整数のときも有効である.

積分路 $\mathfrak{A}$ が点 z と $+1$ を結ぶ線と,また,点 z と -1 を結ぶ線分と交わることに注意すれば,$Q_\nu(z)$ が $z = 1$ および $z = -1$ で対数特異点をもつことが積分表示 (52) から容易に見て取れる.

ν が負のときや ν の実数部が負のときには,等式

$$Q_\nu(z) = Q_{-\nu-1}(z)$$

により Q_ν を定義することができる.

関数 $Q_\nu(z)$ についても，$P_\nu(z)$ に対するラプラスの積分表示と同様な積分表示が成り立つ．まずは z が $z > 1$ を満たす実数であるとして，上の積分 (53) で

$$\zeta = \frac{e^\varphi \sqrt{z+1} - \sqrt{z-1}}{e^\varphi \sqrt{z+1} + \sqrt{z-1}}$$

とおき，若干の計算を行えば

$$(54) \qquad Q_\nu(z) = \int_0^\infty \frac{d\varphi}{(z + \sqrt{z^2-1}\cosh\varphi)^{\nu+1}} \quad (\nu > -1)$$

が得られる．ここにおいても本来多価である被積分関数の値の選択が，(P_ν を扱った) 前の場合と同様に行われる．この公式の z に関する適用範囲は，-1 から $+1$ までの線分を切断した z-平面全体に容易に広げられる．ただし，$\nu \geqq 0$ の場合には積分路上で分母を 0 にするような z の値は除外してのことである．そうしたとき，被積分関数がこの領域において z の 1 価正則関数であることは，複素関数論の素養がある読者ならば容易に理解できるであろう．

等式 $Q_\nu = Q_{-\nu-1}$ を用いれば，さらに第 2 の積分表示

$$(55) \qquad Q_\nu(z) = \int_0^\infty (z + \sqrt{z^2-1}\cosh\varphi)^\nu d\varphi \quad (\nu < 0)$$

が直ちに得られる．ここで $\nu \leqq -1$ の場合は，z に関する上記の仮定を再び課さねばならない．

7.3.4 ルジャンドルの陪関数 (高次のルジャンドル関数)

高次の球関数は

$$P_{\nu,h}(z) = \sqrt{1-z^2}^h \frac{d^h}{dz^h} P_\nu(z),$$
$$Q_{\nu,h}(z) = \sqrt{1-z^2}^h \frac{d^h}{dz^h} Q_\nu(z)$$

によって定義されるが (§5.10.2, p.55)，これらに対してもシュレーフリの積分を微分し，さらに変数変換 $\zeta = z + \sqrt{z^2-1}\,e^{i\varphi}$ を行うことにより，積分表示を導くことができる．そのうちの 1 つを明示すると

$$P_{\nu,h}(z) = (-1)^h \frac{(\nu+1)(\nu+2)\cdots(\nu+h)}{\pi} \cdot \int_0^\pi (z + \sqrt{z^2-1}\cos\varphi)^\nu \cos h\varphi \, d\varphi$$

である.これより,例えば $h \geqq 0$ のときの球関数 $P_{\nu,h}(z)$ はすべて $z = 1$ で 0 になることが分かる.

7.4 ルジャンドル,チェビシェフ,エルミート,ラゲールの微分方程式への積分変換法の応用

上巻第 2 章で積分変換の方法により直交関数の理論を展開したときと同様に,ルジャンドルの微分方程式の理論に対しても,§7.1 で解説した積分変換の方法によって考察を進めることができる.そのやり方を以下で簡単に説明しよう.

7.4.1 ルジャンドル関数

ルジャンドルの微分方程式

(56) $$L[u] = (1-z^2)u'' - 2zu' = -\lambda(\lambda+1)u$$

において,積分変換

$$u(z) = \int_C K(z,\zeta)v(\zeta)\, d\zeta$$

を行うと,条件

$$\int_C \left\{(1-z^2)K_{zz} - 2zK_z + \lambda(\lambda+1)K\right\} v(\zeta)\, d\zeta = 0$$

に到達する.

変換核が微分方程式

(57) $$(1-z^2)K_{zz} - 2zK_z + \zeta(\zeta K)_{\zeta\zeta} = 0$$

を満たすことを要請しよう.すると関数 $K = \frac{1}{\sqrt{1-2z\zeta+\zeta^2}}$ はその 1 つの解である.$L(K)$ を $-\zeta(\zeta K)_{\zeta\zeta}$ で置き換えて得られる積分を部分積分によって変

形すると，$v(\zeta)$ に対する微分方程式として

$$\zeta(v\zeta)'' - \lambda(\lambda+1)v = 0$$

が得られる．これは $v = \zeta^{\lambda}$ および $v = \zeta^{-\lambda-1}$ を解にもつ．これらを用いて積分

$$(58) \quad \begin{cases} P_{\lambda}(z) = \dfrac{1}{2\pi i} \displaystyle\int_{C_1} \dfrac{\zeta^{-\lambda-1}}{\sqrt{1-2z\zeta+\zeta^2}} d\zeta, \\ Q_{\lambda}(z) = \dfrac{1}{4i\sin\pi\lambda} \displaystyle\int_{C_2} \dfrac{\zeta^{-\lambda-1}}{\sqrt{1-2z\zeta+\zeta^2}} d\zeta \end{cases}$$

が導かれる．ここで積分路 C_1 および C_2 はそれぞれ図15と図16に示したものであり，被積分関数のリーマン面上での閉曲線である．

変数変換

$$\zeta = z + \sqrt{z^2-1}\cos\varphi$$

を行い，積分路を然るべく変形すると，次のラプラス積分が容易に得られる：

$$(51) \quad P_{\lambda}(z) = \frac{1}{\pi} \int_0^{\pi} (z + \sqrt{z^2-1}\cos\varphi)^{-\lambda-1} d\varphi,$$

$$(54) \quad Q_{\lambda}(z) = \int_0^{\infty} (z + \sqrt{z^2-1}\cosh\varphi)^{-\lambda-1} d\varphi \quad (\lambda > -1).$$

上で選んだ核

$$K(z,\zeta) = \frac{1}{\sqrt{1-2z\zeta+\zeta^2}}$$

は，微分方程式 (57) の他の解の場合でも同様なのであるが，ルジャンドル方程式の**母関数**である．なぜなら，こうした核の級数展開

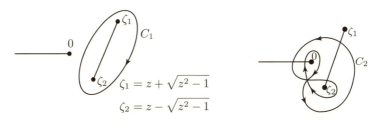

図 15.　　　　　　　　　　　図 16.

$$K(z,\zeta) = \sum_0^\infty u_n(z)\zeta^n$$

の係数 $u_n(z)$ は

$$u_n(z) = \frac{1}{2\pi i} \oint \frac{K(z,\zeta)}{\zeta^{n+1}} d\zeta$$

と上の形の積分で表示され，しかもそれは積分路が閉じていることにより，$\lambda = n$ のときの微分方程式 (56) を満たすからである．

7.4.2 チェビシェフ関数

チェビシェフの微分方程式

$$(59) \qquad L[u] = (1-z^2)u'' - zu' = -\lambda^2 u$$

の場合には，K として微分方程式

$$(60) \qquad (1-z^2)K_{zz} - zK_z + \zeta(\zeta K_\zeta)_\zeta = 0$$

の解を選ぶ．例えば，$K(z,\zeta) = \frac{1-\zeta^2}{1-2z\zeta+\zeta^2}$ をとれば

$$(61) \quad \begin{aligned} P_\lambda(z) &= \frac{1}{2\pi i}\int_{C_1} \frac{1-\zeta^2}{1-2z\zeta+\zeta^2}\zeta^{-\lambda-1}\,d\zeta, \\ Q_\lambda(z) &= \frac{1}{2\pi i}\int_{C_2} \frac{1-\zeta^2}{1-2z\zeta+\zeta^2}\zeta^{-\lambda-1}\,d\zeta \end{aligned}$$

の形の解が得られる．ここで C_1 および C_2 は，被積分関数のリーマン面において，分母の零点

$$\zeta_1 = z + \sqrt{z^2-1}; \quad \zeta_2 = z - \sqrt{z^2-1}$$

をそれぞれ一周する 2 つの閉曲線である．

コーシーの積分定理を用いれば，さらに

$$(62) \quad \begin{aligned} P_\lambda(z) &= \left(z + \sqrt{z^2-1}\right)^\lambda, \\ Q_\lambda(z) &= \left(z - \sqrt{z^2-1}\right)^\lambda \end{aligned}$$

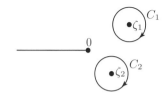

図 17.

が得られる.

これらの和の定数倍である

$$T_\lambda(z) = \frac{1}{2^\lambda}(P_\lambda(z) + Q_\lambda(z)) = \frac{(z+\sqrt{z^2-1})^\lambda + (z-\sqrt{z^2-1})^\lambda}{2^\lambda}$$

は,やはり積分

$$T_\lambda(z) = \frac{1}{2^\lambda}\frac{1}{2\pi i}\int_C \frac{1-\zeta^2}{1-2z\zeta+\zeta^2}\zeta^{-\lambda-1}\,d\zeta$$

で表される.ただし,こでの C は 2 点 ζ_1, ζ_2 をともに囲むものである.この積分は $\lambda = n$ に対してはチェビシェフの n 次多項式に一致する.

7.4.3 エルミート関数

エルミートの微分方程式

(63) $$L[u] = u'' - 2zu' = -2\lambda u$$

の場合には,K に対して偏微分方程式

(64) $$K_{zz} - 2zK_z + 2\zeta K_\zeta = 0$$

を課すが,これは $e^{2z\zeta - \zeta^2}$ を解にもつ.曲線 C としては,図 18 に示す 2 つの曲線 C_1, C_2 のどちらかを採用する.そうすると積分表示による解

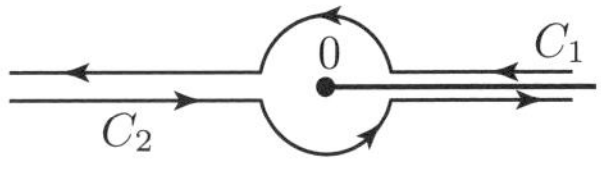

図 18.

(65) $$P_\lambda(z) = \frac{1}{\pi i}\int_{C_1} \frac{e^{-\zeta^2+2z\zeta}}{\zeta^{\lambda+1}}\,d\zeta,$$
$$Q_\lambda(z) = \frac{1}{\pi i}\int_{C_2} \frac{e^{-\zeta^2+2z\zeta}}{\zeta^{\lambda+1}}\,d\zeta$$

が得られる.それらの平均

$$H_\lambda(z) = \frac{1}{2}(P_\lambda(z) + Q_\lambda(z)),$$

すなわち,積分

$$H_\lambda(z) = \frac{1}{2\pi i}\int_C \frac{e^{-\zeta^2+2z\zeta}}{\zeta^{\lambda+1}}\,d\zeta$$

は, $\lambda = n$ に対するエルミートの多項式 $H_n(z)$ となる. ただし C は, 図20 の曲線を意味する.

もし $\Re(\lambda) < 0$ ならば, 積分路を原点に収縮することができて, 解として——z によらない定数を除いて——積分

$$\int_0^\infty \frac{e^{-\zeta^2+2z\zeta}}{\zeta^{\lambda+1}}\,d\zeta \tag{66}$$

および

$$\int_{-\infty}^\infty \frac{e^{-\zeta^2+2z\zeta}}{\zeta^{\lambda+1}}\,d\zeta \tag{67}$$

が得られる.

7.4.4 ラゲール関数

同様に, ラゲールの微分方程式

$$L[u] = zu'' + (1-z)u' = -\lambda u \tag{68}$$

の場合は, 偏微分方程式

$$zK_{zz} + (1-z)K_z + \zeta K_\zeta = 0 \tag{69}$$

を満たす核 $K(z,\zeta)$ を選ぶことにより, 次の形の積分に到達する:

$$\int_C \frac{e^{-\frac{z\zeta}{1-\zeta}}}{1-\zeta}\zeta^{-\lambda-1}\,d\zeta. \tag{70}$$

積分路 C を選ぶ際には, 被積分関数が点 $\zeta = 1$ に真性特異点をもつことに注意せねばならない. 特に C として図19が示す曲線をとったとき, 積分

$$L_\lambda(z) = \frac{1}{2\pi i}\int_C \frac{e^{-\frac{z\zeta}{1-\zeta}}}{1-\zeta}\zeta^{-\lambda-1}\,d\zeta \tag{71}$$

は, $\lambda = n$ に対して, 本質的にラゲールの多項式に一致する解を表す.

変数変換
$$u = \frac{\zeta}{1-\zeta}$$

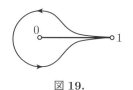

図 19.

を行うと，(71) は

(72) $$L_\lambda(z) = \frac{1}{2\pi i} \int_C \frac{e^{-uz}}{u^{\lambda+1}} (1+u)^\lambda \, du$$

の形になる．ここで C は図 20 が示す曲線である．

さらに次の注意をしておこう．ルジャンドルの微分方程式の場合と同様に，ここで扱ったそれぞれの微分方程式についても，対応する偏微分方程式の解として選んだ核は，もとの微分方程式の解の族を生成する**母関数**とみなせる．特に，上で採用したそれぞれの核を ζ の整級数に展開すると係数としてチェビシェフの多項式，エルミートの多項式，そうしてラゲールの多項式が定まるのである．

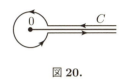

図 20.

7.5 ラプラスの球面（調和）関数[21]

本書の §5.8, p. 42 において，ラプラスの球面関数 $Y_n(\theta, \varphi)$ とは，球面上の微分方程式

(73) $$\Delta^* Y + \lambda Y = \frac{1}{\sin^2 \theta} Y_{\theta\theta} + \frac{1}{\sin \theta} (\sin \theta Y_\theta)_\theta + \lambda Y = 0$$

の固有値 $\lambda = n(n+1)$ に属する，いたる所正則な固有関数であるとして導入した．そうしたとき，関数 $r^n Y_n = U_n$ は，直交座標 x, y, z の n 次の同次多項式であり，かつ微分方程式 $\Delta U = 0$ を満足する．逆に，微分方程式 $\Delta U = 0$ を満たし，n 次の同次多項式であるような任意の関数 U_n を r^n で割れば，ラプラスの球面関数が得られる．n 次の同次多項式は $\frac{(n+1)(n+2)}{2}$ 個の係数をもち，ΔU_n は $(n-2)$ 次の同次多項式であるから，条件 $\Delta U_n = 0$ によって，U_n の係数に対し $\frac{(n-1)n}{2}$ 個の同次な線形方程式が課せられる．従って，U_n は少なくとも $\frac{(n+1)(n+2)}{2} - \frac{(n-1)n}{2} = 2n+1$ 個の独立な係数をもつ．すなわち，少なくとも $(2n+1)$ 個の線形独立な n 次の球面関数が存在する．

---

[21] ［訳註］原著での標題の直訳は「ラプラスの球関数」であるが，現在の用語法に従った．（英語版でも同様である．）

この節では，上記の条件が互いに独立であり，従って，ちょうど$(2n+1)$個の線形独立なn次の球面関数が存在することを明らかにしよう．さらにこれらの関数Y_nが我々の固有値問題の固有関数のすべてを表すものであること，従って，$\lambda = n(n+1)$が固有値のすべてを尽くすことも示そう．最後に，これらの関数は，§7.3および§5.10 (p.55)で学んだ高次のルジャンドル陪関数を用いて明示的に表すことが可能なのである．まずは，この最後の点から始めよう．

7.5.1 $(2n+1)$個のn位球面関数の特徴付け

ここで特殊な球面関数を求めるために，今まで何度も行った方法，すなわち解を$Y(\theta, \varphi) = p(\varphi) q(\theta)$とおく方法を用いよう．この積を$\lambda = n(n+1)$に対する微分方程式(73)に代入し，$\varphi$による微分をダッシュにより，また$\theta$による微分をドット（上つきの・）により表せば，(73)は

$$\frac{p''(\varphi)}{p(\varphi)} = -\frac{(\sin\theta \dot{q})^{\cdot} \sin\theta}{q} - n(n+1)\sin^2\theta = -\varrho$$

と書き換えられる．ここでϱは定数でなければならない[22]．こうしてqに対する微分方程式

$$(\sin\theta \dot{q})^{\cdot} + \left(n(n+1) - \frac{\varrho}{1-z^2}\right) q = 0$$

が得られるが，含まれるパラメータρの値は，この微分方程式が$\theta = 0$および$\theta = \pi$においても正則な解[23]を持つという条件によって定められる．変数変換$z = \cos\theta$を行い，zについての微分をダッシュで表せば，この微分方程式は直ちに

$$((1-z^2)q')' + \left(n(n+1) - \frac{\varrho}{1-z^2}\right) q = 0$$

と書き換えられる．これに課せられる境界条件は$z = +1$および$z = -1$における正則性である．少し違った形であるが，この問題は§5.10.2, p.55にお

---

[22] ［訳註］$-\varrho$は，θによらない最左辺とφによらない中央辺の共通値であるから，θ, φのどちらにもよらない定数である．

[23] ［訳註］そうして恒等的に0ではない解．

いて扱い済みである．すなわち，その解が $\rho = h^2$ および $q = P_{n,h}(z)$ によって与えられることを知っている．ただし，$P_{n,h}(z)$ は h 位のルジャンドルの同伴関数 $P_{n,h} = (1-z^2)^{h/2} \frac{d^h}{dz^h} P_n(z)$ であり，h のとり得る値は $0, 1, 2, \ldots, n$ である．一方，p は $p''(\varphi) + h^2 p(\varphi) = 0$ から $a_h \cos h\varphi + b_h \sin h\varphi$ として定まる．これらから直ちに，$Y = pq$ として求める (73) の解

$$Y(\theta, \varphi) = (a_h \cos h\varphi + b_h \sin h\varphi) P_{n,h}(\cos \theta)$$

が得られ，その結果，関数

(74) $$Y_n = \frac{a_{n,0}}{2} P_n(\cos \theta) + \sum_{h=1}^{n} (a_{n,h} \cos h\varphi + b_{n,h} \sin h\varphi) P_{n,h}(\cos \theta)$$

により，n 次の球面関数が $(2n+1)$ 個の任意線形係数を含む形で与えられる．間もなく分かるように，これは最大限の一般性をもつ形でもある．

$\cos(h\varphi) P_{n,h}(\cos \theta)$ $(h = 0, 1, \ldots, n)$ と，$\sin(h\varphi) P_{n,h}(\cos \theta)$ $(h = 0, 1, \ldots, n)$ をあわせた関数族のどの 2 つの関数も直交しているので，これらの関数は互いに線形独立である．これらを **n 位の対称球面調和関数**と呼ぶことにしよう．

7.5.2 得られた球面関数系の完全性

各 n についての $(2n+1)$ 個の関数 $\cos(h\varphi) P_{n,h}(\cos \theta)$, $\sin(h\varphi) P_{n,h}(\cos \theta)$ の全体をあわせた関数列により球面上の完全直交系が得られることは，以前に証明したいくつかの定理からの直接的な帰結である．実際，まず関数列 $\cos(h\varphi)$, $\sin(h\varphi)$ は φ についての完全な（直交）関数系をつくっている．一方，各 h ごとに，関数列 $P_{n,h}(z)$ が z についての完全な（直交）関数系をなしていることは，固有値問題の固有関数の全体が常に完全性をもつからである（§6.3.1 参照）．となると，いま問題としている関数列の完全性を知るためには上巻 §2.1.6 で示した定理を思い出しさえすればよい．その定理には，2 変数の完全な関数系を各 1 変数の完全な関数系から構成する一般的な指針が含まれている．

上述の結果から直ちにいえるのは，微分方程式 (73) が上で取り上げたもの以外に固有値をもたないこと，すなわち $n(n+1)$ 以外の固有値をもち得ない

ことである.こうして,前述のすべての問への答えが得られた.なお,ここでのやり方により,ちょうど $(2n+1)$ 個の線形独立な関数 Y_n が存在するという代数的な事実の超越的な証明が得られたことは注目に値する.

もちろん,この代数的な事実を代数的な扱いにより,直接かつ簡単に証明することもできる.実際,x, y, z の n 次の同次な任意の多項式 $u = \sum a_{rst} x^r y^s z^t$ $(r+s+t=n)$ を考察すると,各係数 a_{rst} は定数因数を別として $\partial^n u / \partial x^r \partial y^s \partial z^t$ の形の偏微分係数で表される.さらに微分方程式 $u_{xx} = -u_{yy} - u_{zz}$ が成り立っているときには,これを用いて x に関する 2 階以上の微分を含む微分係数 $\partial^m u / \partial x^\alpha \partial y^\beta \partial z^\gamma$ を x についての 1 回以下の微分しか含まない形に書き直すことができる.例えば,$\frac{\partial^3 u}{\partial x^2 \partial y} = -\frac{\partial^3 u}{\partial y^3} - \frac{\partial^3 u}{\partial z^2 \partial y}$ のようにである.ゆえに条件 $\Delta u = 0$ の下では,u のすべての係数は $(2n+1)$ 個の係数

$$a_{0,0,n}, a_{0,1,n-1}, \ldots, a_{0,n,0}, a_{1,0,n-1}, \ldots, a_{1,n-1,0}$$

の線形結合となる.一方,これらの $(2n+1)$ 個の係数には任意の値を与えてよい.すなわち所望の結論が得られる.

7.5.3 展開定理

関数 (74) の形で考察中の問題のすべての固有関数が得られたのであるから,前に述べた定理によれば(例えば §5.14.5 参照),球面上において 2 階導関数まで連続な任意の関数 $g(\theta, \varphi)$ は,これらの球面関数によって絶対かつ一様収束な級数に次のように展開される.

$$g(\theta, \varphi) = \sum_{n=0}^{\infty} \left[a_{n,0} P_n(\cos\theta) + \sum_{h=1}^{n} (a_{n,h} \cos h\varphi + b_{n,h} \sin h\varphi) P_{n,h}(\cos\theta) \right].$$

ここで係数 $a_{n,0}, a_{n,h}, b_{n,h}$ は,§5.10.2, p.55 における公式を考慮すれば,次の関係式により決められる:

(75)
$$\begin{cases} a_{n,0} = \dfrac{2n+1}{4\pi} \int_{-\pi}^{\pi}\int_{0}^{\pi} g(\theta,\varphi) P_n(\cos\theta) \sin\theta\, d\theta\, d\varphi, \\ a_{n,h} = \dfrac{2n+1}{2\pi}\dfrac{(n-h)!}{(n+h)!} \int_{-\pi}^{\pi}\int_{0}^{\pi} g(\theta,\varphi) P_{n,h}(\cos\theta) \cos h\varphi \sin\theta\, d\theta\, d\varphi, \\ b_{n,h} = \dfrac{2n+1}{2\pi}\dfrac{(n-h)!}{(n+h)!} \int_{-\pi}^{\pi}\int_{0}^{\pi} g(\theta,\varphi) P_{n,h}(\cos\theta) \sin h\varphi \sin\theta\, d\theta\, d\varphi. \end{cases}$$

なお，これらの結果を，より一般なクラスの関数 $g(\theta,\varphi)$ に拡張することには，ここでは立ち入らない．

7.5.4 ポアソン積分

以前に述べた結果に従えば，境界値 $g(\theta,\varphi)$ が与えられたときの，半径が1の球の内部に対するポテンシャル論の境界値問題の解を次のように明示的な形に書き下すことができる：

$$u = \sum_{n=0}^{\infty} r^n \left[a_{n,0} P_n(\cos\theta) + \sum_{h=1}^{n} (a_{n,h}\cos h\varphi + b_{n,h}\sin h\varphi) P_{n,h}(\cos\theta) \right].$$

この級数の収束が $r \leqq r_0 < 1$ において一様であるので，係数に積分表示 (75) を代入してから級数和と積分の順序を交換してもよい．そうすると級数和を具体的に実行することができる．その際，まず，最も扱いやすいように $\theta = 0$, $\varphi = 0$ と仮定して結果を導き，ついで，球面上の北極の選び方の任意性により，得られた結果は球面上の任意の点（任意の θ,φ）に対して成り立つはずであるとして結論を導く．

すなわち，まず $P_n(1) = 1$, $P_{n,h}(1) = 1$ ($h = 1, 2, \ldots, n$) によって

$$4\pi u(r,0,0) = \int_{-\pi}^{\pi}\int_{0}^{\pi} \left\{ \sum_{n=0}^{\infty} (2n+1) r^n P_n(\cos\theta) \right\} g(\theta,\varphi) \sin\theta\, d\theta\, d\varphi$$

が得られる．ここで（母関数による）定義の式 $\sum_{n=0}^{\infty} h^n P_n(z) = (1-2hz+h^2)^{-\frac{1}{2}}$ から漸化式 (49) によって容易に導かれる関係式

$$\sum_{n=0}^{\infty}(2n+1)h^n P_n(z) = \frac{1-h^2}{(1-2hz+h^2)^{\frac{3}{2}}}$$

を用いると，上の級数和を閉じた形（まとまった式）で表すことができる．その上で，再び球の北極が移動したものと考えると，一般の場合についての結果を次のように書くことができる：

(76) $\quad 4\pi u(r, \theta, \varphi) =$

$$(1-r^2) \cdot \int\!\!\!\int_{-\pi}^{\pi}\!\!\!\int_{0}^{\pi} \frac{g(\theta', \varphi') \sin\theta' \, d\theta' \, d\varphi'}{\{r^2 - 2r(\cos\theta \cos\theta' + \sin\theta \sin\theta' \cos(\varphi-\varphi')) + 1\}^{\frac{3}{2}}}.$$

これが，いわゆる**ポアソン積分**であるが，この公式は球の内部におけるポテンシャル関数をその境界値によって表している．そこには球面関数との表立っての関係は皆無である[24]．

7.5.5　球面調和関数のマックスウェル–シルベスター表示

球面調和関数に対し，ポテンシャルの物理的意味と結びついた，全く別の表示をマックスウェルが与えた[25]．この小節では，マックスウェルの基本的な考え，およびシルベスターの補足的な注意に関連させて球関数を研究し，それによって理論の新展開を導こう．

まず，原点に置かれた単位質量の質点による基本ポテンシャル $1/r = 1/\sqrt{x^2 + y^2 + z^2}$ から出発する．また，u がポテンシャル関数ならば，その任意の導関数 $v = \partial^n u / \partial x^\alpha \partial y^\beta \partial z^\gamma$ $(n = \alpha + \beta + \gamma)$ もポテンシャル方程式 $\Delta v = 0$ を満足することに注意しよう．実際，$\Delta u = 0$ を微分すると

$$0 = \frac{\partial}{\partial x} \Delta u = \Delta \frac{\partial u}{\partial x}$$

といった等式が得られるからである．これよりさらに，a, b, c を定数とすると

$$a \frac{\partial \frac{1}{r}}{\partial x} + b \frac{\partial \frac{1}{r}}{\partial y} + c \frac{\partial \frac{1}{r}}{\partial z}$$

もポテンシャル関数である．これを形式的な線形形式（微分作用素）

---

[24] ［訳註］原著では，この後に，「旧原著第 II 巻においてポアソン積分とポテンシャル論の枠組みにおけるその意義について詳細に再検討する」と述べられている．

[25] ［原註］Maxwell: A Treatise on Electricity and Magnetism, Vol. 1, 2nd ed., pp.179–214, Oxford 1881.

$$L = a\frac{\partial}{\partial x} + b\frac{\partial}{\partial y} + c\frac{\partial}{\partial z}$$

を用いて $L\frac{1}{r}$ の形に書く．さらに，$\alpha = \sqrt{a^2 + b^2 + c^2}$ とおき，方向余弦が a, b, c に比例する方向 ν に沿う微分を $\partial/\partial\nu$ で表して[26]，$L\frac{1}{r}$ を

$$\alpha \frac{\partial \frac{1}{r}}{\partial \nu}$$

と書く．物理学的にいうと，このポテンシャルは方向 ν，モーメント α の双極子に対応する．さらに一般に

(77) $$u = C \frac{\partial^n \frac{1}{r}}{\partial \nu_1 \partial \nu_2 \cdots \partial \nu_n} = C L_1 L_2 \cdots L_n \frac{1}{r}$$

の形で，$\nu_1, \nu_2, \ldots, \nu_n$ を軸とする《多重極子》に対応するポテンシャルが得られる．ここで L_i は，微分作用素 $\partial/\partial x, \partial/\partial y, \partial/\partial z$ の線形形式を表し，その係数 a_i, b_i, c_i によって，軸の方向 ν_i が定まる．すぐ分かることは，このポテンシャル u が x, y, z の n 次の同次多項式 U_n を用いて

(78) $$u = U_n(x, y, z) r^{-2n-1}$$

の形に表されることである．しかもこの関数 U_n 自身がポテンシャル方程式 $\Delta U_n = 0$ を満たすことが，次の一般的な定理から分かる．

《定理》$u(x, y, z)$ がポテンシャル方程式の解ならば，$\frac{1}{r} u\left(\frac{x}{r^2}, \frac{y}{r^2}, \frac{z}{r^2}\right)$ も同方程式の解である[27]．□

$r = 1$ とすれば，これらの関数 $U_n(x, y, z)$ は前に与えた定義（§5.9.1, p.45）による，n 位の球面関数に他ならない．

(77) に現れる n 個の軸方向のおのおのは 2 つのパラメータによって定められ，また，ポテンシャル u にはもう 1 つの任意の定数因数が現れるから，u には全部で $(2n+1)$ 個の任意定数が含まれている．従って，n 位の球面関数のすべてが上の (77) の形に表されるであろうと予想できる．この事実を厳密に証明

---

[26] [原註] a, b, c に複素数の値を許すときは，$a^2 + b^2 + c^2 = 0$ となる場合に対し格別の注意が必要である．

[27] [原註] この定理の証明は，ポテンシャル方程式を極座標に変換すればすぐに得られる（上巻 §4.6.2 参照）．

するのに，まず $(2n+1)$ 個の線形独立で対称な球面関数 $P_{n,h}(\cos\theta)\sin(h\varphi)$, $P_{n,h}(\cos\theta)\cos(h\varphi)$ を多重極子のポテンシャルで表す．すると，これから直ちに，任意の n 位の球面関数が多重極子ポテンシャルの和として得られることが分かる．最後に，このような多重極子ポテンシャルの和が然るべきただ 1 個の多重極子のポテンシャルに等しいこと，かつ，その多重極子を幾何学的構成によって簡単につくれることを証明しよう．

さて，§7.5.1 で定義した $(2n+1)$ 個の対称な球面関数は，対称な多極子を考察することによって容易に得られる．これを見るために，方向 $\nu_1, \nu_2, \ldots, \nu_n$ をもつ n 本の軸が xy-平面において，隣り合う 2 本の軸が交角 $2\pi/n$ をなすように対称に配置されているとする．そこで

(79) $$\frac{\partial^n \frac{1}{r}}{\partial\nu_1 \partial\nu_2 \cdots \partial\nu_n} = u_n = U_n r^{-2n-1}$$

とおき，この左辺が，球を z 軸の周りに角 $2\pi/n$ だけ回転しても不変であることに注意すると，n 位の球面関数

$$u_n r^{n+1} = U_n r^{-n} = Y_n(\theta, \varphi)$$

が，φ の関数として周期 $2\pi/n$ をもつことが分かる．なお，この関数は決して恒等的に 0 とならない[28]．

一方，§7.5.3 によれば，n 位の球面関数はいずれも

$$\sum_{h=0}^{n}(a_{n,h}\cos h\varphi + b_{n,h}\sin h\varphi)P_{n,h}(\cos\theta)$$

と表される．上のことから，$Y_n(\theta, \varphi)$ が，

(80) $$\begin{cases} Y_n(\theta,\varphi) = [a_{n,n}\cos n\varphi + b_{n,n}\sin n\varphi]P_{n,n}(\cos\varphi) \\ \qquad\quad = \alpha\cos n(\varphi-\varphi_0)P_{n,n}(\cos\varphi) \end{cases}$$

の形でなければならないことになる．なお，$a_{n,0}P_{n,0}(\cos\theta)$ という項は，$P_{n,0}(1) = 1$ および $P_{n,n}(1) = 0$ のせいで実際は現れない．それは u_n が，従って $Y_n(\theta, \varphi)$ も $\theta = 0$ のとき 0 になるからである．さらに軸 ν_i をとる際

---

[28] [原註] 多重極子ポテンシャルは決して恒等的に 0 にはならない．このことは，p. 257 に到って証明される．（訳注：関数 $\frac{1}{r}$ の原点を含めての超関数的導関数を考えれば当然のことである．）

7.5 ラプラスの球面 (調和) 関数

の任意性を考慮すると，(80) の形の球面関数のどれもが実際には (79) の形 ($r = 1$ として) に表されることが分かる．ちなみに，ここで比例定数 α を決めなくてもかまわない．

残りの n 位の球面関数の多極子表示を得るために，ポテンシャル u_n が，(80) によって次の形の積に分解できることに注意しよう．

$$u_n = f(x,y) g\left(\frac{z}{r}\right) r^{-n-1}$$

ただし，$f(x,y) = \alpha \cos n(\varphi - \varphi_0)$, $f(0,0) = 0$ である．この式の n に h を代入し，それから z について $(n-h)$ 回微分する．そうして得られるポテンシャル関数 $u_{n,h}$ は再び

$$u_{n,h} = f(x,y) g\left(\frac{z}{r}\right) r^{-n-1}$$

の形をしている．これより n 位の球面関数

$$Y_n(\theta, \varphi) = u_{n,h} r^{n+1}$$

は $\alpha \cos h(\varphi - \varphi_0) \omega(\theta)$ の形であることが結論される．従って，§7.5.1 により，それは必ず

(81) $\qquad$ 定数 $\cdot \cos h(\varphi - \varphi_0) P_{n,h}(\cos\theta)$

の形をしていなければならない．逆にこのような方法で，着目している族の関数のすべてが得られることは，軸の選び方の任意性からすぐに分かる．

§7.5.2 によれば任意の n 位の球面関数は，(81) の形をした $(2n+1)$ 個の球面関数の和として表される．それから直ちに，n 位の球面関数はどれも多極子ポテンシャルの和

(82) $\qquad\displaystyle u = \sum_{i+k+l=n} a_{ikl} \frac{\partial^n \frac{1}{r}}{\partial x^i \partial y^k \partial z^l}$

をつくることで得られる．逆に，このような和のどれもが，n 位の球面関数を与えることは p. 247 から明らかである．さらに，上の係数 a_{ikl} を許される範囲で可能なかぎり動かせば，任意に特定した球関数のすべてが無限回登場する．このことを詳しく見てみよう．

まず，上の形のどの和も，然るべき軸をもった単一の多極子ポテンシャル

であることを示す．その際，微分作用素に関する次の形式的な記法を採用する．すなわち，n 次の同次多項式

$$H(\xi, \eta, \zeta) = \sum_{i+k+l=n} a_{ikl} \xi^i \eta^k \zeta^l$$

を考え，その不定元 ξ, η, ζ に微分作用素 $\partial/\partial x, \partial/\partial y, \partial/\partial z$ を代入して得られる微分作用素を同じ記号 H で表し，問題のポテンシャルを $H\frac{1}{r}$ の形に書く．(この意味では) 関数 $(\xi^2 + \eta^2 + \zeta^2)\frac{1}{r}$ は恒等的に 0 に等しい[29]．

ゆえに，多項式としての差 $H - H_1$ が，ある $(n-2)$ 次の多項式 Q を用いて $Q \cdot (\xi^2 + \eta^2 + \zeta^2)$ の形に表されるならば，$H\frac{1}{r} = H_1 \frac{1}{r}$ が成り立つ．以下の扱いは，シルベスター[30]が用いた次の代数学の簡単な定理に基づくものである．すなわち，

《定理》すべての n 次同次多項式 $H(\xi, \eta, \zeta)$ に対して，n 個の線形形式 L_1, $L_2, \ldots, L_n$ と $(n-2)$ 次の多項式 $Q(\xi, \eta, \zeta)$ を適当に選ぶことにより，関係式

$$H = C \cdot L_1 L_2 \cdots L_n + Q \cdot (\xi^2 + \eta^2 + \zeta^2)$$

が成り立つようにできる．ここで，H が実多項式の場合には，係数が実数であるという条件をつければ，線形形式 $L_1, L_2, \ldots, L_n$ は定数因数の違いを除いてただ 1 通りに決まる．□

この定理の証明および線形形式 L_i を幾何学的に一括して特徴付ける議論は，思考の流れを中断しないように本節末まで先送りしよう．このシルベスターの定理から，ポテンシャル (82) が単一の多極子によって表されるという上記の命題が直ちに従う．

実際，平面 $L_i = 0$ に垂直な軸の方向を ν_i で表すと

$$u = H\frac{1}{r} = C \frac{\partial^n \frac{1}{r}}{\partial \nu_1 \partial \nu_2 \cdots \partial \nu_n}$$

---

[29] ［訳註］$\Delta \frac{1}{r} = 0 \ (r \neq 0)$ が成り立つからである．なお，原著者はここでの微分作用素を，すべて $r \neq 0$ の変域で考えている．(原点を含める超関数微分の意味では $\Delta \frac{1}{r} = -4\pi\delta$ となるのであるが．)

[30] ［原註］Sylvester, J.J. Note on spherical harmonics. Phil. Mag. vol. 2, pp.291–309 and p.400, 1876, Collected Mathematical Papers, vol. 3, pp.37–51. Cambridge Univ. Press, 1909.

が得られ，これから求める表示が直ちに従うからである．

こうして，目標とする理論の本質的な内容が明らかになった．ここで考察の向きを少々変えて，§7.5.1, §7.5.2 の結果に依存することを避け，同時に，これらの定理の純代数的な性格を強調することにしよう．ただし，そのやり方では具体的な式表現との関係は弱まることになる．さて，この目標に向けて次の注意を示すことから出発する．すなわち，2つの関数 $H\frac{1}{r}$ と $H_1\frac{1}{r}$ とが一致するのは，差 $H^*(\xi,\eta,\zeta) = H(\xi,\eta,\zeta) - H_1(\xi,\eta,\zeta)$ が $\xi^2 + \eta^2 + \zeta^2$ によって割り切れるとき，そのときのみであるとの注意である．すでに指摘したように，注意の命題の前半は自明である．後半を示すためには，関係 $H^*\frac{1}{r} = 0$ が成り立つならば同次多項式 $H^*(\xi,\eta,\zeta)$ が $\xi^2 + \eta^2 + \zeta^2$ によって割り切れることを示さねばならない[31]．

ところがシルベスターの定理から

(83) $$H^* = C L_1^* L_2^* \cdots L_n^* + Q^* \cdot (\xi^2 + \eta^2 + \zeta^2)$$

である．ここで $L_1^*, L_2^*, \ldots, L_n^*$ は線形形式を表し，H^* が実の場合には，実の線形形式あるとしてよい．もし線形形式 L_i^* の1つが恒等的に0に等しいときは，主張が成り立つことは明らかである．他方，線形形式のどれもが恒等的に0に等しくない場合には，

$$H^* \frac{1}{r} = C L_1^* L_2^* \cdots L_n^* \frac{1}{r}$$
$$= C \frac{\partial^n \frac{1}{r}}{\partial \nu_1^* \partial \nu_2^* \cdots \partial \nu_n^*}$$

となる．そうして，右辺にある多極子ポテンシャルは，原点で特異であるから，それが空間全体で0になるのは，$C = 0$ の場合に限られる．なぜなら，もしそうでないと適当な m ($0 \leq m < n$) をとると，$\frac{\partial^m \frac{1}{r}}{\partial \nu_1 \cdots \partial \nu_m} = v_m \neq 0$, $\frac{\partial v_m}{\partial \nu_{m+1}} = 0$ となり，従って，v_m は軸 ν_{m+1} に平行な任意の直線上で定数でなければならないが，これは原点での特異性により不可能である．こうして上で主張した関係

$$H^*(\xi,\eta,\zeta) = Q^*(\xi,\eta,\zeta) \cdot (\xi^2 + \eta^2 + \zeta^2)$$

---

[31] ［原註］p.260 の脚注で引用した A. Ostrowski の論文を参照．

が得られる．

さて，簡単に分かることであるが，任意の n 次同次多項式 $H(\xi,\eta,\zeta)$ は

(84) $\quad H(\xi,\eta,\zeta) = G_n(\eta,\zeta) + \xi G_{n-1}(\eta,\zeta) + (\xi^2+\eta^2+\zeta^2)\cdot Q(\xi,\eta,\zeta)$

の形に，ただ 1 通りに書くことができる．ここで G_n は η,ζ だけの n 次の同次多項式，G_{n-1} は η,ζ だけの $(n-1)$ 次の同次多項式，Q は $(n-2)$ 次の同次多項式を表す．ゆえに，2 つの n 次の関数 $H(\xi,\eta,\zeta)$ と $\overline{H}(\xi,\eta,\zeta)$ の差が $\xi^2+\eta^2+\zeta^2$ によって割り切れるためには，それぞれに属する関数 G_n, $G_{n-1}, \overline{G}_n, \overline{G}_{n-1}$ について，恒等的に

$$G_n = \overline{G}_n, \quad G_{n-1} = \overline{G}_{n-1}$$

が成り立つことが必要十分である．関数 G_n, G_{n-1} の中に $(2n+1)$ 個の任意係数が含まれていることを考慮すれば，いま証明したばかりの補題から，$H\frac{1}{r}$ の形でちょうど $(2n+1)$ 個の線形独立なポテンシャルが得られる．こうして n 次のすべての球面関数が実際に多重極ポテンシャルの和になることが分かった．いうまでもないが，実際にこの形での球面関数の表示を導くためには，ここでの純粋な存在証明に加えて，何らかの形で以前に行ったのと同様な考察を行わねばならない．

この節を終えるにはシルベスターの定理の証明が残っている．それを行うのに，代数幾何からの簡単なアイデアを用いよう．

ベズーの定理によれば，$\xi\eta\zeta$-空間における n 次の錐 $H(\xi,\eta,\zeta)=0$ は絶対円錐 $\xi^2+\eta^2+\zeta^2=0$ と $2n$ 本の辺で交わる．ただし，重複する交線はその多重度に応じて数えるものとする．これらの $2n$ 本の共有辺を，方程式

$$L_i(\xi,\eta,\zeta) = a_i\xi + b_i\eta + c_i\zeta = 0 \quad (i=1,2,\ldots,n)$$

で与えられる n 個の平面によって次のように結ぶ．すなわち，どの平面も 2 つの辺を含み，逆に各辺は 1 回ずつ数えられるようにする．ただし，重複している辺は多重度に応じる回数だけとられる[32]．

さてここで，2 つのパラメータ λ,μ を含む n 次の錐の束

---

[32] ［原註］このような平面のとり方を，難解な代数的消去理論の一般論をもち出さずに，次のようにして初等的に明確化することができる：すなわち，円錐の式 $\xi^2+\eta^2+\zeta^2=0$ を，例えば

7.5 ラプラスの球面（調和）関数

$$\lambda H + \mu L_1 L_2 \cdots L_n = 0$$

を考える．

　この束に属するどの錐も絶対円錐と上に述べた $2n$ 本の共有辺——λ, μ によらない——において交わる．その $2n$ 本の辺とは異なる絶対円錐の辺を任意に 1 本だけ選び，n 次の錐 $\lambda H + \mu L_1 L_2 \cdots L_n = 0$ がこの 1 本の辺も通るようにパラメータの比 $\lambda : \mu$ を定める．これは確かに可能であり，そのような $\lambda : \mu$ の値は 0 とも無限大とも異なる．そうすると，この新たな n 次の錐は 2 次の錐と $2n$ 個以上の交線をもつことになる．しかし，この状況は，その錐が 2 次の錐の全体を含むときにのみ可能である．さらに，これは，方程式の左辺が，式 $\xi^2 + \eta^2 + \zeta^2$ を因数に含むとき，そのときにのみ起こる[33]．

　すなわち

$$\lambda H + \mu L_1 L_2 \cdots L_n = Q \cdot (\xi^2 + \eta^2 + \zeta^2)$$

(∗) $\qquad \xi = \dfrac{1-t^2}{1+t^2}, \quad \eta = \dfrac{2t}{1+t^2}, \quad \zeta = i = \sqrt{-1}$

とおいて一意化する．そのとき次数 n の同次関数 $H(\xi, \eta, \zeta)$ は (∗) によって $2n$ 次の有理関数 $H^*(t)$ に変換されるが，$H^*(t)$ の零点は錐 $H(\xi, \eta, \zeta) = 0$ と円錐 $\xi^2 + \eta^2 + \zeta^2 = 0$ の交線（共有辺）を定める．これらの共有辺のそれぞれに関し，それを定める t の値が $H^*(t)$ の k 重の零点であるとき，その辺は k 回重複して数えることにする．そうして線形形式 $L_1, L_2, \ldots, L_n$ を然るべく選んで，錐 $H = 0$ と絶対円錐との k 重の共有辺が平面族 $L_1 = 0, L_2 = 0, \ldots, L_n = 0$ の k 重の共有辺であるようにするのである．これが常に実現可能であることは容易に分かる．

[33] ［原註］主張の前半は明らか．後半を簡単に示すには，与えられた形式を (84) によって，

$$H(\xi, \eta, \zeta) = G_n(\eta, \zeta) + \xi G_{n-1}(\eta, \zeta) + (\xi^2 + \eta^2 + \zeta^2) \cdot Q(\xi, \eta, \zeta)$$

と表すのがよい．ここで η, ζ を，$\eta^2 + \zeta^2 \neq 0$ である任意の値とすれば（$\xi = \pm\sqrt{-(\eta^2 + \zeta^2)}$ ととって），

$$0 = G_n(\eta, \zeta) + \sqrt{-(\eta^2 + \zeta^2)}\, G_{n-1}(\eta, \zeta)$$

および

$$0 = G_n(\eta, \zeta) - \sqrt{-(\eta^2 + \zeta^2)}\, G_{n-1}(\eta, \zeta)$$

が成り立つ．これから直ちに

$$G_n(\eta, \zeta) = G_{n-1}(\eta, \zeta) = 0$$

が結論される．こうして，G_n, G_{n-1} は，$\eta^2 + \zeta^2 \neq 0$ を満たす任意の η, ζ に対して 0 となり，従って恒等的に 0 である．

260　第7章　固有値問題によって定義される特殊関数

が成り立つときだけである．これで，シルベスターの定理が証明された[34]．

同時に球面関数に属する多重極子の軸がもつ幾何学的な意味も明快になった．

実数性にこだわって見る立場からは次のことに注意せねばならない．すなわち，実の H に対しては，すべての交線は虚になるはずであるが，それらは複素共役な対からなっている．従ってこれらの交線を n 個の実平面に投影する唯一の可能性があることが分かる．

7.6　漸近展開

我々の関数について，そこに現れる変数あるいはパラメータが極めて大きいときの漸近表現を知ることは，多くの目的にとり有益である．すでに先の章において，スチュルム–リウヴィル型の，およびベッセル型の関数の漸近表現を，現れる変数が実数の領域にあるという制限の下で考察した．この節において，本質的に複素変数および複素積分を用いることで，漸近表示を得る方法を学びたい．

7.6.1　スターリングの公式

漸近展開の最初の例としてスターリングの公式を考察する．それは今後しばしば用いられる証明の原理により導かれるが，ここでは複素積分は用いられない．$s > 0$ に対して

$$\begin{aligned}
\Gamma(s+1) &= \int_0^\infty t^s e^{-t}\,dt \\
&= s^{s+1} \int_0^\infty \tau^s e^{-s\tau}\,d\tau \quad (t = s\tau) \\
&= s^{s+1} e^{-s} \int_0^\infty e^{-s(\tau - 1 - \log\tau)}\,d\tau \\
&= s^{s+1} e^{-s} \int_0^\infty e^{-sf(\tau)}\,d\tau \quad (f(\tau) = \tau - 1 - \log\tau)
\end{aligned}$$

---

[34] ［原註］シルベスターは，上記の論文において，この代数学の定理を証明なしに用いた．それに証明をつける必要性は A. Ostrowski が指摘した．A. Ostrowski: Mathematische Miszellen I. Die Maxwellshe Erzeugung der Kugelfunktionen. Deutsch. Math.-Ver. Jahresber., Vol. 33, 1925, pp.245–251 を参照せよ．

である. ここで被積分関数は $\tau = 1$ に対して値 1 をとる. それ以外では, s が増大するとき 0 に近づく. よって s が十分に大きいときは, $\tau = 1$ のごく近くの近傍だけがこの積分に本質的に寄与すると考えられる. そこでこの積分を, $1-\varepsilon$ から $1+\varepsilon$ $(0 < \varepsilon < \frac{1}{2})$ までの積分で置き換え, 0 から $1-\varepsilon$ までの積分および $1+\varepsilon$ から ∞ までの積分を無視することによる誤差をまず評価しよう. $\frac{1}{2} \leqq \tau \leqq 1$ に対して

$$\tau - 1 - \log \tau = \int_\tau^1 \left(\frac{1}{u} - 1 \right) du \geqq \int_\tau^1 (1-u) \, du = \frac{1}{2}(\tau-1)^2 \geqq \frac{1}{8}(\tau-1)^2$$

であり, $1 \leqq \tau \leqq 4$ に対して

$$\tau - 1 - \log \tau = \int_1^\tau \left(1 - \frac{1}{u} \right) du \geqq \frac{1}{4} \int_1^\tau (u-1) \, du = \frac{1}{8}(\tau-1)^2$$

である. 積分

$$\int_0^{1-\varepsilon} e^{-sf(\tau)} \, d\tau, \quad \int_{1+\varepsilon}^4 e^{-sf(\tau)} \, d\tau$$

において被積分関数を, 点 $1 \pm \varepsilon$ においてそれがとる最大値で置き換え, さらにまたその上界 $e^{-\frac{s}{8}\varepsilon^2}$ で置き換える. そうして

$$\int_0^{1-\varepsilon} + \int_{1+\varepsilon}^4 \leqq 4 e^{-\frac{s\varepsilon^2}{8}}$$

が得られる. しかしながら, $\tau \geqq 4$ に対して $\tau - 1 - \log \tau \geqq \frac{3\tau}{4} - \log \tau > \frac{\tau}{4}$ が成り立つ. よって $s > 4$ に対して

$$\int_4^\infty e^{-s(\tau-1-\log\tau)} \, d\tau < \int_4^\infty e^{-\frac{s\tau}{4}} \, d\tau < e^{-s} < e^{-\frac{s\varepsilon^2}{8}}$$

である. $\varepsilon = s^{-\frac{2}{5}}$ とおくと, 上記により

$$e^s s^{-s-1} \Gamma(s+1) = \int_{1-\varepsilon}^{1+\varepsilon} e^{-sf(\tau)} \, d\tau + O\left(e^{-\frac{1}{8}s^{\frac{1}{5}}} \right)$$

となる[35]. ここで, 右辺の積分をより具体的に計算するために, 関係

$$f(\tau) = \frac{(\tau-1)^2}{2} + (\tau-1)^3 \psi(\tau)$$

---

[35] [原註] ここで記号 $O(g(s))$ は, §5.11 と同じ意味である.

を用いる．ただし $\psi(\tau)$ は，区間 $\frac{1}{2} \leqq \tau \leqq \frac{3}{2}$ において正則な関数であり，その絶対値は有限な上界 M を超えない．これらの関係から $1-\varepsilon \leqq \tau \leqq 1+\varepsilon$ に対して

$$e^{-\frac{s(\tau-1)^2}{2}} e^{-Ms^{-\frac{1}{5}}} \leqq e^{-sf(\tau)} \leqq e^{-\frac{s(\tau-1)^2}{2}} e^{Ms^{-\frac{1}{5}}}$$

となる．これから

$$e^{-sf(\tau)} = e^{-s\frac{(\tau-1)^2}{2}} \left(1 + O(s^{-\frac{1}{5}})\right)$$

となり，さらに

$$\begin{aligned}
\int_{1-\varepsilon}^{1+\varepsilon} e^{-sf(\tau)} \, d\tau &= \left(1 + O(s^{-\frac{1}{5}})\right) \int_{-\varepsilon}^{+\varepsilon} e^{-\frac{su^2}{2}} \, du \\
&= \left(1 + O(s^{-\frac{1}{5})})\right) \sqrt{\frac{2}{s}} \int_{-\varepsilon\sqrt{\frac{s}{2}}}^{+\varepsilon\sqrt{\frac{s}{2}}} e^{-v^2} \, dv \\
&= \sqrt{\frac{2\pi}{s}} \left(1 + O(s^{-\frac{1}{5}})\right) \left(1 + O\left(e^{-\frac{s\varepsilon^2}{2}}\right)\right) \\
&= \sqrt{\frac{2\pi}{s}} \left(1 + O(s^{-\frac{1}{5}})\right)
\end{aligned}$$

である．すなわち

(85) $$\Gamma(s+1) = s^{s+\frac{1}{2}} e^{-s} \sqrt{2\pi} \left(1 + O(s^{-\frac{1}{5}})\right)$$

であり，従って

(86) $$\Gamma(s+1) \sim \sqrt{2\pi s} s^s e^{-s}$$

である．

7.6.2 大きい変数値に対するハンケル関数およびベッセル関数の漸近計算

同じような扱いでハンケル関数 $H_\lambda^1(z)$ の大きい $|z|$ に対する漸近表現を，角領域 $-\frac{\pi}{2} + \delta < \arg z < \frac{\pi}{2} - \delta$ の内部にあるとき算出することができる．それには

$$H_\lambda^1(z) = \frac{\Gamma(\frac{1}{2}-\lambda)(\frac{1}{2}z)^\lambda}{\pi i \Gamma(\frac{1}{2})} \int e^{iz\tau}(\tau^2-1)^{\lambda-\frac{1}{2}} d\tau$$

から出発する（§7.2.5 参照）．ただし積分路は図 12 での右の路である．よって $-\frac{\pi}{2} < \arg z < \frac{\pi}{2}$ であり，$\log(\tau^2-1)$ は $\tau > 1$ に対して実数値をとるものとする．積分の値を変えることなしに，τ-平面での切断線とそれらのうちの 1 つを囲む積分路を $\frac{\pi}{2} - \arg z$ を方向とするように回転することができる．そうして変換

$$\tau - 1 = i\frac{u}{z}$$

を行うと，u-平面は，0 および $2iz$ の 2 点それぞれから水平に右方向に伸びる 2 つの切断線により切断される．そうして新しい積分路は正の実軸に沿うこの切断線を囲む形となるが，上半平面では右から左に向かい，下半平面では左から右に向かって伸びる．$u^{\lambda-\frac{1}{2}}$ により，切断された平面で一意に定まる，正の実軸の下側の縁(へり)で正である分岐を表すと理解し，さらに $\left(1 + \frac{iu}{2z}\right)^{\lambda-\frac{1}{2}}$ により，$u = 0$ に対して値 1 をとる分岐を表すとすれば

$$H_\lambda^1(z) = \frac{\Gamma(\frac{1}{2}-\lambda)}{\pi\sqrt{2\pi z}} e^{i(z+\frac{\pi}{2}\lambda-\frac{\pi}{4})} \int e^{-u} u^{\lambda-\frac{1}{2}} \left(1 + \frac{iu}{2z}\right)^{\lambda-\frac{1}{2}} du$$

となる．さて $\Re(\lambda - \frac{1}{2}) > -1$ ならば，$u = 0$ の周りの輪を縮めて，このヘアピン状の路の上の積分を，正の実軸の下側に沿い 0 から ∞ に伸びる積分から，正の実軸の上側に沿い ∞ から 0 まで伸びる積分を引いたもので置き換えることができる．ところがこの後者は前者の $e^{-2\pi i(\lambda+\frac{1}{2})}$ 倍となる．よってガンマ関数の補助公式を用いる簡単な変形により

$$(87) \quad H_\lambda^1(z) = \left(\frac{2}{\pi z}\right)^{\frac{1}{2}} \frac{e^{i(z-\frac{\lambda\pi}{2}-\frac{\pi}{4})}}{\Gamma(\lambda+\frac{1}{2})} \int_0^\infty e^{-u} u^{\lambda-\frac{1}{2}} \left(1 + \frac{ui}{2z}\right)^{\lambda-\frac{1}{2}} du$$

と書くことができる．この被積分関数の最後の因子は，コーシーの剰余項を用いたテイラー展開によると

$$(88) \quad \begin{cases} \left(1 + \frac{ui}{2z}\right)^{\lambda-\frac{1}{2}} = \sum_{\nu=0}^{p-1} \binom{\lambda-\frac{1}{2}}{\nu} \left(\frac{ui}{2z}\right)^\nu \\ \qquad + p\binom{\lambda-\frac{1}{2}}{p} \left(\frac{ui}{2z}\right)^p \int_0^1 (1-t)^{p-1} \left(1 + \frac{tui}{2z}\right)^{\lambda-\frac{1}{2}-p} dt \end{cases}$$

となる.ここで剰余項に対して有効な評価が得られることを注意しておこう.
すなわち,正の u に対しては

$$\left|1+\frac{tui}{2z}\right| > \sin\delta, \quad \left|\arg\left(1+\frac{tui}{2z}\right)\right| < \pi,$$

$$\left|\left(1+\frac{tui}{2z}\right)^{\lambda-\frac{1}{2}-p}\right| e^{\pi|\Im(\lambda)|}(\sin\delta)^{\Re(\lambda-\frac{1}{2}-p)} = A_p$$

である.ただし A_p は z と t に依存しない.(88) を (87) に代入し,各項別に積分を行うと

(89)
$$H_\lambda^1(z) = \left(\frac{2}{\pi z}\right)^{\frac{1}{2}} \frac{e^{i(z-\frac{\lambda\pi}{2}-\frac{\pi}{4})}}{\Gamma(\lambda+\frac{1}{2})} \left[\sum_{\nu=0}^{p-1} \binom{\lambda-\frac{1}{2}}{\nu} \Gamma\left(\lambda+\nu+\frac{1}{2}\right)\left(\frac{i}{2z}\right)^\nu + R_p\right]$$

が得られ,また

$$|R_p| \leqq A_p \left| p\binom{\lambda-\frac{1}{2}}{p}\left(\frac{i}{2z}\right)^p \left\{\int_0^1 (1-t)^{p-1}\, dt \int_0^\infty e^{-u}|u^{\lambda-\frac{1}{2}+p}|\, du\right\}\right|,$$

$$R_p = O(|z|^{-p})$$

である.同様な仕方で,すなわち $\tau+1 = iu/z$ とおいて

(90) $$H_\lambda^2(z) = \left(\frac{2}{\pi z}\right)^{\frac{1}{2}} \frac{e^{-i(z-\frac{\lambda\pi}{2}-\frac{\pi}{4})}}{\Gamma(\lambda+\frac{1}{2})}$$
$$\left[\sum_{\nu=0}^{p-1}\binom{\lambda-\frac{1}{2}}{\nu}\Gamma\left(\lambda+\nu+\frac{1}{2}\right)\left(-\frac{i}{2z}\right)^\nu + S_p\right],$$

$$S_p = O(|z|^{-p})$$

が得られる.これより

(91) $$\begin{cases} J_\lambda(z) = \dfrac{1}{2}(H_\lambda^1(z) + H_\lambda^2(z)) \\ \qquad = \dfrac{1}{\Gamma(\lambda+\frac{1}{2})}\left(\dfrac{2}{\pi z}\right)^{\frac{1}{2}} \sum_{\nu=0}^{p-1}\binom{\lambda-\frac{1}{2}}{\nu}\dfrac{\Gamma(\lambda+\nu+\frac{1}{2})}{(2z)^\nu}\cdot \\ \qquad \cdot \begin{cases} (-1)^{\frac{\nu}{2}}\cos\left(z-\dfrac{\lambda\pi}{2}-\dfrac{\pi}{4}\right) \\ (-1)^{\frac{\nu+1}{2}}\sin\left(z-\dfrac{\lambda\pi}{2}-\dfrac{\pi}{4}\right) \end{cases} + O(|z|^{-p-\frac{1}{2}}) \end{cases}$$

となる．ただし，括弧のうちの2つの式は，上側は偶数の ν，下側は奇数の ν についてのものである．

展開の第1項は

$$(92) \qquad J_\lambda(z) = \sqrt{\frac{2}{\pi z}} \cos\left(z - \frac{\lambda\pi}{2} - \frac{\pi}{4}\right) + O\left(|z|^{-\frac{3}{2}}\right)$$

を与えるが，これより§5.11.2での極限値が

$$\alpha_\infty = \sqrt{\frac{2}{\pi}}, \quad \delta_\infty = -\frac{\lambda\pi}{2} - \frac{\pi}{4}$$

と定められる．

7.6.3 鞍点法

多くの場合に，積分の漸近評価に対して，鞍点法と呼ばれる，より一般的な方法が利用できる．積分路 C の上の積分

$$\int_C e^{zf(\tau)}\,d\tau$$

を考える．積分路の上で両端点に近づくとき，$f(z)$ の実部は $-\infty$ に向かうとする．すると z が大きい正の値のとき，積分路の遠方の部分，すなわち大きい負の実部 $\Re f(\tau)$ に対応する部分は，z が大きくなるにつれて積分への寄与が小さくなる．そこで複素平面において積分路を変形して，大きな z のとき積分の値に関わる路の部分を，できるだけ1点の近くに引き集めるようにする．すなわち，その点の前後で $\Re f(\tau)$ が最大値からできるだけ急降下するような積分路を選ばなければならない．$\tau = u + iv$ とおき，実部 $\Re f(\tau)$ を，uv-平面の上の曲面——いたる所負曲率の曲面——と考えると，上の目的は次のようにして達せられる．つまり，路が鞍点あるいは峠点を，鞍点の両側で $\Re f(\tau)$ が負の大きな値にできるだけ急激に降下するように通るときである．そうすると z が大きい正の値のときは，鞍点に極めて近い近傍のみが実質的な寄与をすることになる．

急降下する曲線とは，等高線 $\Re f(\tau) = $ 定数と直交する曲線であり，従って曲線 $\Im f(\tau) = $ 定数により与えられる．鞍点では，関数 $\Re f(\tau)$ と $\Im f(\tau)$ を曲線 $\Im f(\tau) = $ 定数に沿って微分すれば0となる．よって関数 $f(\tau)$ それ自身の

微分 $f'(\tau)$ も 0 となる.すなわち鞍点は,方程式

$$f'(\tau) = 0$$

の根から探せばよい.

スターリングの公式は,この方法に従って導出された.そこでは実軸がちょうど,鞍点 $\tau = 1$ から最も急降下する路なのであった.

7.6.4 大きいパラメータおよび大きい変数値に対するハンケル関数およびベッセル関数の計算への鞍点法の応用

この鞍点法により,できるだけ手短に関数(p. 202,式 (3) 参照)

$$H_\lambda^1(a\lambda) = -\frac{1}{\pi}\int_{L_1} e^{\lambda(-ia\sin\tau + i\tau)}\, d\tau$$

の漸近評価を,実数の a および大きな正の λ のときに行いたい.指数の中の λ の因子を,実部と虚部に分解する.

$$-ia\sin\tau + i\tau = f(\tau) = a\cos u \sinh v - v + i(u - a\sin u \cosh v)$$

鞍点は,方程式 $a\cos\tau = 1$ の根であり,曲線 $u - a\sin u\cosh v = $ 定数がそこを通るとし,それらをともに活かして,適当な積分路が得られるかどうか調べたい.

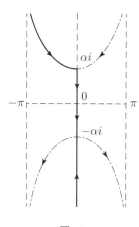

図 21.

1. $a > 1$ のとき.このとき例えば $a = \frac{1}{\cosh\alpha}$ ($\alpha > 0$) とすると,鞍点 $\tau = \pm\frac{1}{\cosh\alpha}$ と対応する曲線 $u - a\sin u\cosh v = 0 - a\sin 0\cosh\alpha = 0$ を得る.それらは虚軸 $u = 0$ と,$\tau = \pm\alpha i$ を通り上からあるいは下から直線 $u = \pm\pi$ に漸近する分岐からなる.これは図 21 に示されている.そこでの矢印の向きは,$f(\tau)$ の実部が増加する方向を表す.曲線 $\Im(f) = 0$ から組み合わされて構成された曲線では下から上へと向かい,明らかに H_λ^1 を得る.というのはその曲線は,任

7.6 漸近展開

意に高い位置から始まり帯領域 $-\pi \leqq u \leqq -\pi+\varepsilon$ の内にあり，よって積分の値への影響が任意に小さいような部分，その部分を除いて L_1 に変形されるからである．$-ia\sin\tau + i\tau$ の実部は，$\tau = -\alpha i$ に対して最大値 $\alpha - \tanh\alpha$ をもつ．よって再び（p. 261 参照）路 L_1 を，$\varepsilon = \lambda^{-\frac{2}{5}}$ とし $(-\alpha-\varepsilon)i$ から $(-\alpha+\varepsilon)i$ までの線分 L' で置き換える．残りの積分路は，2つの両側につながる有限区間と，2つの無限に向かう部分とに分解する．そうして，§6.1 で行ったのに全く対応して，評価

$$\int_{-i\infty}^{(-\alpha-\varepsilon)i} e^{\lambda f(\tau)}\,d\tau + \int_{(-\alpha+\varepsilon)i}^{-\pi+i\infty} e^{\lambda f(\tau)}\,d\tau = e^{\lambda(\alpha-\tanh\alpha)}O(e^{-c_1\lambda\varepsilon^2})$$

が得られる．ここで c_1 は，以下の c_2, c_3 などと同じく，λ に（よって ε にも）依存しない正の定数を表す．すなわち2つの有限区間の上では，被積分項の絶対値はせいぜい点 $(-\alpha\pm\varepsilon)i$ においてとる値に等しく，これらの値に対してはすでに与えた評価が成り立つ．一方，無限の部分では，被積分関数の絶対値に対して $e^{-c\lambda(s+c)}$ の形の上界がすぐさま得られる．ここで s は，ε と λ に依存しない正の定数である．ゆえに，これらの部分の積分全体への寄与は $O(e^{-c_1\lambda})$ と評価できる．しかしながら，線分 L 自身の上では

$$\left|f(\tau) - \left(\alpha - \tanh\alpha + \frac{1}{2}f''(-\alpha i)(\tau+\alpha i)^2\right)\right| < c_2\varepsilon^3,$$
$$f''(-\alpha i) = \tanh\alpha$$

よって

$$e^{\lambda f(t)} = e^{\lambda\left(\alpha - \tanh\alpha + \tanh\alpha \frac{(\tau+\alpha i)^2}{2}\right)}(1 + O(\lambda^{-\frac{1}{5}})),$$

$$\int_{(-\alpha-\varepsilon)i}^{(-\alpha+\varepsilon)i} e^{\lambda f(\tau)}\,d\tau$$
$$= e^{\lambda(\alpha-\tanh\alpha)} \int_{(-\alpha-\varepsilon)i}^{(-\alpha+\varepsilon)i} e^{\lambda \tanh\alpha \frac{(\tau+\alpha i)^2}{2}}\,d\tau(1+O(\lambda^{-\frac{1}{5}}))$$
$$= i\sqrt{\frac{2}{\lambda\tanh\alpha}} e^{\lambda(\alpha-\tanh\alpha)} \int_{-\varepsilon\sqrt{\frac{\lambda\tanh\alpha}{2}}}^{\varepsilon\sqrt{\frac{\lambda\tanh\alpha}{2}}} e^{-u^2}\,du(1+O(\lambda^{-\frac{1}{5}}))$$

$$= i\sqrt{\frac{2}{\lambda\tanh\alpha}}e^{\lambda(\alpha-\tanh\alpha)}\int_{-\infty}^{\infty}e^{-u^2}\,du(1+O(e^{-c_3\lambda\varepsilon^2}))$$
$$(1+O(\lambda^{-\frac{1}{5}}))$$
$$= i\sqrt{\frac{2\pi}{\lambda\tanh\alpha}}e^{\lambda(\alpha-\tanh\alpha)}(1+O(e^{-c_3\lambda\varepsilon^2}))(1+O(\lambda^{\frac{1}{5}}))$$

である.すなわちこれから

(93) $$H_\lambda^1(a\lambda) = -i\sqrt{\frac{2}{\pi\lambda\tanh\alpha}}e^{\lambda(\alpha-\tanh\alpha)}(1+O(\lambda^{-\frac{1}{5}}))$$

が得られる.

2. $a > 1$ のとき.例えば $a = \frac{1}{\cos\alpha}$ ($0 < \alpha < \frac{\pi}{2}$) とすると,鞍点 $\tau = \pm\alpha$ と曲線

$$u - a\sin u\cosh v = \pm(\alpha - a\sin\alpha), \quad \cosh v = \frac{u\mp(\alpha-\tan\alpha)}{a\sin u}$$

が得られる.曲線は図 22 に再掲している.実線の路は $H_\lambda^1(x)$ を表す.この路を鞍点の近傍で,実軸と角 $-\pi/4$ をなす線分,および有界な長さの線分の結合で置き換える.ただし線分の上で $\Im f(\tau)$ が点 $\tau = -\alpha \pm \varepsilon e^{\frac{3\pi i}{4}}$(図 23 参照)における値より大きな値はとらないとする.再び $\varepsilon = \lambda^{-\frac{2}{5}}$ とおくと,前と同様に

$$\int_{L_1} e^{\lambda f(\tau)}\,d\tau$$
$$= e^{\lambda f(-\alpha)} \int_{-\alpha-\varepsilon e^{\frac{3\pi i}{4}}}^{-\alpha+\varepsilon e^{\frac{3\pi i}{4}}} e^{\frac{\lambda}{2}f''(-\alpha)(\tau+\alpha)^2}\,d\tau(1+O(\lambda^{-\frac{1}{5}}))$$
$$= e^{i\lambda(\tan\alpha-\alpha)} \int_{-\alpha-\varepsilon e^{\frac{3\pi i}{4}}}^{-\alpha+\varepsilon e^{\frac{3\pi i}{4}}} d\tau(1+O(\lambda^{-\frac{1}{5}}))$$
$$= e^{\frac{3\pi i}{4}}\sqrt{\frac{2}{\lambda\tan\alpha}}e^{i\lambda(\tan\alpha-\alpha)}\int_{-\varepsilon\sqrt{\frac{\lambda\tan\alpha}{2}}}^{+\varepsilon\sqrt{\frac{\lambda\tan\alpha}{2}}}e^{-u^2}\,du(1+O(\lambda^{-\frac{1}{5}}))$$
$$= e^{\frac{3\pi i}{4}}\sqrt{\frac{2\pi}{\lambda\tan\alpha}}e^{i\lambda(\tan\alpha-\alpha)}(1+O(e^{-c_3\lambda\varepsilon^2}))(1+O(\lambda^{-\frac{1}{5}})),$$

(94) $$H_\lambda^1(a\lambda) = -e^{\frac{3\pi i}{4}}\sqrt{\frac{2}{\pi\lambda\tan\alpha}}e^{i\lambda(\tan\alpha-\alpha)}(1+O(\lambda^{-\frac{1}{5}}))$$

が得られる.

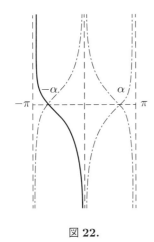

図 22.

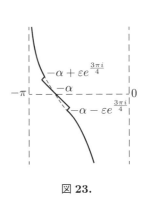

図 23.

3. $a = 1$ のとき,鞍点 $\tau = 0$ において $f''(\tau)$ もまた 0 となる.曲線 $\Im f(\tau) = u - \sin u \cosh v = \Im f(0) = 0$ は,すなわち $\tau = 0$ を通る3つの分岐をもち(図 24 参照),その1つは虚軸である.再び路 L_1 の曲線部分(図 24 で太線)で $\tau = 0$ の近くの部分を,実軸と角度 $5\pi/6$ をなす長さ $\varepsilon = \lambda^{-\frac{1}{4}}$ の線分で置き換える.すると,$-\varepsilon i$ と $\varepsilon e^{\frac{5\pi i}{6}}$ の間の積分路のすべての τ に対して

$$\left| f(\tau) - \frac{i\tau^3}{6} \right| \leqq c_1 \varepsilon^5$$

となることが分かる.さらに

$$\int_{L_1} e^{\lambda f(\tau)} \, d\tau = \int_{-\varepsilon i}^{\varepsilon e^{\frac{5\pi i}{6}}} e^{\lambda f(\tau)} \, d\tau + O(e^{-c_1 \lambda \varepsilon^3}),$$

$$\int_{-\varepsilon i}^{\varepsilon e^{\frac{5\pi i}{6}}} e^{\lambda f(\tau)} \, d\tau = \int_{-\varepsilon i}^{\varepsilon e^{\frac{5\pi i}{6}}} e^{\frac{\lambda i \tau^3}{6}} \, d\tau (1 + O(\lambda^{-\frac{1}{4}})),$$

$$\int_{-\varepsilon i}^{\varepsilon e^{\frac{5\pi i}{6}}} e^{\frac{\lambda i \tau^3}{6}} \, d\tau = \int_0^{\varepsilon e^{\frac{5\pi i}{6}}} - \int_0^{-\varepsilon i} = \sqrt[3]{\frac{6}{\lambda}} \left(e^{\frac{5\pi i}{6}} + i \right) \int_0^{\varepsilon \sqrt[3]{\frac{\lambda}{6}}} e^{-u^3} \, du$$

である.最後の変換では,1つ目の積分においては $\tau = \sqrt[3]{\frac{6}{\lambda}} e^{\frac{5\pi i}{6}} u$ と,2つ目の積分では $\tau = -\sqrt[3]{\frac{6}{\lambda}} i u$ とそれぞれおいた.最後の等式の右辺は,$\varepsilon^3 \lambda$ がある正の数より大きいかぎりでは

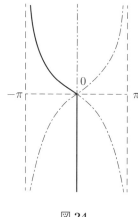
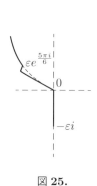

図 24. 　　　　　　　　　図 25.

$$\sqrt[3]{\frac{6}{\lambda}}\left(e^{\frac{5\pi i}{6}}+i\right)\int_0^\infty e^{-u^3}\,du(1+O(e^{-c_3\varepsilon^3\lambda}))$$

に等しい．しかしながら

$$\int_0^\infty e^{-u^3}\,du=\frac{1}{3}\int_0^\infty e^{-t}t^{-\frac{2}{3}}\,dt=\frac{1}{3}\varGamma\left(\frac{1}{3}\right)$$

もまた成り立つので，よって結局は

(95) $\quad H_\lambda^1(\lambda)=-\dfrac{1}{3\pi}\varGamma\left(\dfrac{1}{3}\right)\left(e^{\frac{5\pi i}{6}}+i\right)\sqrt[3]{\dfrac{6}{\lambda}}(1+O(\lambda^{-\frac{1}{4}}))$

となる．

$J_\lambda(a\lambda)$ に対する漸近公式は，$a\gtreqless 1$ の場合では，ここで導出した $H_\lambda^1(a\lambda)$ に対する公式と，全く対応して導かれる公式

(96) $\quad H_\lambda^2(a\lambda)=i\sqrt{\dfrac{2}{\pi\lambda\tanh\alpha}}e^{\lambda(\alpha-\tanh\alpha)}(1+O(\lambda^{-\frac{1}{5}}))\quad (a<1),$

(96′)
$$H_\lambda^2(a\lambda)=-e^{-\frac{3\pi i}{4}}\sqrt{\dfrac{2}{\pi\lambda\tan\alpha}}e^{-i\lambda(\tan\alpha-\alpha)}(1+O(\lambda^{-\frac{1}{5}}))\quad (a>1),$$

(96″) $\quad H_\lambda^2(\lambda)=-\dfrac{1}{3\pi}\varGamma\left(\dfrac{1}{3}\right)\left(e^{-\frac{5\pi i}{6}}-i\right)\sqrt[3]{\dfrac{6}{\lambda}}(1+O(\lambda^{-\frac{1}{4}}))\quad (a=1)$

とを，関係式

$$J_\lambda(x) = \frac{1}{2}(H_\lambda^1(x) + H_\lambda^2(x))$$

によって組み合わせれば得られる．ただ $a<1$ の場合には主要項が 0 となり，この場合にはまた，J_λ に対して図 26 で示した積分路をとると，同じ手法によって

$$J_\lambda(a\lambda) = \frac{2}{\sqrt{2\pi\lambda\tanh\alpha}} e^{\lambda(\tanh\alpha - \alpha)}(1 + O(\lambda^{-\frac{1}{5}}))$$

が得られる．

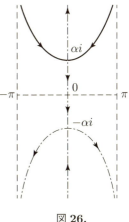

図 26.

7.6.5 鞍点法についての一般的注意

我々は鞍点法を，漸近公式を導くためにのみ用いた．そこでは最初に示した原理に従い，漸近級数の第 1 項を求めた．この漸近級数の詳しい扱いについては，G.N. Watson, A Treatise on the Theory of Bessel Functions（ベッセル関数の理論），Cambridge University Press, Cambridge, 1922 および原論文，特に，P. Debye, Math. Ann., Vol.67 (1909), pp.535–558 を参照のこと．

鞍点法の応用に際してその他には，積分路を上で示したのと同じようにとる必要は全くなく，つまるところ関数が展開されるパラメータの大きな値に対して，路が上の位置に十分に近接すればよいだけである．この手法により，G. Faber, Sitzungsber. Akad. München (math.-phys. Kl.) (1922), pp.285–304 ではいくつかの漸近級数，例えばエルミート多項式やラゲール多項式に対して漸近級数を得た．

7.6.6 ダルブーの方法

漸近公式を導く別の方法はダルブーによる[36]．問題とする量 a は整級数の

---

[36] ［原註］G. Darboux, Mémoire sur l'approximation des fonctions de très-grands nombres, et sur une classe étendue de développements en série. Journ. math. pures et

係数として，すなわち母関数 $K(\zeta) = \sum_{\nu=0}^{\infty} a_\nu \zeta^\nu$ により与えられているとする．この関数の収束円周上での特異点——それを $|\zeta|=1, \zeta = e^{i\varphi}$ とする——が分かっているとし，また既知関数 $f_n(\zeta) = \sum_{\nu=0}^{\infty} \alpha_{n\nu} \zeta^\nu$ を引くことによって，余り $K - f_n$ が収束円の周に近づくとき n 階連続微分可能な関数 φ に一様に収束することができれば，整級数

$$K(\zeta) - f_n(\zeta) = \sum_{\nu=0}^{\infty} (a_\nu - \alpha_{n\nu}) \zeta^\nu$$

の係数 $a_\nu - \alpha_{n\nu}$ は，n 階連続微分可能（$n=0$ については連続）な φ の関数のフーリエ係数である．よって上巻§2.5.3 により，条件

$$\lim_{\nu \to \infty} \nu^{n-1} |a_\nu - \alpha_{n\nu}| = 0$$

を満たす．すなわち，大きい ν に対して値 $\alpha_{n\nu}$ は，n が大きくなるにつれて a_ν の良い近似を与える．

7.6.7 ルジャンドル多項式の漸近展開へのダルブーの方法の応用

この方法をルジャンドル多項式 $P_\nu(x)$ に応用しよう．$P_\nu(x)$ は，母関数

(97) $$K(z, \zeta) = \frac{1}{\sqrt{1 - 2z\zeta + \zeta^2}} = \sum_{\nu=0}^{\infty} P_\nu(z) \zeta^\nu$$

によって与えられる．まず $-1 < z < 1, z = \cos\varphi, 0 < \varphi < \pi$ とする．このとき $1 - 2z\zeta + \zeta^2 = (\zeta - e^{\varphi i})(\zeta - e^{-\varphi i})$ である．収束円の半径は 1 であり，周上に特異点 $\zeta = \pm e^{\pm \varphi i}$ がある．K の，$\zeta - e^{\pm \varphi i}$ のベキによる級数展開を導くため

$$\sqrt{\zeta - e^{\pm \varphi i}} = e^{\pm i \frac{\varphi + \pi}{2}} \sqrt{1 - \zeta e^{\mp \varphi i}}$$

---

appl., Serie 3, Vol.4 (1878), pp.5–56 と pp.377–416, および A. Haar, Über asymptotische Entwicklungen von Funktionen. Math. Ann., Vol.96, (1926), pp.69–107 参照．

7.6 漸近展開

と定める．ここで右辺の平方根は，二項級数による分岐を表すとする[37]．そうして

$$K(z,\zeta) = \frac{1}{\sqrt{\zeta - e^{\varphi i}}}\left(\zeta - e^{\varphi i} + (e^{\varphi i} - e^{-\varphi i})\right)^{-\frac{1}{2}}$$

$$= \frac{e^{-\frac{3\pi i}{4}}}{\sqrt{2\sin\varphi}} \frac{1}{\sqrt{\zeta - e^{\varphi i}}} \sum_{\nu=0}^{\infty} \binom{-\frac{1}{2}}{\nu} \left(\frac{\zeta - e^{\varphi i}}{e^{\varphi i} - e^{-\varphi i}}\right)^{\nu}$$

$$= \frac{e^{\frac{3\pi i}{4}}}{\sqrt{2\sin\varphi}} \frac{1}{\sqrt{\zeta - e^{-\varphi i}}} \sum_{\nu=0}^{\infty} \binom{-\frac{1}{2}}{\nu} \left(\frac{\zeta - e^{-\varphi i}}{e^{-\varphi i} - e^{\varphi i}}\right)^{\nu}$$

が得られる．そこで

$$f_n(z,\zeta) = \frac{1}{\sqrt{2\sin\varphi}} \sum_{\nu=0}^{n} \binom{-\frac{1}{2}}{\nu} \left\{ e^{-\frac{3\pi i}{4}} \frac{(\zeta - e^{\varphi i})^{\nu - \frac{1}{2}}}{(e^{\varphi i} - e^{-\varphi i})^{\nu}} + e^{\frac{3\pi i}{4}} \frac{(\zeta - e^{-\varphi i})^{\nu - \frac{1}{2}}}{(e^{-\varphi i} - e^{\varphi i})^{\nu}} \right\}$$

とおくと，$K - f_n$ は収束円の上で n 階連続微分可能である．ゆえに f_n を ζ のベキに展開すると

$$f_n(z,\zeta)$$
$$= \frac{1}{\sqrt{2\sin\varphi}} \sum_{\nu=0}^{n} \binom{-\frac{1}{2}}{\nu} \left\{ e^{-\frac{3\pi i}{4} - \frac{\varphi+\pi}{2}i + \nu(\varphi+\pi)i} \frac{(1 - \zeta e^{-\varphi i})^{\nu-\frac{1}{2}}}{(e^{\varphi i} - e^{-\varphi i})^{\nu}} \right.$$
$$\left. + e^{\frac{3\pi i}{4} + \frac{\varphi+\pi}{2}i - \nu(\varphi+\pi)i} \frac{(1 - \zeta e^{\varphi i})^{\nu-\frac{1}{2}}}{(e^{-\varphi i} - e^{\varphi i})^{\nu}} \right\}$$
$$= \frac{1}{\sqrt{2\sin\varphi}} \sum_{\nu=0}^{n} \binom{-\frac{1}{2}}{\nu} \sum_{\mu=0}^{\infty} \binom{\nu - \frac{1}{2}}{\mu} \zeta^{\mu} \left\{ \frac{e^{-\frac{3\pi i}{4} - \frac{\varphi+\pi}{2}i + \nu(\varphi+\pi)i - \mu(\varphi+\pi)i}}{(e^{\varphi i} - e^{-\varphi i})^{\nu}} \right.$$
$$\left. + \frac{e^{\frac{3\pi i}{4} + \frac{\varphi+\pi}{2}i - \nu(\varphi+\pi)i + \mu(\varphi+\pi)i}}{(e^{-\varphi i} - e^{\varphi i})^{\nu}} \right\}$$
$$= \sum_{\mu=0}^{\infty} p_{n\mu}(z)\zeta^{\mu},$$

---

[37] ［原註］すなわち a が正の数ならば，$\zeta = e^{\varphi i} - a$ に対して平方根 $\sqrt{\zeta - e^{\varphi i}}$ は正の虚数であり，一方 $\zeta = e^{-\varphi i} - a$ に対して平方根 $\sqrt{\zeta - e^{-\varphi i}}$ は負の虚数である．本文のこの約束は，公式 (97) と同調し，$\zeta = 0$ に対して平方根 $\sqrt{1 - 2\pi\zeta + \zeta^2}$ の値が 1 であるという要請と一致する．

ただし

$$p_{n\mu} = \frac{1}{\sqrt{2\sin\varphi}} \sum_{\nu=0}^{n} \binom{-\frac{1}{2}}{\nu} \binom{\nu-\frac{1}{2}}{\mu} \frac{1}{(2\sin\varphi)^\nu}$$
$$\left\{ e^{-\frac{5\pi i}{4}+(\nu-\mu-\frac{1}{2})\varphi i+\frac{\nu\pi i}{2}-\mu\pi i} + e^{\frac{5\pi i}{4}-(\nu-\mu-\frac{1}{2})\varphi i-\frac{\nu\pi i}{2}+\mu\pi i} \right\},$$

(98) $$p_{n\mu} = \frac{2}{\sqrt{2\sin\varphi}} \sum_{\nu=0}^{n} \binom{-\frac{1}{2}}{\nu} \binom{\nu-\frac{1}{2}}{\mu} \frac{(-1)^\mu}{(2\sin\varphi)^\nu}$$
$$\cos\left(\frac{\pi}{4}(5-2\nu) - \left(\nu-\mu-\frac{1}{2}\right)\varphi\right)$$

であり，よって，各区間 $-a+\varepsilon \leqq z \leqq 1-\varepsilon$ $(0<\varepsilon<1)$ において一様に

$$P_\mu(Z) = p_{n\mu}(z) + O(\mu^{-n})$$

が得られる．$p_{n+1,\mu} - p_{n\mu} = O(\mu^{-n-1})$ であることに注意すると

$$P_\mu(Z) = p_{n\mu}(z) + O(\mu^{-n-1})$$

となる．この漸近展開の第1項は

(99)
$$P_\mu(z) = \frac{1}{\sqrt{2\sin\varphi}} \frac{1\cdot 3\cdots(2\mu-1)}{2\cdot 4\cdots 2\mu} \cos\left(\frac{5\pi}{4} + \left(\mu+\frac{1}{2}\right)\varphi\right) + O\left(\frac{1}{\mu}\right)$$

とも表される．z が -1 と 1 の間の実数でなければ，特異点 ζ_1 と ζ_2 は $\zeta_1\zeta_2 = 1$ なので，その一方は，例えば ζ_1 は絶対値 $|\zeta_1|<1$ であり，他方は絶対値 $|\zeta_2|>1$ である．収束円 $|\zeta| = |\zeta_1|$ の上には特異点 ζ_1 だけがあり，この特異点のみに注目する必要がある．すなわち $K(z,\zeta)$ の，$\zeta-\zeta_1$ のベキによる展開の最初の n 項を，ζ のベキ級数に変形すると，その係数として $P_\mu(z)$ に対する漸近表現が得られる．しかしながら，単に

$$|\zeta_1|^n (P_\mu - p_{n\mu}) = O(\mu^{-n-1})$$

が成り立つのみという違いがある．

訳者付記

　次ページから始まる最終章は，それまでの章とは異なり，旧原著第 II 巻の 4 個の章のうちから唯一，当翻訳の対象とした原著第 4 版に移植され，本訳書では第 8 章と位置づけられたものである．

　原著第 4 版でも最終章の開始直前に付記として，直訳すれば次の内容が記されている．

　まず「ここにある第 2 巻（旧原著第 II 巻）は，数理物理学の観点から見た偏微分方程式の体系的な理論を内容とするものであり，第 1 巻（旧原著 I 巻）での扱いとは本質的に独立に編まれている」とあり，ついで「最後の章（本訳書では第 8 章）では，楕円型微分方程式の境界値問題あるいは固有値問題に対する存在証明が，これらの問題を本書の先行章で取り扱った範囲において，変分法の直接法を基にして行われる」と記されている．

　後半はそのまま当てはまるが，前半は旧原著第 II 巻の最初からの 3 個の章を含めての説明文であり，原著第 4 版への説明としては勇み足である．割愛された 3 個の章の内容も古典的なりに格調の高いものであるが，変分法を基調とするクーラントとその仲間による「数理物理学の方法」の理念と展開を読み取る立場からは，原著第 4 版の編者である P. ラックスの見識を受け入れたい．

　なお，原著第 4 版の最終章の各ページには旧原著第 II 巻のときのページ番号も併記してあったが，訳書では取り除いた．さらに，最終章のいくつかの箇所で旧原著第 II 巻の関連ページの引用がなされており，読者に不安感を与えたり体裁としてもいささか不行き届きであるが，これも原著第 4 版の編者のおおらかさによるものと目くじらを立てないことにした．

第8章 変分法による境界値問題と固有値問題の解法

　変分法と楕円型微分方程式の境界値問題あるいはその固有値問題との関係については，これまでの章において[1]詳しく論じた．しかしながら，これらの問題に対する可解性の一般的な証明までには到っていない．本章の内容は，変分法に基づいてこれら解の存在証明を与えるものである．その際の記述は，基本的に 2 独立変数の場合についてなされるが，その理論は 3 独立変数の場合にも，§8.4 で扱う境界値到達に関する特記事項を別にすれば，そのまま通用することを注意しておこう．なお，独立変数が 3 個より多い場合への理論の拡張には制約条件が必要である（p.317, §8.5.1 の脚注参照）．

　線形な境界値問題と固有値問題の理論から進んで，§8.10 ではプラトーの問題[2]が，やはり変分法の直接法に基礎をおいて，旧原著第 II 巻での以前の扱いとは独立に解かれる．

　いわゆる変分法の直接的方法の出発点は，線形楕円型微分方程式の境界値問題や固有値問題が，2 次の積分形式を対象とする簡単な変分問題のオイラーの条件として現れることへの注意である．最初にガウスが，続いて 1847 年頃に W. トンプソン（後のケルビン卿）がポテンシャル論における境界値問題を扱うためにこの関係を用いた．そのすぐ後で，B. リーマンは「ディリクレの原理」の名の下に同じやり方を用い，変分法の簡単な最小問題の可解性から幾何学的関数論の基本的な存在定理を導いた．これらのすべての考察において，登場する最小問題が解をもつとの仮定が自明なものとして暗黙のう

---

[1] ［訳註］原文では旧原著第 II 巻の第 4 章も言及されている．
[2] ［訳註］旧原著第 II 巻 §3.7 で紹介されている．

ちに承認されていた．リーマンが彼の流儀での考察によって到達した魅力的な結果は，批判的な立場からの関心を喚起したが，間もなくワイエルシュトラスが，そこでの論法の基本仮定が空中に漂う（ように）おぼつかないものであることを示した．解をもたない簡単な最小問題の例や然るべき連続な境界値に対する円板でのポテンシャル論の境界値問題の解でありながら，ディリクレの原理によっては決して得られないという特殊な例[3]が提出され，変分法から出発する考察法は間違った道であり，完全に放棄されるべきであるとの定評が広がった．こうした否定的な批判は，結果として極めて実りの多い他の方法の発展を促した．特に H.A. シュヴァルツの交代法や後になって積分方程式にうまく接続した C. ノイマンの方法がそれである．しかしリーマンによる論法の直観的な説得力は，その根拠の確立に向けての試みを絶えず促した．そうした努力は 1900 年に結実するまで続けられたのである．

1900 年および 1901 年に，D. ヒルベルトはディリクレの原理に関する画期的な論文 2 篇を公表し，登場する最小問題の可解性を，いくつかの簡単な場合についてではあるが，全く新しい筋道に沿って直接的に示した．それ以来，この直接法は他のすべての方法に較べて射程において凌駕し，簡明さにおいて遜色がない方法に発展したが，それだけではなく，数値計算の目的に向けての様々な応用が認められた．本章で行うのは，この方法によって以前の章で扱ってきた境界値問題と固有値問題に関する存在証明をできるだけ広い範囲（本書において既出の問題を含む）において証明するという試みである．一般性に力点をおいたので，記述の簡明さに関してはある程度の我慢をお願いせねばならない．しかしながら，ポテンシャル論の（ラプラシアンに関する）方程式という特別の場合に限れば，著しい簡単化が自然にもたらされることを注意しておこう[4]．

---

[3] ［原註］上巻 p. 195 参照．

[4] ［原註］膨大な文献については以下の著書を挙げるにとどめる：Weierstrass: Über das sog. Dirichletsche Prinzip. Werke Bd. 2. Schwarz, H.A.: Ges. Abhandlungen Bd. 2, p. 133 f. Neumann, C.: Sächsische Berichte, 1870 および Vorlesungen über Riemanns Theorie der Abelschen Integrale, p. 388f, Leipzig 1884.

Hilbert: Über das Dirichletsche Prinzip. Ges. Abhandlungen Bd. 3. Levi, B.: Sul Principio di Dirichlet. G. Fubini, Il principio di minimo e i teoremi di esistenza per i problemi al contorno relativi alle equazione alle derivate parzoali di ordini pari.

さて，直接方法の手順は一般に次のように述べられる．出発点として次の注意をする：すなわち，取り組む最小問題について，最小値の存在は前もって明らかでないが，下限 d の存在は確かであり，従って，変分問題の許容関数の列でそれに対する変分表式（汎関数）の値が下限 d に収束するものの存在は確かである．前に（上巻 p.194）調べたように，このような「最小列」が関数列として収束するとは限らず，またそれが収束しても，極限関数の導関数の存在は決して自明ではない．従って最小列から適当な収束過程を経て最小問題の解を求め，続いて，この解が微分方程式の問題の解とみなせるだけの十分な微分可能性をもつと示すことが，主要な課題である．

最小列を実際につくることは実用的な数値目標からは重要な課題であるが，ここではこれに立ち入らない．存在証明のためには，このような列の存在は自明であるといっておくだけで十分だからである．（数値計算の目的のための最小列のつくり方は W. リッツの名をつけられた重要な方法[5]である．上巻 p.187 と上に挙げた文献参照．および Walter Ritz 全集を参照．）

8.1 予備

8.1.1 円に対するディリクレの原理

後の議論に必要ではないが，学ぶところが多いものとして，円に対するポテンシャル論の境界値問題とディリクレの最小値問題との関連を見ることか

Lebesgue: Sur le problème de Dirichlet. この 3 編はすべて Rendiconti del Circolo matematico di Palermo, Vol. 22–24.

  Zarembra, S.: Sur le prinzipe du minimum. Krakauer Akademieberichte, July 1909. さらに R.Courant の 1912 年以後の仕事で R.Courant: Über direkte Methoden der Variationsrechnung und verwandte Fragen. Math. Ann. Bd. 97 (1927) に引用されているもの，すなわち，Über die Anwendung der Variationsrechnung usw. Acta Math. Bd. 49，および Neue Bemerkungen zum Dirichletschen Prinzip. Crelles Journ. Bd. 165 (1931).

  この章で展開した理論は，著者の以前の仕事からポテンシャル論における境界値問題および幾何学的関数論と関連が深い．特に上述の著作に基づいての考えが進歩されたものである．

[5] ［訳註］リッツの方法である．その延長上に現在の数値解析法で多用されているリッツ–ガレルキンの方法，さらに有限要素法がある．

ら始めよう（上巻§4.2.3を参照）．

B を xy-平面の単位円（円板）$x^2 + y^2 < 1$ の内部とし，C をその境界とする．$B + C$ において連続な関数 $g(x, y)$ が与えられており，g の1階導関数 g_x と g_y は B において区分的に連続[6]とする．さらにディリクレ積分

$$D[g] = \iint_B \{g_x^2 + g_y^2\}\, dx\, dy$$

が存在するものとする．以下，ディリクレ積分が存在することを

$$D[g] < \infty$$

で表す．求めたいのは，境界 C の上で g と同じ値をとり B において正則なポテンシャル関数（調和関数）u を定めよという境界値問題の解である．

r, θ を極座標，すなわち，$x = r\cos\theta, y = r\sin\theta$ とし，a_n と b_n で関数 $g = g(1, \theta)$ のフーリエ係数とすれば，解 u はポアソンの公式により

(1) $$u(x, y) = u(r, \theta) = \lim_{n\to\infty} u_n$$

で与えられる．ただし，

$$u_n = \frac{a_0}{2} + \sum_{\nu=1}^{n} (a_\nu \cos\nu\theta + b_\nu \sin\nu\theta) r^\nu$$

である．ここで u_n の収束は（B の）内部にある任意の同心閉円板の上で一様である（旧原著第 II 巻 §4.2, p. 241，および p. 17 参照）．

次の定理を円に対する**ディリクレの原理**という．

《定理》上の境界値問題の解 u に対して積分

$$D[u]$$

が存在し，しかも

$$D[u] \leqq D[g]$$

---

[6] ［原註］前と同様に，関数が領域において区分的に連続であるとは，孤立した点での任意の不連続性および有限個の滑らかな曲線に沿っての第 1 種の不連続性（跳び）を除いて，各部分閉領域で連続であるときをいう．ここで境界曲線が滑らかであるとは，パラメータ t を用いて，$x_t^2 + y_t^2 \neq 0$ を満たす連続微分可能な $x(t), y(t)$ により $x = x(t), y = y(t)$ とパラメータ表示されるときをいう．

が成り立つ. 等号は $g = u$ のときに限り成り立つ. □

言い換えれば，u は次の変分問題の解として一意に特徴付けられる：

B において区分的に連続な 1 階導関数をもち，g と同じ境界値をとり，そうして $B + C$ において連続であるような任意の関数 φ のうちで，$D[\varphi]$ が最も小さい値となるような関数 u を見いだすこと．

本章の主目標の 1 つは，任意の領域 G について，上記に対応する結果を導き，さらに変分の問題から出発して境界値問題を解くことである．しかしながら，この小節では，(1) により円 B に対する境界値問題の解がすでに求められている事実を利用して上の定理を証明することで満足しよう．

その際，明確に設けられた仮定 $D[u] < \infty$ は本質的に重要である．すでに (上巻 p. 191 において)，g を境界値とする境界値問題は上述の関数 u によって解かれるが，$D[u]$ は存在しないような連続関数 g が存在することを見ている.

定理を証明するのには次の推論の仕方が手っ取り早い．v を境界上で 0 となる関数として $g = u + v$ とおき，記法

$$D[\varphi, \psi] = \iint_B \{\varphi_x \psi_x + \varphi_y \psi_y\} \, dx \, dy$$

を用いれば，等式

$$D[g] = D[u] + D[v] + 2D[u, v]$$

が成り立つ．グリーンの公式を用いて $D[u, v]$ を変形し，B において $\Delta u = 0$，また，境界 C の上で $v = 0$ であることから，$D[u, v]$ が 0 となることが導かれるであろう．すると定理は直ちに証明されるであろう．しかし，この推論は正しくない．なぜなら $D[u]$ の存在を前もって知らないし，u の導関数の境界上における様子を知らないままでグリーンの公式を単位円全体に適用することはできないからである．

しかしながら，この困難を回避し次のように証明を行うことができる．u の代わりに，近似関数 u_n を考えるのである．こちらは，全平面において正則な調和関数であり，その導関数が C の上でも連続である．そこで

$$u_n + v_n = g$$

とおく．そうすると，境界値 $v_n(1,\theta)$ は，関数
$$1, \quad \cos\nu\theta, \quad \sin\nu\theta \quad (1 \leqq \nu \leqq n)$$
に直交する．なぜなら，$\nu \leqq n$ に対しては，u_n と g の境界値は，同じフーリエ係数 a_ν, b_ν をもつからである．こうすると，$\varphi = u_n, \psi = v_n$ に対してグリーンの公式を円 B 全体において用いることができる．円の境界の上では u_n の法線方向の導関数 $\frac{\partial u_n}{\partial r}$ は上述の $(2n+1)$ 個の三角関数の線形結合であり，従って v_n に直交することに注意すればすれば，直ちに
$$D[u_n, v_n] = -\iint_B v_n \Delta u_n \, dx \, dy + \int_C v_n \frac{\partial u_n}{\partial r} \, d\theta = 0$$
が導かれる．これによって，
$$D[g] = D[u_n] + D[v_n] + 2D[u_n, v_n]$$
$$= D[u_n] + D[v_n]$$
が成り立ち，従って
$$D[u_n] \leqq D[g]$$
が得られる．

これから，まず $D_R[u_n] \leqq D[g]$ が成り立つ．ただし添え字 R は，左辺の積分範囲を半径 R が 1 より小さい同心円板 K_R とすることを意味している．この円板上で u_n の導関数は u のそれに一様収束するから，
$$D_R[u] \leqq D[g]$$
である．よって $R \to 1$ のとき，R の増加関数である左辺は収束し
$$D[u] \leqq D[g]$$
が得られ，定理の前半が証明された．

さて，解 u が一意に決まることは次のように導かれる：

$u + v$ を最小問題の他の解とすれば，$D[v]$ と
$$D[u, v] = \iint_B (u_x v_x + u_y v_y) \, dx \, dy$$
が存在することになり（§8.1.3 を参照），任意の定数を ε に対して，$u + \varepsilon v$

は最小問題の許容（できる比較）関数である．従って

$$D[u+\varepsilon v] = D[u] + 2\varepsilon D[u,v] + \varepsilon^2 D[v]$$

は ε に関する高々 2 次式であり，$\varepsilon = 0$ のとき最小値をとるゆえ $D[u,v] = 0$ である．一方，u と $u+v$ は同じ最小値を与えるので $D[u] = D[u+v]$ である．このことを考慮しながら上式で $\varepsilon = 1$ とおけば，$D[v] = 0$ が得られる．これより境界条件を考慮すれば，$v = 0$ が導かれ，解の一意性が証明される．
□

以上のようにして導かれた円さらには多次元の球の場合における最小値問題の結果を一般の領域を取り扱うための出発点にする方法もあるが[7]，本章ではそれを採らないで，本質的に一般性において勝り，ポテンシャル方程式に限定されない方法を展開していこう．それは，特殊な境界値問題の解を全く用いない方法である．

8.1.2　変分法に基づく問題設定

以下では，2 階の楕円型微分方程式に対する境界値問題ならびに固有値問題を，境界 Γ をもつ開領域 G において取り扱う．その際，領域 G は有界である，すなわち，ある正方形の内部に完全に含まれていると仮定する（§8.9.5 の注意を参照）．関数 $u(x,y)$ に対する楕円型の線形微分式 $L[u]$（後出の (5)）を考察するが，この微分式は $\varphi(x,y)$ を変関数（引数関数）とする 2 次の積分式「汎関数」

$$E[\varphi] = \iint_G \{p(\varphi_x^2 + \varphi_y^2) + 2a\varphi\varphi_x + 2b\varphi\varphi_y + q\varphi^2\} \, dx \, dy$$

からオイラーの微分式として導かれるものとする．ここで，p, q, a, b は $G + \Gamma$ において連続な関数であり，q は 1 階の連続な導関数を，a, b は 2 階までの連続な導関数を，そして p は 3 階までの連続な導関数を G においてもつとする．その上，

---

[7] ［原註］このような方法については，例えば Hurwitz–Courant: Funktionentheorie (1931, Berlin) の III 部，p. 451 を参照．

(2) $$p > 0,$$
(3) $$q \geqq 0$$

が $G + \Gamma$ において成り立つものとする.さらに 2 次の被積分項に関しては,**定値性の仮定**を設ける.すなわち,領域 G に依存する正定数 κ が存在し,任意のパラメータ ξ, η, ζ について $G + \Gamma$ のどの点においても不等式

(4) $$\begin{cases} A(\xi, \eta, \zeta) = p(\xi^2 + \eta^2) + 2a\xi\zeta + 2b\eta\zeta + q\zeta^2 \\ \qquad\qquad \geqq \kappa(\xi^2 + \eta^2) \end{cases}$$

が成り立つものとする.

これからの議論の一般性を高める観点からは,$G + \Gamma$ において正であり,G において連続微分可能な 1 つの関数 k を前もって導入しておくのが得策である.

そのとき汎関数 $E[\varphi]$ に対するオイラーの微分式を

$$2kL[u]$$

と書く.ただし,

(5) $$L[u] = \frac{1}{k}[(pu_x)_x + (pu_y)_y - q^* u]$$

であり,

(6) $$q^* = q - a_x - b_y$$

とおいた.

簡単な変換を行うことにより,因数 p を 1 で置き換えることが常に可能であることに注意しよう.実際,新しい変関数(引数関数)

$$\sqrt{p}\varphi = \psi$$

を導入すれば,$E[\varphi]$ の被積分項は類似の形のそれに書き換えられるが[8],そこでは因数 p の代わりに因数 1 が現れ,関数

$$v = \sqrt{p}u$$

---

[8] [原註] 被積分関数は変換の後では,必ずしも条件 (3), (4) を満たすとは限らない.

に対するオイラー方程式は——別な q^* を用いてであるが——

$$v_{xx} + v_{yy} - q^* v$$

という形になる．このことは後に §8.5 で利用される．

さて，我われは領域 G に対して，微分方程式

(7) $$L[u] = -f$$

に対する境界値問題，および固有方程式

(8) $$L[u] + \lambda u = 0$$

に応じる固有値問題を取り扱う．ここで，f は $G + \Gamma$ において連続であり，G において区分的に連続微分可能な関数とする．境界条件としては次のタイプのものを考察する．

第 1 種境界条件（固定境界値） u の Γ 上の境界値が次のように指定される．すなわち $G + \Gamma$ においてあらかじめ与えらえた連続な関数 g に対し，関数 $u - g$ は境界に近づくにつれ，後で詳しく述べる意味で，0 になるものとする．

固有値問題に対しては，境界値は 0 に指定される．

第 2 種と第 3 種の境界条件 （第 5 章にも述べてあるが）u 自身と法線方向の u の導関数の（与えられた）線形結合が境界上でとる値が，前もって与えられた境界上の関数に，後で詳しく説明する意味で，一致することを求める．

境界条件の適正でかつ的確な定式化は格別の難しさをともなう．すでに上巻 §4.4.4 で見たように，任意の領域 G に対しては，境界の各点において境界値が実際に到達されることは期待できない．まして，求める関数の法線方向の導関数が境界条件の中に入っているような境界値問題については，その可解性を文字通りの意味で期待することはなおさらできない．境界 Γ 上の各点における法線の存在を仮定したくないという事情を別にしても，微分方程式の解 u の導関数が境界上で存在するかどうかは，特殊な仮定の下でないと手におえない難問であり，しかもそれは我われの問題設定の核心には関わりがないのである．

以下において，我われは，境界値問題は一意的に解け，固有値問題は完全性をもって解けるような，境界条件の定式化を与えるであろう．実際，第 1

種境界値問題に対しては，任意の開領域 G ばかりではなく，連結ではない任意の点集合に対しても解法を遂行することができる．一方，第 2 種と第 3 種の境界値問題に対しては，領域 G に然るべき制限を課さなければならない．我々が境界条件を精確に定式化するのは，扱う変分積分式（汎関数）が意味をもつような線形関数空間を導入してからである．これらの関数空間は今後の存在証明の基礎をなすものでもある．

8.1.3　2 次形式の計量をもつ線形関数空間

諸定義[9]

関数 $\varphi(x,y)$ および $\psi(x,y)$ を変関数（引数関数）とする以下の 2 次積分式を考察しよう．

$$H[\varphi,\psi] = \iint_G k\varphi\psi\,dx\,dy, \quad H[\varphi] = H[\varphi,\varphi],$$

$$D[\varphi,\psi] = \iint_G p(\varphi_x\psi_x + \varphi_y\psi_y)\,dx\,dy, \quad D[\varphi] = D[\varphi,\varphi],$$

$$E[\varphi,\psi] = D[\varphi,\psi] + \iint_G \{a\varphi\psi_x + a\psi\varphi_x + b\varphi\psi_y + b\psi\varphi_y + q\varphi\psi\}\,dx\,dy,$$

$$E[\varphi] = E[\varphi,\varphi].$$

ただし，係数 p, a, b, q, k は前小節（§8.1.2）で述べた条件を満足するものとする．すなわち，これらはすべて $G + \Gamma$ で連続であり，G において q, k は 1 階，a, b は 2 階，p は 3 階連続微分可能である．さらに $G + \Gamma$ の各点において前小節で導入した不等式 (2), (3), (4) が成り立つものとする．

積分は普通の意味の広義積分である．すなわち合併が領域 G になるような，単調な（単調に拡大する）部分閉領域 G_n の列[10]を考えて，部分閉領域 G_n

---

[9]　［原註］これらの概念についての完全な展開については M.H. Stone: Linear Transformation in Hilbert Space, New York 1932.
　　［訳註］今日の言葉でいえば，L^2 的な内積，H^1 的な内積を合わせて用いる関数空間論である．完備性を強調する現代的な Hilbert 空間論には到っていない．

[10]　［訳註］G のどの点もどれかの G_n に含まれる．なお，現代風の状況設定・記号法では，各 G_n は領域であり，G_{n+1} の内部に G_n の閉包が含まれるとするのが自然である．

のおのおにおける積分値の極限を G での積分とする．さらに，被積分関数はどの n についても，G_n ではその境界に至るまで区分的に連続であるとする．さて我々は，上記の積分形式を以下の関数のクラス $\mathfrak{H}$ および $\mathfrak{D}$ に対して用いる．

《定義1》G において区分的に連続な関数 $\varphi(x,y)$ で
$$H[\varphi] < \infty$$
であるようなものの全体がつくる関数空間を $\mathfrak{H}$ とする．□

《定義2》G において連続な，$\mathfrak{H}$ に属する関数 $\varphi(x,y)$ で，区分的に連続な1次導関数 φ_x, φ_y をもち，さらに
$$D[\varphi] < \infty$$
であるようなものの全体がつくる関数空間を $\mathfrak{D}$ とする．□

このとき次の定理が成り立つ．

《定理1》空間 $\mathfrak{D}$ の関数 φ に対しては積分 $E[\varphi]$ も存在し，領域 G に依存する正定数 κ, α, β を用いて，不等式

(9) $$\kappa D[\varphi] \leqq E[\varphi] \leqq \alpha D[\varphi] + \beta H[\varphi]$$

が成り立つ．□

上の定理は，p, a, b, q, k に対する仮定および不等式 (4) を，さらに
$$2|a\varphi\varphi_x + b\varphi\varphi_y| \leqq 定数 \cdot \{\varphi^2 + \varphi_x^2 + \varphi_y^2\}$$
を考慮すれば，すぐに導かれる．

空間 $\mathfrak{H}, \mathfrak{D}$ からとった任意の関数 $\varphi(x,y)$ に対して，積分形式 H, D, E のどれもが以下に共通した形で述べる性質を備えている．すなわち，これらの積分形式とその極形式を一般に

$$Q[\varphi] \quad および \quad Q[\varphi, \psi]$$

でそれぞれ表せば，まず，

(10) $$Q[\varphi] \geqq 0$$

が成り立つ．さらにまた，

《定理2》$Q[\varphi] < \infty, Q[\psi] < \infty$ から極形式 $Q[\varphi, \psi]$ の存在が導かれ，対称性
$$Q[\varphi, \psi] = Q[\psi, \varphi]$$
が成り立つ．□

《定理3》φ と ψ が $\mathfrak{H}$（あるいは $\mathfrak{D}$）に属するならば，その任意の線形結合 $\lambda\varphi + \mu\psi$ もやはり $\mathfrak{H}$（あるいは $\mathfrak{D}$）に属し，

(11) $$Q[\lambda\varphi + \mu\psi] = \lambda^2 Q[\varphi] + 2\lambda\mu Q[\varphi, \psi] + \mu^2 Q[\psi]$$

が成り立つ．□

言い換えれば，空間 $\mathfrak{H}$ および $\mathfrak{D}$ は**線形多様体**（線形空間）であり，Q はそこでの非負値2次形式である．

最後にシュヴァルツの不等式

(12) $$Q^2[\varphi, \psi] \leqq Q[\varphi]Q[\psi]$$

およびそれから導かれる**三角不等式**

(13) $$\sqrt{Q[\varphi + \psi]} \leqq \sqrt{Q[\varphi]} + \sqrt{Q[\psi]}$$

が成り立つ．

上の主張の証明に関し次のことに注意しておこう．これらの命題は真部分領域に対しては明らかに成り立つ．——不等式 (12) は Q の正定値性により導かれ——極形式 $Q[\varphi, \psi]$ の存在は，恒等式 (11) を用いる極限移行から従う．こうして全領域についての定理が示される．

我々は Q を取り扱う**線形空間**における「**距離形式**」とみなすのである．すなわち，「**2つの関数 φ と ψ の Q-計量の意味での距離**」は
$$\sqrt{Q[\varphi - \psi]}$$
であると定義する[11]．

---

[11] ［訳註］現代風にいえば，その関数空間を $Q[\varphi, \psi]$ を内積とする内積空間（プレ・ヒルベルト空間）とみなすのである．

この距離に基づく収束概念について，次のような事実が成り立つ．

《定理 4》 条件

$$(14)_1 \qquad Q[\varphi^\nu - \varphi^\mu] \to 0$$

あるいは，条件

$$(14)_2 \qquad Q[\varphi^\nu - \varphi] \to 0$$

のそれぞれから，$Q[\varphi^\nu]$ の有界性および

$$(15)_1 \qquad \sqrt{Q[\varphi^\nu]} - \sqrt{Q[\varphi^\mu]} \to 0$$

さらには

$$(15)_2 \qquad \sqrt{Q[\varphi^\nu]} - \sqrt{Q[\varphi]} \to 0$$

がそれぞれ導かれる．また，

$$(16)_1 \qquad Q[\varphi^\nu] - Q[\varphi^\mu] \to 0$$

および

$$(16)_2 \qquad Q[\varphi^\nu] - Q[\varphi] \to 0$$

も同様に得られる．□

《定理 5》 もし

$$(17) \qquad Q[\varphi^\nu] \to 0$$

であれば，$Q[\zeta]$ が存在するような任意の関数 ζ に対し

$$(18) \qquad Q[\varphi^\nu, \zeta] \to 0$$

が成り立つ．□

これらの証明であるが，まず極限式 (15) は，極限式 (14) および $\sqrt{Q}$ が満たす三角不等式[12]から直ちに得られることに注意しよう．(15) で ν を固

---

[12] ［訳註］三角不等式をその系である $|\sqrt{Q[u]} - \sqrt{Q[v]}| \leq \sqrt{Q[u-v]}$ の形で適用するのである．

定すれば, φ^μ の有界性が導かれる. 従って $\sqrt{Q[\varphi^\nu]} + \sqrt{Q[\varphi^\mu]}$ あるいは $\sqrt{Q[\varphi^\nu]} + \sqrt{Q[\varphi]}$ を掛けてみれば, (16) が分かる. 定理 5 はシュヴァルツの不等式からすぐに従う結果である.

さて,

$$(14)_1 \qquad Q[\varphi^\nu - \varphi^\mu] \to 0$$

が成り立つとき, 関数 φ^ν は Q-計量の意味で「強」収束であるといい,

$$(14)_2 \qquad Q[\varphi^\nu - \varphi] \to 0$$

が成り立つとき, 関数 φ に「強」収束するという[13].

この強収束の概念に加えて, 次の「弱収束」もまた果たすべき役割がある. すなわち, 有界な $Q[\varphi^\nu]$ をもつ関数列 φ^ν が, 任意の固定した関数 ζ に対して

$$(19) \qquad Q[\varphi^\nu - \varphi^\mu, \zeta] \to 0$$

を満たすとき, あるいは

$$(19)_1 \qquad Q[\varphi^\nu, \zeta] \to Q[\varphi, \zeta]$$

を満たすと, φ^ν はそれぞれ Q-計量の意味で弱収束である, あるいは φ に弱収束するという.

従って定理 5 は, 強収束から弱収束が導かれることを意味している.

以下では, 関数空間 $\mathfrak{D}$ とともにその部分空間[14]も考察の対象にせねばならない.

《定義 3》$\mathfrak{D}$ の関数 φ であって, 領域 G の境界帯において恒等的に 0 であるようなものの全体がつくる (部分) 関数空間を $\dot{\mathfrak{D}}$ とおく. ただし境界帯というのは, 境界 $\varGamma$ から距離が, (十分小さな) ある正数 ε 以下であるような点を

---

[13] [訳註] 現代風の注意を加えるとすると, この段階では関数空間の Q-計量の意味での完備性を仮定していない. 従って, 強収束列が強極限 φ をもつかどうかは個々の場合で吟味することになる.

[14] [原註] これらの空間と, その境界条件に関わる定式化に対する応用については, Friedrichs: Zur Spektraltheorie, Math. Ann. vol. 109, p.465 および p.685 を参照.

すべて含むような G の部分集合のことである．このとき境界帯は ε 以上の幅をもつという．言い換えれば，$\overset{\circ}{\mathfrak{D}}$ に属する関数とは，関数ごとに正の数 ε が存在して，境界からの距離が ε より小さいすべての点において恒等的に 0 となるような関数である．□

《定義 4》$\mathfrak{D}$ に属する関数 φ であり，それに対して

$$H[\varphi^\nu - \varphi] \to 0,$$
$$D[\varphi^\nu - \varphi] \to 0$$

が成り立つような $\overset{\circ}{\mathfrak{D}}$ に属する関数列 φ^ν が存在するような φ の全体がつくる部分空間を $\overset{*}{\mathfrak{D}}$ で表す．従って空間 $\overset{*}{\mathfrak{D}}$ は，$\overset{\circ}{\mathfrak{D}}$ の（$\mathfrak{D}$ の中での）閉包をとる操作によって得られる関数空間である[15]．

明らかに次の定理が成り立つ．

《定理 6》$\mathfrak{D}$ に属する関数 φ に対して，

$$D[\varphi^\nu - \varphi] \to 0, \quad H[\varphi^\nu - \varphi] \to 0$$

が成り立つような $\overset{*}{\mathfrak{D}}$ に属する関数列 φ^ν の列が存在するならば，φ は $\overset{*}{\mathfrak{D}}$ に属する．□

さらに後で役立つ次の定義を設けておこう．

《定義 5》連続微分可能で $\mathfrak{D}$ に属する関数 φ のうち，さらに G において区分的に連続な 2 階導関数をもち，

$$L[\varphi]$$

が $\mathfrak{H}$ に属するようなものの全体がつくる関数空間を $\mathfrak{F}$ で表す[16]．□

次の不等式に注意しよう．ただし，積分式 D, H につけた添字 $p, k, 1$ は，

---

[15] ［原註］ここで取り扱った線形空間は，$\mathfrak{D}$ において閉包をとる代わりに，完備化により「ヒルベルト空間」となることを注意しておこう．——この章の叙述は，目下の目的のためには，閉ヒルベルト空間で作業することが必ずしも必要でないことを示している．

[16] ［原註］空間 $\overset{*}{\mathfrak{H}}$ を，$\mathfrak{H}$ の関数で境界近傍で恒等的に 0 であるものの集合と定義することもできる．閉包操作により上の空間 $\mathfrak{H}$ に達することができる．練習問題：空間 $\overset{*}{\mathfrak{H}}$ と空間 $\mathfrak{H}$ は同一であることを示せ．

それらの積分式の定義に用いられた p, k を意識させるためのもの,あるいは,定数 1 に特定されていることを示している.

すなわち,もし

$$0 < p_0 \leqq p \leqq p_1, \quad 0 < k_0 \leqq k \leqq k_1 \quad (p_0, p_1, k_0, k_1 \text{ は定数})$$

ならば,

(20) $$p_0 D_1[\varphi] \leqq D_p[\varphi] \leqq p_1 D_1[\varphi],$$
(21) $$k_0 H_1[\varphi] \leqq H_k[\varphi] \leqq k_1 H_1[\varphi]$$

で成り立つ.従って,関数 p と k に対応する関数空間 $\mathfrak{H}, \mathfrak{D}, \dot{\mathfrak{D}}, \mathring{\mathfrak{D}}$ は,条件を満たす限りでの p と k の選び方に依存しない.従って,特に $p=1, k=1$ に対応する関数空間と一致する.さらに,関係

$$D_1[\varphi^\nu - \varphi^\mu] \to 0, \quad H_1[\varphi^\nu - \varphi^\mu] \to 0$$

から関係

$$D_p[\varphi^\nu - \varphi^\mu] \to 0, \quad H_k[\varphi^\nu - \varphi^\mu] \to 0$$

が導かれ,その逆も成り立つ.従って,上のような関係式において関数 p と k を明示することは一般に必要でない.むしろ,基礎にとった領域に注意を払う趣旨で D_G のように書くことがあり得る.

8.1.4 境界条件の定式化

いまや,境界における第 1 種境界条件 $u - g = 0$ の意味を目的に即して正確に記述することは容易である.すなわち,次のように定式化することができる.

第 1 種境界条件:

$$u - g \text{ が } \mathring{\mathfrak{D}} \text{ に属する}.$$

この条件が,任意の開領域 G に対する境界値問題が解けるという意味で十分に弱いものであることが追って示される.

第 2 種と第 3 種の境界条件については，その的確な定式化は §8.6 と §8.7 に進んでからにする．そこでは，これらの境界条件は，許容関数に前もって課される特定の境界条件が何もないような**変分問題の自然な境界条件**であることが分かる．

なお，$u-g$ が $\mathfrak{D}$ に属するという上述の条件は，関数 u の G 全体における振る舞いに関係しているように見えるが，実際には境界条件を問題にする条件であることが次の考察から分かる．ζ が $\dot{\mathfrak{D}}$ に属する，すなわち，境界帯において恒等的に 0 となるものとして $u = v + \zeta$ とおくと v はその境界帯において u と一致する．一方，u と v はともに上で定式化した境界条件を満足する．実際，$v - g$ は定理 6 により $\mathfrak{D}$ に属するのである．なぜなら，D-計量と H-計量の意味で関数 $u - g$ が φ^ν によって近似されるならば，v は $\mathfrak{D}$ に属する関数 $\varphi^\nu - \zeta$ で近似されるからである．

上で定式化した条件から，u の境界値への到達についてもっと詳しい主張が得られないかという問いは，この章の理論の構成からは特殊な話題とみなされる．それについては §8.4 と §8.9.3 において詳しく扱う．

8.2 第 1 種境界値問題

8.2.1 第 1 種境界値問題の問題設定

第 1 種境界値問題の設定をもう一度繰り返そう．関わるものは，境界 Γ をもつ有界な開領域 G，$\mathfrak{D}$ に属する関数 g であり，$G + \Gamma$ において連続で G において区分的に連続微分可能な $\mathfrak{H}$ に属する関数 f であり，さらに G における次の微分式

$$(1) \qquad L[u] = \frac{1}{k}[(pu_x)_x + (pu_y)_y - q^* u]$$

である．ただし，

$$(2) \qquad q^* = q - a_x - b_y.$$

《境界値問題 I》次の諸条件を満足する関数 u を求めよ：すなわち，u は $\mathfrak{F}$ に属し，$u - g$ は $\mathfrak{D}$ に属し，さらに G において，

(3)
$$L[u] = -f$$

を満たす．$p=1, q=a=b=0$ である特別の場合，上の問題は

(4)
$$\Delta u = -f$$

に対する境界値問題に帰着する． □

この問題は，初めから $a=b=0$ とし，q の代わりに q^* を用いた問題と形式的に同値であることに注意しよう．しかし §8.1 の初めに設けた条件 $q \geqq 0$ のせいで，ここで定式化した問題の方がいくらか一般的である．ここではもはや $q^* \geqq 0$ である必要がないからである．さて，この境界値問題を解くために次の問題を考察する．

《変分問題 I》 $\mathfrak{D}$ に属し，次の条件を満足する関数 $\varphi = u$ を求めよ：すなわち，境界条件

(5)
$$\varphi - g \in \mathring{\mathfrak{D}}$$

を満足し，変分表式

(6)
$$E[\varphi] - 2H[f, \varphi]$$

を最小にする関数 $\varphi = u$ を求めよ． □

$p=1, a=b=q=0$ である特別の場合には，(5) を境界条件とする古典的なディリクレの変分問題

$$D[\varphi] = 最小$$

に他ならない．

8.2.2 グリーンの公式．関数空間の間の主不等式，解の一意性

§8.1 において定義した線形空間については，グリーンの公式を，境界に起因する困難に関わることなしに述べることができる．すなわち φ が $\mathfrak{F}$ に属し，ψ が $\mathring{\mathfrak{D}}$ に属せば

(7)
$$E[\varphi, \psi] = -H[L[\varphi], \psi]$$

が成り立つ. 特に $p=k=1, a=b=q=0$ のときには

(8) $$\iint_G \{\varphi_x\psi_x + \varphi_y\psi_y\}\,dx\,dy = -\iint_G \psi\Delta\varphi\,dx\,dy$$

である.

証明 $\psi=\psi^\nu$ が $\dot{\mathfrak{D}}$ に属せば,明らかに上の公式は部分積分により導かれる.

(9) $$H[\psi^\nu - \psi] \to 0, \quad D[\psi^\nu - \psi] \to 0$$

が成り立つような $\dot{\mathfrak{D}}$ に属する関数列 ψ^ν をとり,定理 4 と §8.1 の定理 1 を基にして極限移行(閉包をとる操作)を行えば,$\dot{\mathfrak{D}}$ に属する任意の関数 ψ に対するグリーンの公式が得られる. □

《**主不等式 I**》領域 G による定数 γ が存在し,$\dot{\mathfrak{D}}$ に属する任意の関数 φ に対して

(10) $$H[\varphi] \leqq \gamma D[\varphi]$$

が成り立つ. □

証明 上の不等式が $\dot{\mathfrak{D}}$ に属する関数 φ^ν に対して成り立てば,§8.1 の定理 4 に基づく極限移行によって,$\dot{\mathfrak{D}}$ に属する関数 φ に対する不等式の成立が得られる. よって,φ が $\dot{\mathfrak{D}}$ に属するという仮定の下に公式を証明すれば十分である. さらに §8.1 の (20), (21) により,$p=k=1$ と仮定してよい. 領域 G を含む正方形 $|x|<\alpha, |y|<\alpha$ を Q とする. G の外での値を恒等的に 0 と定義して,関数 φ を連続的に正方形 Q に接続する. そうすると Q の各点 (x_1,y_1) に対してシュヴァルツの不等式により

$$\varphi^2(x_1,y_1) \leqq \left|\int_{-\alpha}^{x_1} \varphi_x(x,y_1)\,dx\right|^2 \leqq 2\alpha\int_{-\alpha}^{\alpha} \varphi_x^2(x,y_1)\,dx$$

が得られる. 従って,正方形全体の上で点 (x_1,y_1) について積分すれば

$$H[\varphi] = H_Q[\varphi] \leqq 4\alpha^2 D_Q[\varphi] = 4\alpha^2 D[\varphi]$$

となる. これは $\gamma = 4\alpha^2$ としたときの定理の主張である. □

さて次の定理を証明しよう.

《定理 1》（一意性定理） 境界値問題 I は，高々 1 つの解しかもたない．□

証明 2 つの解があったとしてその差を関数 u とおけば，u は $\mathfrak{D}$ に属し，$L[u] = 0$ を満たす．よって，グリーンの公式から

$$E[u] = 0$$

となり，また，$E[u] \geqq \kappa D[u]$（§8.1 (9) を参照）によって

$$D[u] = 0$$

が成り立つ．これよりさらに主不等式 (10) のおかげで

$$H[u] = 0$$

である．u の連続性からこれは u が恒等的に 0 であることを意味している．□

以下においては，さらに次の不等式が必要である：

$\mathfrak{D}$ に属する任意の φ と $\mathfrak{H}$ に属する任意の f に対して，前に定義した (p. 287 および p. 296) 定数 κ と γ を用いると評価

(11) $$E[\varphi] - 2H[f, \varphi] \geqq \frac{1}{2}E[\varphi] - \frac{2\gamma}{\kappa}H[f]$$

が成り立つ．

なぜならば，まず

$$2|H[f,\varphi]| \leqq \frac{\kappa}{2\gamma}H[\varphi] + \frac{2\gamma}{\kappa}H[f]$$

は明らかであり，これに主不等式 I と §8.1 の不等式 (9) を適用すれば，

$$|2H[f,\varphi]| \leqq \frac{1}{2}E[\varphi] + \frac{2\gamma}{\kappa}H[f]$$

が得られ，従って (11) が成り立つからである．

上の評価式を用い，$E[\varphi] \geqq 0$ を考慮すると，次の定理がすぐに導かれる．

《定理 2》 変分問題 I は意味をもつ．すなわち，表式（汎関数）$E[\varphi] - 2H[f,\varphi]$ は自身が $\mathfrak{D}$ に属し，$\varphi - g$ が $\mathfrak{D}$ に属するような任意の φ に対して有限な下限をもつ．□

さらに次の定理が成り立つ．

《定理 3》 境界値問題の解は，同時に最小値問題 I の解でもある．□

証明 u が境界値問題の解であり，$\varphi = u + \zeta$ が任意の許容関数である，すなわち ζ が $\mathfrak{D}$ に属するとするならば，グリーンの公式 (7) によって

$$E[u, \zeta] = H[f, \zeta]$$

となり，直ちに

$$E[u+\zeta] - 2H[f, u+\zeta] = E[u] - 2H[f, u] + E[\zeta]$$
$$\geqq E[u] - 2H[f, u]$$

が得られる．ここで，等号は $\zeta = 0$ のときにのみ成り立つ．□

さて，これからの課題は，上の逆のこと，すなわち変分問題を直接に解き，それによって境界値問題の解の存在を示すことである．その際，**最小列**の概念が決定的な役割を担う．

8.2.3 最小列と境界値問題の解

変分表式（汎関数）$E[\varphi] - 2H[f, \varphi]$ の与えられた条件の下での下限を d とするとき，関数列 φ^ν が最小列であるとは，φ^ν が $\mathfrak{D}$ に属し，

$$d_\nu = E[\varphi^\nu] - 2H[f, \varphi^\nu] \to d$$

が成り立つことをいう．

このような最小列の存在は（下限の定義から）明らかである．しかし，このような最小列から極限移行によって求める解がどのようにして得られるのかは決して明白ではない．

すでに上巻 §4.2, §4.4 で見たように，最小列がある極限関数に普通の意味で収束することは期待できないし，また，たとえそのような収束が実現したとしても，その極限関数が解であることの確認が絶対的な課題として残る．

この困難を克服するための基礎は，第 1 変分が 0 となるための普通の停留条件（変分条件）の代理の役を果たす次の基本事実である．

《定理 4》 φ^ν が最小列であり,ζ^ν は

$$E[\zeta^\nu] \leqq M$$

の意味で,$E[\zeta^\nu]$ が一様に有界であるような $\mathfrak{D}$ に属する任意の関数の列であるならば,

(12) $$E[\varphi^\nu, \zeta^\nu] - H[f, \zeta^\nu] \to 0$$

が成り立つ. □

証明 $\sigma_\nu = d_\nu - d$ とおけば,$0 \leqq \sigma_\nu \to 0$ である.さらにパラメータ ε の任意の値に対して

$$E[\varphi^\nu + \varepsilon\zeta^\nu] - 2H[f, \varphi^\nu + \varepsilon\zeta^\nu] \geqq d$$

であることから,

$$\sigma_\nu + 2\varepsilon\alpha_\nu + \varepsilon^2 E[\zeta^\nu] \geqq 0$$

となる.ただし,

$$\alpha_\nu = E[\varphi^\nu, \zeta^\nu] - H[f, \zeta^\nu]$$

とおいた.これより,まず

$$\sigma_\nu + 2\varepsilon\alpha_\nu + \varepsilon^2 M \geqq 0$$

が成り立つ.同様に[17]

$$\sigma_\nu - 2\varepsilon\alpha_\nu + \varepsilon^2 M \geqq 0$$

も成り立つ.これより,

$$\sigma_\nu + \varepsilon^2 M \geqq 2|\varepsilon\alpha_\nu|$$

であることが分かる.

ここで,与えられた ε に対して $\sigma_\nu < \varepsilon^2 M$ が成り立つように添字 $\nu = \nu(\varepsilon)$ を十分にとれば,

$$2\varepsilon^2 M \geqq |\varepsilon||\alpha_\nu|$$

---

[17] [訳註] ここからの数行は原著での言い回しのギャップを補うために訳者の責任で補足をした.

が導かれ，結局
$$|\alpha_\nu| \leq M|\varepsilon|$$
が得られる．これで定理は証明された．ε を任意に小さく選ぶことができるからである．□

さて，1つの最小列に関しては，不等式 (11) によって $E[\varphi^\nu]$ は有界である．また三角不等式 $\sqrt{E[\varphi^\nu - \varphi^\mu]} \leq \sqrt{E[\varphi^\nu]} + \sqrt{E[\varphi^\mu]}$ から分かるように，$E[\varphi^\nu - \varphi^\mu]$ も有界であることに注意しよう．従って $\zeta^\nu = \varphi^\nu - \varphi^\mu$ を (12) に用いることができる．そうして，まず $\nu \to \infty$ にすると，μ に関して一様に
$$E[\varphi^\nu, \varphi^\nu - \varphi^\mu] - H[f, \varphi^\nu - \varphi^\mu] \to 0$$
が成り立つ．また，$\mu \to \infty$ のときは ν に関して一様に
$$E[\varphi^\mu, \varphi^\nu - \varphi^\mu] - H[f, \varphi^\nu - \varphi^\mu] \to 0$$
が成り立つ．従って，ν, μ がともに限りなく大きくなるときには，両式を引き算する事により，$E[\varphi^\nu - \varphi^\mu] \to 0$ が導かれる．そこで，§8.1 の (9) と主不等式 I を考慮すると次の定理が得られる．

《定理 5》考えている変分問題の最小列 φ^ν に対して，関係式

(13) $\quad\quad\quad\quad\quad\quad E[\varphi^\nu - \varphi^\mu] \to 0,$

(14) $\quad\quad\quad\quad\quad\quad D[\varphi^\nu - \varphi^\mu] \to 0,$

(15) $\quad\quad\quad\quad\quad\quad H[\varphi^\nu - \varphi^\mu] \to 0$

が成り立つ．□

関係式 (12), (13), (14), (15) は，極限関数 u を構成するのに，さらに，極限関数を解として特徴付けるすべての性質を証明するのに十分なものであることが，追って示される．その遂行は一般性をもつ推論によってなされる．実際その論法は境界条件に依存せず，境界値問題および固有値問題に対して同様に適用され得るのである．これらの考察は §8.5 で行うが，結果はそこで述べる定理 1 と定理 2 にまとめられる．今の場合について述べれば，それらの定理から次のことが直ちに導かれる：

$\mathfrak{D}$ と $\mathfrak{F}$ に属する関数 u で，微分方程式

$$L[u] = -f$$

を満足し，かつ

(16) $\qquad E[\varphi^\nu - u] \to 0, \quad D[\varphi^\nu - u] \to 0, \quad H[\varphi^\nu - u] \to 0$

が成り立つものが存在する．

(16) からすぐに

$$D[(\varphi^\nu - g) - (u - g)] \to 0, \quad H[(\varphi^\nu - g) - (u - g)] \to 0$$

が導かれるので，§8.1 の定理 6 を用いれば直ちに $u - g$ は $\mathring{\mathfrak{D}}$ に属することが分かる．

さらに §8.1 の定理 4 を考慮すれば，(16) から

$$D[u] = d, \quad E[u] - 2H[f, u] = d$$

が導かれる．ゆえに u は変分問題 I の解でもある．こうして，すでに主張したように**変分問題 I および境界値問題 I は同一の一意的な解をもつ**のである．

8.3 0-境界値の下での固有値問題

8.3.1 積分不等式

微分式 $L[u]$ についての固有値問題を解くためには，さらに D-積分と H-積分に関わる積分不等式が必要である．

《**不等式 II**》（正方形に対するポアンカレの不等式）$G = Q$ を辺長 s の正方形とし，φ は $\mathfrak{D}_Q$ に属する関数であるとする．そのとき不等式

(1) $\qquad H_Q[\varphi] \leqq \dfrac{1}{\iint_Q k\, dx\, dy} \left\{ \iint_Q k\varphi\, dx\, dy \right\}^2 + \dfrac{k_1}{p_0} s^2 D_Q[\varphi]$

が成り立つ．ここで，k_1 は Q における k の上限，p_0 は Q における p の下限である． □

8.3 0-境界値の下での固有値問題　**301**

さらに (1) から

(1a) $$H_Q[\varphi] \leqq \frac{1}{s^2 k_0}\left\{\iint_G k\varphi\,dx\,dy\right\}^2 + \frac{k_1}{p_0}s^2 D_Q[\varphi]$$

が直ちに従う．

なお，これらの不等式では φ に対する境界条件は何も仮定していないことに注意せねばならない[18]．

証明 Q を例えば正方形

$$0 < x < s, \quad 0 < y < s$$

であるとする．Q の 2 点 (x_1,y_1), (x_2,y_2) に対する恒等式

$$\varphi(x_2,y_2) - \varphi(x_1,y_1) = \int_{x_1}^{x_2} \varphi_x(x,y_2)\,dx + \int_{y_1}^{y_2} \varphi_y(x_1,y)\,dy$$

からシュヴァルツの不等式によって，不等式

$$\{\varphi(x_2,y_2) - \varphi(x_1,y_1)\}^2 \leqq 2s\int_0^s \varphi_x^2(x,y_2)\,dx + 2s\int_0^s \varphi_y^2(x_1,y)\,dy$$

が導かれる．$k(x_1,y_1)k(x_2,y_2)$ を掛けてから，4 つの変数 x_1, y_1, x_2, y_2 について 0 から s まで積分すれば，左辺は

$$2\iint_Q k\,dx\,dy\,H[\varphi] - 2\left(\iint_Q k\varphi\,dx\,dy\right)^2$$

となり，右辺は

$$2s^4 \frac{k_1}{p_0} D[\varphi]$$

を超えない式となる．そこからポアンカレの不等式が直ちに従う．□

ポアンカレの不等式において，D-積分に先立つ因数が正方形の面積に比例しており，従ってこの面積とともに 0 に収束することは注目に値する．

実際，次の定理を証明するのにこの注意が用いられる．

---

[18] ［原註］（初出の際の）ポアンカレの不等式 (Rend. Circ. Mat. Palermo 1894) は，正方形領域における微分方程式 $(pu_x)_x + (pu_y)_y + \lambda k u = 0$ のノイマン型境界条件（法線微分が 0）の第 2 固有値が正であることを簡単に述べたものであった．§8.6 および §8.7 も参照．

《定理 1》（フリードリックスの不等式[19]）有界な領域 G については，任意の正数 ε に対して次の性質をもつ正数 N と $\mathfrak{H}$ に属する「座標関数」$\omega_1, \ldots, \omega_N$ が存在する：すなわち，$\mathfrak{D}$ に属する任意の関数 φ に対して「不等式」

$$(2) \qquad H[\varphi] \leqq \sum_{\nu=1}^{N} H^2[\varphi, \omega_\nu] + \varepsilon D[\varphi]$$

が成り立つ．□

これまで何度も用いた論法に従えば，問題の不等式を $\dot{\mathfrak{D}}$ に属する関数 φ に対して示せばよい．そうすれば閉包をとることによって結果は直ちに $\mathfrak{D}$ に拡張される．再び Q を，G を囲む辺長 s の正方形であるとし，この正方形を $L = M^2$ 個の合同な正方形 $Q_1, Q_2, \ldots, Q_L$ に分割する．すなわち，Q_λ は辺長 $s_0 = \frac{s}{M}$ の正方形である．考察する $\dot{\mathfrak{D}}$ に属する関数 φ は G の外では恒等的に 0 であるとして Q 上に拡張されているとする．さて，ポアンカレの不等式を正方形 Q_λ のすべてに適用し，その総和をとれば

$$H_Q[\varphi] \leqq \frac{1}{k_0 s_0^2} \sum_{\lambda=1}^{L} \left(\iint_{Q_\lambda} k\varphi \, dx \, dy \right)^2 + s_0^2 \frac{k_1}{p_0} D_Q[\varphi]$$

が得られる．ここで関数 ω_λ を，G の外でも Q_λ の外でも恒等的に 0 であり，Q_λ の内部では $\frac{1}{s_0 \sqrt{k_0}}$ であると定義すれば，$D_Q[\varphi] = D[\varphi]$ であることを考慮して，すぐに定理の主張が導かれる．□

F. レリッヒによる論法によって[20]，不等式 (2) から次の定理が簡単に得られる．

《定理 2》（レリッヒの選択定理）$\mathfrak{D}$ に属する関数列 φ_ν は，ある定数 A に対して

$$D[\varphi^\nu] \leqq A, \quad H[\varphi^\nu] \leqq A$$

---

[19] ［原註］これら不等式は K.Friedrichs により，計量形式 D での有界性に関連する計量形式 M の完全連続性の便利な定義に際して導入されたと見受けられる．(Math. Ann. 109 巻，p. 486 参照)．完全連続性の概念については Encyclopädieartikel Hellinger u. Tpeplitz: Encyclopädie der math. Wiss., 第 2 巻, C.13 を参照．

[20] ［原註］Rellich: Gött. Nachr. 1930, および p. 146 参照．

が成り立つという意味で一様に有界であるとする．このとき関数 φ^ν の部分列が存在し，この列に対して

$$H[\varphi^\nu - \varphi^\mu] \to 0$$

が成り立つ[21]． □

証明のために，まず三角不等式によって

$$D[\varphi^\nu - \varphi^\mu] \leqq 4A, \quad H[\varphi^\nu - \varphi^\mu] \leqq 4A$$

であることに注意する．次に整数 l を選び，$\varepsilon = \frac{1}{l}$ として関数 $\omega_\nu = \omega_{\nu,l}$ を上の定理 1 に従って定義する．

次に各自然数 l に対して，関数列 φ^ν の次のような部分列 $\varphi_{\nu,l}$ を定める．すなわち，この部分列は添字 $(l-1)$ に対する部分列 $\varphi_{\nu,l-1}$ に含まれ，しかも次の性質をもつとする：すなわち，有限数列 $H[\varphi^\nu, \omega_{\lambda,l}], \lambda = 1, \ldots, L$ がこの部分列 $\varphi^\nu = \varphi_{\nu,l}$ に対して収束する．

従ってこの部分列に対しては

$$H[\varphi^\mu - \varphi^\nu, \omega_{\mu,l}] \to 0 \quad (\lambda = 1, \ldots, L; \ \mu, \nu \to \infty)$$

が成り立つ．よって，この部分列に対し添字 μ, ν を

$$\sum_{\lambda=1}^{L} \left\{ \iint_G (\varphi^\nu - \varphi^\mu) \omega_{\lambda,l} \, dx \, dy \right\}^2 \leqq \varepsilon^2 A$$

が成り立つように大きくとることができる．こうして，不等式 (2) に基づき，$D[\varphi^\nu - \varphi^\mu] \leqq 4A$ によって，

$$H[\varphi^\nu - \varphi^\mu] \leqq 5\varepsilon^2 A$$

となる．自然数 l を大きくすれば，$\varepsilon = \frac{1}{l}$ を任意に小さくできるから，上巻 §2.2 におけると同様な，対角列 $\varphi_{l,l}$ を取り出す周知の論法により定理の結論が示される． □

---

[21] ［原註］§8.2 では次のこと，すなわち，ここで求められた，φ が $\mathfrak{D}$ に属する代わりに $\mathring{\mathfrak{D}}$ に属するという制限は，領域 G に限定するという仮定を設けた場合には，確かに必要でないということを示す．

　［訳註］現代風にいえば，「H^1 ノルムが有界な関数列は L^2 収束する部分列を含む」ということである（領域 G の有界性による）．

8.3.2 第 1 固有値問題

次の問題から出発しよう.

《固有値問題 II》次のような数 λ（固有値）を求めよ：すなわち, λ に対して, 恒等的に 0 でない関数であり, $\mathfrak{F}$ に属し, かつ

(3) $$L[u] + \lambda u = 0$$

を満たす $\mathfrak{D}$ の関数 u が存在する. □

これを解くために次の問題を考察する.

《変分問題 II》付帯条件

(4) $$H[\varphi] = 1$$

を満たす $\mathfrak{D}$ に属するすべての関数 φ の中で,

$$E[\varphi]$$

の最小値 λ を与える関数 u を求めよ. □

これから, 上の変分問題が解 u をもち, その u は同時に固有値問題 II の解となることを示そう.

最初に, この変分問題の設定が妥当であることに注意しよう. 実際, 与えられた条件の下に $E[\varphi]$ に対して確かに正の下限 λ が存在するから, あるいは, 同じことであるが, 商

$$\frac{E[\varphi]}{H[\varphi]}$$

を付帯条件 (4) なしで (すなわち解除して) 考えたとき, その値に対する正の下限 λ が存在するからである. それゆえ, 条件

(5) $$H[\varphi^\nu] = 1$$

および

(6) $$E[\varphi^\nu] \to \lambda$$

を満たす最小化列
$$\varphi^1, \varphi^2, \ldots, \varphi^\nu, \ldots$$
が存在する．

いま ζ^ν を $\overset{\circ}{\mathfrak{D}}$ に属する関数列とすれば，パラメータ ε の任意の値に対して
$$\frac{E[\varphi^\nu + \varepsilon \zeta^\nu]}{H[\varphi^\nu + \varepsilon \zeta^\nu]} \geqq \lambda$$
が確かに成り立ち，従って
$$\alpha_\nu = E[\varphi^\nu, \zeta^\nu] - \lambda H[\varphi^\nu, \zeta^\nu]$$
とおいて
$$E[\varphi^\nu] - \lambda H[\varphi^\nu] + 2\varepsilon \alpha_\nu + \varepsilon^2 \{E[\zeta^\nu] - \lambda H[\zeta^\nu]\} \geqq 0$$
が得られる．M をある定数として，すべての ζ^ν に対して不等式

(7) $$E[\zeta^\nu] \leqq M$$

が満たされるならば[22]，これから §8.2 の定理 4 の証明をなぞることにより，次の定理が導かれる．

《**定理 3**》 $\mathfrak{D}$ に属し，不等式 (7) を満たす任意の関数列 ζ^ν に対して

(8) $$E[\varphi^\nu, \zeta^\nu] - \lambda H[\varphi^\nu, \zeta^\nu] \to 0$$

が成り立つ．□

さらに §8.2 の論法をお手本にすれば，考察している変分問題 II の任意の最小化列 φ^ν に対して極限関係

(9) $$E[\varphi^\nu - \varphi^\mu] - \lambda H[\varphi^\nu - \varphi^\mu] \to 0$$

の成立が分かる．さらに，選択定理 2 と §8.1 の定理 1 によれば，部分列 φ^ν を $H[\varphi^\nu - \varphi^\mu] \to 0$ が成り立つように選ぶことが可能である．従って (9) により次の定理が得られる．

---

[22] ［訳註］E-計量の意味での有界性の仮定である．

《定理 4》変分問題 II に対して

(10) $$H[\varphi^\nu - \varphi^\mu] \to 0,$$
(11) $$D[\varphi^\nu - \varphi^\mu] \to 0,$$
(12) $$E[\varphi^\nu - \varphi^\mu] \to 0$$

が成り立つような最小化列 φ^ν が存在する. □

§8.5 で証明した定理 1 と定理 2 において q の代わりに $q - \lambda k$ を用い,かつ $f = 0$ として定理を適用する.すると (8), (10), (11), (12) により,2 階連続微分可能な $\mathfrak{D}$ に属する関数 u であって固有方程式 (3) を満足し,さらに

(13) $$E[\varphi^\nu - u] \to 0, \quad D[\varphi^\nu - u] \to 0, \quad H[\varphi^\nu - u] \to 0$$

が成り立つような関数 u が存在する.φ^ν が $\mathfrak{D}$ に属するので,上の関係式から §8.1 の定理 6 により,u も空間 $\mathfrak{D}$ に属することが分かる.ゆえに,**関数 u は固有値問題 II の解**である.

さらに §8.1 の定理 4 によれば,(13) から,

$$E[\varphi^\nu] \to E[u], \quad H[\varphi^\nu] \to H[u]$$

および

$$E[u] = \lambda, \quad H[u] = 1$$

が導かれる.ゆえに関数 u は最小値問題 II の解でもある.

なお,$\mathfrak{D}$ に属する任意の ζ に対して関係式

(14) $$E[u, \zeta] - \lambda H[u, \zeta] = 0$$

が成り立つことを注意しておこう.実際,これは (13) を用いて (8) から得られる.

8.3.3 高位の固有値と固有関数. 完全性

前小節で扱ったもの以外の固有値と固有関数を求め,さらに得られた関数系の完全性を証明するために,第 6 章で用いた方法を拡張して用いよう.

8.3 0-境界値の下での固有値問題

さて,今しがた求めた固有値を λ_1 で表し,これに対応する固有関数を u_1 で表して,次の変分問題を解くことにより,第 2 の固有値 λ_2 とそれに対応する第 2 の固有関数 u_2 を構成しよう.

《変分問題 II_2》$\mathfrak{D}$ に属する関数 φ のうちで,2 次の付帯条件

$$
\text{(4)} \qquad H[\varphi] = 1
$$

および線形な付帯条件

$$
\text{(15)} \qquad H[\varphi, u_1] = 0
$$

を満たすもののすべてを許容関数として,式

$$
E[\varphi]
$$

を最小にするものを求めよ. □

λ_2 が条件 (4), (15) の下における $E[\varphi]$ の下限であり,$\varphi^1, \varphi^2, \ldots, \varphi^\nu, \ldots$ が最小化列であるとすれば,§8.3.2 のときと文字通り同様にして,次の結果が得られる.すなわち,η^ν を条件

$$
\text{(16)} \qquad H[u_1, \eta^\nu] = 0
$$

を満足し,ある定数 M に対して

$$
\text{(17)} \qquad E[\eta^\nu] \leqq M
$$

が成り立つような $\mathfrak{D}$ に属する任意の関数列とするとき,極限式

$$
\text{(18)} \qquad E[\varphi^\nu, \eta^\nu] - \lambda_2 H[\varphi^\nu, \eta^\nu] \to 0
$$

が成り立つ.

実は,上の極限式 (18) が成り立つためには条件 (16) は必要でないことが示せるのである.

それを見るために,ζ^ν を $E[\zeta^\nu]$ が共通な上界で押さえられるような $\mathfrak{D}$ に属する関数の任意の列として,数 τ_ν を

$$
H[u_1, \zeta^\nu] + \tau_\nu = 0
$$

から決める．そうして η^ν を
$$\eta^\nu = \zeta^\nu + \tau_\nu u_1$$
によって定義すれば，$E[\eta^\nu]$ は一様に有界であり，しかも (16) を満足する．従って
$$E[\varphi^\nu, \zeta^\nu] - \lambda_2 H[\varphi^\nu, \zeta^\nu] - \tau_\nu \{E[\varphi^\nu, u_1] - \lambda_2 H[\varphi^\nu, u_1]\} \to 0$$
が成り立つ．ここで仮定により $H[\varphi^\nu, u_1] = 0$ であり，また，(14) において $u = u_1, \zeta = \varphi^\nu$ とおいて分かるように $E[\varphi^\nu, u_1] = 0$ である．こうして有界な $E[\zeta^\nu]$ をもつ $\mathfrak{D}$ からの任意の関数列 ζ^ν に対して

(19) $$E[\varphi^\nu, \zeta^\nu] - \lambda_2 H[\varphi^\nu, \zeta^\nu] \to 0$$

が成り立つ．この関係は (8) と一致しているが，前には，これから出発してレリッヒの選択定理と §8.5 の定理 1 と定理 2 を用いて λ_1 と u_1 の存在を結論したのであった．ここでは全く同様な論法によって，第 2 の固有値 λ_2 と，$\mathfrak{D}$ および $\mathfrak{F}$ に属するような，対応する固有関数 u_2 の存在が導かれるのである．そうして次の関係が成り立つ．

(20) $$L[u_2] + \lambda_2 u_2 = 0,$$

(21) $$E[u_2] = \lambda_2, \quad H[u_2] = 1, \quad H[u_1, u_2] = 0,$$

(22) $\quad E[u_2, \zeta] = \lambda_2 H[u_2, \zeta] \quad$ ($\mathfrak{D}$ に属する任意の ζ に対して).

同様にして次の定理が得られる．

《定理 5》固有値問題 II の解である固有値と固有関数の無限列 λ_n と u_n が存在する．これらは，$\mathfrak{D}$ に属する関数を許容関数とし，各 n についての付帯条件
$$H[\varphi] = 1, \quad H[\varphi, u_j] \quad (j = 1, 2, \ldots, n-1)$$
の下で
$$E[\varphi]$$
を最小にするような関数 $\varphi = u_n$ を求めるという漸化的な変分問題の解でもある．

8.3 0-境界値の下での固有値問題

また，固有値の単調増加性

$$\lambda_1 \leqq \lambda_2 \leqq \lambda_3 \leqq \cdots$$

と固有関数の直交性

(23) $\quad H[u_\nu, u_\mu] = \begin{cases} 1 & (\nu = \mu) \\ 0 & (\nu \neq \mu) \end{cases}, \quad E[u_\nu, u_\mu] = \begin{cases} \lambda_\nu & (\nu = \mu) \\ 0 & (\nu \neq \mu) \end{cases}$

が成り立つ．□

さらに次の定理を証明しよう．

《定理 6》（固有値の発散性）n が増加するにつれて λ_n は無限大になる．□

証明[23]　定理が成り立たないとすれば，n のある無限列に対して，$D[u_n]$ の値が有界であり，かつ $H[u_n] = 1$ が成り立つ．従って，レリッヒの定理2により

$$H[u_n - u_m] \to 0$$

が成り立つような部分列 u_m を選び出すことができる．ところが，(23) により

$$H[u_n - u_m] = H[u_n] + H[u_m] - 2H[u_n, u_m] = 2$$

である．この矛盾は λ_n が無限大に発散しないという仮定に由来するものである．□

さらに次の定理が成り立つ．

《定理 7》（完全性の定理）$\mathfrak{D}$ に属する任意の関数 φ に対し，

$$c_n = H[u_n, \varphi],$$
$$\psi_n = \varphi - \sum_{j=1}^{n} c_j u_j$$

とおけば，固有関数系の完全性を意味する

---

[23] ［訳註］原著では §6.2.2 を参照とあるが，ここでの証明はそれ自身で完全である．

(24) $$H[\psi_n] \to 0,$$
(25) $$E[\psi_n] \to 0$$

が成り立ち，従って，これらと同値な等式

(26) $$H[\varphi] = \sum_{n=1}^{\infty} c_n^2,$$
(27) $$E[\varphi] = \sum_{n=1}^{\infty} \lambda_n c_n^2$$

が成り立つ．□

証明 関数 ψ_n に対して，$j \leqq n$ ならば $H[\psi_n, u_j] = 0$ が成り立つ．よって u_{n+1} の最小性により

(28) $$E[\psi_n] \geqq \lambda_{n+1} H[\psi_n]$$

である．また (23) を考慮すれば，

(29) $$H[\psi_n] = H[\varphi] - \sum_{j=1}^{n} c_j^2,$$
(30) $$E[\psi_n] = E[\varphi] - \sum_{j=1}^{n} \lambda_j c_j^2$$

が得られる．これから，まず (26), (27) における無限級数の収束性および不等式と

$$E[\psi_n] \leqq E[\varphi]$$

が導かれる．これと (28) とから

$$H[\psi_n] \leqq \frac{1}{\lambda_{n+1}} E[\varphi]$$

であることが得られ，さらに定理 6 によって，$H[\psi_n] \to 0$ が導かれる．そうして，(29) により (26) も得られるのである．

さらに等式

$$H[\psi_n - \psi_m] = \sum_{j=n}^{m} c_j^2, \quad E[\psi_n - \psi_m] = \sum_{j=n}^{m} \lambda_j c_j^2$$

および，すでに確かめた (26), (27) の右辺の級数の収束性から

(31) $\qquad H[\psi_n - \psi_m] \to 0, \quad E[\psi_n - \psi_m] \to 0$

が導かれる．さらに $H[\psi_n] \to 0$ から $\mathfrak{H}$ に属する任意の ζ に対して

(32) $\qquad\qquad\qquad H[\psi_n, \zeta] \to 0$

となる（§8.1 の定理 5）．この後の §8.5 で証明する定理 2 をここで用いると，(31) と (32) から収束性 (25) が得られ，従ってまた，(30) により等式 (27) が得られる．これで完全性の定理が証明された．□

8.4　境界値への到達（2 変数の場合）

　独立変数が 2 変数 x, y の場合[24]には，これまで用いた境界条件の定式化，すなわち，$u - g$ あるいは u が $\mathfrak{D}$ に属するという定式化よりも，境界値の到達についてずっと詳しい結果が得られる．すなわち，2 次元の場合には上の定式化の条件から，「点 x, y を領域 G の内部から境界点に近づけるとき，$u - g$ あるいは u の値が実際に 0 境界値に到達する」という結論を導くことができるのである．

　ただしその際には，着目する境界点に対して制約的な仮定を付加しなければならない．例えば（G の内部において）孤立した境界点に対しては，指定した境界値をとらせることを期待することは無理である．そこではむしろ除去可能な特異点が問題になるからである．

　また，$p = k = 1$ と仮定し，従って考える微分式は $\Delta\varphi - q^*\varphi$ に限ることにする．そうして，$\mathfrak{D}$ と $\mathfrak{F}$ に属する任意の関数 φ（従って $\Delta\varphi$ は $\mathfrak{H}$ に属する）に関する次の定理を掲げよう．

《定理》$\varGamma_0$ は境界点の閉集合で，しかも $\varGamma_0$ の 1 点を中心とした十分に小さな半径のどの円もこの点集合 $\varGamma_0$ と少なくとも 1 点で出合うものとする——い

---

[24] ［原註］変数がもっと多いときの状況は大いに異なるのであるが，それについては，旧原著第 II 巻第 4 章 p. 273 の注意および同 p. 285 で引用した N. ウィーナーの注意をここでも参照されたい．
　　［訳註］現代風にはソボレフ空間に関するトレース理論によって統一的に論じられる．

うなれば，$\varGamma_0$ は連続な曲線弧であるとする．一方，φ は $\mathfrak{F}$ に属する関数，g は $G+\varGamma$ において連続な $\mathfrak{D}$ に属する関数であり，$\varphi-g$ は $\overset{\circ}{\mathfrak{D}}$ に属するとする．このとき，G の点 x, y が点集合 $\varGamma_0$ の内点に近づけば，$\varphi-g$ の値は 0 に近づく．ただし，$\varGamma_0$ の内点とは境界点集合の補集合 $\varGamma-\varGamma_0$ からの距離が正であるような $\varGamma_0$ の点である．□

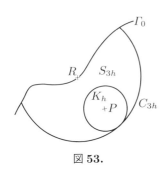

図 **53.**

特に
$$\varDelta u - q^* u = -f$$
に対する境界値問題，および
$$\varDelta u - q^* u + \lambda u = 0$$
に対する固有値問題の場合，解 u は $\varGamma_0$ に沿って，それぞれ g あるいは 0 を実際の境界値にもつ．

証明に入ろう．G の点 P を考え，P の境界 $\varGamma$ からの距離が $2h$ であるとする．ただし，h は十分に小さな正数である．R は距離 $\overline{PR}=2h$ であるような $\varGamma$ 上の点とする．P は $\varGamma_0$ のある内点の十分近く，従って R は $\varGamma_0$ に属すると仮定する．P を中心とする半径 h の円 K_h を考える．この円は完全に G に含まれる．最後に，境界点 R を中心とした半径 $3h$ の円と領域 G との共通部分を領域 S_{3h} とおく．h を十分小さくとり，境界点 R を中心とする半径 $r \leqq 3h$ の円はすべて境界点集合 $\varGamma_0$ と交わるものとする．

これだけの準備をした上で，証明をいくつもの段階に分けて行う．

《補助定理 1》ψ が $\overset{\circ}{\mathfrak{D}}$ に属するならば
$$\left| \frac{1}{h^2 \pi} \iint_{K_h} \psi \, dx \, dy \right|^2 \leqq C D_{S_{3h}}[\psi]$$
が定数 $C = 36\pi^2$ に対して成り立つ．□

この補助定理の不等式を見るに，右辺は $D[\psi]$ が存在するとの仮定より h とともに 0 に収束する．従って K_h の上でとった関数 ψ の平均値は h とともに 0 に収束する．

補助定理の証明に当たっても，ψ が $\overset{\circ}{\mathfrak{D}}$ に属するという仮定の下で行えば十

分である．なぜなら極限移行によってこのような関数から $\dot{\mathfrak{D}}$ に属する任意の関数に移れるからである．

C_r は，R を中心とし半径 $r \leqq 3h$ の円の S_h に含まれる部分（円弧）とする．これは仮定によって Γ_0 と交わる．R を中心とする極座標の変数を r と θ とする．A が C_r 上の 1 点で，$\widehat{AA_0}$ が C_r 上の円弧，A_0 は Γ_0 上の点とするとき，$\dot{\mathfrak{D}}$ に属する関数 ψ に対しては $\psi(A_0) = 0$ であるから

$$\psi(A) = \psi(A) - \psi(A_0) = \int_{A_0}^{A} \psi_\theta \, d\theta$$

が成り立つ．ただし右辺の積分は円弧 $\widehat{AA_0}$ の上でとった積分である．

これからシュヴァルツの不等式によって

$$\psi^2(A) \leqq 2\pi \int_{C_r} \psi_\theta^2 \, d\theta$$

が得られる．ここで円弧 C_r の上を A が動くとして，両辺を θ について積分すれば[25]

$$\int_{C_r} \psi^2 \, d\theta \leqq 4\pi^2 \int_{C_r} \psi_\theta^2 \, d\theta$$

が得られ，この両辺に r を掛けてから r について 0 から $3h$ まで積分すれば

$$\iint_{S_{3h}} \psi^2 \, dx \, dy \leqq 4\pi^2 \iint_{S_{3h}} \psi_\theta^2 r \, dr \, d\theta \leqq 36\pi^2 h^2 D_{S_{3h}}[\psi]$$

に到達する．

さらにシュヴァルツの不等式に基づいて

$$\left| \frac{1}{h^2\pi} \iint_{K_h} \psi \, dx \, dy \right|^2 \leqq \frac{1}{h^2\pi} H_{K_h}[\psi] \leqq \frac{1}{h^2\pi} H_{S_{3h}}[\psi]$$

が得られ，定数 $C = 36\pi^2$ を用いて所望の補助定理 1 が導かれる． □

《補助定理 2》 φ が $\mathfrak{F}$ に属し，従って $\Delta\varphi$ が $\mathfrak{H}$ の関数ならば

$$\left| \varphi(P) - \frac{1}{h^2\pi} \iint_{K_h} \varphi \, dx \, dy \right|^2 \leqq C_1 h^2 H_{K_h}[\Delta\varphi]$$

---

[25] [訳註] $\iint_{S_{3h}} \left(\frac{1}{r} \frac{\partial \psi}{\partial \theta} \right)^2 r \, dr \, d\theta \leqq D_{S_{3h}}[\psi]$ を用いる．

が成り立つ. □

この不等式については，§8.5 の公式 (15) として p.318 の脚注で導くことにする.

《補助定理 3》 $G+\Gamma$ において連続な任意の関数 g に対して，$h \to 0$ のとき
$$\gamma_h = \left| g(P) - \frac{1}{h^2\pi} \iint_{K_h} g\,dx\,dy \right| \to 0 \quad (h \to 0)$$
が成り立つ. □

上の事実は g の連続性からすぐに導かれる結果である.

さて，ここで補助定理 1 を $\psi = \varphi - g$ に適用する. そうして補助定理 2 および補助定理 3 を援用すれば，次の結果が得られる.

$$|\varphi(P) - g(P)| \leqq \left| \varphi(P) - \frac{1}{h^2\pi} \iint_{K_h} \varphi\,dx\,dy \right| + \left| g(P) - \frac{1}{h^2\pi} \iint_{K_h} g\,dx\,dy \right|$$
$$+ \left| \frac{1}{h^2\pi} \iint_{K_h} \psi\,dx\,dy \right|$$
$$\leqq C_1 h^2 H_{K_h}[\Delta\varphi] + \gamma_h + \sqrt{CD_{s_{3h}}[\psi]}.$$

上の右辺の 3 つの項が h とともに 0 に収束するから，本節 §8.4 の定理が示された. □

8.5 極限関数の構成と積分形式 E, D, H の収束性

8.5.1 極限関数の構成法

§8.2 と §8.3 で扱った問題の，そうして，この後 §8.6 と §8.7 で扱うはずの別な境界条件の下での問題の解 u は，2 つの一般的な定理に基づいて構成される.

この小節ではその 1 つである次の定理を証明する[26].

---

[26] ［原註］微分方程式 $\Delta u = 0$ の場合には自動的な簡単化がなされ得ると前に述べたが，定理 1 の証明に際してはまさにその通りであることを付け加えておこう.

8.5 極限関数の構成と積分形式 E, D, H の収束性

《定理1》 f は $G + \Gamma$ において連続, かつ G において区分的に連続微分可能であるとする. また, φ^ν は空間 $\mathfrak{D}$ に属する関数の列であり, 条件

(1) $$H[\varphi^\nu - \varphi^\mu] \to 0,$$
(2) $$D[\varphi^\nu - \varphi^\mu] \to 0,$$
(3) $$E[\varphi^\nu - \varphi^\mu] \to 0$$

を満足し, さらに, もし ζ^ν が定数 M に対して不等式

(4) $$E[\zeta^\nu] \leqq M$$

が成り立つ意味で有界な, $\mathfrak{D}$ に属する任意の関数列であるならば, 関係

(5) $$E[\varphi^\nu, \zeta^\nu] - H[f, \zeta^\nu] \to 0$$

が成り立つものとする.

このとき, G において 2 階連続微分可能な関数 u が存在して, 微分方程式

(6) $$L[u] = -f$$

を満足し, かつ $\mathfrak{H}$ に属する任意の関数 ζ および G に含まれる任意の閉領域 G' に対して, 極限式

(7) $$H_{G'}[\varphi^\nu - u, \zeta] \to 0$$

が成り立つ[27]. □

まず, 一般性を損なわないで $p = 1$ と仮定できることを確かめよう. それには, φ の代わりに新しい変関数として

(8) $$\psi = w\varphi$$

を導入する. ただし,

(9) $$w = \sqrt{p}.$$

---

[27] [訳註] 現代風に述べれば, この定理は境界値問題の弱解が設定した境界条件の下では古典解であることを主張するものである.

そうすると $E[\varphi]$ は

$$\iint_G \{\psi_x^2 + \psi_y^2 + 2\bar{a}\psi\psi_x + 2\bar{b}\psi\psi_y + \bar{q}\psi^2\}\, dx\, dy$$

と，また，$H[\varphi]$ は

$$\iint_G \bar{k}\psi^2\, dx\, dy$$

とそれぞれに書き換えられる．ここで

$$\begin{aligned}
\bar{a} &= w^{-2}a - w^{-1}w_x, \\
\bar{b} &= w^{-2}b - w^{-1}w_y, \\
\bar{q} &= w^{-2}q - 2aw^{-3}w_x - 2bw^{-3}w_y + w^{-2}w_x^2 + w^{-2}w_y^2, \\
\bar{k} &= w^{-2}k.
\end{aligned}$$

これらの新しい積分は E-積分と H-積分として本来の形を保っており，その係数は連続性や微分可能性に関する所定の条件を満足している．

なお，§8.1 の不等式 (3) と (5) については，ここで成り立つかどうかを気にする必要はなく，これらの不等式はこの小節での推論には用いられない．

さらに次の事実も注意しておこう．すなわち，等式

$$H_k[\varphi] = H_{\bar{k}}[\psi]$$

と簡単な評価から，不等式

$$\begin{aligned}
D_p[\varphi] &\leqq 2D_1[\psi] + cH_{\bar{k}}[\psi], \\
D_1[\psi] &\leqq 2D_p[\varphi] + \bar{c}H_k[\varphi]
\end{aligned}$$

が，然るべき定数 c と $\bar{c}$ 用いて成り立つのである．これらによって，関数 φ に対する空間 $\mathfrak{H}, \mathfrak{D}, \dot{\mathfrak{D}}, \mathfrak{\mathring{D}}$ はそれぞれ関数 ψ に対する空間にそれぞれ移され，その逆も成り立つことが導かれる．

最後に，可微分性に関する我われの仮定の下では，空間 $\mathfrak{F}$ どうしの対応もうまくいく．

こうして，この小節の今後について設ける仮定 $p = 1$ が一般性を制限するものではないことが確かめられた．これから先，この小節では単に D, H と

書いて D_1, H_1 を表すと了解することにしよう.

さらに簡単にするために関係式 (5) を

(10) $$D[\varphi^\nu, \zeta^\nu] + H[q^*\varphi^\nu - kf, \zeta^\nu] \to 0$$

と変形する.ただし,

$$q^* = q - a_x - b_y.$$

それには,ζ が $\dot{\mathfrak{D}}$ に属するという仮定の下に $\iint_G \{a(\varphi \zeta_x + \varphi_x \zeta) + b(\varphi \zeta_y + \varphi_y \zeta)\}\, dx\, dy$ に部分積分を適用して上の式を導き,その後の極限操作によって,$\mathfrak{D}$ に属する任意の ζ に対する式に移行できる.

さて,一般に(点 x_0, y_0 を中心とする)半径 R の円を K_R で表すこととし,G_R は G の部分領域であり,それに属する点 x, y を中心とする K_R は G に含まれるものとする.また,$r^2 = (x-x_0)^2 + (y-y_0)^2$ とおき,次の関数を導入する[28]:

(11) $$\Psi_R(x,y) = \frac{1}{2\pi} \log \frac{r}{R} + \frac{1}{4\pi}\left(1 - \frac{r^2}{R^2}\right) \quad (r \leqq R)$$
$$= 0 \quad (r \geqq R)$$

を導入する.

点 x_0, y_0 が G_R に属するとき,この関数は $\mathfrak{H}$ に属し,また定数 τ, τ_1 が存在して,すべての R に対して

(12) $$\iint_{K_R} \Psi_R \, dx\, dy \leqq \tau R^2,$$

(12)$_1$ $$H[\Psi_R] \leqq \tau_1 R^2$$

---

[28] [原註] ここでの関数 Ψ_R の形は独立変数の個数 2 に本質的に基づく.独立変数 $x_1, \ldots, x_m$ の個数 m が 2 より大きいとき,m 次元単位球の表面積を ω_m で表し,上の関数 Ψ_R の代わりに

$$\Psi_R(x,y) = -\frac{1}{(m-2)\omega_m}\left[\frac{1}{r^{m-2}} - \frac{m}{2}\frac{1}{R^{m-2}} + \frac{m-2}{2}\frac{r^2}{R^m}\right]$$

とおかねばならない(旧原著第 II 巻 p. 251 参照).$m = 3$ のとき上述の理論はそのまま変更がないが,(12)$_1$ の右辺は $\tau_1 R$ となる.$m > 3$ に対しては,評価式 (12)$_1$ はもはや成り立たないが,$q^* = 0$ である限り,すなわち $\Delta u = -f$ の境界値問題に対してはいつも (12)$_1$ と同様な評価が成り立つ.

が成り立つ．

区分的に連続な 2 次導関数をもつ関数 φ に対しては積分表示[29]

$$(13) \qquad \varphi(x_0, y_0) = \frac{1}{R^2\pi} \iint_{K_R} \varphi \, dx \, dy + \iint_{K_R} \Psi_R \Delta\varphi \, dx \, dy$$

が成り立つ（旧原著第 II 巻 §4.3, p. 250 参照）．こうなると，微分方程式

$$(14) \qquad \Delta u - q^* u = -kf$$

の求める解を表式

$$\frac{1}{R^2\pi} \iint_{K_R} \varphi^\nu \, dx \, dy + \iint_{K_R} \Psi_R(q^*\varphi^\nu - kf) \, dx \, dy$$

の極限値 $(\nu \to \infty)$ として求めようとするのは自然の成り行きである．実際，表式

$$(16) \quad U^\nu(x_0, y_0; R) = \iint_{K_R} \varphi^\nu \, dx \, dy + R^2\pi \iint_{K_R} \Psi_R(q^*\varphi^\nu - kf) \, dx \, dy$$

は，R と G_R に属する x_0, y_0 に関して一様に，連続な極限関数に収束する：

$$(17) \qquad U(x_0, y_0; R) = \lim_{\nu \to \infty} U^\nu(x_0, y_0; R).$$

何故かといえば，シュヴァルツの不等式と公式 (16), (12)$_1$ により

$$|U^\mu - U^\nu|^2 \leqq 2R^2\pi H_R[\varphi^\nu - \varphi^\mu] + 2\tau_1 R^6 \pi^2 H_R[q^*(\varphi^\nu - \varphi^\mu)]$$
$$\leqq 定数 \cdot H_R[\varphi^\nu - \varphi^\mu] \to 0$$

が成り立つからである．なお，上での添字 R は H-積分において円 K_R が積分領域であることを表している．

さて，関数

$$\Psi_{R_2}(x, y) - \Psi_{R_1}(x, y) = \zeta \quad (R_2 > R_1 \text{ のとき})$$

---

[29] ［原註］この公式と (12)$_1$ から §8.4, p. 314 で使った次の評価式が導かれる：

$$(15) \qquad \left| \varphi(x_0, y_0) - \frac{1}{R^2\pi} \iint_{K_R} \varphi \, dx \, dy \right|^2 \leqq \tau_1 R^2 H_{K_R}[\Delta\varphi].$$

は，特異点が取り除かれているので $\mathfrak{H}$ に属するし，さらにいえば，ζ は G において区分的に 2 階連続微分可能である．ゆえに関係式 (10) にこの関数を代入することができ，直ちに極限式

$$D[\varphi^\nu, \Psi_{R_2} - \Psi_{R_1}] + H[q^*\varphi^\nu - kf, \Psi_{R_2} - \Psi_{R_1}] \to 0$$

が得られる．さらにこれから，§8.2 のグリーンの公式 (7) を利用して

$$\frac{1}{R_2^2\pi}\iint_{K_{R_2}} \varphi^\nu \, dx\, dy - \frac{1}{R_1^2\pi}\iint_{K_{R_1}} \varphi^\nu \, dx\, dy + $$
$$+ \iint_{K_{R_2}} (q^*\varphi^\nu - kf)(\Psi_{R_2} - \Psi_{R_1}) \, dx\, dy \to 0$$

と計算できる．ところが，得られた式は

$$\frac{1}{R_2^2\pi}U(x_0, y_0; R_2) - \frac{1}{R_1^2\pi}U(x_0, y_0; R_1) = 0$$

を意味する．よって，関数 $\frac{1}{R^2\pi}U(x_0, y_0; R)$ は R に依存しない．そこで

(18) $$u(x, y) = \frac{1}{R^2\pi}U(x, y; R)$$

とおく．この関数 u は任意の領域 G_R において，従って，領域 G 全体において x と y の連続関数として定義される．この u が求める関数であることを今から示そう．

まず，次の命題を示そう．

《定理 1a》 $\mathfrak{H}$ に属する任意の関数 ζ および G の任意の部分閉領域 G' に対して $\nu \to \infty$ のとき，極限式[30]

(7) $$H_{G'}[\varphi^\nu - u, \zeta] \to 0$$

が成り立つ．□

領域 G は面積 A の正方形に含まれているとしよう．また，ν に無関係な定数 M によって

$$H_{G'}[\varphi^\nu] \leqq \frac{M}{4}, \quad H_{G'}[u] \leqq \frac{M}{4}$$

---

[30] ［原註］この式は，関数列 φ^ν が部分領域 G' に対する H-計量の意味で関数 u に「弱」収束することを表す．

が成り立つとする．三角不等式によれば

$$H_{G'}[\varphi^\nu - u] \leqq M$$

でもある．——G' に関して，このような上界が存在するのは，G' において関数 u が一様連続であり，それゆえ $H_{G'}[u]$ が存在すること，また $H[\varphi^\nu]$ が有界であることによる．

さて，$\zeta =$ 定数，例えば $\zeta = 1$ と仮定して定理 1a を証明すれば十分なのである．このことを見よう．関数 ζ が与えられている領域 G' を，互いに重なり合わない部分領域 G'_ν により

$$G' = \sum_\nu G'_\nu$$

と分解する．その際，ζ はどの部分領域 G'_ν においても連続であるように分解を行い，さらに G'_ν の直径を十分に小さくとることによって次の性質をもつ区分的に定数である関数 ζ^* を構成できるものとする．すなわち，ζ^* は G'_ν のそれぞれにおいて定数あり，与えられた ε に対し，G 全体で

(19) $$H_{G'}[\zeta - \zeta^*] < \varepsilon$$

が成り立つような関数である．そうするとシュヴァルツの不等式 (7) により

$$|H[\varphi^\nu - u, \zeta] - H[\varphi^\nu - u, \zeta^*]|^2 \leqq \varepsilon M$$

となる．

さて定理 1a が定数関数 ζ に対して成り立てば，それは区分的な定数関数 ζ^* についても成り立ち，さらには極限において $H[\varphi^\nu - u, \zeta^*]$ が 0 に収束する．ε は任意に小さくとれるから，それで定理 1a は $\mathfrak{H}$ に属する任意の関数 ζ に対して証明されたことになる．

絞り込まれた目標，すなわち $\zeta = 1$ に対する主張

(20) $$H_{G'}[\varphi^\nu - u, 1] = \iint_{G'} (\varphi^\nu - u)\, dx\, dy \to 0$$

を証明しよう．次のことに注意する．G' を分解し，点 P_ν を中心とし半径 r_ν の有限個の円板 K_ν ($\nu = 1, \ldots, N$) と残りの部分 B に分けて後者の面積が与えられた任意の小さな数 ε^2 より小さいようにできる．また，円の半径 r_ν

8.5 極限関数の構成と積分形式 E, D, H の収束性

も与えられた任意の小さな数よりも小さくできる，例えば $r_\nu \leqq \varepsilon$ と選ぶことができる[31]．

G' における関数 u の一様連続性から，$u(P_\nu)$ が円の中心 P_ν における u の値を表すとして

$$(21) \qquad \left| \iint_{G'} u \, dx \, dy - \pi \sum_{j=1}^{N} r_j^2 u(P_j) \right| < \delta$$

が成り立つ．ここで，$\delta = \delta(\varepsilon)$ は ε を十分に小さくとることによっていくらでも小さくできる[32]．

同様に，ε を然るべく選んで残余の領域 B を十分に小さくしておけば，ε とともに 0 に近づく δ_1 に対して

$$(22) \qquad \left| \iint_{G'} \varphi^\nu \, dx \, dy - \sum_{j=1}^{N} \iint_{K_j} \varphi^\nu \, dx \, dy \right| < \delta_1$$

が成り立つ．なぜなら，B の面積が ε^2 より大きくないので，左辺の平方がシュヴァルツの不等式により

$$H_B[\varphi^\nu] \varepsilon^2 < \frac{M}{4} \varepsilon^2 = \delta_1^2$$

を超えないからである．

小さな円 K_j における差

$$\iint_{K_j} \varphi^\nu \, dx \, dy - r_j^2 \pi u(P_j)$$

を評価するに際し，$U^\nu(P_j; r_j)$, $U(P_j; r_j)$ の定義 (16), (17) から

$$\iint_{K_j} \varphi^\nu \, dx \, dy - r_j^2 \pi u(P_j) = -r_j^2 \pi \iint_{K_j} \Psi_{r_j}(q^* \varphi^\nu - kf) \, dx \, dy +$$

---

[31] ［原註］証明：まず G' を，互いに重ならない，そうして G' にはみ出さない辺の長さが 2ε より小さい有限個の正方形で埋め尽くし，残りの領域の面積を $\frac{\varepsilon^2}{2}$ より小さくする．各正方形の中に添え字付きの円を考える．さらに，残りの領域を再び正方形で覆い，その他に残った領域の面積が $\frac{\varepsilon^2}{4}$ より小さくする．これら新しい正方形に添え字付きの円をとる．これをさらに幾何数列的に繰り返す．こうして，あらかじめ定められた仕方で円のタイル張りが得られる．

[32] ［原註］この主張は初等的な積分の定義に由来するものである（いささか慣れない形であるが）．

$$+ (U^\nu(P_j; r_j) - U(P_j; r_j))$$

が成り立つことに着目しよう. U^ν の一様収束性から, ν だけに依存し, かつ 0 に収束する量 $\sigma(\nu)$ を

$$|U^\nu(P_j; r_j) - U(P_j; r_j)| \leqq \sigma(\nu)$$

が成り立つようにとることができる.

一方, (12) と (12)$_1$ によって, また $r_j < \varepsilon$ であることにもよって, 次の評価が成り立つ:

$$\left| r_j^2 \pi \iint_{K_j} \Psi_{r_j}(q^* \varphi^\nu - kf) \, dx \, dy \right| \leqq r_j^2 \pi \left(\varepsilon \sqrt{\tau_1} \frac{\sqrt{M}}{2} \alpha_1 + \varepsilon^2 \tau \alpha \right)$$

ただし, 定数 α と α_1 はそれぞれ $|kf|$ と $|q^*|$ の上界である.

結局のところ, 簡単化のための記号

$$\varepsilon \sqrt{\tau_1} \frac{\sqrt{M}}{2} \alpha_1 + \varepsilon^2 \tau \alpha = \eta$$

を用いて表せば, 不等式

$$\left| \iint_{K_j} \varphi^\nu \, dx \, dy - r_j^2 \pi u(P_j) \right| \leqq r_j^2 \pi \eta + \sigma(\nu)$$

が得られ, これをすべての円 K_j にわたって総和することにより

(23) $$\left| \sum_{j=1}^N \iint_{K_j} \varphi^\nu \, dx \, dy - \sum_{j=1}^N r_j^2 \pi u(P_j) \right| \leqq A\eta + N\sigma(\nu)$$

となる. ただし A は G' の面積である. (21), (22) を視野におけば, (23) から直ちに

$$\left| \iint_{G'} \varphi^\nu \, dx \, dy - \iint_{G'} u \, dx \, dy \right| \leqq \delta + \delta_1 + A\eta + N\sigma(\nu)$$

が導かれる.

ここで ν を十分大きくとることにより, $\sigma(\nu)$ 従って $N\sigma(\nu)$ をいくらでも小さくすることができる. また, ε を十分に小さくとれば, δ, δ_1, η はいくらでも任意に小さくなる. こうして定理 1a は証明された. □

さて, 定理 1a において

8.5 極限関数の構成と積分形式 E, D, H の収束性

$$\zeta = \frac{1}{R^2\pi} + q^*\Psi_R \quad (K_R \text{ の内部で})$$
$$= 0 \quad\quad\quad\quad (K_R \text{ の外部で})$$

を (7) に代入すると

$$\frac{1}{R^2\pi}\iint_{K_R}\varphi^\nu\,dx\,dy + \iint_{K_R}\Psi_R q^*\varphi^\nu\,dx\,dy$$
$$\to \frac{1}{R^2\pi}\iint_{K_R}u\,dx\,dy + \iint_{K_R}\Psi_R q^*u\,dx\,dy$$

が導かれる．これと (16), (17), (18) から次の定理が得られる．

《定理 1b》 極限関数 $u(x,y)$ は G_R において次のように表示される：

(14) $$u(x_0,y_0) = \frac{1}{R^2\pi}\iint_{K_R}u\,dx\,dy + \iint_{K_R}\Psi_R(q^*u - kf)\,dx\,dy.$$

□

ここで旧原著第 II 巻 §4.3, p.251, p.252 両ページの考察を活かせば，q^*, k, f の微分可能性のおかげで次の定理が得られる．

《定理 1c》 G において関数 u の導関数は 2 階まで連続である．□

さらに旧原著第 II 巻 §4.3 で示したポテンシャル論における平均値の性質から次の結果が得られる．

《定理 1d》 関数 u は微分方程式

(14) $$\Delta u - q^*u = -kf$$

を満たす．また，変換 (8), (9) を逆にたどって

(6) $$L[u] = -f$$

も得られる．□

定理 1 のこの最後の部分は，定理 1c で述べた u の 2 階までの偏導関数の連続性を用いるならば，旧原著第 II 巻第 4 章の結果に頼らないで次のようにしても証明できる．

まず等式 (5) の ζ として $\dot{\mathfrak{D}}$ に属し,かつ2階まで連続な偏導関数をもつ関数を代入する.そうするとグリーンの公式による変形によって

$$H[\varphi^\nu, L[\zeta]] + H[f, \zeta] \to 0$$

が導かれる.上式の左辺の第1項に対し,定理 1a を ζ を $L[\zeta]$ で置き換えた形で適用すれば

$$H[u, L[\zeta]] + H[f, \zeta] = 0$$

が得られる.ここで再びグリーンの公式を逆方向に用いて変形することが許される.u が2階まで連続な偏導関数をもっているからである.こうして

$$H[L[u] + f, \zeta] = 0$$

に到達する.これには,ζ の任意性のおかげで変分法の基本補題(上巻第4章,p. 197 参照)が適用できて,等式 $L[u] = -f$ が結果として得られる.□

8.5.2 積分形式 D と H の収束性

多用される積分形式 D および H について,一般的な性格をもつ1つの定理を証明しよう.この定理は H-計量および D-計量に関わる様々な収束性を結びつけるものであり,定理1とともにすでに §8.2–§8.3 において利用されている.

《定理 2》 $\mathfrak{D}$ に属する関数の列 φ^ν が次の性質をもつとする:

(24) $$H[\varphi^\nu - \varphi^\mu] \to 0,$$
(25) $$D[\varphi^\nu - \varphi^\mu] \to 0.$$

さらに,関数 u は G において連続的に微分可能であり,任意の閉部分領域 G' および $\mathfrak{H}$ の任意の関数 ζ に対して,極限式

(26) $$H_{G'}[\varphi^\nu - u, \zeta] \to 0$$

を満たすものとする.

このとき,u は $\mathfrak{D}$ に属し,収束性

(27) $$H[\varphi^\nu - u] \to 0,$$
(28) $$D[\varphi^\nu - u] \to 0$$

が成り立つ[33]. □

定理の証明は3段階に分けて行う. まず

《定理 A》 ψ^ν は $\mathfrak{H}$ に属する関数の列であり, $\mathfrak{H}$ に属する任意の連続関数 ζ に対して収束性の条件

(29) $$H[\psi^\nu, \zeta] \to 0$$

および

(30) $$H[\psi^\nu - \psi^\mu] \to 0$$

を満たすとする.

このとき

(31) $$H[\psi^\nu] \to 0$$

である. □

証明 §8.1の定理4により, $H[\psi^\nu]$ は有界である. さらに等式

$$H[\psi^\nu] = H[\psi^\nu - \psi^\mu] + 2H[\psi^\nu, \psi^\mu] - H[\psi^\mu]$$

から, 不等式

$$H[\psi^\nu] \leqq H[\psi^\nu - \psi^\mu] + 2H[\psi^\nu, \psi^\mu]$$

が従う.

ここで, 与えられた ε に対して, $\nu > \mu$ である限り

$$H[\psi^\nu - \psi^\mu] < \frac{\varepsilon}{3}$$

---

[33] [原註] 定理の主張は次のように言い換えられる：関数列 φ^ν が D-計量の意味でも H-計量の意味でも強収束列であり（すなわちコーシー列をなしており）, 一方で, それはある極限関数 u に対して G の任意の部分閉領域において H-計量の意味で弱収束しているならば, 実は φ^ν は u に D-計量の意味でも H 計量の意味でも強収束する.

が成り立つように番号 μ を十分に大きくとることが (30) によって可能である．その上で番号 μ を固定し，条件 (29) を $\zeta = \psi^\mu$ として適用し，番号 ν を十分に大きくすれば

$$|H[\psi^\nu, \psi^\mu]| < \frac{\varepsilon}{3}$$

が得られる．こうして

$$H[\psi^\nu] < \varepsilon$$

が示される．ε の任意性により，これで主張 (31) が証明できた．□

同様な趣旨で次の定理を証明しよう．

《定理 B》ψ^ν は $\mathfrak{D}$ に属する関数の列であり，$\mathfrak{H}$ に属する任意の ζ に対して

(32) $$H[\psi^\nu, \zeta] \to 0$$

を満たすが，さらに D-計量の意味での収束性

(33) $$D[\psi^\nu - \psi^\mu] \to 0$$

をもつとする．

このとき，

(34) $$D[\psi^\nu] \to 0$$

が成り立つ．□

定理を証明するのに

(35) $$H[\psi^\nu_x] \to 0, \quad H[\psi^\mu_y] \to 0$$

と分けて示そう．$\mathfrak{H}$ に属する任意の ζ に対して

(36) $$H[\psi^\nu_x, \zeta] \to 0, \quad H[\psi^\nu_y, \zeta] \to 0$$

を示すことができれば，(35) は定理 A によって直ちに得られる．ここで次の補助定理に着目しよう．

《補助定理》関係式 (36) が $\mathfrak{H}$ に属する任意の ζ に対して成り立つためには，次のように限定的な ζ に対して成り立てば十分である．すなわち，$\mathfrak{H}$ に属する

関数のうち，区分的に連続な 1 階偏導関数をもち，関数値が 0 と異なるのは G の内部に含まれるある（1 つの）正方形 Q 内に限られるような関数 $\zeta = \omega$ に対して (36) が成り立てば十分である．□

補助定理の証明 (36) が上記のような任意の ω に対して成り立つならば，(36) はそうした関数の有限和である関数 ζ' に対しても成り立つ．さて，$\mathfrak{H}$ に属する任意の ζ に対し，正数 ε がどのように小さく与えられても，

$$(37) \qquad H[\zeta' - \zeta] \leqq \varepsilon^2$$

が成り立つような上記のタイプの関数 ζ' が構成できることを示そう．

まず，不等式

$$\begin{aligned} \left|H[\psi_x^\nu, \zeta]\right| &\leqq \left|H[\psi_x^\nu, \zeta']\right| + \left|H[\psi_x^\nu, \zeta' - \zeta]\right| \\ &\leqq \left|H[\psi_x^\nu, \zeta']\right| + \sqrt{H[\psi_x^\nu] H[\zeta' - \zeta]} \end{aligned}$$

が成り立つが，この最後の辺の 2 つの項は仮定によって任意に小さくできる．なぜなら，まず $H[\psi_x^\nu]$ の有界性に注意すれば ε を十分に小さく選ぶことによって最終項を任意に小さくできる．その上で $\nu \to \infty$ ならしめれば，他の 1 つの項も仮定によって 0 に近づくからである．同じことが $H[\psi_y^\nu, \zeta]$ に対してもいえる．

そこで，ζ を ω 型の関数の和 ζ' によって近似できることを主張する (37) を，2 段階に分けて証明する．まず ζ を，G に含まれる有限個の正方形 Q_ν においてのみ 0 と異なる値をとり，しかも各 Q_ν では定数値であるような関数 ζ^* によって近似する．すなわち，ε を任意に小さく与えられた正数として，G から ζ の不連続点および不連続線を取り除いた領域を（その中に納まる）有限個の大小さまざまな正方形のタイル張りによって近似し，G からそれを取り去った残りの領域 B については

$$H_B[\zeta] \leqq \varepsilon^2$$

が成り立つようにする．

必要ならばタイル張りに用いた正方形をさらに小さな正方形に分割し，どの要素正方形 Q_ν においても ζ の変動幅が ε より小さいようにする．その上で，ζ^* を，各 Q_ν においては ζ のそこでの平均値に等しいと，また，B にお

いては $\zeta^* = 0$ とおく。そうすると，A を G の面積の上界として次式が明らかに成り立つ：

$$H[\zeta^* - \zeta] \leqq \varepsilon^2 + \varepsilon^2 A.$$

これは，ζ^* による ζ の近似可能性を表すものである．

次の段階として，ζ^* がある ζ' によって近似できること，ひいては ζ がある ζ' によって近似できることを見るのであるが，それには，1 つの正方形 Q_ν において定数値の，例えば 1 の値をとり，それ以外の点では 0 であるような関数を，ある ω によって H-計量の意味で近似できれば十分である．後者は，明らかに区分的に線形関数であるような ω によって可能である．こうして補助定理が示された．□

さて，定理 B を証明するために，G に含まれる正方形 Q を考え，そこで自身は連続であり導関数は区分的に連続であるような，そうして Q の外では恒等的に 0 であるような関数 ω を考察しよう．部分積分によって直ちに

$$H[\psi_x^\nu, \omega] = -H[\psi^\nu, \omega_x], \quad H[\psi_y^\nu, \omega] = -H[\psi^\nu, \omega_y]$$

が得られる．仮定 (32) を $\zeta = \omega_x$ および $\zeta = \omega_y$ に対して適用すれば

$$H[\psi_x^\nu, \omega] \to 0, \quad H[\psi_y^\nu, \omega] \to 0$$

が得られる．これで関係式 (36) が任意の ω 型の関数 ζ に対して示され，さらに補助定理によれば，$\mathfrak{H}$ に属する任意の ζ に対して示された．

最初の方で述べた注意を思い出せば，これより定理 B が得られる．□

ここまでくれば定理 2 は定理 A，定理 B からの簡単な結果である．実際，これら（定理 A，定理 B）を

$$\psi^\nu = \varphi^\nu - u$$

に対し，まずは G の真の部分領域 G' において[34]適用する．そうすると各 G' に対して直ちに

$$H_{G'}[\varphi^\nu - u] \to 0,$$

---

34 ［訳註］G' の閉包が G の内部に含まれる意味で．

8.6 第2種と第3種の境界条件．その境界値問題 329

$$D_{G'}[\varphi^\nu - u] \to 0$$

が得られる．

さらに，これより §8.1 の定理 4 に基づいて

$$H_{G'}[\varphi^\nu] \to H_{G'}[u],$$
$$D_{G'}[\varphi^\nu] \to D_{G'}[u]$$

がすぐに導かれる．

$H_{G'}[\varphi^\nu] \leqq H[\varphi^\nu]$ および $D_{G'}[\varphi^\nu] \leqq D[\varphi^\nu]$ により，これらの 4 つの量は有界であるので，$H[u]$ および $D[u]$ が存在すること，従って u が $\mathfrak{D}$ に属することが得られる．以上に基づいて仮定 (26) から，全領域 G において

$$H[\varphi^\nu - u, \zeta] \to 0$$

が成り立つことが結論される．さらにここで定理 A，定理 B を全領域 G に適用することによって，定理 2 の主張を得るのである．□

この節の結果によって第 1 種境界条件の下での存在証明（§8.2, §8.3）が完結されるが，それだけではない．これらの結果は他の境界条件の下での存在証明（§8.6, §8.7）にも活用されるのである．

8.6　第2種と第3種の境界条件．その境界値問題

8.6.1　グリーンの公式と境界条件

§8.1 で予告した第 2 種および第 3 種の境界条件の一般的な定式化を遂行するために，境界 Γ をもつ領域 G を考察するが，そのとき区分的に滑らかな境界 Γ_ε をもつ閉部分領域の列 G_ε を次のように導入する．すなわち，Γ_ε の各点の境界 Γ からの距離が ε より小さいようにする．領域 G_ε における積分形式

$$E_{G_\varepsilon}[\varphi, \psi]$$

に対して，関数 φ は $\mathfrak{F}$ に，関数 ψ は $\mathfrak{D}$ に属すると仮定するが，境界条件は何も課さないままに，グリーンの公式を適用する．その結果は

$$E_{G_\varepsilon}[\varphi,\psi] + H_{G_\varepsilon}[L[\varphi],\psi] = \int_{\Gamma_\varepsilon}\left(p\frac{\partial\varphi}{\partial\nu}+\sigma\varphi\right)\psi\,ds$$

となる．ここで $\frac{\partial}{\partial\nu}$ は Γ_ε の外向き法線の向きの微分であり，s は Γ_ε の弧長を意味する．記号 σ は

$$\sigma = a\frac{\partial x}{\partial\nu} + b\frac{\partial y}{\partial\nu}$$

を表す．ここで $\varepsilon\to 0$ ならしめると，グリーンの公式における左辺の2つの項はそれぞれ極限値に収束する．よってこのとき，右辺の極限値も存在する．この極限値に対して記号

$$\int_\Gamma\left(p\frac{\partial\varphi}{\partial\nu}+\sigma\varphi\right)\psi\,ds$$

を用い，それを G の境界 Γ における**境界積分**と敢えて呼ぶことにする．実は，境界上での関数 ψ や φ の挙動のみならず，境界線素の方向や弧長の存在について何も仮定されていないのにもかかわらずである．

この定義は，$\varphi\in\mathfrak{F}, \psi\in\mathfrak{D}$ に対するグリーンの公式を

(1) $$E[\varphi,\psi] = -H[L[\varphi],\psi] + \int_\Gamma\left(p\frac{\partial\varphi}{\partial\nu}+\sigma u\right)\psi\,ds$$

の形に書くという約束に他ならない．

ここまでくれば，$\mathfrak{F}$ に属する関数 φ に対する第2種および第3種の境界条件[35]を次の形に定式化することが可能である．φ は $\mathfrak{D}$ に属する任意の ψ に対し（上記の定義の意味で）

(2) $$E[\varphi,\psi] = -H[L[\varphi],\psi]$$

を満たすべしという条件である．この条件が満たされるとき，境界上で

(3) $$\int_\Gamma\left(p\frac{\partial\varphi}{\partial\nu}+\sigma\varphi\right)\psi\,ds = 0$$

が成り立つと言い表すことにする[36]．こうすれば，境界上において関数 σ や

---

[35] ［訳註］その同次な場合．

[36] ［原註］ここでは同次境界条件に限定しているが，§8.2 の類推で

$$p\frac{\partial}{\partial\nu}(\varphi-g)+\sigma(\varphi-g)=0$$

φ の法線方向の導関数などが個別には意味をもたない場合でも，境界条件自体はしっかりと意味づけられ得る．$\sigma = 0$ の場合は境界条件は第 2 種であり，そうでないときは第 3 種であるという．ただし，この伝統的な区別は我々の扱いでは実体的ではない．なぜなら，例えば変換 $\sqrt{p}\varphi = \varphi_1$ によって，φ に対する第 2 種の境界条件は φ_1 に対する第 3 種の境界条件に移行するからである．

ときには次の定義が用いられる．

《定義》$\mathfrak{F}$ に属し，かつ境界条件 (3) を満たす関数 φ の全体がつくる空間を $\mathfrak{F}_\sigma$ で表す．□

$\mathfrak{F}_\sigma$ に属するすべての関数 φ と $\mathfrak{D}$ に属するすべての ψ に対してグリーンの公式 (2) が定義により成り立つ．

8.6.2 境界値問題および変分問題の定式化

次の問題を設定する．

《境界値問題 III》空間 $\mathfrak{F}_\sigma$ に属する関数 u，すなわち，$\mathfrak{D}$ に属する任意の ζ に対して境界条件

$$(4) \qquad \int_\Gamma \left(p \frac{\partial u}{\partial \nu} + \sigma u \right) \zeta \, ds = 0$$

を満たすような関数 u であり，かつ G において微分方程式

$$(5) \qquad L[u] = -f$$

を満たすものを求めよ．ここで f は区分的に連続な 1 次導関数をもつ $G + \Gamma$

の形の，より一般的な境界条件をおくこともできた．ここで g は，あらかじめ与えられた $\mathfrak{D}$ の関数である．しかしながらこれら一般的な形式をとらなかった動機は，g が空間 $\mathfrak{F}$ に属しているならば，関数 $\psi = \varphi - g$ を導入することによって，$v = u - g$ に対する同次境界条件の下での，対応する微分方程式の問題となるからである．すなわち，g に対する微分可能性の仮定を除いて，非同次境界条件は本質的に一般的でない．

さらに，存在の証明に対してここで選ばれた変分形式は，境界積分を明示的に含まないので，上巻第 4 章で用いられたものに他ならないことが示される．

で連続な与えられた関数である.

G のいたる所で $a = b = q = 0$ が成り立ち,従って

(6) $$E[\varphi] = D[\varphi]$$

が成り立つ特別の場合には,与えられた関数 f および未知関数 u 対して,それぞれ,付加条件

(7) $$\iint_G kf\,dx\,dy = 0$$

および

(8) $$\iint_G ku\,dx\,dy = 0$$

が課せられる.

条件 (7) の必要性は,境界値問題 III の解の存在を仮定すればすぐに導かれる.すなわち,$\varphi = u, \psi = 1$ をグリーンの公式 (2) に用いれば,$D[u,1] = 0$,$L[u] = -f$ によって,直ちに (7) が得られる.すなわち,条件 (7) は必要である.また,c を任意の定数とするとき,$L[c] = 0$ によって u とともに $u + c$ もまた問題の解であるから,付加条件 (8) は無理な制約ではない.それは任意定数 c の値を定め,問題の解の一意性をもたらす.

さて,上記の境界値問題を解くに当たって我々は,問題が次の変分問題と同値であることを確認し,その変分問題を直接法で解くのである.

《変分法 III》 $\mathfrak{D}$ に属するすべての関数 φ のうちで表式

(9) $$E[\varphi] - 2H[f, \varphi]$$

の最小値 d を与えるものを求めよ.ただし,$a = b = q = 0$ である場合には,与えられた関数 f は付加条件 (7) を満たすものとし,一方,許容関数 φ には付加条件

(10) $$\iint_G k\varphi\,dx\,dy = 0$$

が課せられるものとする. □

許容関数に対する境界条件は課せられていない.それにもかかわらず,変

分問題の解が自然に上に述べた境界条件を満足するのである．それゆえ，この境界条件は「**自然境界条件**」と呼ばれる．

変分問題からは，付加条件 (7), (10) を設ける動機が次の考察によって明らかになる．すなわち，$a = b = q = 0$ の場合，許容関数 φ に定数を加えることによって，式 $D[\varphi]$ は変わらないが，式 $-2H[f, \varphi]$ の方は，ひいては，変分表式 (9) は負の側に任意に増大し得る，それを避けるには (7) の条件が必要である．言い換えれば，変分問題における下限が存在し，問題が意味をもつためには条件 (7) が必要なのである．

8.6.3 変分問題で許容される領域のタイプ

変分問題 III における（汎関数の）下限の存在を確かめて変分問題を解くとなると，第 1 種境界条件のときのように，任意の——連結な——開領域を，さらには一般の開集合を基礎領域（許容関数の定義域）G として採用することはできない．こうした任意の領域については，§8.8 の例が示すように，第 1 種境界条件の場合に用いた論法の根拠が，すなわち，§8.2 での主要不等式およびレリッヒの選択定理が成り立つとは限らないからである．

第 2 種と第 3 種の境界条件の下での境界値問題の理論を進めるために，(基礎領域として) 許容される領域 G に関する制約的な要請を設定しよう．第 1 の要請は，§8.3.1, p. 300 では正方形に対して示したポアンカレの不等式が，正方形 Q に対してではなく現に基礎領域として採用する領域 G に対して成り立つことを求めるものである．第 2 の要請は，§8.2 における主不等式 I——§8.2 では空間 $\mathfrak{D}$ についてのみ述べられていた——を空間 $\mathfrak{\tilde{D}}$ に拡張できるとするものである．

《**要請 1**》（ポアンカレの不等式）領域 G に対して定数 γ が存在し，$\mathfrak{\tilde{D}}$ に属する任意の φ に対して

$$\text{(11)} \qquad H[\varphi] \leqq \frac{1}{\iint_G k \, dx \, dy} \left[\iint_G k\varphi \, dx \, dy \right]^2 + \gamma D[\varphi]$$

が成り立つものとする．□

《**要請 2**》a, b, q が G のいたる所で同時に 0 になることがないならば，領域

G に依存する定数 γ が存在し，$\mathfrak{D}$ に属するすべての関数 φ に対して不等式

(12) $$H[\varphi] \leqq \gamma E[\varphi]$$

が成り立つものとする．□

§8.8 において，実際問題に登場するすべての場合を含むような，はなはだ一般的な領域のクラス $\mathfrak{N}$ に対して上の 2 つの条件が成り立つことが示される．なお，上に挙げた 2 つの要請を満たすとき，その領域は**性質 $\mathfrak{P}$** をもつという．

次の定理を主張しよう．

《定理 1》 領域 G が性質 $\mathfrak{P}$ をもつとき，$\mathfrak{D}$ に属する φ を許容関数とする変分表式（汎関数）

(9) $$E[\varphi] - 2H[f, \varphi]$$

は下限を有し，従って変分問題は意味をもつ．なお，$a = b = q = 0$ の場合には (7) を付加条件として課すものとする．□

この定理を証明するために次の注意をしよう．G のいたる所で $a = b = q = 0$ が成り立ち，それに応じて φ が条件 (10) を満足する場合には要請 1 により，そうでない場合は要請 2 により，従って定理におけるいずれの場合についても，ある定数 γ が存在して，不等式 $H[\varphi] \leqq \gamma E[\varphi]$ が $\mathfrak{D}$ に属する任意の φ に対して成り立つ．これより，

$$2|H[f,\varphi]| \leqq 2\sqrt{H[f]H[\varphi]} \leqq 2\sqrt{H[f]\gamma E[\varphi]} \leqq \frac{1}{2}E[\varphi] + 8\gamma H[f]$$

が得られ，従ってさらに

$$E[\varphi] - 2H[f,\varphi] \geqq \frac{1}{2}E[\varphi] - 8\gamma H[f] \geqq -8\gamma H[f]$$

となる．□

8.6.4 最小値問題と境界値問題の同値．解の一意性

ここまでくれば，目下の最小値問題および境界値問題に対して，固定境界

条件[37]のときと逐語的にほとんど同じ扱いをすることができる．まず，§8.2 の扱いと全く同様に次の定理が成り立つ：

《定理 2》 境界値問題 III の解は変分問題の解である．□

さらに

《定理 3》 境界値問題 III の解は一意に定まる．□

実際，2 つの解の差 u は，方程式

$$L[u] = 0$$

に対する境界値問題の解になっている．このとき，$\varphi = \psi = u$ としてグリーンの公式 (2) を用いれば

$$E[u] = 0$$

が得られる．ここから不等式 (11) あるいは (12) によって

$$H[u] = 0$$

が導かれる．よって u は恒等的に 0 である．□

8.6.5 変分問題および境界値問題の解

変分問題の下限の存在，従って最小化列 φ^ν の存在が確かめられた後では，変分法の解がとりもなおさず，境界値問題の解であることが §8.2 におけると全く同様にして得られる．最小化列 φ^ν についても，やはり前と同じ証明によって次のことが示される．すなわち，$E[\zeta^\nu] \leqq M$ を満たす $\mathfrak{D}$ に属する任意の ζ^ν に対して，

(13) $$E[\varphi^\nu, \zeta^\nu] - H[f, \zeta^\nu] \to 0$$

が成り立つ．これよりさらに，不等式 (11) あるいは (12) を用いて次式が導かれる：

---

[37] ［訳註］第 1 種境界条件をこのように呼ぶことがある．

(14) $$E[\varphi^\nu - \varphi^\mu] \to 0,$$

(15) $$D[\varphi^\nu - \varphi^\mu] \to 0,$$

(16) $$H[\varphi^\nu - \varphi^\mu] \to 0.$$

これらの証明は，§8.2 において見かけが同じ関係 (10), (11), (12) を扱ったときと逐語的に同様である．ここでの唯一の違いは，関数 φ が $\overset{\circ}{\mathfrak{D}}$ に属するとは限らず，$\mathfrak{D}$ において任意であり得ることだけである．

ここで定理 1 および定理 2 を用いれば，§8.2 および §8.3 での扱いと逐語的に同様にして次の性質をもつ極限関数 u が得られる．すなわち，u は関数空間 $\mathfrak{F}$ に属し，$L[u] = -f$ を満たす．また

$$E[\varphi^\nu - u] \to 0, \quad D[\varphi^\nu - u] \to 0, \quad H[\varphi^\nu - u] \to 0$$

である．

これらを用いれば，

$$E[\varphi^\nu] \to E[u] \quad \text{および} \quad E[u] = d$$

が導かれる．

$\mathfrak{D}$ の属するすべての ζ に対してグリーンの公式

$$E[\varphi^\nu, \zeta] - H[f, \zeta] = 0$$

が成り立つことから，(14), (16) および定理 4 によって

$$E[u, \zeta] - H[f, \zeta] = 0$$

が従う．ところが，この関係式は境界条件 (4) と同値である．以上により関数 u は境界値問題の解である．□

8.7　第 2 種・第 3 種の境界条件の下での固有値問題

前節の初めに注意したように，まず考察する領域 G に対する制約的な要請から始めよう．すなわち，

《要請 3》（レリッヒの選択定理）領域 G に関して，次の事実が成り立つもの

とする:

$\mathfrak{D}$ に属する任意の関数列 φ^ν に対して

$$E[\varphi^\nu], \quad H[\varphi^\nu]$$

が有界であるらば,その関数列は

$$H[\varphi^\nu - \varphi^\mu] \to 0$$

を満たす部分列を含む. □

このような領域を性質 $\mathfrak{R}$ をもつ領域と呼ぶことにする. §8.8 において次のことが示される. そこでは性質 $\mathfrak{P}$ をもつ領域のクラス $\mathfrak{N}$ なるものを定義するが,そのクラスの領域は性質 $\mathfrak{R}$ を備えている. 従って,このような領域については,(我われの)境界値問題の理論および固有値問題の理論が成り立つことが分かる.

考察する固有値問題を述べよう.

《固有値問題 IV》次の条件を満たす定数(パラメータ)λ,および G において恒等的に 0 ではない関数 u を求めよ:

u は $\mathfrak{F}_\sigma$ に属する関数である. 言い換えれば $\mathfrak{D}$ に属する任意の ζ に対して

(1) $$\int_\Gamma \left(p\frac{\partial u}{\partial \nu} + \sigma u\right)\zeta\,ds = 0$$

が成り立つという境界条件を満足し(§8.6 の (4) 参照),かつ微分方程式

(2) $$L[u] + \lambda u = 0$$

が成り立つ. □

この問題の第 1 の(すなわち最小の)固有値 $\lambda = \lambda_1$ およびそれに付属する固有関数 $u = u_1$ は次の問題の解として得られるのである.

《固有値–変分問題 IV》付加条件

(3) $$H[\varphi] = 1$$

を満たし $\mathfrak{D}$ に属するすべての関数 φ のうちで,表式(汎関数)

(4) $$E[\varphi]$$

の最小値 λ を与えるものを求めよ. □

境界条件は，やはり固有値–変分問題に対しても課せられない．(境界値問題で) 要求される条件 (1) は変分問題としては**自然境界条件**である．

上の問題が意味をもつこと，すなわち，付加条件 (3) の下で上の積分表式 (4) の下限 λ が存在することは，§8.1 で設けた正値性の仮定から自明である．φ^ν が最小列であれば，§8.3 の場合と逐語的に同様な論法で，極限式

$$\text{(5)} \qquad E[\varphi^\nu, \zeta^\nu] - \lambda H[\varphi^\nu, \zeta^\nu] \to 0$$

の成立が，今の場合は $\mathfrak{D}$ に属する任意の関数の列 ζ^ν （それらは，必ずしも $\overset{\circ}{\mathfrak{D}}$ に属するとは限らない）が正数 M を用いて

$$E[\zeta^\nu] \leqq M, \quad H[\zeta^\nu] \leqq M$$

と表される有界性の条件を満たしてさえいれば，そのまま結論される．これから §8.3 と同様にして，

$$\text{(6)} \qquad E[\varphi^\nu - \varphi^\mu] - \lambda H[\varphi^\nu - \varphi^\mu] \to 0$$

が導かれる．ここから先は，§8.3 のときと同様にして変分問題の解法を遂行することができる．なぜなら要請 3 により，$E[\varphi^\nu]$ の有界性のおかげでレリッヒの選択定理が関数列 φ^ν に対して成り立つからである．従って

$$\text{(7)} \qquad H[\varphi^\nu - \varphi^\mu] \to 0$$

が成り立つような部分列を選ぶことができる．これから (6) を用いれば直ちに

$$\text{(8)} \qquad E[\varphi^\nu - \varphi^\mu] \to 0, \quad D[\varphi^\nu - \varphi^\mu] \to 0$$

も得られる．

関係式 (5), (7), (8) は，§8.5 の定理 1 と定理 2 のおかげで，§8.3 での以前の論法と全く同様にして，次の性質をもつ極限関数 u の存在を結論するのに十分なものである：すなわち $u \in \mathfrak{F}$ であり，u は 2 階までの連続な導関数をもつ．そうして微分方程式 (2) を満たし，さらに

$$\text{(9)} \qquad E[\varphi^\nu - u] \to 0, \quad H[\varphi^\nu - u] \to 0$$

が成り立つ．これから §8.1 の定理 4 によって等式

8.7 第2種・第3種の境界条件の下での固有値問題

$$E[u] = \lambda, \quad H[u] = 1$$

が導かれる．ゆえに，u は目標とする固有値–変分問題 IV の解である．これより，——(5) と (6) からも結論されることであるが——$\mathfrak{D}$ に属する任意の ζ に対して変分等式[38]

(10) $$E[u,\zeta] - \lambda H[u,\zeta] = 0$$

が成り立つことが結論される．これより微分方程式 (2) を考慮すると，u が課せられた境界条件 (1) を満たすことが得られる．これでもって，第 1 の固有関数 $u = u_1$ および第 1 の固有値 $\lambda = \lambda_1$ の構成に関する限り，固有値問題は解かれた．□

なお，$a = b = q = 0$ の場合には，この固有値は 0 に等しく，付属する固有関数は定数関数であることを注意しておこう．

さらなる固有値 $\lambda_2, \lambda_3, \ldots$ およびそれに付属する固有関数 $u_2, u_3, \ldots$ については，§8.3.3 の論法を逐語的に繰り返すことにより，次の**変分問題**の解として得られる．すなわち，$\mathfrak{D}$ に属し，条件

$$H[\varphi] = 1$$

および

$$H[\varphi, u_\nu] = 0 \quad (\nu = 1, 2, \ldots, n-1)$$

を満たす関数 φ のうちで，表式（汎関数）

$$E[\varphi]$$

の値を最小にするものを求めよという問題である．この問題の解は積分式の最小値として固有値 λ_n を，またそれを実現する関数として固有関数 u_n を与える．また，§8.3.3 におけると同様に，直交関係

$$H[u_n, u_m] = \begin{cases} 1 \\ 0 \end{cases}, \quad E[u_n, u_m] = \begin{cases} \lambda_n & (n = m) \\ 0 & (n \neq m) \end{cases}$$

---

[38] ［訳註］現代風の言葉でいえば ζ をテスト関数とする弱方程式．

が成り立つこと,固有値 λ_n が n とともに限りなく増大すること,そうしてさらに次の定理も得られる.

《完全性の定理》$\mathfrak{D}$ に属する任意の関数 φ について,そのフーリエ係数を

$$c_n = H[\varphi, u_n]$$

とするとき,完全性の等式

$$H[\varphi] = \sum_{n=1}^{\infty} c_n^2, \quad E[\varphi] = \sum_{n=1}^{\infty} \lambda_n c_n^2$$

が成り立つ. □

8.8　第2種・第3種の境界条件に関わる基礎領域の吟味

8.8.1　$\mathfrak{N}$ 型の領域

§8.6, §8.7 で得た存在定理は,許容関数 φ に格別の境界条件を課さないままに,対象とする基礎領域 G に関して設けた要請,すなわち,ポアンカレの不等式や主要不等式,あるいはレリッヒの選択定理が成り立つという要請に本質的に依存していた.この節では2つの性質 $\mathfrak{P}$ および $\mathfrak{R}$ を備え,そうして通常の場面に現れるすべての領域を含むような領域のクラス $\mathfrak{N}$ を与えよう.

まず,不等式

(1) $$0 < x < a, \quad 0 < y < f(x)$$

によって定められる領域に合同な領域を**正規領域**と定義する.ただし,$f(x)$ は区間 $0 \leqq x \leqq a$ で連続で正値な関数である.正規領域には,

(2) $$0 < b \leqq f(x) \leqq c$$

を満たす2つの定数 b, c が対応しているとする(ここでの a, b は数であり,微分式 $L[u]$ における係数 a, b とは別物であることに注意).

8.8 第2種・第3種の境界条件に関わる基礎領域の吟味

長方形

(3) $0 < x < a, \quad 0 < y < b$

あるいは正規領域においてこれに相当する長方形部分を正規領域の台座[39] S と呼ぶことにする.

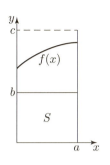

図 54.

《定義》 領域 G が次の性質をもつとき, G は $\mathfrak{N}$ 型であるという.

1. G は, 互いに重なり合うことを許される有限個の正規領域の和である.

2. (つながり方に関する要請) Q を G の内部に含まれる 1 つの正方形とする. このとき G を合成する正規領域を次のように選ぶことができる. すなわち, その正規領域のおのおのは, 有限回のステップで G の内部において Q と正規領域の連鎖により, しかも「その鎖に属するどの正規領域の台座も次の正規領域に含まれ, 最後の正規領域の台座は Q に含まれる」というように結ばれていると要請する. □

問題 1. 要請 2 は, 要請 1 を満たす任意の連結領域に対して自然に満たされていることを示せ (そのためには, 必要に応じて, もとの正規領域を然るべく再分割すればよい).

問題 2. 任意の凸領域は $\mathfrak{N}$ 型領域であることを示せ.

問題 3. $\mathfrak{N}$ 型である 2 つの領域の和集合は, それが連結であるかぎり, やはり $\mathfrak{N}$ 型であることを示せ.

《補助定理 1》(**正規領域に関する積分評価**) 台座 S をもつ任意の正規領域を B とする. このとき, $\mathfrak{D}_B$ に属する任意の関数 φ に対して

(4) $$H_B[\varphi] \leqq \frac{2ck_1}{bk_0} H_S[\varphi] + 2c^2 \frac{k_1}{p_0} D_B[\varphi]$$

が成り立つ. ただし, H_B, D_B は正規領域 B 上で積分を行ったものであり, H_S は台座 S 上で積分を行ったものである. k_0, p_0 はそれぞれ k, p の下界であり, k_1 は k の上界である. □

---

[39] [訳註] ドイツ語で Stockel (英語では base) であるので記号 S が用いられている.

証明 点 (x_1, y_1) は正規領域 B の点であり，$0 < y_0 < b$ であるとする．そのとき

$$|\varphi(x_1, y_1)|^2 \leqq 2|\varphi(x_1, y_0)|^2 + 2|\varphi(x_1, y_1) - \varphi(x_1, y_0)|^2$$
$$\leqq 2|\varphi(x_1, y_0)|^2 + 2c \int_0^{f(x_1)} \varphi_y^2(x_1, y)\, dy$$

が成り立つ．これを x_1, y_1 については G の上で，y_0 については区間 $0 < y_0 < b$ の上でそれぞれ積分すると

$$\frac{b}{k_1} H_B[\varphi] \leqq 2\frac{c}{k_0} H_S[\varphi] + 2\frac{bc^2}{p_0} D_B[\varphi]$$

が得られ，補助定理が示される．□

さて，G は複数の正規領域 B から構成されている $\mathfrak{N}$ 型の領域であるとしよう．

補助定理を正規領域の連鎖 $B_0, B_1, \ldots, B_\nu, \ldots$（ただし，最後のものの台座は Q に含まれるとする）の各の正規領域に適用することによって，次の不等式が得られる：

$$H_{B_\nu}[\varphi] \leqq \tau_1^\nu D_{B_\nu}[\varphi] + \tau_2^\nu H_{S_\nu}[\varphi] \leqq \tau_1^\nu D[\varphi] + \tau_2^\nu H_{B_{\nu+1}}[\varphi].$$

ここで，τ_2^ν, τ_1^ν は定数である．連鎖に属するすべての正規領域にわたって上の不等式を繰り返し用いると，不等式

$$H_{B_0}[\varphi] \leqq \tau_1 D[\varphi] + \tau_2 H_Q[\varphi]$$

に到達する．ただし τ_1, τ_2 は定数である．領域 G を構成するすべての正規領域（にわたって B_0 を動かしつつ）に対する総和をとることにより，次の結果が得られる．

《補助定理 2》 $\mathfrak{N}$ 型の領域 G と G に含まれる正方形 Q が与えられたとき，2 つの定数 τ, ρ が存在し，$\mathfrak{D}$ に属する任意の φ に対して，

(5) $$H[\varphi] \leqq \tau D[\varphi] + \varrho H_Q[\varphi]$$

が成り立つ．□

8.8 第2種・第3種の境界条件に関わる基礎領域の吟味

上の不等式からこの領域が，§8.6 で要請された性質 $\mathfrak{P}$ をもつこと，従って，$\mathfrak{N}$ 型の領域に対しては §8.6 で取り上げた境界値問題が解けることが以下のように導かれるのである．まずは，次の定理を証明しよう．

《定理 1》 $\mathfrak{N}$ 型の領域 G では，領域のみに依存する定数 γ を用いて，ポアンカレの不等式

$$(6) \qquad H[\varphi] \leq \frac{1}{\iint_G k\, dx\, dy}\left[\iint_G k\varphi\, dx\, dy\right]^2 + \gamma D[\varphi]$$

が成り立つ．ただし，φ は $\mathfrak{D}$ に属する任意の関数である．□

証明には，まず次のことに注意する：§8.3.1 によると，G に含まれる任意の正方形 Q が与えられたとき，定数 γ_0 が存在し，ポアンカレの不等式

$$(7) \qquad H_Q[\psi] \leq \gamma_0 D_Q[\psi]$$

が，付帯条件

$$(8) \qquad \iint_Q k\psi\, dx\, dy = 0$$

を ψ が満たすとの仮定の下に成り立つ．

さて，補助定理 2 によれば，上の付帯条件 (8) の下に不等式

$$(9) \qquad H[\psi] \leq (\tau + \varrho\gamma_0) D[\psi]$$

が導かれる．いま，φ を $\mathfrak{D}$ の任意の関数とするとき，定数 $c = c_0$ を積分式 $H[\varphi - c]$ が最小になるように定めることができる．実際，

$$c_0 = \frac{1}{\iint_G k\, dx\, dy} \iint_G k\varphi\, dx\, dy$$

であること，また，任意の φ および任意の定数 c に対して次の不等式が成り立つことが直ちに分かる．

$$(10) \qquad H[\varphi] - \frac{1}{\iint_G k\, dx\, dy}\left[\iint_G k\varphi\, dx\, dy\right]^2 = H[\varphi - c_0] \leq H[\varphi - c].$$

与えられた φ に対して定数 c の値を，関数 $\psi = \varphi + c$ が条件 (8) を満たすように決めることが常に可能である．それによって，不等式 (9), (10) を考慮

すれば，関係 (6) が得られる．それはまさに，定数 $\gamma = \tau + \rho\gamma_0$ を用いての定理 1 の主張を与えるものである．□

性質 $\mathfrak{P}$ を検証するためには，さらに次の定理を示さねばならない．

《定理 2》 $\mathfrak{N}$ 型の領域 G において，関数 a, b, q がそろって恒等的に 0 になることはないとすれば，定数 γ が存在し，$\mathfrak{D}$ に属する任意の φ に対して，主要不等式

$$H[\varphi] \leqq \gamma E[\varphi]$$

が成り立つ．□

すでに §8.1.2 で設けた仮定

(11) $\qquad A(\xi, \eta, \zeta) = p(\xi^2 + \eta^2) + 2a\xi\zeta + 2b\eta\zeta + q\zeta^2 \geqq \kappa(\xi^2 + \eta^2)$

を思い出そう．ここで κ は G における点の位置によらない定数である．

(12) $\qquad A = \left(\sqrt{p}\,\xi + \frac{a}{\sqrt{p}}\zeta\right)^2 + \left(\sqrt{p}\,\eta + \frac{b}{\sqrt{p}}\zeta\right)^2 + \left(q - \frac{a^2+b^2}{p}\right)\zeta^2$

と変形できること，および (11) が意味する A の正定値性から，$q - \frac{a^2+b^2}{p} \geqq 0$ である．よって，ある点で q が 0 になれば，そこでは a, b がともに 0 になる．従って，G の内部に，その上で q が正であるような閉正方形 Q をとることができる．

この部分領域において，式 $q - \frac{a^2+b^2}{p}$ の値がある正の定数 κ_0 以上であることを示そう．もし，ある点において a, b の少なくとも一方が 0 でないのにもかかわらず，この式の値が 0 になったとする．そのときは，$\zeta = 1$ ととり，$\xi^2 + \eta^2 > 0$ であるような ξ および η の値を連立方程式

$$\sqrt{p}\,\xi + \frac{a}{\sqrt{p}} = 0, \quad \sqrt{p}\,\eta + \frac{b}{\sqrt{p}} = 0$$

から定める．これらの値を用いると，当該の点において A は 0 となり，仮定 (11) と矛盾する．

よって，領域 Q に対して $q - \frac{a^2+b^2}{p}$ の正の下界 κ_0 が存在して，

(13) $\qquad\qquad\qquad A \geqq \kappa_0 \zeta^2$

が成り立ち，従って

$$
(14) \quad E[\varphi] \geqq \frac{\kappa_0}{k_1} H_Q[\varphi]
$$

が成り立つ[40]．

これより，補助定理2の不等式(5)および§8.1の定理1を用いると

$$
(15) \quad H[\varphi] \leqq \left(\frac{\tau}{\kappa} + \frac{\varrho k_1}{\kappa_0}\right) E[\varphi]
$$

が導かれ，定理2が証明される．□

最後に固有値理論を基礎づけるために次の定理を示す．

《定理3》$\mathfrak{N}$型領域は性質$\mathfrak{R}$をもつ．□

それに向けての次の定理を示そう．

《定理4》（フリードリックスの不等式）任意の正数εに対して，$\mathfrak{H}$に属する有限個の座標関数$\omega_1, \ldots, \omega_N$が存在し，不等式

$$
(16) \quad H[\varphi] \leqq \sum_{\nu=1}^{N} H^2[\omega_\nu, \varphi] + \varepsilon D[\varphi]
$$

が$\mathfrak{D}$に属する任意のφに対して成り立つ．□

定理4から$\mathfrak{D}$に属する関数φに対するレリッヒの選択定理が§8.3のときと逐語的に同様な論法によって導かれるので（p.302参照），$\mathfrak{N}$型の領域が性質$\mathfrak{R}$をもつことが定理4によって確認される．

定理4の証明を始めるのに，まず，正規領域Bに考察を限ってよいことに注意しよう．なぜならば，領域Gを構成する正規領域ごとの不等式を総和すれば，全領域Gに対する不等式が得られるからである．さらにいえば，Gの各点がこれらの正規領域によって一定回数以下しか覆われないからでもある．なお，その際，Gに対する座標関数としては，個々の正規領域に対する座標関数の全部を（それぞれの正規領域の外部では0とおいて拡張してから）あわせて採用する．

---

[40] ［訳註］k_1はkの上界である．p.341参照．

不等式 (1) および (2) によって表される類の正規領域に対する証明は，§8.3.1 で扱った辺長 σ の正方形 Q に対するポアンカレの不等式

$$(17) \quad H_Q[\varphi] \leq \frac{1}{\sigma^2 k_0}\left[\iint_Q k\varphi\, dx\, dy\right]^2 + \sigma^2 \frac{k_1}{p_0} D[\varphi]$$

を応用し，前にも用いた注意であるが，上の右辺の D-積分の因数が σ^2 とともに 0 に収束する事実に基づいて行おう．

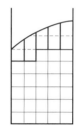

図 55.

まず，B を次のように小さな正規領域と正方形に再分割する．すなわち，然るべき大きさの自然数 M を選んで，

$$\sigma = \frac{a}{M}$$

とおき，直線

$$x = \mu\sigma, \quad y = \nu\sigma \quad (\mu, \nu = 0, 1, 2, \ldots, M)$$

を引く．そうすると，平面の（考察する部分に）辺長 σ の正方形 Q による正方形分割が導入される．それに応じて，正規領域 B を次のように互いに重ならない正規領域 K_j に分割するのである．ある辺長 σ の小正方形は，自身およびその上方に隣接する小正方形とともに B に属しているならば，その小正方形自身が K_j の 1 つであるとする．自身は B に含まれてはいるが上記の性質をもたない小正方形は，それの上方にある小正方形の B に属する部分と合体して 1 つの K_j を構成する．そうしてこの場合，自身が B に含まれていた小正方形は K_j の台座であるとみなされる．

さて，正規領域 B を定義する関数 $f(x)$ の一様連続性により，$\sigma \to 0$ のとき $\delta(\sigma) \to 0$ となるような性質をもち，かつ

$$|x_1 - x_2| \leq \sigma \quad \text{ならば} \quad |f(x_1) - f(x_2)| \leq \delta(\sigma)$$

が成り立つような $\delta(\sigma)$ を定めることができる．これに応じて，上で考察した非正方形の小さな正規領域 K_j に対しては，p. 341 での定義における，a, b, c を $\sigma, \sigma, 2\sigma + \delta(\sigma)$ で置き換えねばならない．

さて，次の主張を証明しよう．

8.8 第2種・第3種の境界条件に関わる基礎領域の吟味

《補助定理》 すべての正規領域 K_j とそれに属する台座正方形 Q_j（出発段階での領域に対しては領域自身と同一）については，不等式

$$(18) \qquad H_{K_j}[\varphi] \leqq \frac{\tau}{\sigma} H_{Q_j}[\varphi] + \varrho D_{K_j}[\varphi]$$

が成り立つ．ただし，ここで ϱ と τ は σ にのみ依存する量であり，σ とともに 0 に収束する．また φ は，$\mathfrak{D}$ に属する任意の関数である．

K_j が Q_j と一致する場合には，$\varrho = 0, \tau = \sigma$ として，定理の主張は明らかである．そうでない領域 K_j に対しては，p.341 の補助定理 1 により，不等式

$$H_{K_j}[\varphi] \leqq \frac{2(2\sigma + \delta)k_1}{\sigma k_0} H_{Q_j}[\varphi] + (2\sigma + \delta)^2 \frac{k_1}{p_0} D_{K_j}[\varphi]$$

が成り立つが，これは ϱ, τ を次のようにとったとき，補助定理の主張が成り立つことを示している：

$$\varrho = (2\sigma + \delta)^2 \frac{k_1}{p_0}, \quad \tau = 2(2\sigma + \delta) \frac{k_1}{k_0}$$

□

さて，不等式 (18) における正方形 Q_j 上の積分に対してポアンカレの不等式 (17) を適用すると

$$(19) \qquad H_{K_j}[\varphi] \leqq \frac{\tau}{\sigma^3 k_0} \left[\iint_{Q_j} k\varphi \, dx \, dy \right]^2 + \left(\tau\sigma \frac{k_1}{p_0} + \varrho \right) D_{K_j}[\varphi]$$

が得られ，さらにその結果の総和をとれば

$$(20) \qquad H[\varphi] \leqq \sum_j \frac{\tau}{\sigma^3 k_0} \left[\iint_{Q_j} k\varphi \, dx \, dy \right]^2 + \left(\tau\sigma \frac{k_0}{p_1} + \varrho \right) D_{K_j}[\varphi]$$

となる．ここで

$$\varepsilon = \left(\tau\sigma \frac{p_1}{k_0} + \varrho \right)$$

とおいたとき，σ とともに ε がいくらでも小さくなることに注意し，また，それぞれの正方形 Q_j に対して，Q_j の外部では恒等的に 0 となり Q_j の内部では定数値

$$\omega_j = \sqrt{\frac{\tau}{\sigma^3 k_0}}$$

であるような関数 w_j を定義すれば，不等式 (20) が定理 4 の結論を含んでいることが分かる．□

8.8.2　領域に対する制約条件の必要性

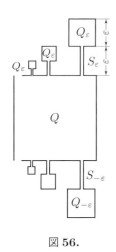

図 56.

領域に関する実際的な制約条件が必要なこと，すなわち，領域の様々な部分の連結性に関するそれが必要なことは次の 2 つの反例によって示される．

1. ポアンカレの不等式が成り立たない領域，すなわち，$\mathfrak{P}$ 型でない領域の例．

この図形は，図 56 のように長方形 Q，すなわち，領域

$$0 < x < 2, \quad -1 < y < 1$$

に，$\varepsilon = \varepsilon_1, \varepsilon_2, \ldots$ として，無数個の正方形 Q_ε, $Q_{-\varepsilon}$ を，上下対称に，それぞれ細い隘路で繋いで構成される．ただし，付け加えられる正方形 Q_ε, $Q_{-\varepsilon}$ の辺長は ε であり，それぞれを Q に繋ぐ狭い長方形状の隘路 S_ε, $S_{-\varepsilon}$ の長さは ε で，その幅は ε^4 であるとする．また，付け加えられた正方形の全体に関しては，$\varepsilon_\nu \to 0$，および，$\sum \varepsilon_\nu < \frac{1}{2}$ が成り立つものとしよう．$\varepsilon = \varepsilon_\nu$ に対して次のように定義される関数列 φ_ν を考える：

$$\begin{aligned}
\varphi_\varepsilon &= \frac{1}{\varepsilon} \quad (Q_\varepsilon \text{ において}), \quad = -\frac{1}{\varepsilon} \quad (Q_{-\varepsilon} \text{ において}), \\
&= \frac{1}{\varepsilon^2}(y-1) \ (S_\varepsilon \text{ において}), \quad = -\frac{1}{\varepsilon^2}(-y-1) \ (S_{-\varepsilon} \text{ において}), \\
&= 0 \quad (Q \text{ において})
\end{aligned}$$

$k = p = 1$ として，次の等式が成り立つことはすぐに分かる．

$$H[\varphi_\varepsilon] = 2 + \frac{2}{3}\varepsilon^3, \quad D[\varphi_\varepsilon] = 2\varepsilon, \quad \iint_G \varphi_\varepsilon \, dx \, dy = 0.$$

これより，すべての関数 φ_ν に対してポアンカレの不等式が成り立つような

8.8 第2種・第3種の境界条件に関わる基礎領域の吟味

定数 γ は存在しない.

2. $\mathfrak{R}$ 型ではない領域の例.

考える領域 G は正方形 R,すなわち

$$0 < x < 1, \quad -1 < y < 0$$

に「歯」である可算個の長方形

$$\frac{1}{2^{m+1}} < x < \frac{1}{2^m}, \quad 0 \leqq y < 1 \quad (m = 0, 1, 2, \ldots)$$

を付け加えた「くし」型の領域である. G において次の関数列を考察する:

$$\begin{aligned}
\varphi^m(x, y) &= \frac{1}{2^{\frac{m+1}{2}}} & & \left(\frac{1}{2^{m+1}} < x < \frac{1}{2^m}, \frac{1}{2} < y < 1\right) \\
&= \frac{2}{2^{\frac{m+1}{2}}} y & & \left(\frac{1}{2^{m+1}} < x < \frac{1}{2^m}, 0 < y < \frac{1}{2}\right) \\
&= 0 & & \text{それ以外の点で}
\end{aligned}$$

この関数列については

(21) $$\frac{1}{2} < H[\varphi^m] < 1, \quad D[\varphi^m] = 2$$

が成り立つ.また,G の内部に含まれる任意の正方形 Q を考えると,極限式

$$\iint_Q \varphi^m \, dx \, dy \to 0$$

が成り立つ.さらに $\mathfrak{H}$ に属する任意の関数 ζ に対して

(22) $$H[\varphi^m, \zeta] \to 0$$

となる(§8.5 の定理 1a の証明を参照).

このことはレリッヒの選択定理と相容れない.背理法によってそれを見るために,レリッヒの定理が成り立ち,$H[\varphi^m - \varphi^n] \to 0$ が成り立つような φ^m の部分列を選ぶことができたと仮定する.そうして,$\varepsilon < \frac{1}{3}$ を満たすような与えられた正数 ε に対して,自然数 n を十分大きくとることにより,$m > n$ に対しては

$$H[\varphi^m - \varphi^n] \leqq \varepsilon$$

が成り立つようにする.

ついで m を大きくすれば (22) により

$$H[\varphi^m, \varphi^n] \leqq \varepsilon$$

が成り立つようにできる．ここで (21) を用いると

$$\varepsilon \geqq H[\varphi^m - \varphi^n] \geqq 1 - 2\varepsilon$$

が得られ矛盾となる．

さらに次の事柄を示すことができる．すなわち，「例 1 の領域は $\mathfrak{P}$ 型でない」，「2 番目の例は $\mathfrak{R}$ 型である」，「第 1 例の領域に対して $a = b = q = 0$ の場合に第 2 種境界値問題が可解でない」，また，「第 1，第 2 の両領域に対して固有関数が完全でない」．

8.9　第 8 章への補足と問題

この章では，ここまでに述べた理論の拡張と応用について，体系的あるいは網羅的であることにはこだわらず——場合によっては問題の形で——コメントすることにしよう．

8.9.1　Δu のグリーン関数

旧原著第 II 巻第 4 章においては，特定の領域に限って，第 1 種の境界条件に対するグリーン関数を，境界値が正確に（通常の意味で）0 になるように構成した．境界条件を本章での扱いに従って定式化すれば，§8.2 の理論により任意の領域 G に対するグリーン関数を構成することが可能である．

例として 2 独立変数の場合を考察しよう．x, y を動点 P の座標とし，座標 ξ, η の点 Q はグリーン関数の指定された特異点であるとする．$r^2 = (x - \xi)^2 + (y - \eta)^2$ とおく．また，g は $\mathfrak{D}$ に属する関数であって，その値は G のある境界帯において，すなわち，境界 Γ からの距離が十分に小さい正定数以下であるような任意の点において，$\frac{1}{2\pi} \log r$ に一致するものとする．そうして §8.2 における変分問題 I を $f = 0$ として考え，その解を w で表せば，求めるグリーン関数は，

$$K(P,Q) = -\frac{1}{2\pi}\log r + w$$

で与えられる．

上の定式化に従うグリーン関数を，他の場合にも具合よく適用できる少々異なったやり方で構成することができる．それには，まず次の関数を定義する．

$$T(r) = -\frac{1}{2\pi}\left(\log\frac{r}{R} + \frac{3}{4} - \left(\frac{r}{R}\right)^2 + \frac{1}{4}\left(\frac{r}{R}\right)^4\right) \quad (r \leqq R),$$
$$= 0 \quad (r \geqq R).$$

この関数の $r = 0$ における特異性はグリーン関数のそれと同じである．また，継ぎ目の $r = R$ において T, T_r は 0 となり連続である．さらに，

$$f \equiv \Delta T = \frac{2}{\pi}\left(1 - \left(\frac{r}{R}\right)^2\right) \quad (0 < r \leqq R),$$
$$= 0 \quad (r \geqq R)$$

であるから ΔT も $r = R$ で連続である[41]．

関数 f は G において区分的に連続な 1 階導関数をもち，$G + \varGamma$ で連続である．従って f は §8.2 の問題 I での仮定を満たしている．なお，正数 R を十分小さくとって，Q を中心とする半径 R の円 K_R が G にすっかり含まれるようにする．そうして，許容関数 φ が $\mathfrak{D}$ に属するという条件の下で，$p = k = 1$ とした変分問題，すなわち

$$D[\varphi] - 2H[f,\varphi]$$

を最小にする変分問題を考察する．§8.2 によれば，その解 v が存在して $\mathfrak{F}$ に属し，かつ微分方程式

$$\Delta v + f = \Delta v + \Delta T = 0$$

を満足する[42]．

よって

$$u = v + T$$

---

[41] ［訳註］以下の扱いでは，f については $r = 0$ で $f = \frac{1}{2\pi}$ と定義することにより全領域で連続関数とみなしている．超関数 δ を用いて表せば，$\Delta T = f - \delta$ である．

[42] ［訳註］ 2 番目の等号は $r \neq 0$ で成り立つが，左右の両端を結ぶ等号は G において成り立つ．

とおけば，これは明らかに求めるグリーン関数である．この関数 u は半径 R の選び方に依存しない．実際，異なる半径 R_1, R_2 のそれぞれに対応する u の差は，$\mathfrak{D}$ に属し，かつ G 全体で正則なポテンシャル方程式の解であるゆえに，§8.2 の結果により恒等的に 0 となるからである．

ここで，単連結な領域 G については，グリーン関数が構成できれば G を単位円に等角写像する写像関数がすぐに得られることも思い出しておこう（p.108 参照）．

なお，上で述べた方法は，第 2 種の境界条件 $\frac{\partial u}{\partial n} = 0$ の下でのグリーン関数の構成にも適用できる．

すなわち，定数 c を用いて

$$f = \Delta T - c$$

により関数 f を定義した上で，c の値を

$$\int_G f \, dx \, dy = 0$$

が成り立つように定める．この f に対し，$\mathfrak{D}$ に属する任意の関数 φ を許容関数とする変分問題，すなわち

$$D[\varphi] - 2H[\varphi, f]$$

を最小にする変分問題は，$\mathfrak{F}$ に属する解 v をもち，

$$\Delta v + \Delta T - c = 0$$

を満足する．従って，d を任意の定数として

$$u = v + T + d$$

とおけば，u は微分方程式

$$\Delta u = c$$

を満たし，従って求めるグリーン関数である．

d は任意であったが，付加条件

$$\iint_G u \, dx \, dy = 0$$

を課すことにより，グリーン関数を一意に決定することができる．

このように構成されたグリーン関数が，用いた半径 R に依存しないことは次のようにして分かる．異なる半径 R_1, R_2 のそれぞれに対応するグリーン関数の差 $w = u_{R_1} - u_{R_2}$ は，G において $\mathfrak{F}$ に属し，かつ次の関係が成り立つ．

$$\Delta w = k, \quad k = c_{R_1} - c_{R_2} = 定数, \quad \iint w\, dx\, dy = 0.$$

これよりグリーンの公式を用いれば

$$D[w] = -H[w, \Delta w] = -k \iint_G w\, dx\, dy = 0$$

が得られる．ゆえに，$w = $ 定数 となり，さらに付加条件によって $w \equiv 0$ である．

8.9.2　2重極の特異性

幾何学的関数論，特に等角写像の理論に関しては，指定された点において2重極の特異性をもち第2種の境界条件を満足するようなポテンシャル関数が格別の重要性をもつ[43]．

r, θ を考える2重極の周りの極座標[44]とすれば，特異性は

$$\frac{1}{r}\cos\theta = \frac{x}{r^2}$$

で表される．この2重極ポテンシャルについても前小節の方法にならって，変分問題により特徴付け，さらにその存在を本章のこれまでの節における理論から導くことができる．そのためにまず，つぎの特異性をもつ関数を定義する．

$$T(r) = \left(\frac{R}{r} - 3\frac{r}{R} + 3\left(\frac{r}{R}\right)^3 - \left(\frac{r}{R}\right)^5\right)\cos\theta \quad (r \leqq R),$$
$$= 0 \qquad\qquad\qquad\qquad\qquad\qquad\qquad\qquad (r \geqq R).$$

---

[43] [原註] Courant:Crelles Journ. 165 巻，p. 249 以降，および Hurwitz–Courant: Funktionentheorie（関数論）の第 3 部を参照．
[44] [訳註] 2重極の位置を原点とし，2重極の向きを動径の始線とする極座標である．

この関数は $r=0$ を除いた範囲で 2 階導関数まで連続である.

さて,連続関数 f を

$$f = \Delta T = \frac{24}{R^3}\left(1 - \frac{r^2}{R^2}\right)x \qquad (r \leqq R),$$
$$= 0 \qquad\qquad\qquad (r \leqq R)$$

によって定義すれば,これは明らかに

$$\iint_G f\,dx\,dy = 0$$

を満足し,かつ 1 階導関数まで区分的に連続である.従って,§8.6 で設定した仮定をすべて満たしている.よって,$\mathfrak{D}$ に属する任意の φ を許容関数として

$$D[\varphi] - 2H[f,\varphi]$$

を最小にする変分問題は,任意の付加定数を除いて一意に定まる解 w をもつ.

ここで

$$u = w + T$$

とおけば,この関数 u が求めるポテンシャル関数である.

なお,次の §8.9.3 の注意によれば,u に共役な調和関数 v は境界の(正則な)曲線弧の上で定数値をとる.また,上の関数 u が半径 R に依存しないことは,次のようにして確かめられる.そのような関数の差 w は,G のいたる所で正則であり,$\mathfrak{F}$ および $\mathfrak{D}$ に属している.さらに微分方程式 $\Delta u = 0$ と第 2 種境界条件を満足する.これより,グリーンの公式によって

$$D[w] = 0$$

が得られて $w =$ 定数となる.これが示すべきことであった.

正数 R は任意に小さくとることができるので,特異性 $\frac{1}{r}\cos\theta$ の保有とあわせて,関数 u を特徴付ける性質を次のように述べることができる.すなわち,ζ を $r=0$ の近傍で 0 であるような,そうして $\mathfrak{D}$ に属する任意の関数とすれば,

$$D[u,\zeta] = 0$$

が成り立つという性質である.

8.9.3　第 2 種境界条件の下での $\Delta u = 0$ の解の境界値

f が $\dot{\mathfrak{D}}$ に属する関数であり，u が，
$$\Delta u = -f$$
の解ならば，$f = 0$ であるような境界帯 S においては，u に共役なポテンシャル関数 v が存在する．そうして次の定理が成り立つ．

u が第 2 種境界条件を満たしているとき，共役ポテンシャル関数 v は S に含まれる境界の（点状でない）連結な境界弧において連続であり，実はそこで定数値をとる[45]．もし，その境界片が直線状あるいは円弧状であるならば，解 u を鏡像変換によって境界を越えて解析接続できる．そうしてその境界片において
$$\frac{\partial u}{\partial \nu} = \frac{\partial v}{\partial s} = 0$$
が成り立つ．

8.9.4　領域への依存の連続性

境界値問題の解が領域に連続に依存するかという基本的に重要な問いには，微分方程式が
$$\Delta u = -f$$
であり，f が $\dot{\mathfrak{D}}$ に属し境界条件が第 2 種である場合に，次の定理によって答えられる．

$G_1, G_2, \ldots, G_n$ を単調に（そうして，内側から）領域 G に収束する領域の列とする．すなわち，G_n は G_{n+1} に含まれ，G の各点は有限個の n を除いてすべての G_n に含まれるとする．なお，$r = 0$ である原点 O はすべての G_n に含まれるとする．また，f は $\dot{\mathfrak{D}}$ に属する関数であるとする．最後に，G_n および G における微分方程式 $\Delta u = -f$ の第 2 種境界条件の下での解をそれ

---

[45]　[原註] 証明についての参考文献は，Courant: Crelles Journ. 165 巻，p. 255 以降，および Hurwitz–Courant: Funktionentheorie, 第 3 部．

ぞれ u_n および u とする $(n = 1, 2, \ldots)$. ただし, 点 O において $u_n = u = 0$ であるとする. このとき,

$$u = \lim_{n \to \infty} u_n$$

であり, この収束は G の内部に含まれるような任意の閉領域において一様である.

証明[46] 関数 u_n は表式

$$D_{G_n}[\varphi] - 2H_{G_n}[f, \varphi]$$

を, 許容関数 φ の範囲を $\mathfrak{D}_{G_n}$ として最小にするという変分問題の解である. その最小値を d_n とおく. また, 同様な変分問題で領域を G とした場合の最小値を d で, その最小値を与える解を u で表す. さて, ある番号 n 以降では, G_n の外側では恒等的に $f = 0$ であるとする. そうすると, $\mathfrak{D}_G$ に属する任意の関数 φ に対して

$$D_G[\varphi] - 2H_G[f, \varphi] \geqq D_{G_n}[\varphi] - 2H_{G_n}[f, \varphi]$$

が明らかに成り立つ. 従って

$$d_n \leqq d$$

である.

一方, 次のことが分かる. すなわち, $m > n$ に対する関数 $u_n - u_m$ は G_n において正則で有界なポテンシャル関数であるから, 容易に次の性質をもつ u_n の部分列を選ぶことができる (旧原著第 II 巻第 4 章, p. 249 参照). すなわち, G の内部に任意の閉領域 G' を固定すれば, その上で極限関数 v に 1 階導関数を含めて収束し, しかもその収束は一様であるような部分列である. この極限関数 v は任意の閉領域 G' に対して

$$D_{G'}[v] - 2H_G[f, v] \leqq \lim_{n \to \infty} \{D_{G_n}[u_n] - 2H_{G_n}[f, u_n]\} \leqq d$$

を満たす. 従ってまた, $D_{G_m}[v] - 2H_{G_m}[f, v] \leqq d$ である. ここで m を無限大にすると, $D_G[v] - 2H_G[f, v] \leqq d$ が得られる. ゆえに v は $\mathfrak{D}_G$ に属し,

---

[46] [原註] Hurwitz–Courant: Funktionentheorie, 1931, p. 471 以降.

従って許容関数である．よって，d が最小値であることから上の不等式は等号の場合にのみ両立する．すなわち，

$$D_G[v] - 2H_G[f, v] = d$$

が成り立ち，$v = u$ が G に対する解であることが分かった．

なお，u_n の部分列だけでなく，実は列 u_n 自身が u に収束することが，u の一意性から得られる．

8.9.5 無限領域への理論の転用

G が無限領域である場合へも，境界値問題と固有値問題の解法は転用できる．その際には，係数 a, b, q の無限遠における挙動に関し制約的な条件を設けねばならない．

$$A(\xi, \eta, \zeta) = p(\xi^2 + \eta^2) + 2a\xi\zeta + 2b\eta\zeta + q\zeta^2 \geqq \kappa(r)\zeta^2$$

が成り立つことを要求しよう．ただし $\kappa(r)$ は r とともに無限大に増大するような $r = \sqrt{x^2 + y^2}$ の関数である．このとき q が r とともに無限大になることは明らかである．このとき，$\mathfrak{D}$ に属する φ に対して主不等式

$$H[\varphi] \leqq \gamma E[\varphi]$$

とレリッヒの選択定理が成り立つ．これを証明し，その結果を用いて第 1 種境界条件の下で境界値問題と固有値問題の理論を展開することは問題としておこう．

第 2 種あるいは第 3 種の境界条件の下での境界値問題と固有値問題を扱う際には，§8.6 と §8.7 の条件 $\mathfrak{P}$ および $\mathfrak{R}$ がそれぞれ成り立つように，領域 G の性質に対し制約を加えねばならない．例えば G と任意の有限な円との共通部分は $\mathfrak{N}$ 型であると要請するのである．この仮定の下で理論を進めることも問題としておこう．

よく知られている例は全平面の調和振動である[47]．それは $p = 1, a = b = 0,$

---

[47] ［訳註］原著では調和振動子の語を用いている．

$q = cr^2$ の場合で,c は正の定数,領域は全平面である.その固有値問題の微分方程式は

$$\Delta\varphi - cr^2\varphi + \lambda\varphi = 0$$

となる.

8.9.6 4階微分方程式への応用.板の縦変形と縦振動

微分作用素

$$\Delta\Delta u = u_{xxxx} + 2u_{xxyy} + u_{yyyy}$$

に関する境界値問題および固有値問題(p.34 参照)を扱うためには,空間 $\mathfrak{H}$,$\mathfrak{D}, \dot{\mathfrak{D}}, \mathfrak{D}$ に加えて,空間 $\mathfrak{K}, \dot{\mathfrak{K}}, \mathfrak{K}$ を次のように導入する:$\mathfrak{K}$ は,$\mathfrak{D}$ に属する関数 φ のうち,1階連続微分可能,区分的に2階連続微分可能であり,かつ

$$K[\varphi] = \iint_G \{\varphi_{xx}^2 + 2\varphi_{xy}^2 + \varphi_{yy}^2\}\, dx\, dy$$

が存在するもののすべてからなる.$\dot{\mathfrak{K}}$ は $\mathfrak{K}$ に属する関数 φ のうち,境界帯で恒等的に0となるもののすべてからなる.$\mathfrak{K}$ は,$\mathfrak{K}$ に属する関数 φ のうちで,$\dot{\mathfrak{K}}$ に属する関数列 φ^ν により

$$H[\varphi^\nu - \varphi] \to 0, \quad D[\varphi^\nu - \varphi] \to 0, \quad K[\varphi^\nu - \varphi] \to 0$$

の意味で近似され得るもののすべてからなる.

変分問題においては,2次形式 $\mathfrak{K}$ の代わりに,$0 \leqq \mu < 1$ を満たす定数 μ を含む2次形式

$$K_\mu[\varphi] = (1-\mu)K[\varphi] + \mu H[\Delta\varphi]$$

を用いることができる.そうすると,オイラーの方程式は変わらないが境界条件は第1種の場合を除いて μ を含む形になる.(なお,板の理論においては μ は横弾性係数を意味する.)

解法の遂行は μ のどのような値に対しても同様にできる($\mu = 1$ の場合も,導関数が境界の各点において指定された値に到達するかどうかの問題を除けば,そうである).

$\dot{\mathfrak{D}}$ に属する φ に対して
$$K_\mu[\varphi] = K[\varphi]$$
が成り立つことを容易に確かめることができる．

また，然るべき定数 γ, γ_1 を用いれば
$$H[\varphi] \leqq \gamma D[\varphi] \leqq \gamma_1 K[\varphi]$$
が成り立つことの証明，そうして，レリッヒの選択定理が以下の意味で成り立つことの証明は読者の演習としよう．ただし，ここでいう選択定理とは，積分形 $K[\varphi^\nu], D[\varphi^\nu], H[\varphi^\nu]$ のどれもが有界であるような関数列からは，$D[\varphi^\nu - \varphi^\mu] \to 0$ かつ，$H[\varphi^\nu - \varphi^\mu] \to 0$ を満たすような部分列の選択が可能であるとの主張である．(このとき選択された関数列 φ^ν は，実は一様収束する．下記参照.)

第1種境界条件の下での境界値問題および固有値問題は，$\dot{\mathfrak{D}}$ の代わりに $\dot{\mathfrak{K}}$ を用いることにより，§8.2, §8.3 におけると同様に定式化でき，また，解くことができる．

実際，それを遂行するに際して §8.2, §8.3, §8.5, §8.6, §8.7 のすべての所論は，特別に扱いが必要な §8.5 の定理1を例外として，そのまま通用する．後者について，まずは最小列が G の内部に含まれる（境界からの距離が正である）任意の真部分集合 G' の上で一様収束することに注意するのである．そのことから極限関数の構成および §8.5 の定理1a が直接に得られる．

u が2階連続微分可能であることを示すためには，u に対して §8.5 の (13) の形の積分表示を導くことが必要になる．そこでの関数 Ψ_R に代わるものとして，ここでは
$$\eta(r) \frac{1}{8\pi} r^2 \log r$$
を採用する．ただし，$\eta(r)$ は十分に多くの階数まで——例えば8階まで——連続微分可能であり，その値は $r < \frac{R}{2}$ では恒等的に1となり，$r > R$ では恒等的に0となる関数である．これを用いて，§8.5.1 の論法を書き直すことは演習問題としよう[48]．

---

[48] ［原註］板の境界値問題は変分法を出発点として G. Fubini により初めて解かれた (Il principio

u および u_x, u_y が境界において指定された正確な値を実際にとることは，§8.4 のときと同様にして導かれる．実際，関数 u の値自身に関しては §8.4 での考察がそのまま当てはまる．一方，導関数に関しては $D[\Delta\varphi]$ の存在が未確認であるので，(証明が難しくない) 次の不等式

$$D_{K_h}[\Delta\varphi] \leqq ch^2 H_{K_{2h}}[\Delta\Delta\varphi] + \frac{c}{h^2} H_{K_{2h}}[\Delta\varphi]$$

を拠り所にせねばならない．ここで c は定数であり，K_h, K_{2h} は §8.4 で与えた意味をもっている．

第 2 種および第 3 種の境界条件の扱いは，$0 \leqq \mu < 1$ を満たす任意の μ について，§8.6, §8.7, §8.8 でのそれに応じる形で遂行できる．

8.9.7　2 次元弾性論の第 1 種境界値問題と固有値問題

§8.1 から §8.5 までのすべての理論がほとんどそのままに適用できるもう 1 つの例は弾性変形の理論である．ただし，§8.5, §8.9.1 での扱いだけは，異なった基本解の特異性に対処するために修正の必要がある．ここでは考察を 2 次元の対象，すなわち，板の接線方向の変形に限ろう．問題の定式化には次の略記法を導入すると便利である．

点 x_1, x_2 （これは点 x, y の代わりの表示）を単に x と書き，2 重積分 $\iint \cdots dx_1 dx_2$ を $\int \cdots dx$ で，また，2 つの関数 $\varphi_1(x_1, x_2), \varphi_2(x_1, x_2)$ の組をまとめて $\varphi(x) = \{\varphi_1(x_1, x_2), \varphi_2(x_1, x_2)\}$ で表す[49]．さらに導関数については

$$\frac{\partial \varphi_\alpha}{\partial x_\beta} = \varphi_{\alpha,\beta}$$

のように書く．

これまでと同様に，境界が Γ である開領域 G を考え，そこで 2 つの 2 次形式

---

di minimo e i teoremi di existenza ..., Rendiconti Palermo, 1907). その境界値問題を固有値問題とあわせて W. Ritz が取り扱った [Crelles Journ. 135 巻 (1909)，および Ann. Phys. 1909, さらに全集各所を参照]．さらに，上記で扱った微分作用素の他の境界条件については，特に K. Friedrichs: Math Ann. 98 巻 (1927), p.206 を参照．

[49] ［訳註］原著でもこの後で用いているが，今風の用語では，φ はベクトル値関数である．

$$H[\varphi] = \int_G \{\varphi_1^2 + \varphi_2^2\}\,dx,$$
$$D[\varphi] = \int_G \{\varphi_{1,1}^2 + \varphi_{1,2}^2 + \varphi_{2,1}^2 + \varphi_{2,2}^2\}\,dx$$

を考察する．空間 $\mathfrak{H}, \mathfrak{D}, \dot{\mathfrak{D}}, \overset{\circ}{\mathfrak{D}}$ が §8.1 におけると同様に定義される．考察する板は G の上に延べられているとし，$\mathfrak{D}$ に属する $\varphi(x)$ で板の変形ベクトルを表す．境界 Γ における変形は，

$$\varphi - g \text{ が } \overset{\circ}{\mathfrak{D}} \text{ に属する}$$

という意味で，与えられたベクトル値関数 $g(x)$ により指定される．

さて，変形 φ によるポテンシャルエネルギーの 2 倍は，2 つの正の弾性係数 a, b を用いて次式で与えられる：

$$E[\varphi] = \int \{a(\varphi_{1,1} - \varphi_{2,2})^2 + a(\varphi_{1,2} + \varphi_{2,1})^2 + b(\varphi_{1,1} + \varphi_{2,2})^2\}\,dx.$$

$E[\varphi]$ から変分計算で導かれる微分式は，区分的に連続な 2 階導関数をもつ関数 φ に対し，因数 2 を別にすれば

$$L[\varphi] = \{a\Delta\varphi_1 + b(\varphi_{1,11} + \varphi_{2,21}),\, a\Delta\varphi_2 + b(\varphi_{1,12} + \varphi_{2,22})\}$$

となる．$L[\varphi]$ は板の変形 φ によって生じる力の密度を表すものであり，G で定義されたベクトル値関数である．

ここで次の定理が成り立つ．

《**定理**》与えられた $\mathfrak{D}$ に属する関数 g に対し，$\mathfrak{D}$ に属する変形ベクトル u で次の条件を満たすものが存在する：すなわち，$u - g$ は $\overset{\circ}{\mathfrak{D}}$ に属し，かつ u は区分的に連続な 2 階導関数をもち

$$L[u] = 0$$

を満たす．さらに $\varphi \neq u$ であって，$\varphi - g$ が $\overset{\circ}{\mathfrak{D}}$ に属するような，任意の φ に対しては不等式

$$E[\varphi] > E[u]$$

が成り立つ．□

証明の出発点は次のグリーンの公式である：すなわち，$\mathfrak{D}$ に属する ψ と，

自身が $\mathfrak{D}$ に属しかつ $L[\varphi]$ が $\mathfrak{H}$ に属するような φ に対して

$$E[\varphi,\psi] = H[L[\varphi],\psi]$$

が成り立つ．これを導くには，まず $\dot{\mathfrak{D}}$ に属する ψ に対して示してから極限移行をすればよい．

さらに §8.2 のときと全く同様に，ここでも $\mathring{\mathfrak{D}}$ に属する任意の φ に対して

(1) $$H[\varphi] \leqq \gamma E[\varphi]$$

の形の主不等式が成り立つ．

この主不等式は次の関係をたどって証明される：まず，以下の積分恒等式 (2) に着目する．これは，$E[\varphi]$ に現れる 3 つの項 $(\varphi_{1,1} - \varphi_{2,2})^2$, $(\varphi_{1,2} + \varphi_{2,1})^2$, $(\varphi_{1,1} + \varphi_{2,2})^2$ の積分と 4 番目の項 $(\varphi_{1,2} - \varphi_{2,1})^2$ の積分とを組み合わせた形に積分形式 $D[\varphi]$ を表現するものである．

(2) $$\begin{cases} \int_G \{(\varphi_{1,1} - \varphi_{2,2})^2 + (\varphi_{1,2} + \varphi_{2,1})^2 + (\varphi_{1,1} + \varphi_{2,2})^2 + \\ \qquad + (\varphi_{1,2} - \varphi_{2,1})^2\}\,dx = 2D[\varphi]. \end{cases}$$

この恒等式から，2 数 a, b のうちの大きい方を $2c$ とおくことにより，$\mathfrak{D}$ に属する任意の φ に対して成り立つ不等式

(3) $$E[\varphi] \leqq cD[\varphi]$$

が直ちに導かれる．

さらに恒等式

(4) $$\begin{cases} \int_G \{(\varphi_{1,1} - \varphi_{2,2})^2 + (\varphi_{1,2} + \varphi_{2,1})^2 - (\varphi_{1,1} + \varphi_{2,2})^2 - \\ \qquad - (\varphi_{1,2} - \varphi_{2,1})^2\}\,dx = 0 \end{cases}$$

も用いよう．これは $\mathfrak{D}$ に属する任意の φ に対して成り立つのであるが，それを示すのに，まず φ が $\dot{\mathfrak{D}}$ に属するとする．そうすると (4) の左辺は

$$= -2\int_G \{\varphi_{1,1}\varphi_{2,2} - \varphi_{1,2}\varphi_{2,1}\}\,dx = -2\int_\Gamma \varphi_1\,d\varphi_2 = 0$$

となる．なぜなら，被積分関数が境界帯において 0 となる関数 φ_1, φ_2 の関数行列式に等しいからである．その後，極限移行により恒等式の成り立つ範囲

を $\overset{\circ}{\mathfrak{D}}$ から $\overset{\circ}{\mathfrak{D}}$ まで広げることができる．ここまでくれば，(2), (4) および $\overset{\circ}{\mathfrak{D}}$ に属する φ に対する $E[\varphi]$ の定義から，不等式

(5) $$aD[\varphi] \leqq E[\varphi]$$

が得られ，さらにこれより，以前に §8.2 で導いた主不等式を用いて (1) に到達する．□

さて，対応する変分問題の最小列を考察しよう．すなわち，$\varphi - g$ が $\overset{\circ}{\mathfrak{D}}$ に属するような，$\mathfrak{D}$ に属するベクトル値関数 φ の全体を許容関数として，

$$E[\varphi]$$

を最小にする変分問題の最小列 φ^ν について考えるのである．まず，§8.2 のときと全く同様に，$\overset{\circ}{\mathfrak{D}}$ に属する任意のベクトル値関数 ζ に対して

$$E[\varphi^\nu, \zeta] \to 0$$

が成り立つ．さらに，(5) と (2) に基づいて

$$D[\varphi^\nu - \varphi^\mu] \to 0, \quad H[\varphi^\nu - \varphi^\mu] \to 0$$

が得られる．

§8.2 のそれ以後の論法をここに持ち込むに当たっては，そのままに適用できる §8.5 の定理 2 が拠り所である．同じく §8.5 の定理 1 にも基づかねばならないが，こちらの証明は §8.9.8 の方法によって与えられる．ただし，その証明を遂行するに際しては，特異性関数 $\log r$ の代わりに次の基本解テンソルを用いる必要がある．

$$\begin{pmatrix} \alpha \log r - \beta \frac{y_1^2}{r^2}, & -\beta \frac{y_1 y_2}{r^2} \\ -\beta \frac{y_1 y_2}{r^2}, & \alpha \log r - \beta \frac{y_2^2}{r^2} \end{pmatrix}$$

ここで，

$$\alpha = \frac{a+b}{a\left(\frac{a}{2}+b\right)}, \quad \beta = \frac{b}{a\left(\frac{a}{2}+b\right)}$$

であり，また，$y_i = x_i - x_i^0$, $r^2 = y_1^2 + y_2^2$ とおいた．

なお，演習として次の課題への取り組みを薦めておこう：第 1 種境界条件

の下での $L[u] + \lambda u$ の固有値問題の取り扱い，ついで，§8.4 で行った境界値到達に関する結論の今の場合への拡張．さらに，ここでの方法を 3 次元問題に拡張する課題である．

8.9.8 極限関数を構成する別の方法

§8.5 での極限関数の構成法および §8.5 の定理 1a の証明は，微分式 Δu の基本解の特異性が明示的に知られていることに本質的に依存している．ここでは形式的にはやや複雑になるが，基本解の特異性が複雑であるような場合 (§8.9.7 における弾性理論の例を参照) にも適用できる別な方法を簡潔に紹介しよう．その方法を説明するためには，§8.5 での問題を扱えば十分である．また方法の本質は，極限関数を構成しやすいような，そうしてその望まれる微分可能性が得やすいような極限関数の積分表示を導くことである．

$r^2 = (x - x_0)^2 + (y - y_0)^2$ とおき，4 階連続微分可能で次の性質をもつ関数 $\eta(r)$ を選ぶ：

$$\eta(r) = 0 \quad (r \geqq R)$$
$$= 1 \quad (r \leqq \frac{R}{2})$$

そうして

$$S(x_0, y_0;\ x, y) = \eta(r) \frac{1}{2\pi} \log r$$

とおく．パラメータの点 x_0, y_0 に依存し，パラメトリックス関数と呼ばれるこの関数 S は，x, y の関数として点 $x = x_0, y = y_0$ を除いて連続な 1 階導関数をもっている．そうして $\mathfrak{H}$ には属するが，$\mathfrak{D}$ には属さない．他方，微分を x, y に関するものとしての ΔS は G において 2 階連続微分可能な関数である[50]．

さて，正数 R に対して，円 $r \leqq R$ が完全に G に含まれるような点 x_0, y_0 の全体からなる領域を G_R で表す．G_R に属する点 x_0, y_0 に対しては，S と

---

[50] [訳註] ラプラシアンを超関数の意味での Δ_{dis} とすれば，$\Delta_{\mathrm{dis}} S = \delta(x - x_0, y - y_0) + \Delta S$ となる．

その導関数は G の境界帯において恒等的に 0 となる．記号 ζ_{2R} により，G_{2R} の外部で恒等的に 0 となる関数を表すことにする．

さて，関数 φ に対する次の 3 つの演算を導入する．

$$U[\varphi] = \iint_G S(x,y;\ x_1,y_1)\varphi(x_1,y_1)\,dx_1\,dy_1$$
$$= \iint_G \varphi(x_0,y_0)S(x_0,y_0;\ x,y)\,dx_0\,dy_0$$
$$V[\varphi] = \iint_G \{S_{x_1}(x,y;\ x_1,y_1)\varphi_{x_1}(x_1,y_1)$$
$$+ S_{y_1}(x,y;\ x_1,y_1)\varphi_{y_1}(x_1,y_1)\}\,dx_1\,dy_1$$
$$W[\varphi] = \iint_G \Delta_1 S(x,y;\ x_1,y_1)\varphi(x_1,y_1)\,dx_1\,dy_1.$$

ここで，Δ_1 の添字 1 は演算 Δ が変数 x_1, y_1 についてのものであることを意味している．これらの 3 つの演算はそれぞれ $\mathfrak{H}, \mathfrak{D}, \mathfrak{H}$ に属する関数 φ から G_R で定義された関数を生成する．

G の内部に含まれる任意の閉部分領域 G' を固定するとき（そうして R を十分小さくとれば），上のようにして生成された関数は，それぞれ $\mathfrak{D}_{G'}, \mathfrak{H}_{G'}, \mathfrak{D}_{G'}$ に属する．このことは，演算 U と W については φ が連続ならば，一方，演算 V については，φ が連続微分可能ならばすぐに分かる．そのとき生成された関数はそれぞれ連続微分可能あるいは連続である．さらに φ が区分的に連続である，あるいは区分的に連続微分可能であると仮定するときは，生成された関数はそれぞれ区分的に連続微分可能，あるいは区分的に連続であることを示すことができて，結局，上の演算に関する主張が得られる．

φ が G_{2R} の外部で恒等的に 0 であるならば，上記の関数は G 全体で定義され，かつ G_R の外では恒等的に 0 となる．従ってそれぞれ $\dot{\mathfrak{D}}, \dot{\mathfrak{H}}, \dot{\mathfrak{D}}$ に属する．

さて，上記の演算に関して次の恒等式が成り立つが，証明は読者の演習としよう．

1. φ は $\mathfrak{H}$ に属し，ζ_{2R} も $\mathfrak{H}$ に属するならば，

(1) $$H_{G_R}[\zeta_{2R}, U[\varphi]] = H[U[\zeta_{2R}], \varphi].$$

2. φ が $\mathfrak{D}$ に，ζ_{2R} が $\dot{\mathfrak{D}}$ に属するならば，

366　第 8 章　変分法による境界値問題と固有値問題の解法

(2) $$H_{G_R}[\zeta_{2R}, V[\varphi]] = D[U[\zeta_{2R}], \varphi].$$

これらの等式は積分順序の交換が可能であることを表している.

3. $\mathfrak{F}$ に属する φ に対しては,

(3) $$V[\varphi] = -U[\Delta\varphi]$$

が成り立つことが部分積分法によって得られる.

4. $\mathfrak{D}$ に属する φ に対して表現式

(4) $$\varphi = V[\varphi] - W[\varphi]$$

が成り立つ. これは小円板 $r < \varepsilon$ をくり抜いた領域における積分を考察し, $\varepsilon \to 0$ の極限をとることによって得られる.

さて, φ^ν を §8.5 の定理 1 の仮定を満たす関数列とする. これに関数列

(5) $$\bar{\varphi}^\nu = U[f - q^*\varphi^\nu] - W[\varphi^\nu]$$

を対応させる. この関数列は G_R において連続な極限関数 u に一様収束する（確かめてみよ）. さらに極限関数 u に対して次の定理が成り立つ.

《定理 1a》 ζ_{2R} が $\mathfrak{H}$ に属するならば

(6) $$H_{G_R}[\zeta_{2R}, \varphi^\nu - u] \to 0$$

が成り立つ. □

証明には
$$H_{G_R}[\zeta_{2R}, \varphi^\nu - \bar{\varphi}^\nu] \to 0$$

を示せば十分である. ところが (4) によれば
$$\varphi^\nu - \bar{\varphi}^\nu = V[\varphi^\nu] - U[f - q^*\varphi^\nu]$$

であるから, (2) と (1) を用いて
$$H_{G_R}[\zeta_{2R}, \varphi^\nu - \bar{\varphi}^\nu] = D[U[\zeta_{2R}], \varphi^\nu] - H[U[\zeta_{2R}], f - q^*\varphi^\nu]$$

となる. 一方, $U[\zeta_{2R}]$ は $\mathfrak{D}$ に属するから, 右辺は §8.5 の仮定 (10) により 0 に収束する. よって (6) が成り立ち, 定理 1a が示された. □

定理 1a において

$$\zeta_{2R} = \Delta\varphi(x_0, y_0;\ x, y) \quad \text{および} \quad \zeta_{2R} = q^*(x, y)S(x_0, y_0;\ x, y)$$

とおけば，G_{3R} に属する x_0, y_0 に対して

$$W[\varphi^\nu] \to W[u], \quad U[q^*\varphi^\nu] \to U[q^*u]$$

が得られ，さらに (5) によれば，

$$\varphi^\nu \to U[f - q^*u] - W[u]$$

が成り立つ．すなわち，G_{3R} において，u に対する表示

(7) $$u = U[f - q^*u] - W[u]$$

が成り立つ．これから定理 1b と定理 1c，すなわち u の 2 階連続微分可能性および等式 $\Delta u - q^*u = -f$ が結論され，§8.5 の定理 1 の証明が完成する[51]．

8.10 プラトー問題

この最後の節では，以前旧原著において（旧原著第 II 巻 §3.7, p.172 および §3.2, p.133）設定したプラトー問題の解を，変分法に基づいて与えよう．その際に，この章で先に与えた解説のうちでは，§8.1.1 で証明した円に対するポテンシャル関数の初等的な最小性だけが用いられる[52]．

---

[51] ［原註］この証明法およびその他に関しては Courant: Math. Ann. 第 97 巻を参照．

[52] ［原註］プラトー問題の最初の一般的な解は，1932 年に J. Douglas と T. Radó により独立に与えられた．文献は，何よりも Radó: On the problem of Plateau（プラトー問題について），および Douglas: Bull. Amer. Math., vol.2, 1933 を参照のこと．ここでの説明は，R. Courant: Nat. Ac. Sci. Wash., 1936, p.368 および Ann. of Math., vol.38, p.679 に基づいている．

ダグラスは，汎関数に対する新しい最小問題から始めている．その汎関数は，ポテンシャル関数に制限したときディリクレ積分を境界積分により表したものである．一方ここでは，これら制限は設けずに，ディリクレ積分自身が基礎となっている．ラドは，本質的な補助手法として，多面体についての等角写像を用いている．

8.10.1 問題設定と解法への第一歩

旧原著第 II 巻 §3.2 と §3.7 での設定に対応して,直交座標 $x_1, \ldots, x_m$ の,あるいは位置ベクトル $\mathfrak{x}$ の空間における極小曲面を,2 つのパラメータ u, v により以下のように表される 2 次元多様体として定義する.uv-平面の変域 B において,座標 x_j は u と v の正則なポテンシャル関数である.すなわち

$$\Delta x_j = 0,$$

あるいはまとめると

(1) $$\Delta \mathfrak{x} = 0$$

を満たす.さらに条件

(2) $$E - G = 0, \quad F = 0$$

も満たさなければならない.ここで

$$E = \mathfrak{x}_u^2 = \sum_j \left(\frac{\partial x_j}{\partial u}\right)^2, \ G = \mathfrak{x}_v^2 = \sum_j \left(\frac{\partial x_j}{\partial v}\right)^2, \ F = \mathfrak{x}_u \mathfrak{x}_v = \sum_j \frac{\partial x_j}{\partial u}\frac{\partial x_j}{\partial v}$$

である.

$m = 3$ のときは,これは旧原著第 II 巻第 3 章で与えた定義である.我われの条件は,uv-平面の領域 B が極小曲面の上に等角に写像されることを表す.特に $m = 2$ に対しては,単に $x_1 x_2$-平面の平面領域の上への B の等角写像を扱うことになる.

そこで

$$w = u + iv$$

とおくと

(3) $$x_j = \Re f_j(w)$$

であり,x_j は B での解析関数 $f_j(w)$ の実部である.条件 (2) は,w の解析関数

(4) $$\varphi(w) = (E - G) - 2iF = \sum_j f_j'(w)^2$$

に対して

(5) $$\varphi(w) = 0$$

を課すことを表している．

　プラトー問題の最も簡単な形は——ここではそれのみ扱いたい——$\mathfrak{x}$-空間における，あらかじめ与えられた 2 重点のない連続曲線 Γ で囲まれた極小曲面を構成することにある．別の言葉では，(1) と (2) に従いポテンシャルベクトル $\mathfrak{x}$ を決め，それによって領域 G の境界が曲線 Γ に連続的に写像されるようにせよ，となる．

　領域 B として単位円 $u^2 + v^2 < 1$ を選び，その境界 C を

$$u^2 + v^2 = 1$$

とし，極座標を r, θ とする．このとき，ベクトル $\mathfrak{x} = \mathfrak{x}(r, \theta)$ が，$r = 1$ に対しては C を Γ の上に連続的に写していること，またその際に Γ の異なる点は C の上の異なる点の像となること，すなわち，よって C から Γ へ写す写像が「単調」であることが要請される[53]．

　今後の方向性のために，まず $m = 2$ の特別な場合を考察しよう．問題はこのとき，単位円 B を，$x_1 x_2$-平面の Γ によって囲まれた単連結領域 G の上に，等角に写像することと同値である．この問題の解を特徴付けるため，リーマンに従い次の変分問題から始める．

　$x = x_1(u, v), y = x_2(u, v)$ を，閉単位円 $u^2 + v^2 \leq 1$ において連続であり，内部で区分的に[54]連続な導関数をもつ 2 つの関数とする．そうしてこれらの関数の組——あるいは成分が x_1 と x_2 の位置ベクトル $\mathfrak{x}(u, v)$ ——によって，単位円 B が領域 G に写され，そのとき単位円の境界 C は G の境界 Γ に連続的に写されるとする．このとき，積分

(6) $$\iint_B \{(x_u - y_v)^2 + (x_v + y_u)^2\} \, du \, dv$$

を，関数の組 x, y あるいはベクトル $\mathfrak{x}(u, v)$ を然るべく選ぶことによって最

---

[53] ［原註］写像の可逆性は問題の中では明示的に要求されていない——むしろそれは結果自身として得られる（例えば R. Courant: Ann. of Math., vol.38, p.696 参照）．

[54] ［原註］p. 280 脚注参照．

小にしたい．B を G に写す等角写像を与える，従ってコーシー–リーマンの微分方程式を満たすような関数の組に対して，積分の最小値すなわち 0 が明らかに達成される．

(1) の被積分項は

$$x_u^2 + x_v^2 + y_u^2 + y_v^2 - 2(x_u y_v - x_v y_u)$$

の形に書くことができる．ここで，2 番目の部分の積分は領域 G の面積の 2 倍を表すこと，よってベクトル $\mathfrak{x}$ の特別な値に依存しないことに注意すれば，先の変分問題は，代わりの同値な問題で置き換えられることが分かる．すなわち，先の条件の下で，「ディリクレ積分」

$$D[\mathfrak{x}] = \iint_B (\mathfrak{x}_u^2 + \mathfrak{x}_v^2) \, du \, dv$$

を最小にする問題である．この最小問題の解は，差し当たって等角写像が可能であると分かっているとすると，

(7) $$\Delta \mathfrak{x} = \mathfrak{x}_{uu} + \mathfrak{x}_{vv} = 0$$

を満たすポテンシャルベクトル $\mathfrak{x}$ によって与えら，さらに，コーシー–リーマンの微分方程式によれば，等角性の条件

(8) $$\mathfrak{x}_u^2 - \mathfrak{x}_v^2 = E - G = 0, \quad \mathfrak{x}_u \mathfrak{x}_v = F = 0$$

を満たす．

この最後の変分問題は，方程式 (7) がオイラーの微分方程式であるという特徴をもつ．C が $\varGamma$ に写す境界の写像は，x と y の境界値の間の定まった関係に対応し，その際に残る境界の写像の自由度は，付帯条件 (8) と同値な「自然」境界条件に反映される．

実のところこれら付帯条件が，領域 G 全体に対して課された新しい 2 つの条件（旧原著第 II 巻 §3.2 参照）についての性質をもつのは見かけ上のことに過ぎない．実際，どのようなポテンシャルベクトル $\mathfrak{x}$ に対しても，式 (4) は，複素数

$$w = u + iv$$

の解析関数なので，付加定数を除いて $\varphi(w)$ が恒等的に 0 となり，よって条

件 (2) がすべての領域において成り立つことを保証するには，例えばこれらの関数の実部が境界の上で 0 となれば十分である．

これらの注意により，考察の順序を入れ換えて，いま設定した変分問題からリーマンの写像定理を考察するだけでなく，直接的に次の m 成分 $x_i(u,v)$ ($i=1,\ldots,m$) をもつベクトル $\mathfrak{x}(u,v)$ に対する，全く対応する変分問題を扱う道が開かれる．

uv-平面での単位円 B において，成分が $x_i(u,v)$ であるベクトル $\mathfrak{x}$ を考える．ただし，単位円の内部で区分的に連続な導関数をもち，閉単位円 $B+C$ では連続であり，単位円の境界 C を，m 次元 $\mathfrak{x}$-平面の与えられた曲線 Γ の上に連続に写像するこれらベクトルのうち，ディリクレ積分

$$D[\mathfrak{x}] = \iint_B (\mathfrak{x}_u^2 + \mathfrak{x}_v^2)\,du\,dv$$

の最小値 d を達成するものを求めよ．

以下において，これら変分問題は解をもつこと，またそれら解は，$\Delta \mathfrak{x} = 0$ でありさらに条件 (4) をも満たすようなポテンシャルベクトル $\mathfrak{x}$ により与えられることを示そう．そうしてこれら変分問題を扱うことにより，単連結な，つまり円板の連続な像として定義される領域において，与えられた縁（ふち）Γ をもつ極小曲面を決定せよというプラトー問題を解こう．その際，我々の変分問題が無意味でないような仮定をはっきりと設ける．すなわち，与えられた縁に対してディリクレ積分が有限となるベクトル $\mathfrak{x}$ が存在するような仮定である．その例は，例えば区分的に滑らかな境界 Γ の場合である．

8.10.2 変分的な関係の証明

まず最初に，この変分問題がベクトル $\mathfrak{x}(u,v)$ により解けるという仮定の下では，これらベクトルに対して極小曲面を特徴付ける条件 (1) と条件 (2) が成り立たなければならないことを示そう．その際には基本的な事実 (§8.1.1) を用いる．すなわち，円に対するポテンシャル論の境界値問題の解は，同時にディリクレの最小問題の解であり，またこれら問題の唯一の解であることを用いる．

この事実を個々の成分 x_j に適用することにより，我々の変分問題の解

は，ポテンシャルベクトル $\mathfrak{x}$ であることが，すなわち等式 (1) の成り立つことが分かる．困難なのは条件 (2) の導出である．そのためにポテンシャルベクトル $\mathfrak{x}$ の最小性を利用する．それには単位円 B において，同じ中心の極座標 r, θ を導入し，極小ベクトル $\mathfrak{x}(r,\theta)$ を次の定義

$$\mathfrak{z}(r,\theta) = \mathfrak{x}(r,\varphi),$$

ただし

$$\varphi = \theta + \varepsilon \lambda(r,\theta)$$

という他の変分ベクトル $\mathfrak{z}(r,\theta)$ で置き換える．ここで $\lambda(r,\theta)$ は，$r=0$ の近傍で恒等的に 0 であり，閉じた単位円の中で連続な 1 階および 2 階の導関数をもつ任意の関数とする．ε は微小なパラメータである．明らかに $\mathfrak{z}$ は我われの変分問題の許容条件を満たすので

$$D[\mathfrak{z}] \geqq d$$

が成り立つ．さて積分 $D[\mathfrak{z}]$ を，以下のように表すことができる．ただし r と θ の代わりに，r と φ を独立変数として導入する．

$$\begin{aligned}
D[\mathfrak{z}] &= \iint_B (\mathfrak{z}_u^2 + \mathfrak{z}_v^2)\, du\, dv = \int_0^1 \int_1^{2\pi} \left(\mathfrak{z}_r^2 + \frac{1}{r^2}\mathfrak{z}_\theta^2\right) r\, dr\, d\theta \\
&= \int_0^1 \int_0^{2\pi} \left\{(\mathfrak{x}+\varepsilon\lambda_r \mathfrak{x}_\varphi)^2 + \frac{1}{r^2}(1+\varepsilon\lambda_\theta)^2 \mathfrak{x}_\varphi^2\right\} \frac{r}{1+\varepsilon\lambda_\theta}\, dr\, d\varphi \\
&= \int_0^1 \int_0^{2\pi} \left(\mathfrak{x}_r^2 + \frac{1}{r^2}\mathfrak{x}_\theta^2\right) r\, dr\, d\theta \\
&\quad + \varepsilon \int_0^1 \int_0^{2\pi} \left\{2\mathfrak{x}_r \mathfrak{x}_\varphi \lambda_r + \left(\frac{\mathfrak{x}_\varphi^2}{r^2} - \mathfrak{x}_r^2\right)\lambda_\theta\right\} r\, dr\, d\varphi \\
&\quad + \varepsilon^2 R.
\end{aligned}$$

右辺の第 1 項は d に等しい．ε^2 の係数 R は，シュヴァルツの不等式を利用して容易に分かるように，$|\lambda_r|, |\lambda_\theta|$ の有界性から $D[\mathfrak{x}] = d$ を用いて直ちに評価できて，ε に関して有界に留まる．ゆえに，$D[\mathfrak{z}] \geqq d$ であるから極限移行 $\varepsilon \to 0$ と $\varphi \to \theta$ によって

$$\lim \int_0^1 \int_0^{2\pi} \left\{ 2\mathfrak{x}_r \mathfrak{x}_\varphi \lambda_r + \left(\frac{\mathfrak{x}_\varphi^2}{r^2} - \mathfrak{x}_r^2 \right) \lambda_\theta \right\} r\, dr\, d\theta = 0$$

が得られる．あるいはこの2重積分のうちで境界帯 $t \leqq r \leqq 1$ に依存する部分は，$(1-t)$ とともに ε に関して一様に0に収束し，また他の部分は積分記号の下で極限移行 $\varepsilon \to 0$ とすることが許されるので

$$\lim_{t \to 1} \int_0^t \int_0^{2\pi} \left\{ 2\mathfrak{x}_r \mathfrak{x}_\theta \lambda_r + \left(\frac{\mathfrak{x}_\theta^2}{r^2} - \mathfrak{x}_r^2 \right) \lambda_\theta \right\} r\, dr\, d\theta = 0$$

が得られる．この等式は，領域内部に対してポテンシャル方程式 $\Delta \mathfrak{x} = 0$ が成り立つことに基づいて，通常の部分積分を用いれば，境界に対する極限の関係

$$\lim_{r \to 1} \int_0^{2\pi} \lambda(r, \theta) r \mathfrak{x}_r \mathfrak{x}_\theta\, d\theta = 0$$

に変形される．ここで t を再び r で置き換えた．

さて，(4) で導入した解析関数 $\varphi(w) = (E - G) - 2iF$ については，簡単な手計算で示されるように，関係

(9) $$2r\mathfrak{x}_r \mathfrak{x}_\theta = \mathfrak{I}(w^2 \varphi(w))$$

が成り立つ．ここで記号 $\mathfrak{I}$ は虚部を表す．そうしてまた $w^2 \varphi(w)$ は複素変数 $u + iv$ の解析関数なので，式

$$2r\mathfrak{x}_r \mathfrak{x}_\theta = p(r, \theta) = p(u, v)$$

は B におけるポテンシャル関数であり，$B + C$ において2階連続微分可能な任意の $\lambda(r, \theta)$ に対して関係

(10) $$\lim_{r \to 1} \int_0^{2\pi} \lambda(r, \theta) p(r, \theta)\, d\theta \to 0$$

が満たされる．

さてポテンシャル関数

$$p(\varrho, \varphi)$$

の値は，座標が ϱ, φ である B の任意の固定された内点において，(10) の形の線形結合であるから，p は B において恒等的に0であると結論できる．よ

り正確には，λ として次のような関数を選ぶ．それは Q の近傍では恒等的に 0 となり，1 に十分近い r に対しては，Q を特異点とし同心円に対するグリーン関数の法線方向の導関数と恒等的に，すなわち

$$\frac{1}{2\pi}\frac{1-r^2}{r^2-2r\varrho\cos(\varphi-\theta)+\varrho^2}$$

と等しい関数を選ぶ．そうすると方程式 (10) から直ちに $\lim_{r\to 1}p(\varrho,\varphi)=0$ となる．すなわち B において恒等的に $\Im(w^2\varphi(w))=p(u,v)=0$ である．

これから解析関数 $w^2\varphi(w)$ の実部もまた，B において定数であることが従う．よって

$$w^2\varphi(w)=c=\text{定数}$$

あるいは

$$\varphi(w)=\frac{c}{w^2}$$

である．一方で，関数 $\varphi(w)$ は点 $w=0$ において正則なので $c=0$ でなければならない．言い換えれば，

$$\varphi(w)=0$$

である．これより関係 (4) に対する求める証明が得られた．

8.10.3 　変分問題の解の存在

もとの変分問題が解 $\mathfrak{x}$ をもつことの証明が残っている．この解を構成するには許容ベクトルからの最小化列 $\mathfrak{x}_1, \mathfrak{x}_2, \ldots$，すなわち

$$\lim_{\nu\to\infty}D[\mathfrak{x}_\nu]=d$$

が成り立つような列を考える．これらベクトルのおのおのを，同じ境界値をもつポテンシャルベクトルで置き換えると，円に対するディリクレの原理に基づいてやはり最小化列を得る．

さらに次の注意を述べる．ディリクレ積分は等角写像に関して不変である．すなわち，2 つの関数 $u=u(u',v')$ と $v=v(u',v')$ により領域 B が等角に領域 B' に写像されるならば，各ベクトル $\mathfrak{x}(u,v)=\mathfrak{x}'(u',v')$ に対して

$$\iint_B (\mathfrak{x}_u^2 + \mathfrak{x}_v^2)\,du\,dv = \iint_{B'} (\mathfrak{x}_{u'}'^2 + \mathfrak{x}_{v'}'^2)\,du'\,dv'$$

が成り立つ．これは等角性を特徴付ける関係 $u_u' = v_v'$, $u_v' = -v_u'$ から直ちに導かれる．

さて，単位円を自身に写す等角な一次変換により，円周上の任意の 3 点を定められた 3 点に写すことができる．その際には，このような写像によって積分の値 $D[\mathfrak{x}] = D[\mathfrak{x}']$ は一定のままなので，我われの変分問題において下限を変更しなくともよく，C の上の与えられた 3 点が Γ の上の与えられた 3 点に写るという付帯条件を課すことができる．こうして，これまでの推論では必要なかったこのような 3 点条件を課して，存在の証明を，次の事実を示すことにより導こう．すなわち，**ベクトル $\mathfrak{x}_\nu$ の境界値は角 θ の同程度に連続な関数列を構成する**．

これが示されるならば，上巻 §2.2 に従って，境界値が一様に極限のベクトルに収束するような，ベクトル $\mathfrak{x}_\nu$ の部分列を選び出すことができる．相応のことが，対応するポテンシャルベクトル（旧原著第 II 巻，§4.3 参照）に対してもまた成り立ち，よってその極限として B において所定の境界の写像を与えるようなポテンシャルベクトル $\mathfrak{x}$ が定義される．B の任意の閉部分領域において，それらポテンシャルベクトル $\mathfrak{x}_\nu$ の導関数もまた極限のベクトル $\mathfrak{x}$ の導関数に一様に収束するから，このベクトルに対して

$$D[\mathfrak{x}] \leqq d$$

が成り立つ．$\mathfrak{x}$ は許容されるベクトルなので，すなわち最小性により $D[\varphi] \geqq d$ である．よって望む関係式

$$D[\mathfrak{x}] = d$$

となる．

そこで証明は，$\mathfrak{x}_\nu$ の境界値の同程度連続性が示されれば完結することになる．このことは次の補題により導かれる．

《補題》$\mathfrak{x}$ を変分問題において許容されるベクトルとし，

$$D[\mathfrak{x}] \leqq M$$

が成り立つとする．R を単位円 B の任意の境界の点とする．このとき，各

$\delta < 1$ に対して，単位円の周 C の上において，2点 A と B を，R の異なる側の上に，かつ R から距離 ϱ が

$$\delta \leqq \varrho \leqq \sqrt{\delta}$$

を満たすようにとる．そうすると

$$|\mathfrak{x}(A) - \mathfrak{x}(B)|^2 \leqq \frac{2M\pi}{\log \frac{1}{\delta}}$$

が成り立つ． □

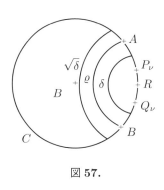

図 **57**.

これによれば，R を含む弧の端点 A と B は，δ が十分小さく選ばれているとき，ベクトル $\mathfrak{x}$ により Γ の任意に近い2点に写される．

この補題から同程度連続性が次のように導かれる．ベクトル $\mathfrak{x}_\nu$ の列が境界の上で同程度連続でないとすれば，1つの境界点 R とその近傍に，無限に多くの ν に対して区間 $P_\nu R Q_\nu$ があり，それらの端点は増大する ν とともに R に収束し，一方これらは，ベクトル $\mathfrak{x}_\nu$ により Γ の2点 P'_ν, Q'_ν に写像されるが，その像 P'_ν, Q'_ν の距離はある正の数 α より大きい．δ が固定され ν が十分大きいとき，P_ν と Q_ν は弧 ARB の内部にある．そこで M が $D[\mathfrak{x}_\nu]$ の上界であるとき，ベクトル $\mathfrak{x}_\nu$ によりこの弧 ARB は Γ の上のある弧に写像され，その端点は

$$\varepsilon(\delta) = \sqrt{\frac{2\pi M}{\log \frac{1}{\delta}}}$$

より近接している．しかしながらこの弧は，α より大きい長さをもつ弧をその部分弧として含んでいる．

さて，2重点のない連続曲線 Γ に，ε とともに0に収束する量 $\eta(\varepsilon)$ が対応し，Γ の上の任意の2点 P' と Q' で距離が ε より小さいものは，その上の Γ の弧のどのような2点の距離も $\eta(\varepsilon)$ より大きくないようにできる．ε が十分

に小さいと，それに従って，$\eta(\varepsilon)$ より大きくない長さの部分を除いて，残りの弧は曲線 Γ と重なる．δ を十分小さくすると，上記の表式 $\varepsilon(\delta)$ もまた小さくなり，よって η も任意に小さくなる．ベクトル $\mathfrak{x}_\nu$ の写像による弧 ARB の像は，十分大きな ν のとき，α より大きい長さの弧を含むので，その像は η より大きくない長さの弧を除いた曲線 Γ に写される．これは，δ が十分小さく選ばれたとき，3点条件と矛盾する．

補題の証明 $\mathfrak{x}$ の $B+C$ における連続性から，補題は，単位円の代わりに半径が 1 未満で任意に 1 に近い同心円[55]のときに示されれば十分である．境界点 R での極座標 r と θ を用いて，$s = r\theta$ とすると

$$M \geqq \iint_B \mathfrak{x}_S^2 \, ds \, dr$$

となる．決して負にならない関数

$$p(r) = \int \mathfrak{x}_S^2 \, ds$$

を考える．ただしこの積分は，R を中心とする半径 r の円弧で上に考えた同心円の内部の部分にわたるとする．$p(r)$ に対して，関係

$$\int_0^l p(r) \, dr < M$$

が成り立つ．ただし l は < 2 の定数である．任意に小さい $\delta < 1$ について区間 $\delta < r < \sqrt{\delta}$ において

$$p(r_0) \leqq \frac{\sigma}{r_0}$$

が成り立つような値 $r = r_0$ が確かに存在することに注意しよう．ただし

$$\sigma = 2M \frac{1}{\log \frac{1}{\delta}}$$

である．実際そうでなければ，

$$\int_\delta^{\sqrt{\delta}} p(r) \, dr > \sigma \int_\delta^{\sqrt{\delta}} \frac{1}{r} \, dr = \frac{1}{2} \sigma \log \frac{1}{\delta} = M$$

---

55 [原註] このような同心円に対して，領域積分 $D[\mathfrak{x}]$ は，2重積分を用いて容易に解くことができる．

となり仮定に反するからである．

さて $r = r_0$ および $r_0 p(r_0) \leqq \sigma$ である円弧を考える．P と Q をこの円弧の上の2点とすると，シュヴァルツの不等式を用いて直ちに，自明な関係式

$$|\mathfrak{x}(P) - \mathfrak{x}(Q)|^2 = \left| \int_P^Q \mathfrak{x}_S \, ds \right|^2 \leqq \pi r_0 p(r_0) \leqq \pi \sigma$$

が得られる．そうしてこれは補題の結論を導いている．

プラトー問題の解の存在の証明は，これによって完成した[56]．

---

[56] [原註] ここで解かれたプラトー問題は，ダグラスにより 1930 年に一般的に定式化された問題の特別な場合である．それは k 個の与えられた曲線とあらかじめ定められた位相型をもつ極小曲面の存在を証明するという問題である．ダグラスはまず，円環およびメビウス帯の型の極小曲面の場合を 2 つの論文，Jour. Math. and Phys., 10 巻 p.316, および Trans. Amer. Math. Soc., 34 巻 p.731 において解決し，また最近では Jour. Math. and Phys., 15 巻（1936 年 2 月および 6 月）p.55 および p.106 において，より難しい一般的な問題を，アーベル関数の理論の利用と先にあげた論文の手法に基づいて取り扱っている．p.367 脚注で引用した R. Courant の論文においてもまた，ダグラスの一般的な問題を取り扱っている．そこで展開された方法は，自由境界の問題にもまた応用できる．

下巻の索引

■数字・欧字先頭索引
2 次形式
　　—の計量, 286
　　—の主軸変換, 129
　　非負値—, 288
2 次積分式, 286
2 次汎関数, 130
2 重極
　　—の特異性, 353
　　—ポテンシャル, 353
3 次元の連続体の振動問題, 41
ω 型, 327
n 位の球面関数, 253
n 位の対称球面調和関数, 249
$\mathfrak{N}$ 型の領域, 341
Q-計量, 288
　　—の意味で弱収束, 290

■和文索引
●あ行
鞍点法, 265, 266
板
　　—の振動, 140
　　均質な—, 34
　　固定枠の—, 34
一意性定理, 296
一意的な解, 300
一様に有界, 146
一般解, 207

一般化された球面関数, 46
ヴォルテラの積分方程式, 65
うなり, 121
影響関数, 80
エルミート
　　—関数, 245
　　—多項式, 56, 246
　　—直交関数, 56
　　—直交関数系, 104
　　—の微分方程式, 245
円形の膜, 29
円のタイル張り, 321
オイラー
　　—の定数, 234
　　—の微分式, 283
　　—変換, 201
　　第 1 種—積分, 218

●か行
階数, 1
解析関数, 205
回転不変性, 109
解の漸近挙動, 59
核関数
　　積分変換の—, 200
下限, 138
重ね合わせの原理, 2
荷重問題, 136
加法定理, 224

関数
　エルミート—, 245
　グリーン—, 39, 80, 350
　固有—, 8, 14, 37, 306
　チェビシェフ—, 244
　ノイマン—, 206, 232
　ハンケル—, 202, 205, 213
　ベッセル—, 31, 53, 101, 201, 206
　マシュー—, 123
　ラゲール—, 246
　ラメ—, 48
　ルジャンドル—, 53, 242
関数空間
　$\mathfrak{D}$, 290
　$\mathfrak{F}$, 291
完全, 37
　—直交関数系, 90, 249
完全性, 306
　—関係, 157
　—定理, 26, 157, 309, 340
　固有関数系の—, 309
　固有値の—, 157
基音, 13
幾何学的関数論, 353
基本解, 82, 100
　—テンソル, 363
　—の特異性, 364
球関数, 42
球面関数
　n位の—, 253, 254
　一般化された—, 46
　ラプラスの—, 247
境界条件, 3
　自然—, 293, 333, 338
　第1種—, 285, 292
　第2種と第3種の—, 285, 293
境界積分, 330
境界帯, 171, 290
境界値
　—への到達, 311
　固定—, 285

境界値問題
　—I, 293
　—の解, 297
　第1種—, 293
　平衡の—, 36
　ポテンシャル論, 42, 279
強収束, 290
凝縮された質量, 107
共焦点, 123
強制振動, 11, 121
　弦の—, 22
　膜の—, 27
鏡像, 118
共鳴状態, 22
共役, 5
　—ポテンシャル, 355
　自己—, 5
　複素—, 206
極形式, 130, 288
極小曲面, 369
極値性, 130
許容関数, 131
距離形式, 288
均質でない
　弦, 18
　膜, 33
均質な
　板, 34
　弦, 14
　棒の縦振動, 22
　膜, 25
空間
　$\mathfrak{D}$, 287
　$\mathfrak{\tilde{D}}$, 291
　$\mathfrak{H}$, 287
グリーン関数, 39, 80, 350
　—の存在の問題, 98
　—の対称性, 86
　広義の—, 86, 103
　自己共役な微分作用素の—, 83
　特異性, 82

グリーンテンソル, 125
グリーンの公式, 4, 281, 294
撃力励起, 120
結節
　—線, 28
　—点, 28
弦
　—の強制振動, 22
　均質でない—, 18
　均質な—, 14
　つままれた—, 120
公式
　グリーンの—, 4, 281, 294
　スターリングの—, 260
　漸近—, 147
　ポアソンの—, 280
交代性, 7, 85
コーシー–リーマンの微分方程式, 370
誤差の評価, 176
固定境界値, 285
固定端, 19, 23
　両端が—である棒, 24
固定枠の板, 34
固有
　—関数, 8, 14, 37, 306
　—周波数, 10
　—振動, 10, 15, 26
　—振動数, 10, 15
固有関数系の完全性, 309
固有値, 8, 14, 37, 40
　—の完全性, 157
　—の漸近分布, 143, 167
　—の連続性, 151
　—分布, 141
　—変分問題, 154
　0 に収束する, 181
　α-重—, 77
　高位の—, 306
　第 n—の漸近表現, 163
　多重—, 24
　単純—, 73
　重複—, 29, 75
　負の—, 149
固有値問題, 14, 37, 40, 300
　—II, 304
　—II の解, 306
　2 パラメータ—, 48
　シュレーディンガー型—, 178
　スチュルム–リウヴィルの—, 19
　第 1—, 304

●さ行
最小値問題
　ディリクレの—, 279
最小列, 297
自己共役, 5
　—な微分作用素のグリーン関数, 83
　—微分式, 4
支持端, 23
指数関数
　相互関係, 222
弱収束, 290
　Q-計量の意味で, 290
シュヴァルツの不等式, 288, 320
自由運動, 9
周期的, 23
自由振動
　系の—, 9
集積原理, 146
収束
　強—, 290
　弱—, 290
自由端, 19, 23
　両端が—である棒, 24
自由な膜, 27
周波数
　固有—, 10
主振動
　第 h—, 10
主不等式 I, 295
シュレーディンガー
　—型固有値問題, 178
　—の問題, 70

―方程式, 71
乗数変分法, 191
シルベスターの定理, 256
振動
　―因子, 13
　―の方程式, 41
　板の―, 140
　固有―, 10, 15, 26
　定常―, 13
振動数
　固有―, 10, 15
　束縛系の―, 13
振動問題
　3 次元の連続体の―, 41
スターリングの公式, 260
スチュルム–リウヴィルの固有値問題, 19
スペクトル, 68, 141
　連続―, 68
整関数
　超越―, 205, 219
　有理―, 238
正規化, 20
正規座標, 10
正規直交固有関数, 77
正規領域, 340
　―の台座, 341
正弦関数
　相互関係, 222
性質
　$\mathfrak{P}$, 334
　$\mathfrak{R}$, 337
正方形型領域, 164
積分表示
　ハンケル関数の―, 214
　ベッセル関数の―, 208, 214
積分変換
　―の核関数, 200
　―法, 199
積分微分方程式, 136
積分方程式
　ヴォルテラの―, 65

節
　―線, 184
　―点, 184
　―面, 184
摂動
　―された微分方程式, 72
　―法, 72
漸化式, 220, 239
漸近
　―形, 64
　―公式, 147
　―式, 163
　―値, 147
　―的関係, 16
　―評価, 266
　―表現, 61, 260, 262
漸近挙動
　解の―, 59
漸近展開, 260
　ベッセル関数の―, 227
漸近分布, 162
　固有値の―, 167
漸近法則, 174
　精密化された―, 177
線形
　―関数空間, 286
　―同次微分式, 1
　―独立, 206
相互関係
　指数関数, 222
　正弦関数, 222
　ノイマン関数, 222
　ハンケル関数, 222
　ベッセル関数, 222
　余弦関数, 222
双線形関係, 90
双直交関係, 137
相反性, 84
束縛系の振動数, 13
束縛された系
　r 重―, 13

●た行
対称性, 288
　グリーン関数の—, 86
対称律, 95
対数
　—特異点, 240
　—ポテンシャル, 107
タイル張り, 327
　円の—, 321
楕円関数, 116
楕円柱の関数, 123
多項式
　エルミート—, 56, 246
　チェビシェフ—, 56
　ヤコビ—, 55
　ラゲール—, 57
　ルジャンドル—, 53
多重極
　—子, 253
　—ポテンシャル, 258
縦振動
　均質な棒の—, 22
ダルブーの方法, 271
単純, 21
弾性
　—束縛端, 19
　—変形の理論, 360
　—膜の振動, 140
単調性, 141
チェビシェフ
　—関数, 244
　—多項式, 56
　—の n 次多項式, 245
　—の微分方程式, 244
柱状領域, 46
超越整関数, 205, 219
調和関数
　n 位の対称球面—, 249
調和振動, 357
直方体の表面, 109
直交

　—関係, 20, 32
　—系, 16
　—性, 26
直交関数
　エルミート—, 56
直交関数系
　エルミート—, 104
　完全—, 90, 249
　ラゲール—, 105
定常振動, 13
定値性, 284
ディリクレ
　—積分, 370
　—の原理, 277, 280
　—の最小値問題, 279
　—の変分問題, 294
テータ関数, 112
テータ積, 111
展開定理, 26, 37, 157, 159, 250
　—の精密化, 90
　フーリエ級数の—, 15
テンソル
　基本解—, 363
　グリーン—, 125
等角写像, 370
　—に関して不変, 374
同期性, 37
同程度
　—連続, 146
　—連続性, 375
特異性, 236
　2重極の—, 353
　基本解の—, 364
　グリーン関数の—, 82
特異点
　対数—, 240
跳びの条件, 136

●な行
二重積分, 224
熱伝導の微分方程式, 39
ノイマン関数, 206, 232

相互関係, 222
ノイマン級数, 67

●は行
倍音, 13
パラメトリックス関数, 364
汎関数, 283
　2次—, 130
ハンケル関数, 202, 205, 213
　—の積分表示, 214
　相互関係, 222
非負値2次形式, 288
微分方程式
　エルミートの—, 245
　コーシー–リーマンの—, 370
　摂動された—, 72
　チェビシェフの—, 244
　熱伝導の—, 39
　ベッセルの—, 31, 52, 148, 201, 205
　ラゲールの—, 246
　ルジャンドルの—, 237
フーリエ級数の展開定理, 15
フーリエの積分定理, 224
複素共役, 206
節（ふし）, 184
付帯条件, 131
不等式
　—II, 300
　主—I, 295
　シュヴァルツの—, 288, 320
　フリードリックスの—, 302, 345
　ベッセルの—, 158
　ポアンカレの—, 300, 333, 343
不変性
　回転—, 109
プラトーの問題, 277, 367
フリードリックスの不等式, 302, 345
平衡
　—の境界値問題, 36
　—の問題, 38
ベータ関数, 218
ベキ級数展開, 217, 229

ベッセル
　—の微分方程式, 31, 52, 148, 201, 205
　—の不等式, 158
ベッセル関数, 31, 53, 101, 201, 206
　—の実数の零点, 230
　—の積分表示, 208, 214
　—の漸近展開, 227
　—の零点, 227
　相互関係, 222
変換核, 200
偏微分方程式, 93
変分問題
　—I, 294
　—II, 304
　固有値—, 154
　ディリクレの—, 294
ポアソン
　—積分, 252
　—の公式, 280
　—方程式, 97
ポアンカレの不等式, 300, 333, 343
方程式
　シュレーディンガー—, 71
　振動の—, 41
　ポアソン—, 97
　ポテンシャル—, 97
　ラメ—, 48
母関数, 208, 224, 247
　ルジャンドル方程式の—, 243
ポテンシャル
　—関数, 252, 373
　—方程式, 97
　2重極—, 353
　共役—, 355
　対数—, 107
　多重極—, 258
ポテンシャル論
　境界値問題, 42, 279

385

●ま行
膜
　—の強制振動, 27
　円形の—, 29
　均質でない—, 33
　均質な—, 25
　自由な—, 27
　長方形の—, 28
マシュー関数, 123
マックス・ミニ性, 138
マックスウェル–シルベスター表示, 252
密度関数, 81
無限連分数, 223
　—表示, 224

●や行
ヤコビ多項式, 55
有界, 145
　一様に, 146
有理整関数, 238
余弦関数
　相互関係, 222

●ら行
ラゲール
　—多項式, 57
　—の直交関数系, 105
　—の微分方程式, 246
　—関数, 246
ラプラス
　—積分, 243
　—の球関数, 44
　—の球面関数, 247
　—の第 1 積分表示, 239

　—の第 2 積分表示, 239
　—変換, 200, 211
ラメ
　—関数, 48
　—の問題, 47
　—方程式, 48
リーマン面, 212
立方体型領域, 164
領域
　$\mathfrak{N}$ 型, 341
　正規—, 340, 341
　正方形型, 164
　柱状—, 46
　立方体型, 164
ルジャンドル
　—関数, 53, 242
　—多項式, 53
　—の球関数, 237
　—の陪関数, 55, 241
　—の微分方程式, 237
　—方程式の母関数, 243
　指数 ν の—関数, 238
　第 2 種の—関数, 240
零点は相互に分離し合う, 231
レイリー, 79
レリッヒ
　—の選択定理, 302, 336, 357
　—の補題, 183
連続スペクトル, 68
　正の固有値の—, 181
連分数
　無限—, 223

著作者
R. クーラント (Richard Courant)
D. ヒルベルト (David Hilbert)

訳　者
藤田　宏（ふじた　ひろし）
東京大学名誉教授

石村　直之（いしむら　なおゆき）
中央大学商学部教授

数学クラシックス　第27巻
数理物理学の方法　下

令和元年9月20日　発　　　行
令和5年7月30日　第4刷発行

著作者　R. ク ー ラ ン ト
　　　　D. ヒ ル ベ ル ト

訳　者　藤　田　　　宏
　　　　石　村　直　之

発行者　池　田　和　博

発行所　丸善出版株式会社
〒101-0051 東京都千代田区神田神保町二丁目17番
編集：電話 (03)3512-3266 ／ FAX (03)3512-3272
営業：電話 (03)3512-3256 ／ FAX (03)3512-3270
https://www.maruzen-publishing.co.jp

© Hiroshi Fujita, Naoyuki Ishimura, 2019

印刷・シナノ印刷株式会社／製本・株式会社 松岳社

ISBN 978-4-621-30402-0 C 3041　　　　Printed in Japan

本書の無断複写は著作権法上での例外を除き禁じられています。